U0177689

"十三五"国家重点图书
当代化工学术精品丛书·原创

量子点的微反应合成及应用

栾伟玲 著

·上海·

图书在版编目(CIP)数据

量子点的微反应合成及应用/栾伟玲著. —上海:华东理工大学出版社,2020.3
(当代化工学术精品丛书.原创)
ISBN 978-7-5628-5716-7

Ⅰ.①量… Ⅱ.①栾… Ⅲ.①量子化学—反应合成—研究 Ⅳ.①O641.12

中国版本图书馆CIP数据核字(2020)第028001号

项目统筹/薛西子
责任编辑/牛 东
责任校对/胡慧勤
装帧设计/徐 蓉
出版发行/华东理工大学出版社有限公司
地址:上海市梅陇路130号,200237
电话:021-64250306
网址:www.ecustpress.cn
邮箱:zongbianban@ecustpress.cn
印 刷/上海盛通时代印刷有限公司
开 本/710 mm×1000 mm 1/16
印 张/16.5
字 数/330千字
版 次/2020年3月第1版
印 次/2020年3月第1次
定 价/98.00元

序1：以“微”作“著”

在能源和生态问题日益突出的当下，传统大型设备在工业中存在许多局限性，如效率低、体积大、成本高、维护难等。因此生产装置的高效化、微小化成为新的发展方向。但过程装置的微小化涉及化学、生物、热力等过程，与一般微机电系统(MEMS)不同，它不仅要实现空间尺度的微小化，同时包括更为复杂的时间尺度效应，使得与过程工艺相关的部件不能简单地同步微小化，这给基础研究和技术实现都带来了新的挑战。为此，本研究室在2002年创立之初，提出微化学机械系统的概念，通过微化工、微机械、微流控等技术的集成，致力实现过程装置的微小化，同时实现产品的高效化与批量化的生产。

这在科学上要建立以“微”见“著”或以“著”见“微”的多尺度关联，在技术上则要实现以“微”作“著”的批量化乃至规模化的生产。为了建立微化学机械系统设计制造的科学基础，本研究室通过建模分析及实验方法研究了不同微通道结构的流动特性，建立了微槽道结构的力学分析方法，发展了钎焊、扩散焊等封装技术，开发并优化了基于微反应装置的液相及纳米材料的连续制备工艺，实现了对材料结构及性能的有效调控，为微化学机械系统今后商业化应用打下了一定基础，在机械、化学、纳米材料等多领域学科交叉方面取得了原创性成果。

栾伟玲教授所带领的研究组经过十余年的研究，在微化学机械系统方向取得了一系列进展，她们设计了基于PTFE毛细管微通道的微反应系统，在量子点合成微反应系统的反应通道上建立了稳定、可控的温度梯度，实现了纳米晶成核与生长过程的分离，提出量子点合成热力学对纳米晶性能调控新理论，实现从紫色到近红外荧光广谱发光量子点的可控高质量合成，解决了传统量子点合成在惰性环境及高温反应条件难以适应规模化生产的问题，并针对量子点的规模化生产工艺进行了经济性分析，由此实现以“微”作“著”。

以“微”作“著”也见于相关研究工作在*Lap on a Chip*，*Chemical Engineering Journal*，*Nanoscale*，*Journal of Materials Chemistry C*，*Crystal Growth & Design*等国内外著名学术期刊上发表，相关方法被法国、英国、美国、瑞士等海内外科学家应用并在*Advanced Materials*，*International Materials Reviews*，*Nano Today*，*ACS Nano*，*Angewandte Chemie International Edition*等国际权威期刊上撰文突出评价和引用。研究成果对高

效率、可控性好的微型化学机械系统的开发及实际应用起到重要的推动作用。

本书的出版正是栾伟玲教授多年来研究成果的体现。书中详细介绍了她的研究组创新发展的量子点简便、高效、连续微反应制备的新策略，实现了高质量纳米晶的批量化生产，并在太阳能电池、离子检测、结构健康监测等多领域具有很好的应用前景。与常规化学工艺相比，自动化和小型化的连续流合成策略大幅度提高了纳米晶的产量与质量，进而拓宽了它们的应用范围。本书所介绍的内容对高品质纳米材料的理论分析和工艺实践均具有重要的参考价值，可为读者加深对微化学机械系统的了解、在工程实践中创新性地应用提供重要的借鉴。

涂善东

华东理工大学教授

中国工程院院士

序2:“微”时代的量子点

材料尺寸进入纳米量级后，会展现出不同于微观和常观的低维物性，即特异的量子物理和量子化学性质，从而在非线性光学、医药、催化、磁介质及功能材料等方面展示广阔应用前景，并对信息技术、生命科学、物质领域产生深远的影响。

量子点是重要的纳米材料类别，它是由数目有限的原子构成的准零维纳米材料，维度尺寸均在纳米量级(1～10 nm)，其独特的物理、化学性质和应用前景来源于自身的量子效应。随着量子点制备技术的不断进步，量子点已被应用于多个领域。尽管量子点材料制备方法众多，但大多局限于传统反应釜间歇合成方法。这些传统合成方法难以精确控制各反应参数，而这些参数对量子点的形貌、尺寸及性能等方面均有很大的影响，同时不同批次的参数变化也导致难以得到质量均一的产品。

在探索和制备量子点等纳米材料时，微化学反应体系作为一种新颖的化学加工制备途径应运而生。微反应技术对反应参数调控精准且速度快、反应效率高、传质稳定、无放大效应。纳米材料的微反应合成方法能成功解决传统批量合成存在的问题，使所合成的材料形态可控，粒径分布窄，性能优异，缩短了纳米材料从实验室研发到工业化的进程，开启了材料合成的新途径。

人类的认知和实践进入了“微”时代，微电子、微软、微博、微信等应运而生。同样，微反应技术已成为化学化工学科的前沿和工业界的研发热点，其中以微反应器、微混合器、微分离器、微换热器等设备为典型代表，它着重研究微时空尺度下“三传一反”的特征和规律；采用精细化、集成化的设计思路，追求化工过程的高效、低耗、安全、可控。进入21世纪，微反应技术进入快速发展期，国内外研究者们开发了多种新型微化工设备，通过对其内部微结构构型、特征尺度及表/界面效应的研究，为从新视角认识微化工过程共性和实现微尺度下“三传一反”耦合过程的理性解耦和建立微化学工程理论体系提供了借鉴与指导。

本书是栾伟玲教授多年研究成果的集中展示。她通过多个具体的实例，在化学反应和化学工程的交叉领域翔实、深入、系统地介绍了多种量子点材料的微反应合成方法、性能及其在能源、生物、环境、机械等领域的应用。本书不但深入浅出地介绍了微反应技术的背景知识，而且系统分述了微反应技术在不同材料合成中的发展和在工业应用中的最新进展。此外，本书还深入分析了材料规模化生产的前景，为解决工业装置中的放大问题，使量子点从实验室合成走向工业化制备和生产应用提供了重要指导，也为开发高效、低耗、安全、可控的现代化工技术提供了有益的启示。相信这本书对于读者了解量子点的基本知识以及微反应合成技术，对于纳米材料相关领域的科研人员了解科技前沿研究进展都能提供有益的帮助。

钱旭红

中国工程院院士

华东师范大学校长，华东理工大学原校长

《中国化学快报》主编

前　言

量子点又称半导体纳米颗粒，是准零维纳米材料，由少量的原子所构成，其三个维度的尺寸都在 10 nm 以下，外观恰似一极小的点状物。量子点具有荧光波长可调、激发波长宽、荧光单色性好、荧光性能稳定等优异的性能，在太阳能电池、发光二极管、生物医药等领域有广泛的应用。量子点作为纳米材料中的重要一员，从 20 世纪 80 年代引起广大科学家关注，成为纳米技术领域理论与应用研究的焦点，正成为引领技术革新的关键材料。

量子点制备方法可分为物理法和胶体化学法两大类，其中物理法包括化学气相沉积法和分子束外延法等；化学法包括有机金属高温溶剂热法、水热法、微波辐射法、反向微乳液法、电化学沉淀法等。本书介绍了一种连续高效的微反应合成技术，并对量子点的最新应用进行了专门介绍。本书出版的目的是为国内相关领域的研究学者提供学术研究的参考，本书也可以作为材料、化工、机械相关专业的研究生的学习用书。本书内容主要取材于笔者近年来的一系列研究结果，陆续发表在该领域的国内外核心期刊上。

本书介绍了量子点的微反应合成及其应用，内容涵盖了量子点和微反应技术的概述，CdSe/ZnS 及Ⅱ-Ⅵ族复合结构量子点全连续微反应合成，高效发光 $CuInS_2$ 和 $CuInS_2$/ZnS 量子点的合成及工艺连续化研究，针对量子点的规模化生产工艺的经济性分析，含镉量子点在离子检测中的应用，量子点在太阳能电池中的应用，量子点在结构健康监测中的应用等。每章后面列有参考文献以供读者更深入地了解研究细节。

本书是在华东理工大学过程设备科学与工程研究室涂善东院士及多位老师、研究生的大力协助下完成的。书中涉及的内容多为笔者十几年来培养的研究生完成的，他们是杨洪伟、万真、付红红、袁斌霞、付敏、赵子铭、尹少峰、张成喜、张少甫、姚子豪、钟祺欣、殷宇航、陈莹、苏伟超、张舒侣、魏怡飞、黄艺卉等，对他们的付出表示感谢。

本书内容涉及量子点微反应合成的相关工作，近年来，研究组在量子点的应用上做了大量工作。因此，在书稿中我们添加了量子点应用和前沿进展的相关内容。限于水平和时间，本书的错误和不当之处在所难免，请读者不吝批评指正。

栾伟玲

2019年12月于华东理工大学

目　　录

第 1 章
量子点概述

1.1 量子点的概念

量子点(Quantum Dots, QDs),又称半导体纳米晶(Nanocrystals, NCs),其概念由美国物理学家 Chemla 和 Miller 于 20 世纪 80 年代共同提出。量子点是指由一定数量的原子按照某种方式组成的纳米颗粒,其三维尺寸介于 1~10 nm,与体材料的激子玻尔直径相近或电子的德布罗意波长相当,表现出独特的物理和化学性质。由于电子和空穴在各方向上的运动都受到局限,连续的能带结构变成类似原子的不连续电子能级结构,受激后可以发射荧光。与其他荧光材料相比,具有发射光谱窄、激发光谱宽、光学稳定性好和不易光漂白等优点。最重要的是,量子点能带的有效带隙可随粒子尺寸的增加而减少,宏观表现为荧光光谱和吸收光谱的红移,即可通过改变粒子尺寸来实现对其光电性质的调控,在生物医药、信息存储、太阳能电池、发光二极管等诸多领域都具有广阔的应用前景。

量子点独特的物理、化学性质和应用前景基于其自身的量子效应。当材料尺寸进入纳米量级时,尺寸限域将引起材料出现尺寸效应、表面效应、量子限域效应和宏观量子隧道效应,派生出纳米材料不同于微观体系和常观体系的低维物性,并展现出不同于体材料的物理和化学性质,在非线性光学、医药、催化、磁介质及功能材料等方面具有极广阔的应用前景,并将对信息技术和生命科学的持续发展及物质领域的基础研究产生深远影响。

量子点的量子效应表现在以下 4 个方面。

(1) 量子尺寸效应(Quantum Size Effect)

当粒子尺寸下降到某一数值时(与其激子玻尔半径相近),费米能级附近的电子能级由准连续变为离散能级,能带结构如图 1.1 所示。当能级的变化程度大于电磁能、光能、热能的变化时,就导致了纳米材料在磁、光、声、热、电及超导等性能上表现出与常规材料所不同的性质。最显著的是通过控制量子点的形状、尺寸和结构,就可方便地调节其能隙宽度、激子束缚能的大小以及激子的能量蓝移等电子状态。对于二组分量子点,随着粒径减少,电子和空穴的运动受限,导致动能增加,从而使半导体颗粒中导带和价带之间能

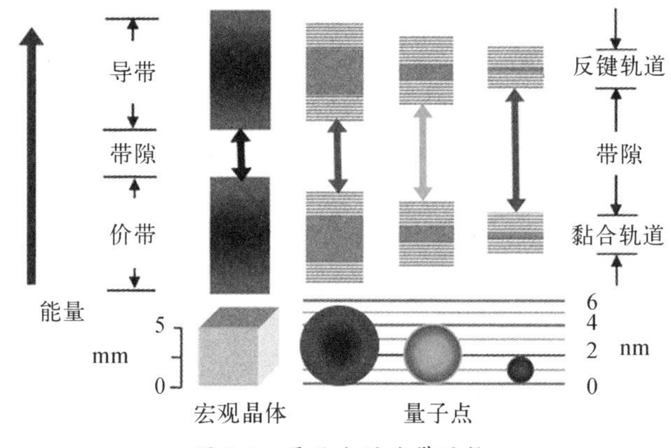

图 1.1　量子点的能带结构

带隙增加，相应的吸收光谱和荧光光谱发生蓝移，且尺寸越小，蓝移幅度越大。

(2) 表面效应(Surface Effect)

量子点的表面效应是指由于量子点的尺寸很小，大部分原子位于量子点表面，其相对表面积随着量子点尺寸的减小而增大。由于量子点粒径小于 10 nm，大部分原子位于颗粒表面，随着粒径变小，比表面积显著增加，颗粒表面原子数相对增多，其中配位不足、不饱和键和悬空键也相对增加，从而使这些表面原子具有高的活性，极不稳定，很容易与其他原子结合，引起纳米粒子特殊的特性。表面原子较高的活性将引起量子点表面原子输运和构型的变化，还将引起表面电子能谱和自旋构象的变化。表面缺陷将导致陷阱电子或空穴，从而影响量子点的光学性质。

(3) 量子限域效应(Quantum Confinement Effect)

当半导体材料从体相逐渐减小至一定临界尺寸以后，材料的特征尺寸在三个维度上都与电子的德布罗意波长或电子平均自由程相近甚至更小，电子被局限在微小的纳米空间内，输运受到限制，使其局域性和相干性增加，引起量子限域效应。当粒子的尺寸达到纳米量级时，费米能级附近的电子能级由连续态分裂成分立能级。当能级间距大于热能、磁能、静电能、静磁能、光子能或超导态的凝聚能时，会出现纳米材料的量子效应，从而使其磁、光、声、热、电、超导电性能发生变化。

(4) 量子隧道效应(Quantum Tunneling Effect)

量子隧道效应是指电子可以从一个量子阱穿越势垒进入另一个量子阱中。在纳米空间中，当电子的平均自由程与约束空间尺度相当时，载流子输运过程的波动性便增强，于是量子隧道效应出现。量子隧道效应使得电子可以穿过纳米势垒而形成费米电子群，让原本不导电体系变为导电体系，从而改变体系的介电特性。量子隧道效应与尺寸效应共同决定了微电子器件进一步微型化的理论极限，也限定了采用磁盘进行信息存储的最短时间，是光电子学、微电子学的基础。

1.2　量子点发光原理

半导体量子点的发光原理如图 1.2 所示，当以高于带隙能量的光源对量子点进行激发时，其价带上的电子跃迁到导带，从而形成电子-空穴对（即激子）。电子在导带中呈自由运动状态，并以热能等方式消耗部分能量后游离到导带底，最终与空穴复合，此时将伴随光子的释放过程。电子也可以落入半导体的电子陷阱中，当电子落入较深的陷阱后，绝大部分将以非辐射形式猝灭，只有极少数电子以光子形式跃迁回价带或非辐射的形式回到导带。所以，当半导体中的电子陷阱较深时，量子产率就会降低。在无缺陷能级的理想状态下，光子的能量与带隙能量相等。因此，伴随着量子点尺寸的减小，其荧光光谱将出现显著蓝移。此外，高于量子点带隙能量的光源都可以对其进行激发，因此量子点往往表现出非常宽的吸收谱带，同时采用单一的高能光源可以完成对不同尺寸量子点的同时激发。

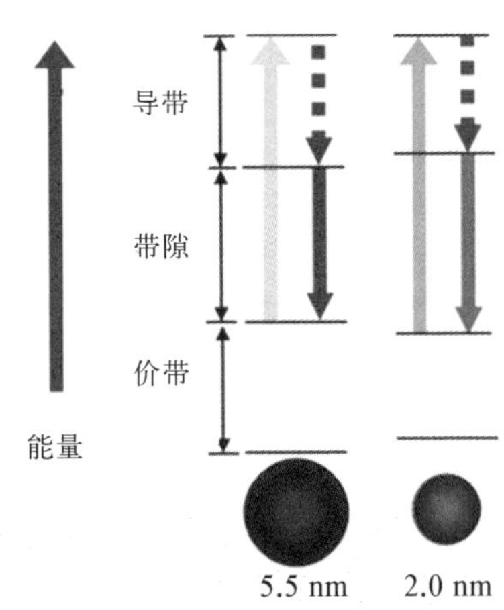

图 1.2　光致发光原理（实线：辐射跃迁；虚线：非辐射跃迁）

量子点受激发后会产生电子-空穴对（激子），电子和空穴复合的途径主要有以下三种：

（1）电子和空穴直接复合，产生激态发光。

（2）表面缺陷间接复合发光，由于量子点表面存在许多悬空键，形成了许多表面缺陷态，光生载流子将以极快的速度受限于表面缺陷态产生缺陷发光。量子点表面越完整，表面对载流子捕获能力越弱，缺陷发光越弱。

（3）杂质能级复合发光。在基质量子点中掺杂微量元素，杂质原子附近的周期势场受干扰而形成束缚状态，从而产生附加的杂质能级，杂质能级上的电子极易激发导带成为电子载流子而发光。

以上三种情况的发光是互相竞争的。一般来说，表面缺陷间接复合发光是不鼓励的。为产生激态发光，常常通过制备表面无缺陷的量子点或通过量子点表面修饰，如外延生长一层无机壳层材料，来减少表面缺陷，使电子和空穴直接复合。而基于杂质能级复合发光原理，研究人员开发过渡金属掺杂量子点，为不含重金属元素、可见光范围发光的量子点制备指明了新的方向。

1.3 量子点的光谱调控

刘玉敏等提到控制量子点的形状、尺寸和结构，可方便地调节其能隙宽度、激子束缚能大小以及激子的能量蓝移等电子状态。对于二组分量子点，随着粒径减少，电子和空穴的运动受限，导致动能增加，从而使半导体颗粒中导带和价带之间能带隙增加，相应地吸收光谱和荧光光谱发生蓝移，且尺寸越小，蓝移幅度越大。同理，量子点能带的有效带隙可随粒子尺寸的增加而减少，宏观表现为荧光光谱和吸收光谱的红移，且尺寸越大，红移幅度越大。

量子点的发射波长可通过控制它的大小和组成的材料来“调谐”，因而可获得多种可分辨的颜色（如图 1.3 所示）。半导体量子点具有较窄而且对称的荧光峰（半高全宽只有 40 nm），这样可以同时使用不同光谱特征的量子点，而发射光谱不出现交叠或只有很小程度的重叠，使标记生物分子的荧光光谱的区分、识别会变得更加容易（如图 1.4 所示）。

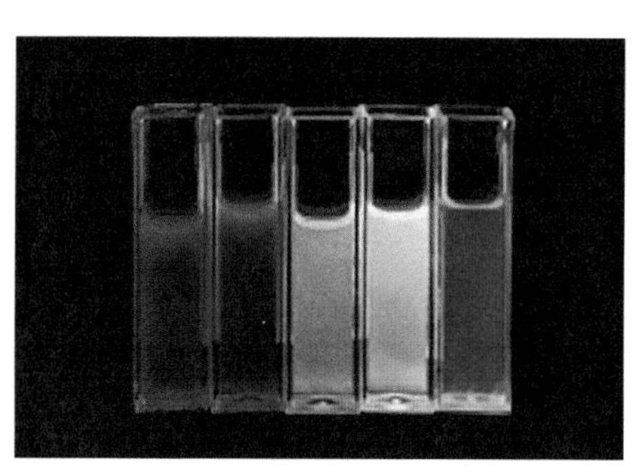

图 1.3 不同尺寸的量子点在紫外光照射下的发光颜色

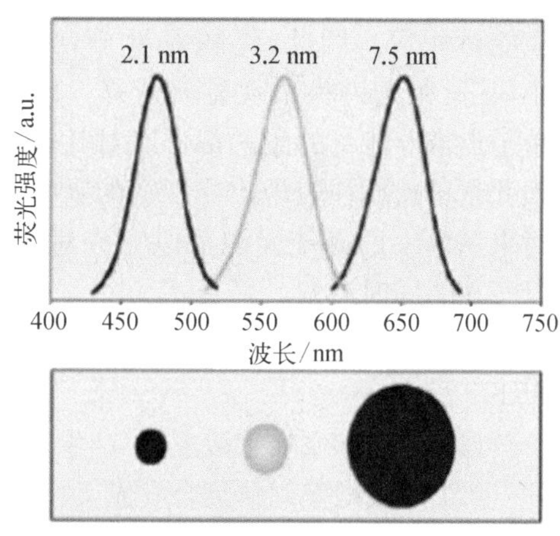

图 1.4 不同粒径的 CdSe 量子点的荧光光谱

1.4 量子点的光学性能

在体相半导体材料中，大量的原子产生能量相近且能级连续的分子轨道。在 0 K 时，低能级的价带充满电子，而高能级的导带未被占据。导带和价带间通过带隙（禁带）隔开，其中带隙能量（禁带宽度）的大小是表征半导体材料性能的重要参数。Trindade 总结半导体材料的禁带宽度一般在 0.3～3.8 eV（表 1.1）。针对不同的半导体材料，其禁带宽度的变化使其呈现截然不同的光学性能，从而在不同的领域得到应用。

表 1.1　不同半导体材料的性能及其应用

材　料	带隙/eV	有效质量		结　构	晶距 /10^{-10} m	应　用
		m_e	m_h			
			Ⅳ材料			
Si	1.11	0.98(m_l) 0.19(m_t)	0.52	菱　形	5.43	集成电路 电力电子
Ge	0.67	1.58(m_l) 0.88(m_t)	0.3	菱　形	5.66	
			Ⅲ/Ⅴ材料			
GaP	2.25	0.13	0.67	闪锌矿	5.45	LED
GaAs	1.43	0.07	0.50	闪锌矿	5.63	高速集成电路 显示器
GaSb	0.69	0.045	0.39		6.10	热成像设备
InP	1.28	0.07	0.40	闪锌矿	5.87	晶体管器件
InAs	0.36	0.028	0.33	闪锌矿	6.06	
InSb	0.17	0.013 3	0.18		6.48	
			Ⅱ/Ⅴ材料			
CdS	2.53	0.20	0.5// 0.7⊥	纤锌矿	a:4.14 c:6.71	光伏电池
CdSe	1.74	0.13	2.5// 0.4⊥	纤锌矿	a:4.30 c:7.01	光伏电池
CdTe	1.50	0.11	0.35	闪锌矿	6.48	光伏电池 电光调制器
ZnS	3.80	0.28	>0.1// 0.5⊥	纤锌矿	a:3.81 c:6.26	荧光粉 红外线窗户
ZnS	3.60	0.39		闪锌矿	5.41	
ZnSe	2.58	0.17		闪锌矿	5.67	
ZnTe	2.28	0.15		闪锌矿	6.10	
			Ⅳ/Ⅵ材料			
PbS	0.37	0.10	0.10	氯化钠	5.94	红外传感器
PbSe	0.26	0.06(m_l) 0.04(m_t)	0.06(m_l) 0.03(m_t)	氯化钠	6.12	红外传感器
PbTe	0.29	0.24(m_l) 0.02(m_t)	0.30(m_l) 0.02(m_t)	氯化钠	6.46	红外传感器

量子点的尺寸与其激子的玻尔直径相近，此时其载流子（电子、空穴）的运动将三维受限，导致动能增加，原来连续的能带结构变成准分立的类分子能级（图

1.1)。这种完全量子化的能量状态使量子点呈现随尺寸变化的能带结构。Brus 提出当量子点的直径小于激子的玻尔直径时，此时随尺寸变化的带隙能量可用式(1－1)表示。

$$E = E_g \frac{\hbar^2 \pi^2}{2R^2}\left(\frac{1}{m_e} + \frac{1}{m_h}\right) - \frac{18e^2}{\varepsilon R} \tag{1-1}$$

式中，E_g 为体相材料的禁带宽度；m_e 和 m_h 分别为电子和空穴的有效质量；R 为量子点的半径；ε 为量子点介电常数。

半导体量子点由于其独特的发光特性，与传统有机荧光染料相比，具有以下优点。

(1) 量子点的发光性质可通过尺寸、组分和结构来调控，上述参数的调节可使其荧光发射波长覆盖整个可见光区。

(2) 量子点具有较窄而且对称的荧光谱峰，可以同时使用不同光谱特征的量子点，而发射光谱不出现交叠或只有很小程度的重叠，使标记生物分子的荧光光谱的区分、识别变得更加容易。

(3) 量子点具有较高的发光效率，还可在量子点表面包覆一层其他的无机材料，使核心得到保护，进一步提高发光效率。

(4) 由于半导体量子点的吸收光谱比较宽，不同种类的量子点吸收光谱有较大的重叠(特别是在较短波长范围内)，因此波长较短的单一光源可同时激发多种颜色的荧光。

(5) 与传统的有机荧光染料相比，量子点荧光性能稳定，几乎不受周围环境的影响，不易被光漂白，并可以通过精确控制晶体表面包裹成分，使其稳定分散于大多数溶剂中，或使其偶联特定的生物分子。

1.5 量子点的合成

迄今为止，人们已研究出多种合成半导体量子点的方法，能够制备出颗粒细小均匀、分散性良好、荧光性能好、量子产率高的样品。量子点的制备方法可分为物理法和胶体化学法两大类，其中物理法包括化学气相沉积法和分子束外延法等；胶体化学法包括有机金属高温溶剂热法、水热法、微波辐射法、反向微乳液法、电化学沉淀法等。由于溶液中制备的胶体量子点尺寸可较为精准地控制，表面还可以包裹其他不同带隙的半导体材料制备多层结构的量子点，并能方便地进行后处理和表面修饰，潜在用途更广，所以胶体化学法成为主流制备方法。

1.5.1 有机金属高温溶剂热法制备量子点研究进展

有机金属高温溶剂热法制备量子点的合成机理可以追溯到 20 世纪 50 年代

LaMer 等提出的单分散胶体微球的形核和生长模型(如图 1.5 所示)。LaMer 的研究表明,单分散胶体的制备包括成核及在成核基础上的可控生长两个过程。在高温条件下,试剂快速注入反应容器后,前驱体浓度将明显高于成核阈值,于是出现短暂的形核过程;随之而来的是核的生长阶段,此时前驱体浓度将急剧下降。由于每个量子点的生长过程都是相似的,其原始尺寸分布强烈地依赖于形核到核开始生长这一时间段。随着反应时间的增长,量子点的生长还会经过第二个过程,即奥氏(Ostwald)熟化。在此过程中,小颗粒量子点由于具有高表面自由能,将促使其溶解并沉积在大颗粒量子点上,也就是说大颗粒的生长是以牺牲小颗粒的数量为代价的,此时量子点的颗粒数量将减少,平均尺寸将增大,且奥氏熟化后,溶液趋于饱和。

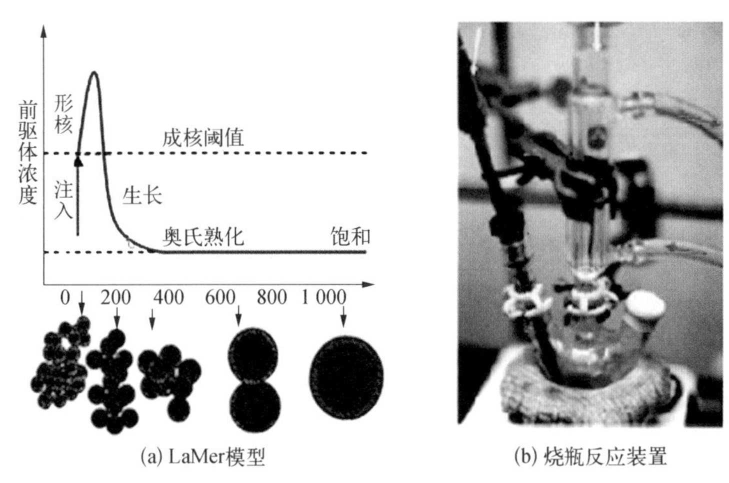

图 1.5 单分散量子点合成

基于该原理,麻省理工学院的 Bawendi 小组在 1993 年提出了一种合成 CdE (E=S,Se,Te)半导体纳米晶的方法,首次系统地提出了高温溶剂热法制备量子点的流程,具有里程碑式的意义,该工艺目前已成为最常用、最有效的量子点制备工艺。以 CdSe 量子点合成为例,他们将 $CdMe_2$ 和 Se 粉分别溶于三辛基膦(Tri-n-octylphosphine,TOP)中,形成澄清溶液后混合,在 350℃高温条件下将混合溶液快速注入三辛基氧膦液体中,$Cd(CH_3)_2$ 和 TOPSe 立即高温热分解提供 Cd 离子与 Se 离子,生成极小的 CdSe 晶核;注射结束后温度下降,由于溶液中存在大量自由的 Cd 和 Se 前驱体,晶核在低温 240℃条件下稳定生长;当晶核生长至所需要尺寸时,降温使反应终止,通过选择性沉析进一步改善量子点的最终粒度分布。1996 年,Hines 等采用上述方法合成了 CdSe 量子点,并开发了 ZnS 的包裹工艺,使量子点的荧光量子产率提高至 50%。

由于上述反应中使用到的 $Cd(CH_3)_2$、$Zn(CH_3)_2$ 等试剂剧毒、易燃、易爆、价格昂贵,而且反应条件极为苛刻,稍有控制不当就产生金属沉淀,从而限制了该方法的广泛应用。Peng 小组对传统工艺进行了改进，使用 CdO 代替 $Cd(CH_3)_2$，通过选择不同的配体实现了量子点形核与生长过程的有效控制，使其质量进一步提高。根据前驱体溶液添加方式不同，研究人员还开发出"一锅煮(One-pot)"和"注射(Injection)"工艺。Bae 等开发的所谓注射工艺多是将阴离子前驱体溶液在高温条件下快速注入阳离子前驱体溶液中，高温条件下迅速成核，然后再降到合适的温度，在低温条件下稳定生长；而 Ouyang 等开发的"一锅煮"工艺，是在常温条件下将制备好的阴、阳离子前驱体溶液混合，混合后的溶液在一定的升温速率下升温反应，合成过程中不再添加其他原料。上述两种方法，各有优势，都被广泛采用。

基于高温溶剂热法，CdSe、CdS、CdTe、PbS、PbSe、InP、ZnS、ZnSe 等二元量子点都被成功制备，由于材料性质的限制，二元量子点的发光范围和荧光量子产率都难以拓宽和提高。研究发现，通过在量子点表面包裹一层无机材料或者掺杂过渡金属离子，可对量子点的禁带结构进行调控，开发出新性能的复合结构量子点。此外，在生物医学应用中，利用有机溶剂制备的油溶性量子点因不溶于水相而不能直接使用，如何实现量子点的水溶性并保证高的荧光强度也至关重要。

1.5.2 水溶性量子点的制备

水溶性量子点的制备方法主要分为油相转水相和直接合成水相两种。油相转水相是指在量子点表面用亲水性分子进行官能化，主要分为配体交换法、胶束包裹法和二氧化硅包覆法三类(如图 1.6 所示)。配体交换法是指用亲水性的含双官能团的配体分子取代原先量子点表面的憎水基团，所选分子通常一端含巯基，另一端含生物相容的胺基或羧基，如巯基丙酸、巯基乙胺等。胶束包裹法是指用双亲分子的疏水端与量子点表面原有配体的长链烷烃端的相互范德瓦尔斯力作用而形成胶囊进而包裹量子点，双亲分子的亲水端使量子点具有水溶性和

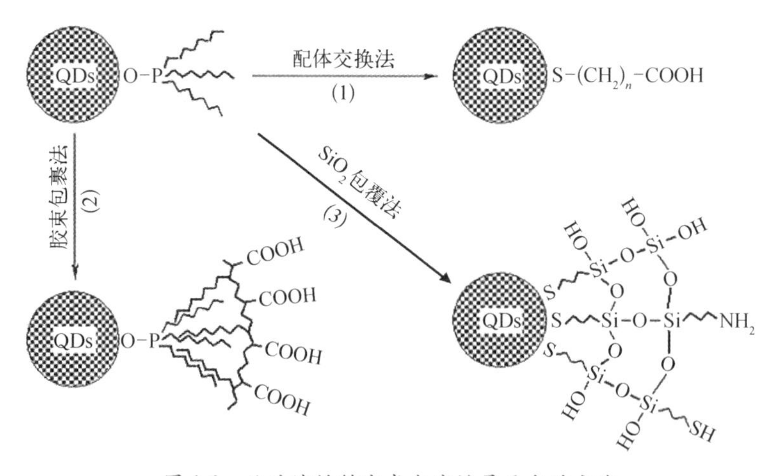

图 1.6 从油溶性转变成水溶性量子点的方法

生物相容性。二氧化硅包覆法是指在量子点表面可控生长一层二氧化硅层，使之具有水溶性。这三种方法各有优缺点：配体交换法在操作上最为简便，但巯基分子易被氧化进而从量子点表面脱附下来并最终导致量子点团聚沉淀；胶束包裹法由于包裹胶束与量子点表面原子的固有配体无直接键和作用，稳定性也欠佳；二氧化硅包覆法虽然能形成致密的包裹层，但是生成二氧化硅层的合成工艺复杂，所以不适合量产。因此，研究重点转向在水溶液中直接合成水溶性量子点。水相制备量子点的典型方法是Gao等提出用巯基为稳定剂合成CdTe量子点。首先在三颈烧瓶中将巯基稳定剂和镉盐配置成溶液并适当调节pH值，随后倒入基于$TeAl_3$和H_2SO_4反应得到NaHTe溶液，形成CdTe单体。随着不断地加热，CdTe逐渐长大，通过控制加热时间可对粒径进行调控。研究人员已经开发出多种稳定剂制备不同材料的水溶性量子点，获得的荧光可覆盖整个可见光范围。但是，制备的量子点的尺寸分布、荧光量子产率与荧光稳定性仍难以与油溶性量子点相媲美，研究人员将重点转向实现量子点的能带工程调控。

1.6　量子点的表征方法

量子点的常用表征手段包括：使用紫外可见分光光度计和荧光分光光度计测试量子点的吸收和荧光光谱，计算量子点的荧光量子产率；使用X射线衍射仪表征量子点的相结构以及观察其结晶性；使用能谱和等离子体发射光谱来定量分析量子点的元素含量；使用场发射透射电镜观测量子点的形貌和计算粒径大小。

1.6.1　吸收光谱和荧光光谱

表征量子点性能好坏的直观方法是进行吸收光谱和荧光光谱的光学性能测试。其中，通过紫外可见分光光度计可测试量子点的吸收光谱，当光入射样品时，样品中的价带电子吸收光子能量从基态激发到激发态，通过对样品的透射束进行分析，获取了被吸收光的波长和强度，得到了样品的吸收光谱。通过分析吸收光谱，可粗略判断量子点的结晶性能，根据光谱还可以计算禁带宽度和半峰半宽，表征量子点的尺寸分布的优劣。对于二元量子点，根据吸收峰位置还可以粗略计算量子点的粒子尺寸。通过荧光分光光度计可测试量子点的荧光光谱。当样品吸收一定能量后，传递给发光中心，使电子激发至高能态，由于高能态是不稳定的状态，电子会从高能态跃迁至较低能态，同时发出一定波长的光。发射光谱常常采用某一固定波长激发，通过测量发光强度随着波长（频率或波数）的变化关系，获取发光的能量随波长或频率变化的荧光光谱图。通过分析荧光光谱，根据荧光峰的强度可判断量子点荧光产率的高低，根据荧光峰的半峰宽可判断量子点尺寸分布的优劣，根据荧光峰位置可确定量子点的发光颜色。为避免样品的重吸收对后续数据处理产生影响，测试前应用氯仿对样品进行稀释处理，以保证样品在吸收峰处的吸光度小于0.1。

1.6.2 荧光量子产率

荧光量子产率是指量子点吸光后所发射的荧光的光子数与所吸收的激发光的光子数之比值。目前，带有积分球组件的直接测试量子产率系统已经商业化，然而由于价格昂贵，基于已知荧光量子产率的染料进行参比的测试方法仍是主流计算方法。对于不同的发射波长量子点，标准染料的选择需遵循以下原则：待测物质与标准染料的吸收光谱与荧光光谱必须最大程度重叠，并且待测物质与标准染料的光谱须在同一测试条件下获得。测试时为避免重吸收的发生，须将染料与待测样品在激发波长处的吸光度调节在0.01～0.1。具体计算方法如式(1-2)所示。

$$Q = Q_R \frac{I}{I_R} \frac{OD_R}{OD} \frac{n^2}{n_R^2} \tag{1-2}$$

式中，Q 为待测样品的量子产率；Q_R为标准染料的荧光量子产率；I、I_R分别为待测样品和参比物的荧光光谱积分面积；OD、OD_R分别为待测样品和参比物在激发波长处的吸光度；n 与 n_R分别为稀释待测样品和参比物的折射系数。

1.6.3 X射线衍射(XRD[①])

X射线衍射分析是基于晶体产生的X射线衍射，对物质内部原子在空间分布状况上进行结构分析的方法。将一定波长的X射线照射到晶体上时，结晶内存在规则排列的原子或离子使得X射线产生散射，在某些方向上相位得到加强，显示出特有的衍射现象，并与特定结晶结构相对应。利用X射线衍射仪对所制备的纳米晶物相结构以及结晶度进行分析，同时利用谢乐公式(式1-3)可对所制备纳米晶的粒径进行粗略计算。

$$D_c = 0.89\lambda / (B \cdot \cos\theta) \tag{1-3}$$

式中，λ 为X射线波长；B 为衍射峰的半高宽；θ 为衍射角。

1.6.4 X射线能谱(EDS[②])

X射线能谱能够用于定量或半定量分析样品中的化学成分，借助于分析试样发出的元素特征X射线波长测定试样所含的元素，根据强度测定元素的相对

---

① XRD：全称为X-ray Diffraction。

② EDS：全称为Energy Dispersive Spectra。

含量。它的基本原理是：高能电子束将待测样品中元素芯电子激发至较高的能级，而由于这些电子处于不稳定状态，在向基态跃迁时会发射出X射线，不同的元素具有不同的X特征射线，因此可用于定性分析，同时由于含量与X射线特征峰的高度有关，所以又可进行定量分析。

1.6.5 电感耦合等离子体发射光谱（ICP-AES①）

电感耦合等离子体发射光谱相对于X射线能谱来说，灵敏度更高，测试结果更加准确，能够定量分析样品中的元素含量。利用电感耦合等离子激发光源使样品溶液蒸发气化，解离为原子和离子，原子和离子在光照下被激发发光。利用光谱仪将发出的光分解成按波长排列的光谱。再利用检测器对光谱进行检测，基于测得的光谱波长对样品进行定性分析，按发射光强度对样品中所含元素进行定量分析。

1.6.6 场发射透射电镜（FE-TEM②）

透射电镜是根据电子光学原理，用电子束和电子透镜代替光束和光学透镜，使物质的细微结构在非常高的分辨率和高的放大倍数下成像的电子光学仪器，可直观得到纳米材料相关形貌、结构信息。由于量子点的尺寸非常小，介于1～10 nm，为直接观测单个量子点的形貌、结晶程度以及计算晶面间距，必须拍摄高分辨透射电镜照片。此外，透射电镜也是判断量子点粒径尺寸、尺寸分布是否均匀的直观方式。

1.7 量子点的应用

由于电子波函数的量子限制效应，量子点能带的有效带隙随粒子半径的减少而增加，宏观表现在吸收光谱和荧光光谱的蓝移，因此可以通过改变量子点的尺寸对其光电性质进行调控。此外，与有机荧光材料相比，量子点具有性能稳定、不易光漂白、激发光谱宽、荧光光谱窄、发光性能受周围环境影响小等特点，在生物医药、催化、信息存储、太阳能电池以及发光器件等诸多领域具有广阔的应用前景，如图1.7所示。

利用量子点制成的荧光探针已经促进了早期癌症鉴别、肿瘤成像、药物筛选、靶向给药以及细胞原位观测等技术的飞速发展；使用量子点—有机复合材料构筑的发光器件在广谱发光、单色性、稳定性以及色彩饱和度等方面也体现出无与伦比的优越性。特别值得关注的是量子点在光伏器件领域的应用。据计算，

---

① ICP-AES：全称为Inductively Coupled Plasma Atomic Emission Spectra。
② FE-TEM：全称为Field Emission Transmission Electron Microscope。

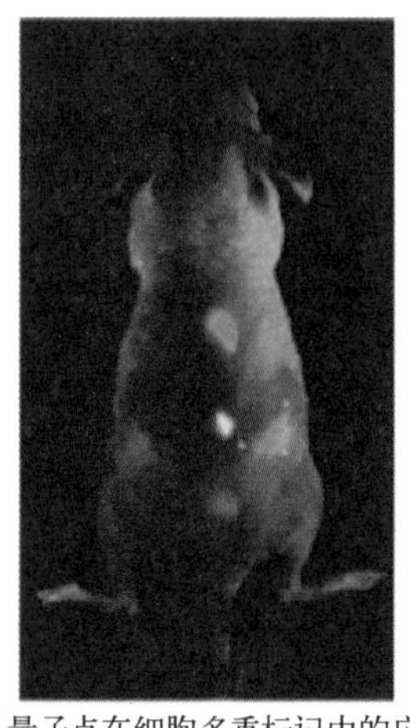

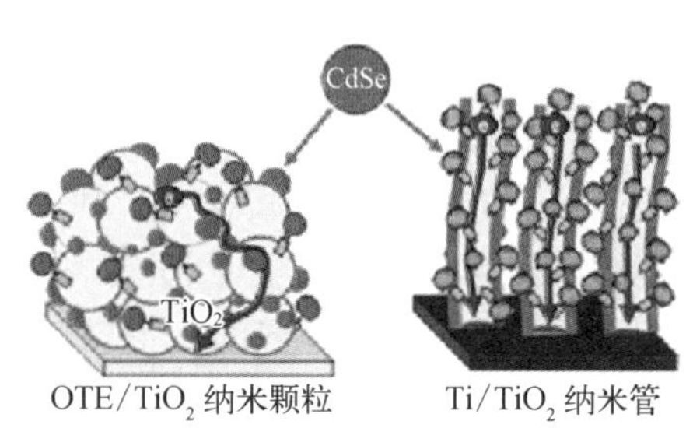

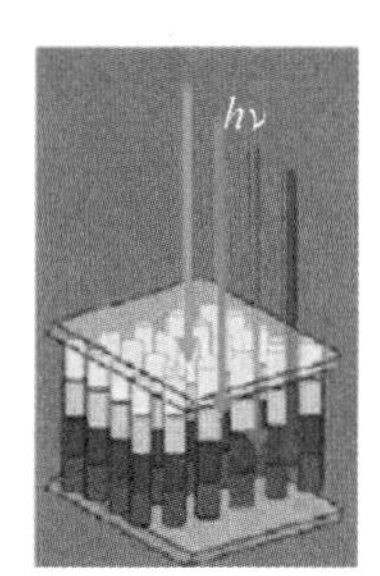

(a) 量子点在细胞多重标记中的应用　　(b) CdSe 量子点敏化的太阳能电池

图 1.7　量子点的应用

通过量子点实现的热载流子收集、输运以及多激子产生可使下一代太阳能电池的效率达 66%，有望实现太阳能利用的革命性进步。

1.7.1　量子点在发光二极管中的应用

量子点可以通过改变颗粒尺寸而获得不同的发射波长和电子亲和势。与其他有机/聚合物电致发光材料相比，半导体量子点的发光光谱较窄，因此将发光性能优异的量子点材料与有机聚合物复合用于电致发光器件，来获得高色纯度、窄谱带以及在可见光范围内发光峰连续可调的系列电致发光器件，进而应用在下一代的超薄平板显示、光波长标定、红外探测等领域。1994 年，Alivisatos 研究小组率先进行了这方面的研究工作，他们用 CdSe 量子点材料和聚对苯撑乙烯[Poly (P-phenyl Vinyl)，PPV]复合制备了双层结构的发光器件，发光颜色可以通过改变 CdSe 量子点的尺寸从红色调谐到黄色，亮度可以达到 100 cd/m^2，见图 1.8。难以稳定制备高质量的量子点产品以及器件结构缺陷，导致量子点发光二极管(Quantum Dot Light Emitting Diode，QD-LED)在随后几年里研究进展缓慢。

2002 年，Bawendi 小组提出将量子点和有机分子相互分离的多层结构设想，使用制造有机薄膜发光二极管的技术加上物相分离工艺，成功将单层 CdSe/ZnS 量子点置入有机电子和空穴传输层之间，制备了类似于三明治构造的 QD-LED，显著改进了器件的外量子效率，在提高器件的发光性能方面具有里程碑的意义。研究表明，提高单分子层量子点薄膜的尺寸分布是改善 QD-LED 外量子效率的技术关键。通过改善薄膜尺寸，Bawendi 小组得到了外量子效率分别为 2%、0.5%、0.36%的红、绿和白光 QD-LED，对应的光谱频宽控制在 30 nm 内。他们还在提高电子、空穴材料的应用以及薄膜的制备工艺方面开展了研究，

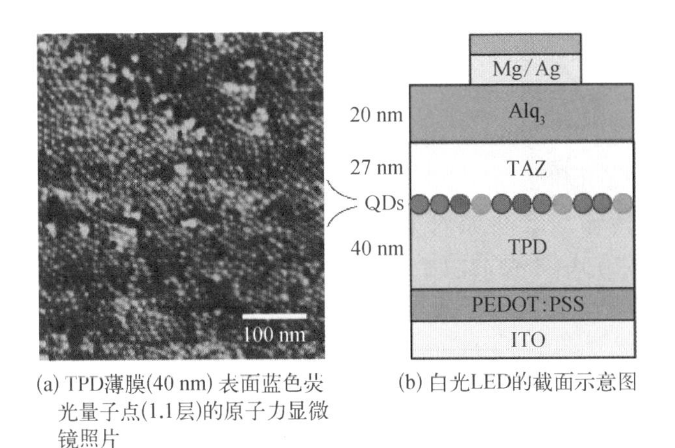

(a) TPD薄膜(40 nm)表面蓝色荧光量子点(1.1层)的原子力显微镜照片　(b) 白光LED的截面示意图

图1.8　双层结构的发光器件

开发了一种更为简易的接触印刷(Contact Printing)的薄膜制备方法，将红、绿、蓝光QD-LED的外量子效率分别提高到2.3%、0.65%、0.35%。

我国也开展了相应的工作，Sun等使用CdSe/ZnS和CdSe/CdS/ZnS量子点，制备了最大亮度分别达到9 064(红)cd/m^2、3 200(橙)cd/m^2、4 470(黄)cd/m^{2}和3 700(绿)cd/m^{2}的四种颜色光的QD-LED器件，同时具有较低的启亮电压(3～4 V)、高的色纯度(电致发光谱半峰宽30 nm左右)和较长的工作寿命，如图1.9所示。

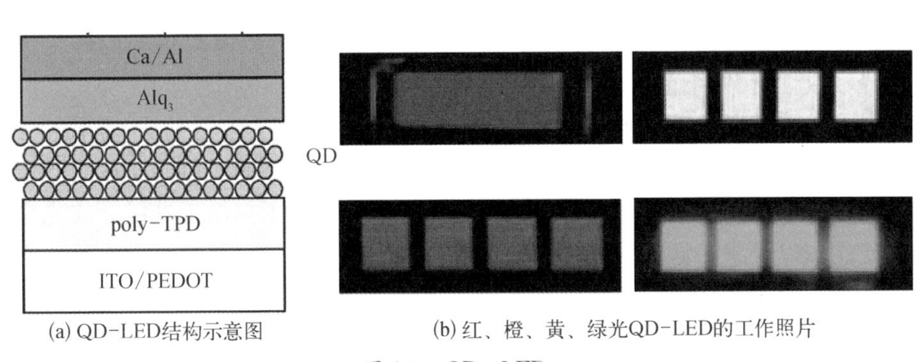

(a) QD-LED结构示意图　(b) 红、橙、黄、绿光QD-LED的工作照片

图1.9　QD-LED

2011年，韩国三星顺利开发出业界首款4英寸[①]全彩量子点有源矩阵显示屏，使用薄膜晶体管来控制每个彩色CdSe/ZnS量子点像素，与传统有机电激光显示(Organic Light-Emitting Diode, OLED)屏相比，量子点显示屏的能耗更低、亮度更亮、寿命更长。Li等开发了一种新的方便表面钝化的方法，用正已烷和乙酸乙酯的混合溶液处理，在经过两次钝化后，溶液的分散性依旧很好，其荧光量子产率也没有明显降低，仍然显示着良好的表面钝化。实际上，良好的分散

① 1英寸=2.54厘米。

性，会使形成的膜质量较高，表面纯化则会提升载流子的传输效率。最终，他们得到了外量子效率(External Quantum Efficiency，EQE)为6.27%的钙钛矿量子点LED。之后Takayuki等用乙酸丁酯的酯溶剂对合成的$CsPbBr_3$进行清洗去除配体，得到了EQE为8.73%的钙钛矿量子点LED；Lin等采用了在量子点发光层和电子传输层之间加入PMMA作为阻断层，同时利用MABr壳包裹$CsPbBr_3$晶体的方式，平衡载流子的注入，同时MABr壳可以减少晶体表面非辐射缺陷，提高了光致发光量子效率。EQE为20.31%的量子点LED，其效率到目前为止已经是非常高了。镉系量子点LED已经实现了量产，市场上也出现了大量的量子点TV显示器。但是钙钛矿量子点目前还处于实验室研究阶段，主要问题是钙钛矿材料对水、氧比较敏感，稳定性还有待提高。相信在可预见的未来，随着量子点大量合成工艺的开发以及二极管制造技术的不断进步，终有一天量子点会走进千家万户。

1.7.2 量子点在太阳能电池领域的应用

随着全球性能源危机、环境污染、气候变暖等问题日益突出，如何实现太阳能等可持续发展能源的高效利用成为能源振兴的重点发展领域。市场上主流的大面积太阳能电池仍是晶硅电池，虽然近年来晶硅原材料价格的大幅跳水使该类电池成本大大降低，然而热载流子利用率的难以提高仍限制了转换效率的增加(理论转换效率32%)。薄膜太阳能电池由于具有重量轻、易成膜、可弯曲、成本低等优势而受到广泛的关注。此外，薄膜太阳能电池还具有优异的透光性和弱光吸收性，在太阳能建筑一体化上体现出晶硅电池不可比拟的优势。当前研究最多的薄膜电池是基于给体-受体组成的有机聚合物太阳能电池，有限的光活性范围以及较低的载流子迁移率使电池的转换效率限制在5%以内，而且较差的热稳定性也使其难以与硅基电池相媲美。半导体量子点由于其优异的光学和电学性质以及成本低、易制造的特点，成为太阳能电池的理想材料。它具有较高的本征载流子迁移率而有利于提高电池的转化效率；具有随尺寸和形状变化的能带结构，可实现吸收光谱与太阳光谱的最大重合，拓展光活性范围；某些量子点还可吸收一个光子产生多个电子-空穴对，可有效地提高输出功率。上述优势有望使半导体纳米晶太阳能电池的效率达到66%。

根据光活性层组成不同，量子点(半导体纳米晶)太阳能电池可以分为三种类型，分别是纯量子点(无机)太阳能电池、量子点/聚合物(有机/无机)复合太阳能电池及染料敏化量子点太阳能电池，其结构示意图如图1.10所示，研究现状如表1.2所示。纯量子点(无机)太阳能电池采用两种不同纳米晶作为给体和受体，器件稳定性高，然而与金属的结合使大部分能量损失，限制了效率的提高。染料敏化量子点太阳能电池将纳米晶和染料作为敏化剂吸附到多孔纳米半导体薄膜(TiO_2、SnO_2、ZnO等金属氧化物)，器件制作简单、成本低，然而染料多为液态、易泄漏。

量子点/聚合物太阳能电池是聚合物和量子点形成p-n结，虽然聚合物易老化，稳定性差，但是由于基体选择自由，目前研究比较广泛。以量子点/聚合物太阳能电池为例，聚合物和量子点分别充当空穴和电子传输层，光照下同时吸收光子产生电子空穴对，量子点较高的电子亲和力和聚合物相对较低的电离能，产生的电场使电子和空穴对分离形成自由移动的载流子，分别沿着各自的路径运行到相应电极，形成电流。量子点较高的电子亲和能、迁移率及大的比表面积，为激子分离提供充足的界面，该类电池兼具了纳米晶与聚合物各自的优点，具有良好的发展潜力。量子点(半导体纳米晶)太阳能电池的研究仍处于初期阶段，目前得到最好的转换效率仅为13.43%左右(Sanehira等制备的$CsPbI_3$量子点太阳能电池)，但是材料的稳定性等因素的影响，使这类太阳能电池仍处于实验室研究阶段。

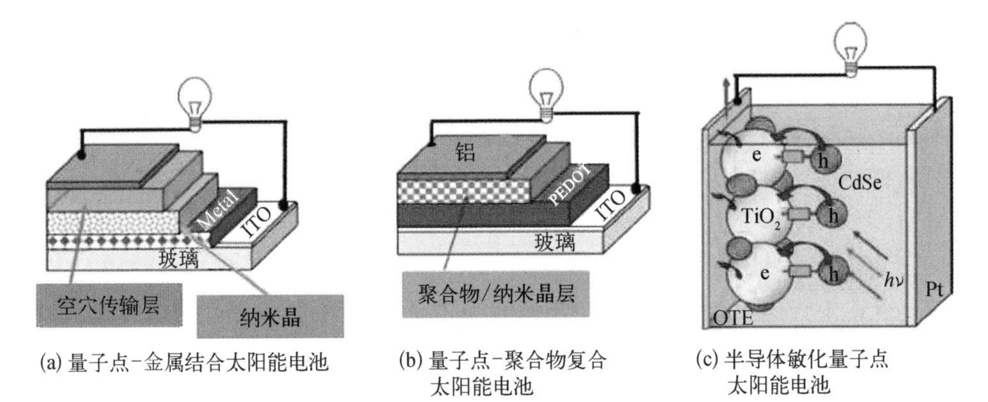

(a) 量子点-金属结合太阳能电池　(b) 量子点-聚合物复合太阳能电池　(c) 半导体敏化量子点太阳能电池

图1.10　量子点(半导体纳米晶)基太阳能电池的三种结构示意图

表1.2　纳米晶太阳能电池研究现状(转换效率与AM1.5标准模拟光源对比)

量子点	CE	电解质	短路电流/(mA/cm^2)	开路电压/V	填充因子/FF	转换效率η/%	发表年份
CdS/CdSe	Cu_2S/黄铜	多硫化物	13.68	0.575	0.63	4.92	2011
Mn-CdSe/CdSe	Cu_2S-RGO①	多硫化物	20.7	0.558	0.47	5.42	2012
$CdSe_xTe_{1-x}$	Cu_2S/黄铜	多硫化物	19.35	0.571	0.575	6.36	2013
CdTe/CdSe	Cu_2S/黄铜	多硫化物	19.59	0.606	0.569	6.76	2013
$CuInS_2$	Cu_2S/黄铜	多硫化物	20.65	0.586	0.581	7.04	2014
$CdSe_xTe_{1-x}$	Cu_2S/黄铜	多硫化物	20.78	0.653	0.605	8.21	2015
$CdSe_xTe_{1-x}$	MCb/Ti	多硫化物	20.69	0.807	0.689	11.51	2016
ZCISe	MC/Ti	多硫化物	25.49	0.745	0.627	11.91	2016
ZCISe	N-MC/Ti	多硫化物	25.67	0.759	0.639	12.45	2017
ZCISe-CdSe	MC/Ti②	多硫化物	27.39	0.752	0.619	12.75	2018

① RGO=还原氧化石墨烯；② MC=介孔碳。

1.7.3 量子点在生物医学中的应用

半导体量子点的早期研究主要集中于其独特的光学特性及其在光学器件中的应用。到 20 世纪 80 年代后期，生物学家逐渐对半导体量子点产生了浓厚的兴趣。但限于高质量量子点的缺乏，半导体量子点在生物医学上应用的研究并未取得实质性的突破。直至 1998 年，Alivisatos 和 Nie 研究小组同时分别在 Science 上发表了以量子点作为生物探针对活细胞体系进行标记的论文，证明胶体量子点表面改性的灵活性，并且通过表面的活性基团实现了与生物分子的偶联，标志着量子点应用于生物学研究的重大进展。

量子点在标记细胞、蛋白质和核酸等生物材料和筛选药物、医学成像、生物化学研究等方面表现出独特的优势。用量子点标记活细胞能同时标记多种不同类型的蛋白质或活细胞，发现以前由于缺乏合适的荧光探针而未能揭示的一系列细胞内活动及生物发展现象，为生物、医学等研究带来了突破。尤其是在活细胞长期多色成像和亚细胞水平分子靶点的特异性标记等研究中取得的成果，为活细胞内的信号传递及其分子机制的研究开辟了新的途径。

量子点还可用于动物活体标记的研究，揭示了在有机体水平进行超灵敏、多元成像生物诊断和治疗的可能，是生物医学上的又一创举。如将近红外量子点注入动物体内进行前哨淋巴结活组织检查，通过量子点标记可准确地指导手术进行、减少手术创伤；根据药物靶向传送原理设计的聚合物包覆、生物键连的量子点探针，可通过被动及主动靶向机理到达肿瘤部位，标记前列腺癌细胞靶点；将其注入活老鼠体内，获得了癌细胞的高灵敏色成像结果。Kim 等利用近红外发光量子点开发了前哨淋巴结活体检测技术，研究发现包裹多配位基三磷化氢的量子点可稳定溶解于血清中，通过皮内注射入白鼠和猪的体内，量子点会定位在最近的前哨淋巴结上，意味着借助量子点的荧光，人们在一次手术中可同时切除前哨淋巴结和原发性肿瘤。2002 年，Akerman 等率先探索了量子点体内标记的可能性。他们将一种可特异性识别肺组织的肽标记在量子点的表面，以尾静脉注射方式注入小鼠体内，成功地在小鼠的肺部观察到了量子点的荧光。同时，他们还将肽标记的量子点通过静脉注射的方式注入小鼠的特定血管中，利用不同种类的肽与血管内组织与细胞的特异性结合成功实现了量子点的靶向输运。Shao 等通过在量子点和 TK 基因之间构建共价键，揭示了 HSV - TK/GCV 自杀基因治疗的过程。Chan 等搭建了基于石墨化氮化碳量子点的光敏化平台，通过特定激光波长辐照后产生活性氧杀死癌细胞，在治疗癌症方面有很大的潜力。Olerile 等通过乳化-蒸发-低温凝固法制备了量子点和紫杉醇共载的纳米脂质载体，在体内近红外成像和抗肿瘤疗效方面均取得了成功。此外，不同发光颜色的量子点可用单波长光源激发，为复杂淋巴系统不同部分的淋巴定位提供了可能，Kobayashi等利用五种不同发光颜色的量子点成功标记了白鼠上体的五处淋巴区域，如图1.11所示。此后，Dubertret等将量子点用磷脂包裹，并将其注入非洲蟾蜍的胚胎中，在此基础上通过量子点荧光的实时观测获得的胚胎细胞的演变过程，如图1.12所示。将量子点表面与肽、抗体等生物分子偶联，可用于癌症的靶向治疗。Wu等将可参与癌细胞分离生殖和转移的HER-2与量子点偶联，体外实验发现量子点仅与对HER-2呈阳性反应的乳癌细胞结合。随后Tada等利用高速共聚焦显微镜和高灵敏度相机记录了用HER-2修饰的量子点进入移植了乳癌细胞的白鼠体内并结合到癌细胞表面的全过程。

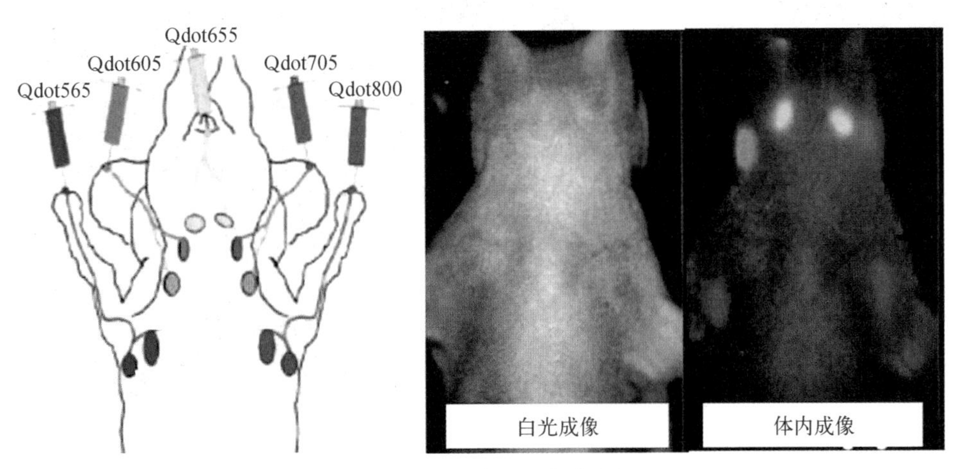

图1.11　量子点在活体内多重标记

尽管量子点在生物医学领域有着诸多的用途，但是要真正实现量子点的临床医用，还有许多问题亟待解决，如量子点的毒性、如何清除量子点、实现肿瘤的特异性标记等。

1.7.4　量子点在离子测定中的应用

离子的测定对水质监控等环保领域具有非常重要的意义。2002年，Chen等采用不同的配体制备CdS量子点，研究了这些量子点对不同离子的响应情况，首次提出了以发光量子点为荧光探针选择性检测金属阳离子的新方法。实验中发现，聚磷酸盐修饰的量子点对几乎所有的一价、二价阳离子都有响应；对L-半胱氨酸修饰的量子点来说，仅有Zn^{2+}对其荧光有增强作用，其他离子如Cu^{2+}、Mn^{2+}和Ca^{2+}则不敏感；而以1-巯基甘油为稳定剂的CdS量子点与Cu^{2+}作用后发生了较大程度的荧光猝灭现象。随后，Kerim等针对Cu^{2+}的高分辨监测，设计了一段五个氨基酸序列的五肽，并以其作为稳定剂合成了CdS量子点进行Cu^{2+}和Ag^{+}的测定，检测限达到0.5 nmol/L。Alfredo等合成了2-

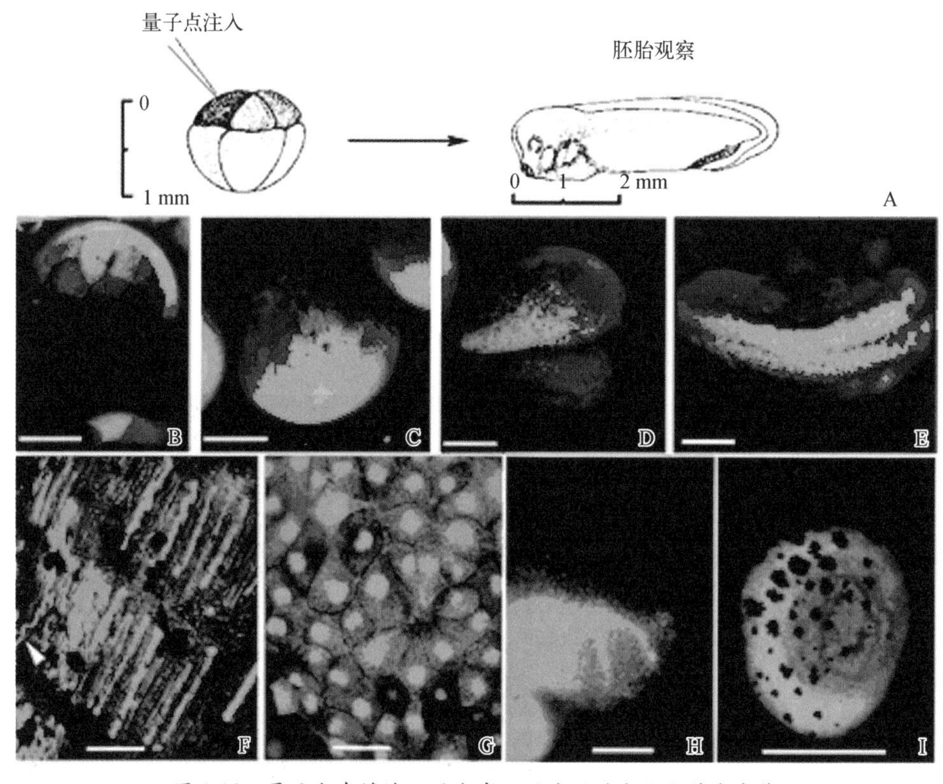

图 1.12　量子点在蟾蜍胚胎发育不同阶段的定位和荧光成像

(BOC-氨基)乙硫醇(BMC)修饰的 CdSe 量子点,以该量子点作为荧光探针,实现了对甲醇溶液中 CN^- 离子的选择性测定。重金属离子具有显著的生物毒性和环境危害性,其高分辨监测对环境控制以及生物学研究都具有非常重要的意义。Ali 等以谷胱甘肽稳定的 CdTe 和 CdZnSe 量子点作为荧光探针,利用稳定剂与重金属离子的相互作用实现了 Pb^{2+} 的高分辨测定,检测极限达到 20 nmol/L。Koneswaran 等以巯基乙酸稳定的 CdSe 量子点作为荧光探针进行 Hg^{2+} 的测定,发现当 Hg^{2+} 在 5～400 nmol/L 时,量子点的荧光强度随 Hg^{2+} 的浓度呈良好的线性关系,检测极限可达 4.2 nmol/L。

近年来,An 等在水相中以 3-巯基丙酸(MPA)作为稳定剂,经吡咯烷二硫代氨基甲酸铵(APDC)修饰得到了近红外发光的 CdTe/CdS 量子点并将其应用于检测 Cd^{2+},在 Cd^{2+} 为 0.1～2 μmol/L 时,量子点的荧光强度与 Cd^{2+} 的浓度成正比,该方法的检测极限为 6 nmol/L。Zhang 等用同型半胱氨酸包裹 CdTe 量子点,发现量子点在 3.7 nm 的尺寸大小时对 Ag^+ 的敏感度和选择性最佳,其检测极限可达到 8.3 nmol/L。Huang 等采用巯基乙酸(TGA)包裹的 CdTe 量子点实现了 Ag^+ 检测,并能较好地将 Ag^+ 从 Hg^+ 等其他金属离子中检测出来,并首次提出了一种基于 32 位嵌入微控制器系统的便携式 Ag^+ 检测装置,其线性检测范围为 5～20 nmol/L。

参考文献

[1] Jaiswal J K, Mattoussi H, Mauro J M, et al. Long-term multiple color imaging of live cells using quantum dot bioconjugates. Nature Biotechnology, 2003, 21(1): 47-51.

[2] Jeong S, Song J, Lee W, et al. Cancer-microenvironment-sensitive activatable quantum dot probe in the second near-infrared window. Nano Lett, 2017, 17: 1378-1386.

[3] Zhan Y, Yang J, Guo L, et al. Targets regulated formation of boron nitride quantum dots-Gold nanoparticles nanocomposites for ultrasensitive detection of acetylcholinesterase activity and its inhibitors. Sensors and Actuators B: Chemical, 2019, 279: 61-68.

[4] Zhang M, Hu B, Meng L, et al. Ultrasmooth quantum dot micropatterns by a facile controllable liquid-transfer approach: low-cost fabrication of high-performance QLED. Journal of the American Chemical Society, 2018, 140(28): 8690-8695.

[5] Ruiz V, Pérez-Marquez A, Maudes J, et al. Enhanced photostability and sensing performance of graphene quantum dots encapsulated in electrospun polyacrylonitrile nanofibrous filtering membranes. Sensors and Actuators, B: Chemical, 2018, 262: 902-912.

[6] Li Q, Wang X, Zhang Z, et al. Development of modulation p-doped 1310 nm InAs/GaAs quantum dot laser materials and ultrashort cavity fabry-perot and distributed-feedback laser diod. ACS Photonics, 2017, 5(3): 1084-1093.

[7] Wen L N, Xie M X. Competitive binding assay for G-quadruplex DNA and sanguinarine based on room temperature phosphorescence of Mn-doped ZnS quantum dots. Journal of Photochemistry and Photobiology A: Chemistry, 2014, 279: 24-31.

[8] Li Y, Li B Q. Use of CdTe quantum dots for high temperature thermal sensing. RSC Advances, 2014, 4(47): 24612-24618.

[9] Nemade K R, Waghuley S A. Low operable temperature chemiresistive gas sensing by graphene-zinc oxide quantum dots composites. Science of Advanced Materials, 2014, 6(1): 128-134.

[10] Le N T, Kim J S. Temperature dependent fluorescence of Cu in S/Zn S quantum dots in near infrared region. Journal of Nanoscience and Nanotechnology, 2013, 13(9): 6115-6119.

[11] Agafonova D S, Kolobkova E V, Sidorov A I. Temperature dependence of the luminescence intensity in optical fibers of oxyfluoride glass with CdS and CdS_xSe_{1-x} quantum dots. Technical Physics Letters, 2013, 39(7): 629-631.

[12] Efros A L, Delehanty J B, Huston A L, et al. Evaluating the potential of using quantum dots for monitoring electrical signals in neurons. Nature Nanotechnology, 2018, 13(4): 278-288.

[13] Courtney C M, Goodman S M, McDaniel J A, et al. Photoexcited quantum dots for killing multidrug-resistant bacteria. Nature Materials, 2016, 15(5): 529 - 534.

[14] Wang Y, Yang M, Ren Y, et al. Cu-Mn codoped ZnS quantum dots-based ratiometric fluorescent sensor for folic acid. Analytica Chimica Acta, 2018, 1040: 136 - 142.

[15] Li C C, Hu J, Lu M, et al. Quantum dot-based electrochemical biosensor for stripping voltammetric detection of telomerase at the single-cell level. Biosensors and Bioelectronics, 2018, 122: 51 - 57.

[16] Hu X, Zhang H, Chen S, et al. A signal-on electrochemiluminescence sensor for clenbuterol detection based on zinc-based metal-organic framework-reduced graphene oxide-CdTe quantum dot hybrids. Analytical and Bioanalytical Chemistry, 2018, 410 (30): 7881 - 7890.

[17] Ma Y, Wang M, Li W, et al. Live cell imaging of single genomic loci with quantum dot-labeled TALEs. Nature Communications, 2017, 8: 15318.

[18] Kong Q, Cui K, Zhang L, et al. "On-Off-On" photoelectrochemical/visual lab-on-paper sensing via signal amplification of CdS quantum dots@leaf-shape ZnO and quenching of Au-modified prism-anchored octahedral CeO_2 nanoparticles. Analytical Chemistry, 2018, 90(19): 11297 - 11304.

[19] Zheng B, Li B, Chen Z, et al. Fluorescence probe for detection of paeoniflorin using ZnTe quantum dots. IEEE Sensors Journal, 2018, 18(3): 918 - 924.

[20] Chen Z, Zhang Y, Zhang H, et al. Low-voltage all-inorganic perovskite quantum dot transistor memory. Applied Physics Letters, 2018, 112 (21): 212101.

[21] 唐爱伟,滕枫,王永生,等.Ⅱ-Ⅵ族半导体量子点的发光特性及其应用研究进展.液晶与显示,2005, 20(4): 302 - 308.

[22] Liu Y M, Yuan Y Z, Ren X M. The strain relaxation of InAs/GaAs self-organized quantum dot. Chinese Physics B, 2009, 18(3): 881 - 887.

[23] Trindade T, O'Brien P, Pickett N L. Nanocrystalline semiconductors: synthesis, properties and perspectives. Chemistry of Materials, 2001, 13: 3843 - 3858.

[24] Brus L. Electronic wave functions in semiconductor clusters: experiment and theory. Journal of Physical Chemistry, 1986, 90(12): 2555 - 2560.

[25] 徐万帮,汪勇先,尹端沚,等.Ⅱ-Ⅵ型量子点的制备、修饰及其生物应用.无机材料学报,2006, 21(5): 1031 - 1037.

[26] LaMer V K, Dinegar R H. Theory, production and mechanism of formation of monodispersed hydrosols. Journal of the American Chemical Society, 1950, 72(11): 4847 - 4854.

[27] Murray C B, Norris D J, Bawendi M G. Synthesis and characterization of nearly monodisperse CdE (E = sulfur, selenium, tellurium) semiconductor nanocrystallites. Journal of the American Chemical Society, 1993, 115(19): 8706 - 8715.

[28] Hines M A, Guyot-Sionnest P. Synthesis and characterization of strongly luminescing ZnS-capped CdSe nanocrystals. The Journal of Physical Chemistry, 1996, 100(2):

468 - 471.

[29] Peng Z A, Peng X. Formation of high-quality CdTe, CdSe, and CdS nanocrystals using CdO as precursor. Journal of the American Chemical Society, 2000, 123(1): 183 - 184.

[30] Bae W K, Char K, Lee S, et al. Single-step synthesis of quantum dots with chemical composition gradients. Chemistry of Materials, 2008, 20(2): 531 - 539.

[31] Ouyang J, Vincent M, Kingston D, et al. Noninjection, one-pot synthesis of photoluminescent colloidal homogeneously alloyed CdSeS quantum dots. The Journal of Physical Chemistry C, 2009, 113(13): 5193 - 5200.

[32] Wuister S F, Swart I, van Driel F, et al. Highly luminescent water-soluble CdTe quantum dots. Nano Letters, 2003, 3(4): 503 - 507.

[33] Wang M, Felorzabihi N, Winnik M A, et al. Water-soluble CdSe quantum dots passivated by a multidentate diblock copolymer. Macromolecules, 2007, 40 (17): 6377 - 6384.

[34] Gao M, Kirstein S, Weller H, et al. Strongly photoluminescent CdTe nanocrystals by proper surface modification. The Journal of Physical Chemistry B, 1998, 102 (43): 8360 - 8363.

[35] Qu L H, Peng X G. Control of photoluminescence properties of CdSe nanocrystals in growth. Journal of the American Chemical Society, 2002, 124(9): 2049 - 2055.

[36] Crosby G A, Demas J N. The measurement of photoluminescence quantum yields. A review. Journal of Physical Chemistry, 1971, 75(8): 991 - 1024.

[37] Bruchez M, Moronne M, Gin P, et al. Semiconductor nanocrystals as fluorescent biological labels. Science, 1998, 281(5385): 2013 - 2016.

[38] Chan W C, Nie S. Quantum dot bioconjugates for ultrasensitive nonisotopic detection. Science, 1998, 281(5385): 2016 - 2018.

[39] Gao X, Chan W, Nie S. Quantum-dot nanocrystals for ultrasensitive biological labeling and multicolor optical encoding. Journal of Biomedical Optics, 2002, 7(4): 532 - 538.

[40] Coe S, Woo W K, Bawendi M G, et al. Electroluminescence from single monolayers of nanocrystals in molecular organic devices. Nature, 2002, 420 (6917): 800 - 803.

[41] Nozik A J. Exciton multiplication and relaxation dynamics in quantum dots: applications to ultrahigh-efficiency solar photon conversion. Inorganic Chemistry, 2005, 44 (20): 6893 - 6899.

[42] Colvin V L, Schlamp M C, Alivisatos A P. Light-emitting-diodes made from cadmium selenide nanocrystals and a semiconducting polymer. Nature, 1994, 370 (6488): 354 - 357.

[43] Steckel J S, Snee P, Bawendi M G, et al. Color-saturated green-emitting QD - LEDs. Angewandte Chemie-International Edition, 2006, 45(35): 5796 - 5799.

[44] Kim L, Anikeeva P O, Bulovic V, et al. Contact printing of quantum dot light-emitting devices. Nano Letters, 2008, 8(12): 4513 - 4517.

[45] Sun Q, Wang Y A, Li L S, et al. Bright, multicoloured light-emitting diodes based on

quantum dots. Nature Photonics, 2007,1(12): 717 - 722.

[46] Li J, Xu L, Wang T, et al. 50-Fold EQE improvement up to 6.27% of solution-processed all-inorganic perovskite $CsPbBr_3$ QLEDs via surface ligand density control. Advanced Materials, 2017, 29(5): 1603885.

[47] Chiba T, Hoshi K, Pu Y J, et al. High efficiency perovskite quantum-dot light-emitting devices by effective washing process and interfacial energy level alignment. ACS Applied Materials & Interfaces, 2017, 9(21): 18054 - 18060.

[48] Lin K, Xing J, Quan L N, et al. Perovskite light-emitting diodes with external quantum efficiency exceeding 20 percent. Nature, 2018, 562(7726): 245 - 248.

[49] Jung J Y, Guo Z, Lee J H, et al. A wafer scale Si wire solar cell using radial and bulk p-n junctions. Nanotechnology, 2010, 21(44): 445303.

[50] Tang J, Hua J L, Tian H, et al. New starburst sensitizer with carbazole antennas for efficient and stable dye-sensitized solar cells. Energy & Environmental Science, 2010, 3(11): 1736 - 1745.

[51] Ruhle S, Shalom M, Zaban A. Quantum-dot-sensitized solar cells. Chemphyschem, 2010, 11(11): 2290 - 2304.

[52] Kamat P V. Quantum dot solar cells. semiconductor nanocrystals as light harvesters. Journal of Physical Chemistry C, 2008, 112(48): 18737 - 18753.

[53] Gur I, Fromer N A, Alivisatos A P, et al. Air-stable all-inorganic nanocrystal solar cells processed from solution. Science, 2005, 310(5747): 462 - 465.

[54] Guo Q, Kim S J, Hillhouse H W, et al. Development of $CuInSe_2$ nanocrystal and nanoring inks for low-cost solar cells. Nano Letters, 2008, 8(9): 2982 - 2987.

[55] Luther J M, Law M, Nozik A J, et al. Schottky solar cells based on colloidal nanocrystal films. Nano Letters, 2008, 8(10): 3488 - 3492.

[56] Ma W, Luther J M, Alivisatos A P, et al. Photovoltaic devices employing ternary PbS_xSe_{1-x} nanocrystals. Nano Letters, 2009, 9(4): 1699 - 1703.

[57] Steinhagen C, Panthani M G, Korgel B A, et al. Synthesis of Cu_2ZnSnS_4 nanocrystals for use in low-cost photovoltaics. Journal of the American Chemical Society, 2009, 131(35): 12554 - 12555.

[58] Huynh W U, Dittmer J J, Alivisatos A P. Hybrid nanorod-polymer solar cells. Science, 2002, 295(5564): 2425 - 2427.

[59] Sun B Q, Marx E, Greenham N C. Photovoltaic devices using blends of branched CdSe nanoparticles and conjugated polymers. Nano Letters, 2003, 3(7): 961 - 963.

[60] Gur I, Fromer N A, Alivisatos A P, et al. Hybrid solar cells with prescribed nanoscale morphologies based on hyperbranched semiconductor nanocrystals. Nano Letters, 2007, 7(2): 409 - 414.

[61] Wu Y, Wadia C, Alivisatos A P, et al. Synthesis and photovoltaic application of copper (I) sulfide nanocrystals. Nano Letters, 2008, 8(8): 2551 - 2555.

[62] Lee H J, Yum J H, Grazel M, et al. CdSe quantum dot-sensitized solar cells exceeding

efficiency 1% at full-sun intensity. Journal of Physical Chemistry C, 2008, 112(30): 11600 - 11608.

[63] Gonzalez-Pedro V, Xu X Q, Bisquert J, et al. Modeling high-efficiency quantum dot sensitized solar cells. Acs Nano, 2010, 4(10): 5783 - 5790.

[64] Sanehira E M, Marshall A R, Christians J A, et al. Enhanced mobility $CsPbI_3$ quantum dot arrays for record-efficiency, high-voltage photovoltaic cells. Science Advances, 2017, 3(10): eaao4204.

[65] Zhang Q, Guo X, Huang X, et al. Highly efficient CdS /CdSe-sensitized solar cells controlled by the structural properties of compact porous TiO_2 photoelectrodes. Physical Chemistry Chemical Physics, 2011, 13(10): 4659 - 4667.

[66] Santra P K, Kamat P V. Mn-doped quantum dot sensitized solar cells: A strategy to boost efficiency over 5%. Journal of the American Chemical Society, 2012, 134(5): 2508 - 2511.

[67] Pan Z, Zhao K, Wang J, et al. Near infrared absorption of $CdSe_xTe_{1-x}$ alloyed quantum dot sensitized solar cells with more than 6% efficiency and high stability. ACS Nano, 2013, 7(6): 5215 - 5222.

[68] Wang J, Mora-Seró I, Pan Z, et al. Core/shell colloidal quantum dot exciplex states for the development of highly efficient quantum-dot-sensitized solar cells. Journal of the American Chemical Society, 2013, 135(42): 15913 - 15922.

[69] Pan Z, Mora-Seró I, Shen Q, et al. High-efficiency "green" quantum dot solar cells. Journal of the American Chemical Society, 2014, 136(25): 9203 - 9210.

[70] Zhao K, Pan Z, Mora-Seró I, et al. Boosting power conversion efficiencies of quantum-dot-sensitized solar cells beyond 8% by recombination control. Journal of the American Chemical Society, 2015, 137(16): 5602 - 5609.

[71] Du Z, Pan Z, Fabregat-Santiago F, et al. Carbon counter-electrode-based quantum-dot-sensitized solar cells with certified efficiency exceeding 11%. Journal of Physical Chemistry Letters, 2016, 7(16): 3103 - 3111.

[72] Du J, Du Z, Hu J S, et al. Zn-Cu-In-Se quantum dot solar cells with a certified power conversion efficiency of 11. 6%. Journal of the American Chemical Society, 2016, 138(12): 4201 - 4209.

[73] Jiao S, Du J, Du Z, et al. Nitrogen-doped mesoporous carbons as counter electrodes in quantum dot sensitized solar cells with a conversion efficiency exceeding 12%. Journal of Physical Chemistry Letters, 2017, 8(3): 559 - 564.

[74] Wang W, Feng W, Du J, et al. Cosensitized quantum dot solar cells with conversion efficiency over 12%. Advanced Materials, 2018, 30(11): 1705746.

[75] Bruchez M, Moronne M, Alivisatos A P, et al. Semiconductor nanocrystals as fluorescent biological labels. Science, 1998, 281(5385): 2013 - 2016.

[76] Han M, Gao X, Su J, et al. Quantum-dot-tagged microbeads for multiplexed optical coding of biomolecules. Nature Biotechnology, 2001, 19(7): 631 - 635.

[77] Gao X, Cui Y, Levenson R M, et al. In vivo cancer targeting and imaging with semiconductor quantum dots. Nature Biotechnology, 2004, 22(8): 969 - 976.

[78] Qi L, Gao X. Emerging application of quantum dots for drug delivery and therapy, Expert Opinion on Drug Delivery, 2008, 5(3): 263 - 267.

[79] Kim S, Lim Y T, Soltesz E G, et a1. Near-infrared fluorescent type Ⅱ quantum dots for sentinel lymph Node Mapping. Nature Biotechnology, 2004, 22(1): 93 - 97.

[80] Hoshino A, Hanaki K, Suzuki K, et al. Applications of T-Lymphoma labeled with fluorescent quantum dots to cell tracing markers in mouse body. Biochemical and Biophysical Research Communication, 2004, 314(1): 46 - 53.

[81] Kim S, Lim Y T, Frangioni J V, et al. Near-infrared fluorescent type II quantum dots for sentinel lymph node mapping.Nature Biotechnology, 2004, 22(1): 93 - 97.

[82] Akerman M E, Chan W C W, Laakkonen P, et al. Nanocrystal targeting in vivo. Proceeding of the National Academy of Science, 2002, 99(20): 12617 - 12621.

[83] Shao D, Li J, Xiao X, et al. Real-time visualizing and tracing of HSV-TK/GCV suicide gene therapy by near-infrared fluorescent quantum dots. ACS Applied Materials & Interfaces, 2014, 6(14): 11082 - 11090.

[84] Chan M H, Chen C W, Lee I J, et al. Near-infrared light-mediated photodynamic therapy nanoplatform by the electrostatic assembly of upconversion nanoparticles with graphitic carbon nitride quantum dots. Inorganic Chemistry, 2016, 55(20): 10267 - 10277.

[85] Olerile L D, Liu Y, Zhang B, et al. Near-infrared mediated quantum dots and paclitaxel co-loaded nanostructured lipid carriers for cancer theragnostic. Colloids and Surfaces B: Biointerfaces, 2017, 150: 121 - 130.

[86] Kobayashi H, Hama Y, Choyke P L, et al. Simultaneous multicolor imaging of five different lymphatic basins using quantum dots. Nano Letters, 2007, 7(6): 1711 - 1716.

[87] Dubertret B, Skourides P, Albert L, et al. In vivo imaging of quantum dots encapsulated in phospholipid micelles. Science, 2002, 298(5599): 1759 - 1762.

[88] Wu X Y, Liu H, Bruchez M P, et al. Immunofluorescent labeling of cancer marker Her2 and other cellular targets with semiconductor quantum dots. Nature Biotechnology, 2003, 21(1): 41 - 46.

[89] Tada H, Higuchi H, Ohuchi N, et al. In vivo real-time tracking of single quantum dots conjugated with monoclonal anti-HER2 antibody in tumors of mice. Cancer Research, 2007, 67(3): 1138 - 1144.

[90] Chen Y F, Rosenzweig Z. Luminescent CdS quantum dots as selective ion probes. Analytical Chemistry, 2002, 74(19): 5132 - 5138.

[91] Gattás-Asfura K M, Leblanc R M. Peptide-coated CdS quantum dots for the optical detection of copper and silver. Chemical Communications, 2003, 38(21): 2684 -2685.

[92] Wei J J, Jose M, Costa F, et al. Surface-modified CdSe Quantum Dots as luminescent probes for cyanide determination. Analytica Chimica Acta, 2004, 522(1): 1 - 8.

[93] Ali E M, Zheng Y, Ying J Y, et al. Ultrasensitive Pb^{2+} detection by glutathione-capped quantum dots. Analytical Chemistry, 2007, 79 (24): 9452 - 9458.

[94] Koneswaran M, Narayanaswamy R. Mercaptoacetic acid capped CdS quantum dots as fluorescence single shot probe for mercury(Ⅱ). Sensors and Actuators B: Chemical 2009, 139(1): 91 - 96.

[95] Gui R J, An X Q, Su H J, et al. A near-infrared-emitting CdTe/CdS core/shell quantum dots-based OFF-ON fluorescence sensor for highly selective and sensitive detection of Cd^{2+}. Talanta, 2012, 94: 257 - 262.

[96] Jiao H Z, Zhang L, Liang Z H, et al. Size-controlled sensitivity and selectivity for the fluorometric detection of Ag^{+} by homocysteine capped CdTe quantum dots. Microchimica Acta, 2014, 181(11 - 12): 1393 - 1399.

[97] Chen B, Liu J J, Yang T, et al. Development of a portable device for Ag^{+} sensing using CdTe QDs as fluorescence probe via an electron transfer process. Talanta, 2019, 191: 357 - 363.

第 2 章

微反应技术

近年来，微反应技术的迅速发展引起了工业界和学术界的广泛关注。以硅基芯片加工技术为基础并结合软光刻、金属材料的微加工及封装技术、微技术与化工、生物和能源技术相结合，成为研究的热点和前沿。微器件及系统尺度微小，易于强化传热、传质，反应或传热效率大幅提高；避免了热量的聚集，易于实现等温操作；反应量少，放热量低，安全性提升。目前，微反应技术正推动传统化工、机械领域的技术进步，并带动若干新兴技术的兴起。

相比之下，在微反应技术领域的研究，美国、日本、德国、法国等发达国家相关工作更加广泛和深入，渗透到多个学科领域。我国的研究多集中在分析化学、物理化学、生物化学、化学工程以及应用化学等领域，具体内容包括基于微反应系统的化学工程及化学分析、DNA 生物微流控分析芯片、细胞处理及分析系统、蛋白质处理及免疫分析系统、微换热系统、微动力系统等，与纳米科学与器件、电子工程、机械制造、生物医学工程研究的结合还急需加强。

2.1 微反应技术的基本概念

微反应技术几乎横跨了工程和科学的所有领域，连接了物理、化学、生物学和工程艺术等学科，具有广泛的应用。在微反应器中的微流道是微反应技术的最小单元，通过对微流道单元的操作和调节进而调整整个反应进程。微反应技术的核心元件是微反应器，利用微反应器进行各种工业生产和理论研究的技术，称之为微反应技术。对微反应技术的研究就是对微反应器的各项实验参数的研究和优化。

微反应器，也称为"微通道反应器"(Microreactor，Micro Channel Reactor)，是微反应器、微混合器、微换热器、微控制器等微通道化工设备的通称。利用精密加工技术制造的特征尺寸在 10～300 μm(或者 1 000 μm)的微型反应器。微反应器的"微"表示工艺流体的通道在微米级别，而不是指微反应设备的外形尺寸小或产品的产量小。它可以提供极大的比表面积，传质传热效率极高。微反应器是一种建立在连续流动基础上的微管道式反应器，用以替代传统反应器，如玻璃烧瓶、漏斗，以及工业有机合成中常用的反应釜等传统间歇反应器。在微反应器中有大量的以精密加工技术制作的微型反应通道,可包含成百万甚至上千万的微型通道,因此可实现很高的产量。另外,微反应器以连续流动代替间歇操作,能够准确控制反应物的停留时间。这些特点实现了化学合成反应在微观尺度上的精确控制,提高了反应选择性和操作安全性。

目前有两种不同的微反应器的概念:一种是"整体结构"的方式,这种方式以错流或逆流热交换器的形式在单位体积内进行高通量操作,通常包括进行不同操作步骤(例如反应、混合、分离)的装置,将这些装置连接起来构成复杂的化学体系。第二种概念是所谓"层状结构"(Hierarchic Manner),如图 2.1 所示,这类体系由一叠不同功能的组块构成,在一层组块中进行一种操作,而在另一层组块中进行另一种操作;流体在各层组块中的流动可由智能分流装置控制。对于更高的通量,某些微通道反应器或体系通常以并联方式操作。

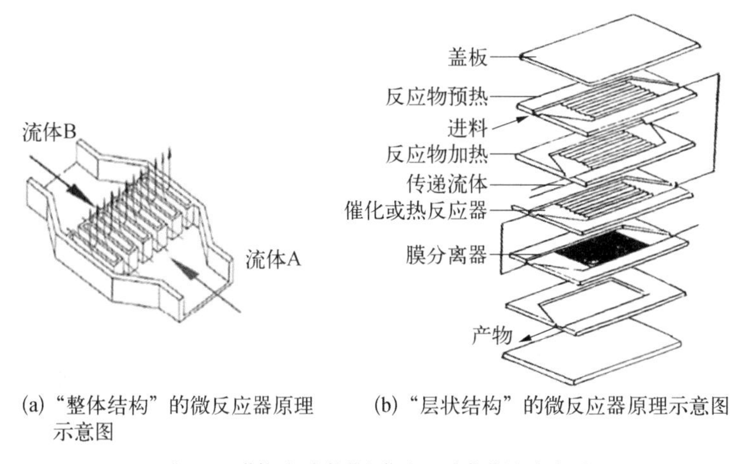

(a)"整体结构"的微反应器原理示意图　(b)"层状结构"的微反应器原理示意图

图 2.1　"整体结构"和"层状结构"微反应器

微反应器设备根据其主要用途或功能可以细分为微混合器(Micromixer)、微换热器(Microheat-exchanger)和微反应器(Microreactor)。由于其内部的微结构使得微反应器设备具有极大的比表面积,可达搅拌釜比表面积的几百倍甚至上千倍。微反应器有着极好的传热和传质能力,可以实现物料的瞬间均匀混合和高效传热,因此许多在常规反应器中无法实现的反应都可以在微反应器中实现。

2.2　微反应技术的特点

由于微反应技术在几何、传递、宏观流动等方面的特性,决定了其具有以下几方面的特点。

(1) 反应温度调控迅速

微反应设备极大的比表面积决定了微反应技术有极大的换热效率,即使是反应瞬间释放出大量热量，微反应器也可及时将其导出，维持反应温度稳定。而在常规反应器中的强放热反应，由于换热效率不够高，常常会出现局部过热现象。而局部过热往往导致副产物生成，使收率和选择性下降。并且，在生产中剧烈反应产生的大量热量如果不能及时导出，会导致泄漏事故甚至发生爆炸。

(2) 反应时间控制准确

常规的批次反应，往往采用逐渐滴加反应物的方式来防止反应过于剧烈。这就使一部分物料的停留时间过长。而在很多反应中，反应物、产物或中间过渡态产物在反应条件下停留时间一长就会导致副产物的产生，使反应收率降低。而微反应技术采取的是微管道中的连续流动反应，可以精确控制物料在反应条件下的停留时间。一旦达到最佳反应时间就立即将物料传递到下一步反应，或终止反应，这样就有效避免了因反应时间长而导致的副产物。

(3) 传质过程稳定

在那些对反应物料配比要求很严格的快速反应中，如果混合不够好，就会出现局部配比过量，导致产生副产物，这一现象在批次反应中很难避免。而微反应技术的反应通道一般只有数十微米，这就保证了在发生反应之前，物料的精细混合效果好。对受传质控制的单相及多相反应，微反应技术可以大大强化过程的传质速率，使得该过程可在反应或传质-反应混合控制区内进行。缩短或控制反应物在反应中的停留时间，从而大幅提高了对产物的选择性，减少了副产物，提高反应的转化率和产率。由于微反应技术可使得过程反应在毫秒级停留时间内完成，提高了对于目标产物为不稳定中间产物的连续反应过程的选择性。

(4) 操作安全性能提升

与间歇式反应釜不同，微反应设备采用连续流动反应，因此在反应器中停留的化学品数量总是很少的，即使万一失控，危害程度也非常有限。而且，由于微反应通道换热效率极高，即使反应突然释放大量热量，也可以被迅速导出，从而保证反应温度的稳定，减少了发生安全事故和质量事故的可能性。因此微反应技术能够应对相对苛刻的工艺要求，实现安全高效生产。

(5) 无放大效应

精细化工生产多使用间歇式反应方式。由于大生产设备与小试设备传热传质效率的不同，小试工艺放大时，一般需要一段时间的摸索。通常采用小试-中试-大生产的过程，利用微反应技术进行生产时，工艺放大不是通过增大微通道的特征尺寸，而是通过增加微通道的数量来实现的，所以小试最佳反应条件不须做任何改变就可直接用于生产，不存在常规批次反应的放大难题，从而大幅缩短了产品由实验室到市场的时间。

微反应技术研究已经成为现代化工方面研究的热点，但该技术也存在一定的局限性。首先，微反应器数量的放大，虽然降低了放大生产的成本，缩短了放大的时间，但是处理能力还是比较弱；其次，微反应器数量大大增加时，微反应过程的检测和控制的复杂程度大大增加，实际生产成本太高。

尽管微反应工艺在很多方面具备优势，但并不是适用于所有的反应。典型的有以下几种反应。

① 产生大量固体的反应。微通道反应器最大的缺点是固体物料无法通过微通道，如果反应中有大量固体产生，则微通道极易被堵塞，导致生产无法继续进行。

② 产生不溶于溶剂的气体的反应。微反应的一大优势是可以精确控制停留时间，如果反应产生不溶于溶剂的气体，会将通道内的反应物挤压出去，导致反应物停留时间不精确。

③ 反应时间很长的反应。微反应器的微通道容量小，如果反应时间较长，需要推进速度足够慢，另一方面需要微通道足够长，因此对于反应时间很长的反应，微反应器很难满足要求。

2.3　微反应系统的制造

微反应器在结构上常采用一种层状结构方式（Hierarchic Manner），它先以亚单元（Subunit）形成单元（Unit），再以单元来形成更大的单元，以此类推。这种特点与传统化工设备有所不同，它便于微反应器以“数增放大”的方式（而不是传统的尺度放大方式）对生产规模进行方便的扩大和灵活的调节。

微反应器的制作就是在工艺计算、结构设计和强度校核以后，选择适宜的材料和加工方法，制备出微结构和微部件，然后再选择合适的连接方式，将其组装成微单元和微装置，最后通过试验验证其效果，如不能满足预期要求，则需重来。

2.3.1　常用材料

材料的选择取决于介质和工况等因素，如介质的腐蚀性能、操作温度、操作压力等，且影响着加工方法的选取，因为对于不同材料而言其加工方法也不同。另一方面，加工方法又反过来影响材料的选择，比如因为精度或安全要求而必须采用某一种加工方法时，就需采用与此加工方法相适宜的材料。硅是微反应器中使用较多的一种材料。这首先在于硅的一些优良机械和物理性能，它的弹性模量约为 2×10^5 GPa，和钢的几乎相同，这可使硅更好地保持载荷与变形的线性关系；硅的密度约为 2.3 g/cm^3，和铝一样轻；熔点为 1 400℃，约为铝的两倍；硅的热膨胀系数很小，只有铝的十分之一；单晶硅的屈服强度可达 7.0 GPa，比不锈钢要大三倍；硅具有各向异性，便于进行选择性刻蚀。另一方面，硅是半导体器件制造中最常使用的材料,它的机电合一特性和优异的传感特性(如光电效应、压阻效应、霍尔效应等),使它在微电机系统(Micro-Electro-Mechanical Systems, MEMS)中被广泛用来制作各种微传感器、微阀、微马达、微齿轮等,加工工艺成熟。但是硅的脆性对加工是不利的,它的各向异性也会增加力学分析的困难,因为大多常用力学模型都是基于各向同性假设的。

不锈钢、玻璃、陶瓷也是微反应器中的常用材料。不锈钢多用在一些强放热的多相催化微反应器中,对一些尺寸稍大的反应器也可用不锈钢制作,这样加工方便,成本低廉,且易与外部连接。另外不锈钢具有良好的延展性,因而成为反应器或换热器薄片(Lamination)制作的常用材料。玻璃因为化学性能稳定,且具有良好的生物兼容性,用它制作的微反应器还有利于观察内部反应,所以玻璃在微反应器中常被广泛用作基片材料;陶瓷因化学性能稳定,抗腐蚀能力强,熔点高,在高温下仍能保持尺寸的稳定,因而在微反应器中常用于高温和强腐蚀的场合,其缺点是耗费时间长,价格昂贵。针对这一情况,Knitter 等提出了一种通过快速成型(Fast-prototyping)和注射模(Injection molding)工艺来实现陶瓷微反应器快速精确的制作,并成功制备出了内部特征尺寸为亚毫米级的陶瓷微反应器。

其他如塑料和聚合物等材料在光刻电镀和压模成型加工(Lithographie, Galvanoformung, and Abformung, LIGA)出现以后,也在微反应器中得到越来越广泛的应用。

2.3.2 加工技术

微反应器常用加工技术大体可分为三类:一是由集成电路平面制作工艺延伸而来的硅体微加工技术;二是超精密加工技术;三是 LIGA 工艺。复杂的微反应器往往需要综合使用多种材料和加工方法。

1. 硅体微加工

所谓硅体微加工,是指利用刻蚀技术对块状硅进行准三维结构的微加工,它主要包括湿法刻蚀技术和干法刻蚀技术。

(1) 湿法刻蚀

湿法刻蚀是用腐蚀液先将材料氧化,然后通过化学反应使氧化物溶解,以达到蚀除的目的。湿法刻蚀可分为各向同性刻蚀(Isotropic Etch)和各向异性刻蚀(Anisotropic Etch)。前者是从掩模窗口开始,朝各个方向同时进行,直至把掩模窗口下方削成半圆状,如图 2.2(a)所示。其常用腐蚀液是一种由氢氟酸、硝酸在水或醋酸中稀释的混合液体,腐蚀机理可用完全反应式来说明。

$$18HF + 4HNO_3 + 3Si \longrightarrow 3H_2SiF_6 + 4NO\uparrow + 8H_2O \qquad (2-1)$$

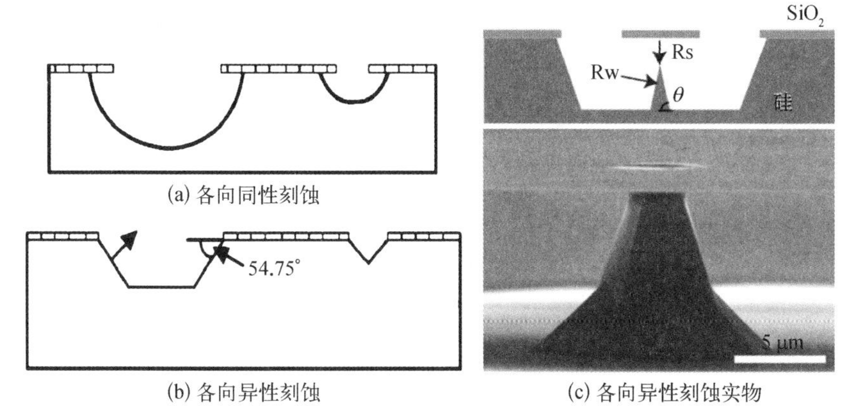

(a) 各向同性刻蚀

(b) 各向异性刻蚀

(c) 各向异性刻蚀实物

图 2.2　湿法刻蚀

后者是利用硅的各向异性，使其沿不同晶面有不同的腐蚀速率。对晶面(100)的硅衬底进行各向异性刻蚀时，会在(111)面上停止，形成两面呈 54.75°夹角的形状，如图 2.2(b)所示。各向异性也有多种刻蚀剂，常用的是由氢氧化钾、水和异丙醇构成的混合液体，其腐蚀机理如下。

$$KOH + H_2O \longrightarrow K^+ + 2OH^- + H^+ \tag{2-2}$$

$$Si + 2OH^- + 4H_2O \longrightarrow [Si(OH)_6]^{2-} + 2H_2 \uparrow \tag{2-3}$$

$$[Si(OH)_6]^{2-} + 6(CH_3)_2CHOH \longrightarrow [Si(OC_3H_7)_6]^{2-} + 6H_2O \tag{2-4}$$

各向同性刻蚀的优点是腐蚀速率较快，但因为缺乏对工件形状的控制，在微细加工生产中总是很难达到技术要求。各向异性刻蚀则在控制腐蚀硅片的几何形状上有许多优点，但腐蚀速率要比各向同性刻蚀慢，约为 1 μm/min，同时在腐蚀过程中要将温度升高到 100℃左右，影响许多光刻胶的使用。

(2) 干法刻蚀

干法刻蚀是利用气体来进行刻蚀的，有多种实用技术，如溅射刻蚀、等离子刻蚀、反应离子刻蚀(Reactive Ion Etching, RIE)、先进硅刻蚀(Advanced Silicon Etching, ASE)等。与湿法刻蚀相比，干法刻蚀不需要有毒化学试剂、不必清洗、对环境影响小，且自动化程度高、便于实现自动操作、临界尺寸和腐蚀速率易于控制、精度高、深宽比大。缺点是工艺规模难以扩大，装置成本较高。干法刻蚀技术还可以替代更为昂贵的 LIGA 方法来完成一些精度高、深宽比大的微结构加工，以降低成本。图 2.3(a)是 Lowe 等采用 ASE 方法制作的一种微混合器部件，这种微混合器因为要与一种腐蚀性极强的溶液接触，选用任何不锈钢材料都不可靠，因而选用了抗蚀性强的硅材料。如采用 LIGA 方法成本太高，而采用湿法刻蚀则又难以满足精度和深宽比的要求，因而干法刻蚀就成为一种比较理想的选择。

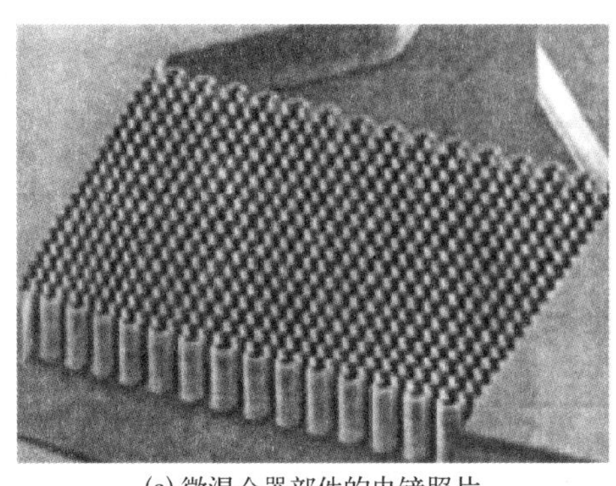

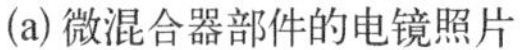
(a) 微混合器部件的电镜照片

(b) 利用干法刻蚀制备的纳米结构电镜图片

图 2.3　干法刻蚀

2. 超精密加工

微反应器中的超精密加工主要有微细放电加工和高能束加工，后者又可分为激光束加工、电子束加工和离子束加工。

(1) 微细放电加工

微细放电加工(Micro-Electro-Discharge Machining，MEDM)是利用脉冲放电对工件进行的蚀除加工，其优点是具有较好的成型能力，多用于穿孔和切割，但加工工件仅限于金属等导电材料，且加工精度难以保证。为此，人们又开发了一种称作金属丝微细放电加工(Wire Electronics Discharge Grinding，WEDG)的方法，它的工具电极为金属丝，可以沿着导轨运动，能够对工件进行高精度加工而无须施加外力。利用这种方法可以灵活地加工出各种形状的工件，图 2.4 便是用 WEDG 方法加工的微细喷嘴。首先用 WEDG 法加工出很细的金属型芯，并涂上一层隔离材料，然后在隔离材料上镀一层金属，接着再用 WEDG 法加工电镀后的外形，最后把型芯拔出，留下的就是高精度的喷嘴，其内径可达 0.6 μm。

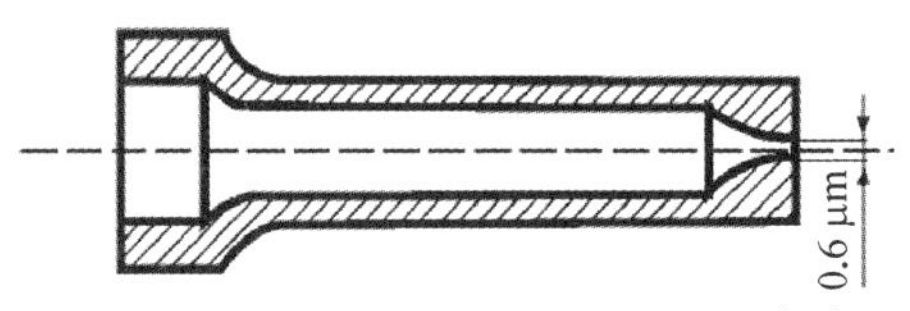

图 2.4　用 WEDG 方法加工的微细喷嘴

(2) 高能束加工

高能束的束流通过聚焦，束径可小到纳米量级，且焦点附近强度很高，因而可用于超微细加工。高能束加工又可分为激光束加工、电子束加工和离子束加工。

激光束加工就是利用聚焦的激光束照射工件，光能被材料吸收后转变成热能，使材料熔化和气化，从而达到去除材料的目的。激光束加工功率高达 10^8～10^{10} W/cm^2，精度可达 25 μm，与电子束加工和离子束加工相比，它不需抽真空，因此费用较低。电子束加工是在真空下使聚焦的电子束以极高的速度冲击工件，其被冲击部位在极短的时间内可升温至几千摄氏度，从而使材料熔化和气化以达到去除的目的，加工精度可达 0.1 μm。离子束加工是将聚焦后的离子束用电场加速，使其获得巨大的动能，再用它撞击工件，以去除材料，加工精度可以达到纳米级，是高能束加工中最精密的方法。离子束和电子束加工都是在真空环境中进行的，有利于易氧化材料的加工。

高能束加工无须刀具，为非接触型，因而无变形，且几乎可加工任何材料，所以应用非常广泛，可用于钻孔、切削、刻画等。图 2.5 是 Tegrotenhuis 等采用激光束加工开出微孔的薄膜(Membrane)，可用于萃取。此外，采用激光加工还可以实现微结构的快速原型制造，是一种有望实现微结构大规模、低成本制造的有前景的方法。

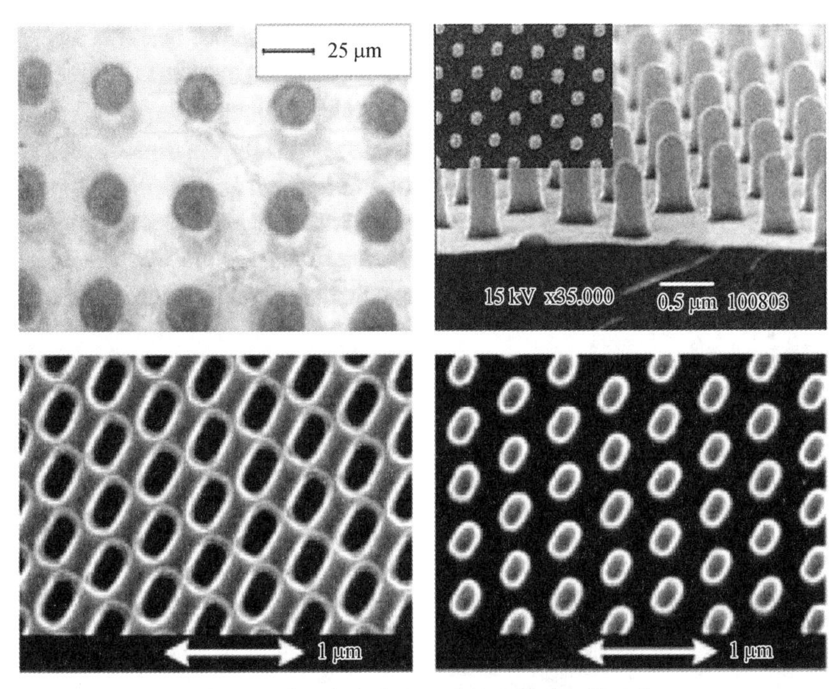

图 2.5　采用激光束加工的微孔薄膜电镜照片

3. LIGA 工艺

LIGA 加工工艺分为光刻、电镀和压模三步，是德国卡斯鲁尔(Karlsruhe)原子核研究中心首先发明的。光刻就是在导电的基片上涂上一层抗蚀剂，一般为 10 μm～1 mm 厚的有机玻璃(Polymethyl Methacrylate, PMMA)，由同步辐射加速器产生的 X 射线束经过已确定了图形的掩模，对 PMMA 进行曝光，并用湿法腐蚀显影在聚合物上刻下立体模型，接下来以导电的金属基片作为阴极，浸入电镀液进行电镀，电解的金属离子沉积在金属基片上，逐渐填满立体模型的空间，除去聚合物材料，所得金属结构的立体模型可以作为所期望的微型结构（此时的模型与聚合物模型互为阴、阳模）。在上述电镀得到的金属结构的立体模型上，盖上有孔的栅板，通过栅板上的注射孔注入塑料等低黏滞度的聚合物，待固化后，将塑料结构（连同栅板）从模型中拔出，就形成了塑料的微型立体结构。

LIGA适合批量生产，深宽比不受限制，可适于多种材料的加工，缺点是需要有昂贵的同步辐射加速器。LIGA在微反应器制作上已得到广泛应用，图2.6(a)和2.6(b)是以光刻技术为基础结合刻蚀制备的多流道的微反应通道，流道尺寸可达20 μm，可以大大提高流体传质传热效率。图2.6(c)是利用LIGA技术为基础，以金属材料为基底制备的全方位惯性开关（Omnidirectional Inertial Switch）器件。图2.6(d)是中国科学技术大学国家同步辐射实验室制作的用于某种催化反应的微反应管道，它共有50个反应单元，每个反应单元的尺寸为3 cm× 1.5 cm，通道宽50 μm，深150 μm。他们利用所制作的微反应器进行了初步的催化反应试验，结果表明，使用该微反应器进行催化反应，可以提高反应的选择性。

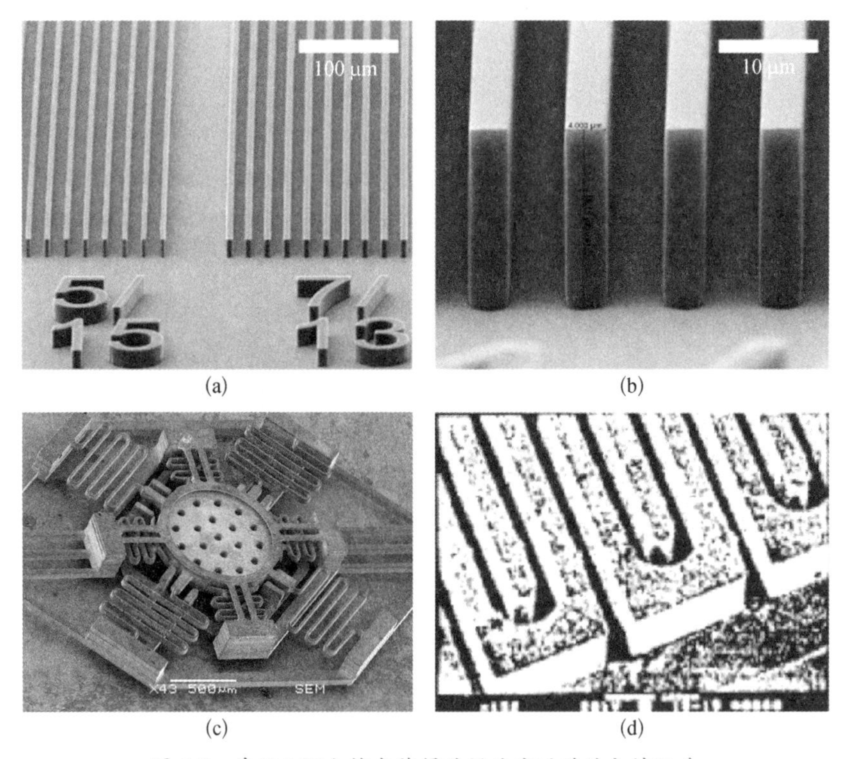

(a) (b) (c) (d)

图2.6 采用LIGA技术获得的微反应通道的电镜照片

实际加工中，经常将三类加工技术结合起来进行微反应器的设计加工。Yao等使用一次性琼脂凝胶模板制备了PMMA微流控芯片，将熔融琼脂置于玻璃片和PMMA芯片之间，呈三明治结构，如图2.7所示。使用该琼脂凝胶的好处就是它能够在冷却之后顺利地分离，从而使得制备三维复杂结构的微器件方便简洁，该芯片成功地应用于电泳分离和电导检测中。这种制备方法不仅简单高效，而且比较廉价，可以扩展应用到如聚二甲基硅氧烷(Polydimethylsiloxane，PDMS)材料中。

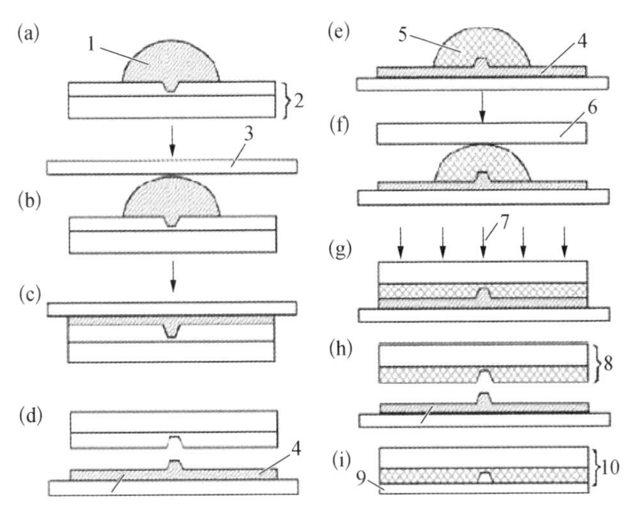

图 2.7　PMMA 芯片合成示意图

1—熔融琼脂凝胶；2—凹形 PMMA 模板；3—玻璃片，4—琼脂凝胶模板；5—预聚 MMA 溶液；6—PMMA 模板；7—紫外光；8—PMMA 槽道板；9—PMMA 上盖板；10—PMMA 最终芯片

如图 2.8 所示是一种简易方法制备玻璃微流控芯片，由 He 等在无须超洁净保护条件，仅在玻璃切割机和台钻工具下制作而成。这种载有探针的芯片可以联合一个线性移动开槽进行样品的连续引入操作。该系统可以对非常低的容量(30 μL)的样品进行操作，除此之外，该系统分离效率比等梯度电泳分离效率高。

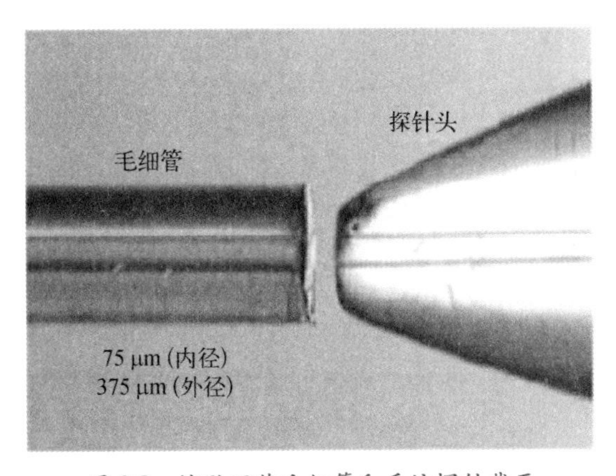

图 2.8　熔融石英毛细管和系统探针截面

Zhong 等设计了两种方法来制造双堰结构的玻璃芯片，一种是两端刻蚀/校准法，另一种为单边/两步刻蚀法。前一种方法需要先进行对准，后一种是使用简单的湿法刻蚀，需要使用石蜡作为保护。相比于过去的制备方法，这两种方法更简便。Sun 等使用普通的光刻和三步刻蚀方法也可制备多层微流控芯片，这种芯片可作为高效的平台应用于分析单细胞内的癌变成分，如图 2.9 所示。待分析样品能够简便地置于微流控平台中进行处理。微流控芯片中的堰槽能够使细胞精准地定位，从而使得实验分析的过程操作简易、重复性好。Qu 等使用聚硅氧烷作为模板，可以快速制备聚甲基丙烯酸甲酯基的微流控芯片，该制备方法采用软刻蚀方法，易于操作，有利于控制精度。Liu 等提出了一种快速高效的一步法，该方法制备的静态微混合器在实现批量制备微型静态混合器方面具有很好的前景。

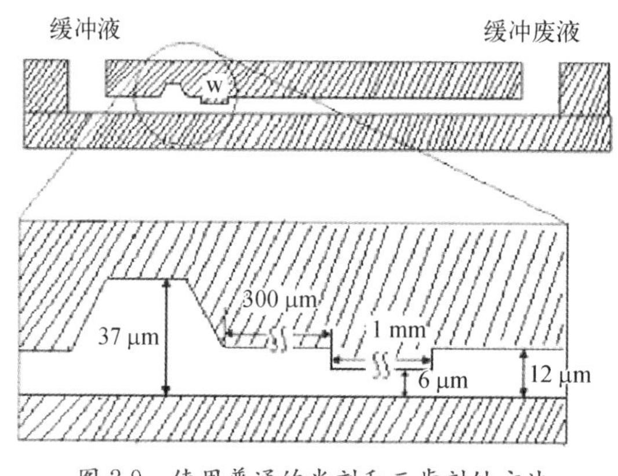

图 2.9　使用普通的光刻和三步刻蚀方法制备的微流控芯片的截面

由于金属材料具有抗腐蚀和高温结构强度高的特性，使用铁铬铝合金通过电火花加工、扩散焊封装、涂覆技术可制备一种负载有催化剂涂层的微型反应器。使用该反应器进行甲醇水蒸气重整制氢，实验结果表明该反应器可作为 11 W 的质子交换膜燃料电池的氢源。

利用微流控芯片并结合原位拉曼光谱技术可测试液液扩散系数，系统装置如图 2.10 所示。Lin 等采用深硅刻蚀技术在硅片上加工流道。通过磁控溅射将金属薄膜沉积在刻蚀后的硅片表面，再采用负胶工艺将流道以外的金属薄膜剥离以保证其能够与派莱克斯玻璃（Pyrex-type glass）阳极键合封装，而保留流道底部的铝薄膜以反射激光，消除了激光热效应。该方法使用了 3 个热电偶联合控温，因此保证了温度的精确性。与传统的液液扩散系数相比，通过此方法测量随温度变化的液液扩散系数非常方便和高效。

2.3.3　连接技术

微反应器中常用的连接方法有键合、高能束焊接、扩散焊接和黏接。

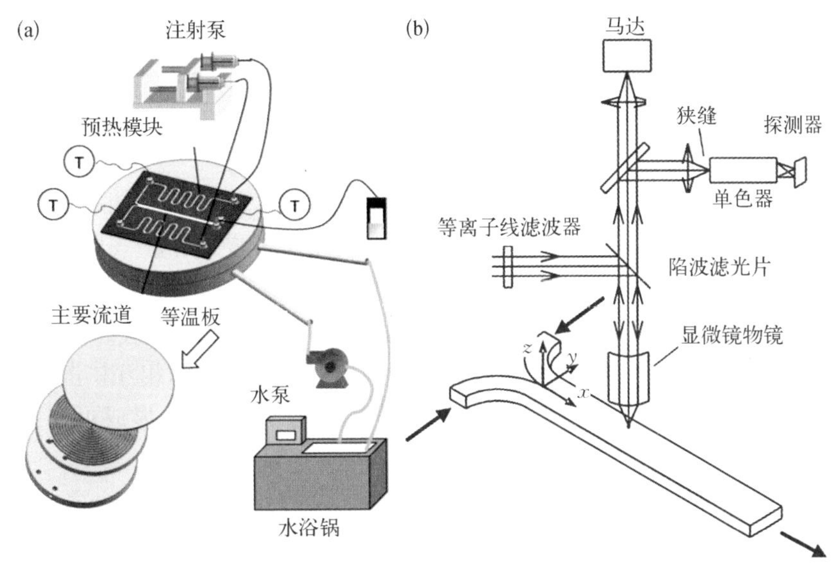

图 2.10　用于测试扩散系数(D)的微流控系统

1. 键合技术

键合是硅及玻璃制作微反应器的主要连接方法,常用的有硅热键合(Silicon Fusion Bonding)和阳极键合(Anodic Bonding)。硅热键合也称直接键合,是把两片抛光的硅膜面对面地接触,高温(800～1 000℃)热处理 1 h,使相邻原子间产生共价键,从而形成良好的结合。硅热键合成本较低,但存在较高的残余应力。阳极键合也称静电键合,可用于硅与硅或硅与玻璃之间的键合。当用于硅和玻璃之间的键合时,一般把硅片置于加热板上,而玻璃置于硅片上,在一定的温度(180～450℃)和电压(200～1 000 V)下,可使两者之间产生化学键,从而牢固地接合在一起。为减小键合的残余应力,应选择与硅膨胀系数相近的玻璃。以硅和玻璃刻蚀加工出微结构,再通过键合完成连接,是 MEMS 系统和微反应器中常用的制作方法之一。

2. 高能束焊接

高能束焊接分为激光焊接和电子束焊接,常用于微反应器中金属薄片之间的密封连接。激光焊接的能量密度一般为 10^5～10^6 W/cm^2,比激光加工的要稍低,只要将工件加工区“烧熔”黏合即可。激光焊接按工作方式可分为脉冲激光焊接和连续激光焊接,前者适用于点焊,而后者则适用于缝焊。激光焊可用于不锈钢和多种合金的焊接。

电子束焊接也是通过熔融使材料牢固地结合,因为焊接是在真空中进行的,因此焊缝化学成分纯净,接头强度甚至高于母材,可以实现极薄薄膜的精密焊接,或是将薄膜连接于厚钢板上。另外,在某些有特殊要求的结构中可采用电子束穿透焊接,且穿透时熔融材料的强度不变。

3. 扩散焊接

扩散焊接(Diffusion Bonding)是压焊的一种,它是指在高温和压力的作用下,将被连接表面相互靠近和挤压,致使局部发生塑性变形,经一定时间后结合层原子间相互扩散而形成一个整体的连接方法。扩散焊接可分为三个阶段:第一阶段为物理接触阶段,被连接表面在压力和温度的作用下,一些点首先达到塑性变形,然后扩大到整个表面;第二个阶段是接触面原子间的相互扩散,形成牢固的结合层;第三个阶段是结合层逐渐向体积方向发展,从而形成可靠的连接接头。

扩散焊接可以连接物理、化学性能差别很大的异种材料,如金属与陶瓷,也常用于金属薄片之间的连接。图 2.11(a)是德国 Mikrotechnik Mainz 研究所研制的一只微换热器的板片,流体在换热器内是垂直交错流动的,这些板片之间就是采用扩散焊接实现连接密封的,最后再用螺栓与两端封头连接[图 2.11(b)]。

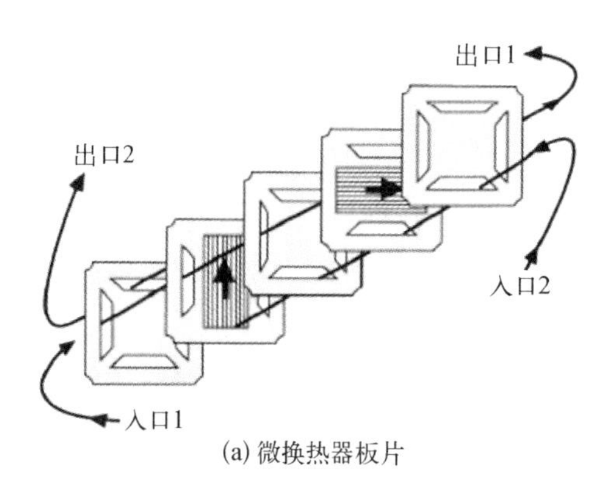

(a) 微换热器板片

(b) 微换热器组装图

图 2.11 德国 Mikrotechnik Mainz 研究所研制的微换热器

图 2.12(a)是华东理工大学于新海等制作的一台用于甲醇水蒸气重整制氢微反应器的板片放大图。板片共有三种,其中盖板 2 片,隔离板 6 片,槽道板 5 片,均为 Fe_2Cr_2Al 不锈钢片,每片厚度约为 6.5 mm。三种板上的定位圆孔以及隔离板上的改善液体分布的三角形孔都是用放电加工方法加工的,而槽道板上的微槽道则采用了湿法刻蚀。这些板片都是通过扩散焊实现连接密封的,最后制成的微反应器如图 2.12(b)所示,它的三维尺寸为 40 mm×40 mm×8 mm,经 100 h 的连续试验表明,该微反应器可以与 10 W 的燃料电池配套使用。

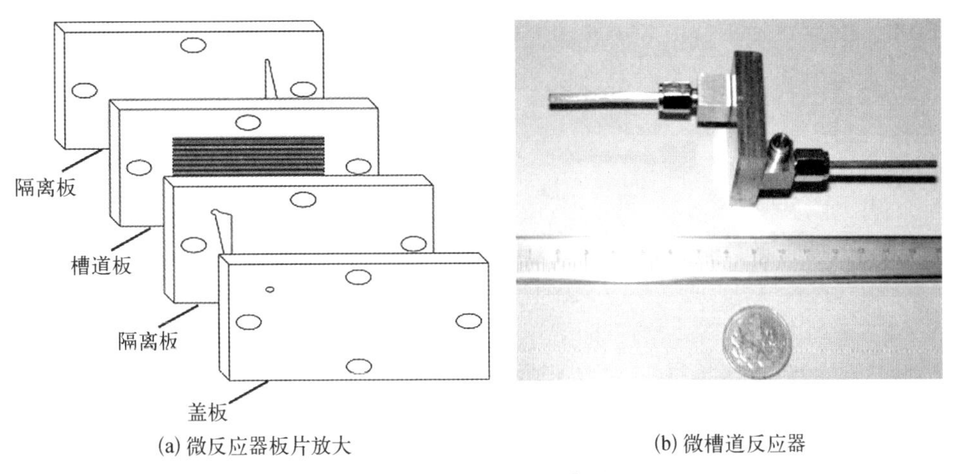

(a) 微反应器板片放大　　(b) 微槽道反应器

图 2.12 微反应器示意图

4. 黏接

黏接法在微反应器中常用于异种材料的连接，是一种简便廉价的方法，但不适于温度太高的场合。如图 2.13 所示是路易斯安那理工大学 Cui 等设计的把环己胺(Cyclohexane)脱氢为苯(Benzene)的微反应器设计图。该反应器的三维尺寸为 20 mm×14 mm×3 mm，它是由三部分组成，上部是用聚二甲基硅氧烷制作的端盖，中间是用钯(Pd)制成的折叠式隔膜，下部则是用硅制成的反应室，三者之间用聚酰亚氨(Polyimide)连接，该反应器能在 250℃以下稳定工作，经气相色谱分析(Gas Chromatography, GC)测试转化率可达 18.4%。

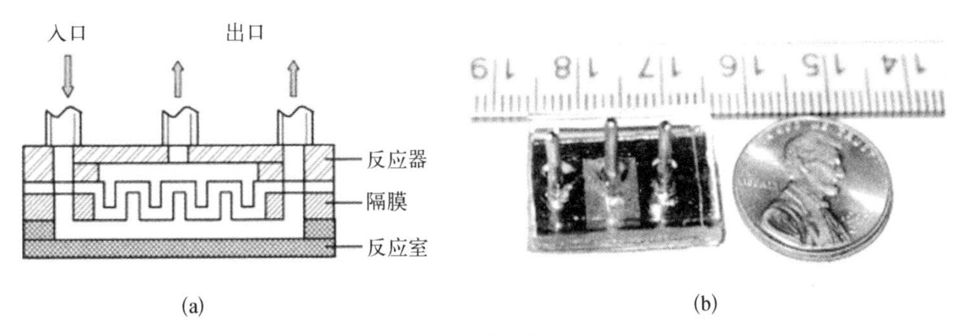

(a)　　(b)

图 2.13 脱氢微反应器设计图

2.4 微反应技术的应用

微反应器独特的结构给它带来了一系列优异的性能，故被应用到许多领域中。例如对于小规模的光化学过程，采用透明的微反应器可有利于薄流体层靠近辐射源。德国美因茨微技术研究所开发了一种平行盘片结构的电化学微反应器，使用这个装置，提高了由4-甲氧基甲苯合成对甲氧基苯甲醛反应的选择性。

由于微反应器高的传热效率，使反应床层几近恒温，有利于各种化学反应的进行。在微反应器中实现了苯胺氧化成氧化偶氮苯同时微反应器也被应用到一氧化碳选择性氧化、加氢反应、氨的氧化、甲醇氧化制甲醛、水煤气变换以及光催化等一系列反应。另外，微反应器还可用于某些有毒害物质的现场生产，进行强放热反应的本征动力学研究以及组合化学如催化剂、材料、药物等的高通量筛选。

据统计，目前已有多家工厂在使用微反应器技术。很多欧洲公司和研究机构，尤其是大型的化工和医药公司都在致力于开发和应用基于微反应器的新生产工艺。表2.1所列出的就是文献中所报道的一些有代表性的实例。

表2.1　微反应技术的应用

应用场合	公　司	工业应用
精细化学品合成	美国CPC公司	药物合成
	荷兰DSM公司	里特(Litter)反应
	西安北方惠安公司	硝化甘油
纳米颗粒制备	科莱恩(Clariant)公司	颜料
	拜耳先灵(Scheering)医药公司	复配
	拜耳(Bayer)技术服务公司	催化剂
日用化学品和聚合物	德固赛(Degussa)集团	环氧丙烷
	西门子公司	聚丙烯酸酯
	美国UOP公司	过氧化氢

2.4.1　微反应技术在化工领域的应用

微反应器具有强化传质、传热的优点，在大量的化学反应中得到了应用，表现出比普通的间歇或连续反应器更为优越的性能。反应主要包括液相反应、气相反应和纳米颗粒合成等。反应器的形式主要包括微槽道反应器、毛细管微反应器、泡沫金属微反应器和环状微反应器等。

1. 液相反应

为了促使液液反应体系能够更加高效地进行，最终达到较高的转化率和选择性，传质和传热是很重要的环节。对于两相不相溶的液液反应体系而言，传质与传热的重要性更加突出，在微尺度下，不相溶液体的接触更加充分，能够显著降低反应所需时间，同时也可提高产率。

Yao 等使用微槽道反应器进行酯化反应，以乙酸和短链醇为反应物。由于微槽道反应器具有很好的混合效果，因此停留时间从间歇式反应器下的小时级别降低到微槽道反应器下的 10 min 左右。采用微反应器进行生物柴油的合成有若干报道。Sun 等利用毛细管微反应器，以甲醇和植物油为原料合成生物柴油。由于甲醇和植物油不相溶，采用常规的搅拌反应器反应时间通常需要 1 h 以上，通过毛细管微反应器能够在 6 min 内达到 99.4%的生物柴油产率，大大缩短生产周期。Wen 等设计了一种 Zigzag 型微槽道反应器合成生物柴油，如图 2.14 所示。使用该反应器，停留时间为 28 s 时生物柴油的产率即可达到 99.5%，这个结果是目前在温和反应条件下生物柴油最快的反应时间。与间歇式搅拌反应器相比，不仅停留时间大为降低，而且其单位质量的生物柴油能耗也显著降低。Chen 等作了不同形式的连续流反应器用于生物柴油合成的比较，得出在使用 Zigzag 型微槽道反应器下，其停留时间是最小的（如表 2.2 所示）。由于 Zigzag 微槽道反应器单位处理能力较弱，为了利用微尺度下的混合强化的优点并提高生物柴油的产量，Yu 等开发了一种泡沫金属反应器，如图 2.15 所示。单台泡沫金属反应器的处理能力比 Zigzag 反应器提高了近 60 倍。单位质量下生物柴油所需能耗为1.14 J/g，仅为微反应器的 1.69%和间歇式搅拌反应器的 0.77%。泡沫金属反应器有望成为小型、高效的生物柴油制备系统而被广泛应用。Nettekoven 等通过中尺度连续流微反应器进行分子内环加成反应，获得了相对较大的产量（>5 g），通过进一步对系统优化得到了 48 g 的产量，验证了基于微反应器平台的鲁棒性和可靠性。Zanati 等利用 Y 型微反应器，在不使用任何催化剂的情况下，对脂肪酸 2-乙基己酸进行酯化，在 25℃的条件下，30 s后转化率达到 99.3%。

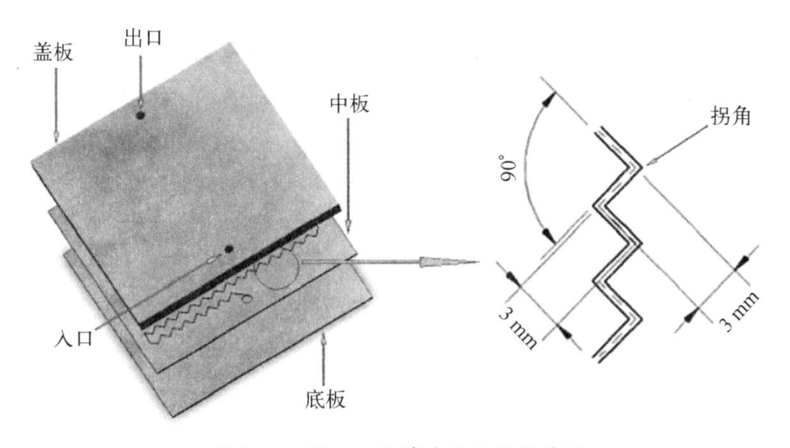

图 2.14　Zigzag 微槽道反应器构造图

表 2.2　利用微反应器进行生物柴油的制备,反应条件、生物柴油产率及停留时间的关系

反　应　器	温度/K	生物柴油产率/%	停留时间/min
搅拌罐式反应器	333	58.8～97.3	40～70
微波加热反应器	323	94.4～95.3	0.56～2
旋转床反应器	307～340	5.5～97.3	0.43～1.67
毛细管微反应器	303～343	45.0～99.4	3～20
超声波反应器	311～313	50.0～96.0	10～30
蒸馏式反应器	340	61.9～94.4	2
Zigzag 微槽道反应器	313～350	81.5～99.5	0.3～0.47

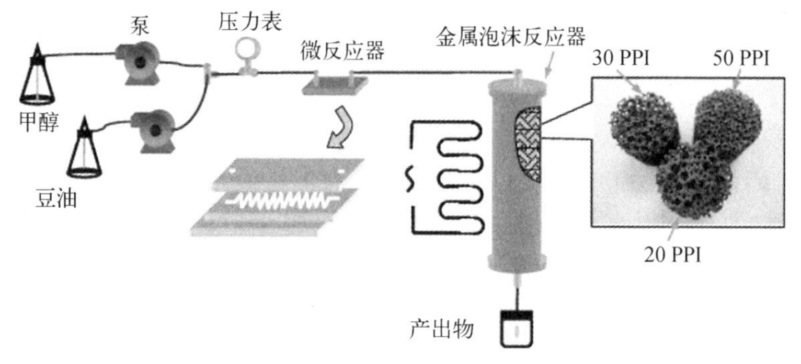

图 2.15　泡沫金属生物柴油合成反应器流程图

相比较传统的间歇或连续反应器,微反应器除了能够强化传质外,对热量和温度的控制也更为精准。特别对于强放热反应和反应速率较快的体系,精确控制反应过程显得尤为重要。Wang 等使用环己酸和发烟硫酸说明此优点。在该反应体系下,反应温度可以在 50～65℃内精确调节,温度调节的微小误差对生成物的转化率和选择性影响很小,在间歇式反应器下难以达到如此效果。

2. 气相反应

设计和开发微反应器进行气固相催化反应得到了广泛的研究。由于微通道优良的传热及传质特性,可有效地避免催化剂床层内热点的生成。葛皓等将微反应器内装填 V_2O_5/TiO_2催化剂,进行甲苯气相选择氧化研究,反应器结构如图 2.16 所示。甲苯氧化反应过程简化为 5 个串、并联反应。假设反应速率与有机物分压呈正比而与氧气分压无关,得到的动力学模型形式简单,可预测较大反应条件范围内的甲苯氧化反应过程。在氧气/甲苯摩尔比介于 2～5、空速为 5 200～36 000 h^{-1}、反应温度为 593～683 K 时,模型与实验数据非常吻合。

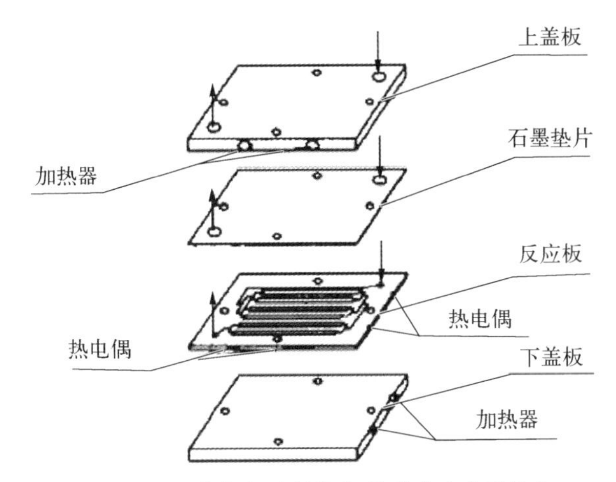

图 2.16　甲苯气相选择氧化微通道反应器结构

戴莉等在石英毛细管中涂覆 α -氧化铝并负载银，制成微反应器，利用毛细管微反应器进行了乙烯环氧化反应的实验，装置示意图如图 2.17 所示。在常压和不添加任何助催化剂和抑制剂的条件下，反应温度为 230℃时，乙烯的转化率为 69.54％，环氧乙烷的选择性和收率分别为 82％和 57％。其中，毛细管的空速能够达到 5 600 h^{-1}，超过工业装置的水平，缩短了反应时间，减小了深度氧化的概率。

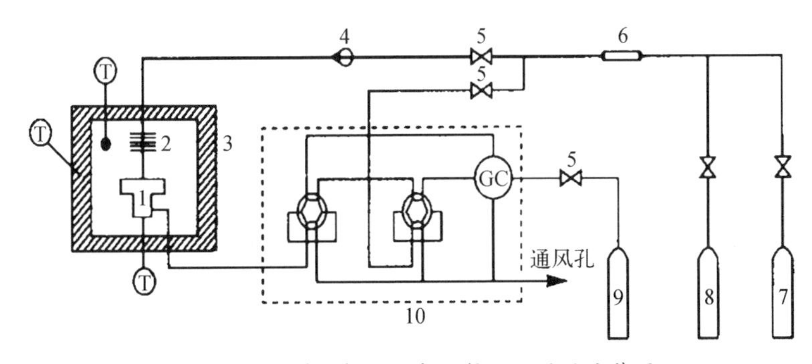

图 2.17　乙烯环氧化制备环氧乙烷的反应装置

1—微反应器；2—预热器；3—加热器；4—质量控制流量计；5—流量控制阀；6—混合器；7—空气钢瓶；8—乙烯钢瓶；9—氢气钢瓶；10—气相色谱仪

Li 等开发的环状微反应器用于气固相催化反应也可取得很好的转化效率。利用环状微反应器选择性氧化脱除富氢重整气中的 CO，反应器由不锈钢外管包裹着 FeCrAl 合金棒组成，贵金属催化剂涂覆在 FeCrAl 合金棒表面，反应重整气从不锈钢外管和涂有催化剂的 FeCrAl 合金棒的间隙中流过，从而发生反应。这种微反应器能够在较高空速、较低温度下将 CO 从体积分数为 1％脱除到 10×10^{-6}以下，满足了燃料电池的氢源要求。

3. 纳米颗粒合成

对于纳米工业来说，高质量、单分散纳米晶的获得是进行相关科学研究与应用的前提和基础。基于胶体化学经典理论，液相状态下颗粒的生长包括形核、生长（伴随奥氏熟化）和团聚 3 个过程。但当前基于注射工艺的烧瓶合成方法在纳米晶合成中存在缺点，其中最主要是形核速率远快于反应物混合速率导致反应物混合不完全；晶核生长、团聚现象发生的时间不一致性导致了最终产物尺寸分布宽化，严重降低了纳米颗粒的质量。微通道中强化的传热和传质能实现短时间内反应物料的快速混合，使微反应器成为纳米颗粒合成的理想选择。Ying 等成功地开发出 T 形微通道反应器，实现了单位时间内纳米晶的高产量制备，并且通过控制前体进样流速对 $BaSO_4$ 纳米晶的尺寸进行调控。Chang 等首次采用微流体辅助法原位将 CdSe/ZnS 量子点封装入聚乳酸-羟基乙酸共聚物[Poly (Lactic-Co-Glycolic Acid), PLGA]微凝胶基体中，有效地放大了荧光生物分析信号。此外，通过此微流系统可以将多种生物材料封装在 PLGA 微凝胶中，如酶、药物、催化剂、纳米颗粒等。Ju 等采用微通道反应器成功合成了 NaA 沸石，与烧瓶工艺相比，微反应制备的 NaA 的尺寸分布更窄。

量子点是一种典型的纳米材料，价格昂贵，对尺寸和尺寸分布都有着非常高的要求。烧瓶合成工艺中，较差的传质和传热效率往往导致量子点重复性差、产率低。基于微技术，Yang 等搭建了一套由微混合器和微通道集成的聚四氟乙烯(Poly Tetra Fluoroethylene, PTFE)微反应系统，通过高精度温控实现反应温度的精确控制，实现了量子点的连续、可重复制备。以 CdSe 量子点合成为例，微混合器腔内的磁力搅拌可实现前体在低雷诺系数下的高效混合，在大气环境下成功地合成了尺寸分布在 2.5～4.3 nm 的单分散 CdSe 量子点。此外，Luan 等进一步优化了微反应系统，通过使用并行的 4 个微槽道实现了 CdSe 量子点的低成本放大合成，产量最高可达 72.66 mL/h，整个系统具有良好的重复性和稳定性，在理想的情况下实现了晶核的快速形核以及颗粒的稳定可控生长。Yang 等利用高温炉加热管内腔的温度梯度实现了量子点高温形核、低温可控生长，并系统考察了温度区间的影响，最终获得了尺寸均匀的 CdSe 量子点。在前面的研究中，反应通道多采用直流道，液体为层流状态，槽道管壁带来的剪切力会导致横截面的速度场为抛物线型，继而导致槽道内停留时间的分布不均，使得产品的尺寸分布宽化。Yang 等开发了三维蛇型的微槽道来合成 CdSe 量子点，槽道几何形状的连续变化使液体的层流流动转变为混沌流，在极短的停留时间(8～10 s)下合成了尺寸分布较窄(8%)的 CdSe 量子点。近期，Yang 等基于温度梯度的微反应系统、三维蛇型通道的微流技术，开发了两步微反应法，实现了从蓝色到红色整个可见光区域发光的核壳结构量子点的全连续合成，Appalakutti 等利用连续流动微反应器合成了铜铬双金属纳米颗粒，Xu 等通过微流控芯片利用还原法合成了银纳米颗粒，并发现颗粒直径随流体流速增大而增大。

毛细管微反应器系统合成量子点示意图如图 2.18 所示。单纯从研究角度看，微反应无疑在研究纳米晶合成动力学上具有明显的优势，快速的混合和高精度的温度控制便于精确研究纳米晶的形核、生长以及形貌的变化，同时集成传感器可以实现在线和原位监测样品的性能。

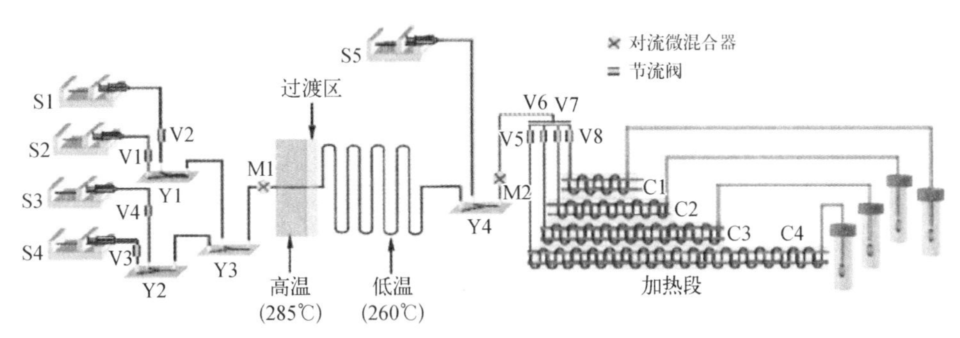

图 2.18　毛细管微反应器系统合成量子点示意图(M1、M2 为微混合器)

尽管微反应系统已经取得一些成果，但是实现该项技术的商业化还有很长的道路。由于微反应器的结构特点，其进料量大多为每分钟几毫升或者更低，产量微小，针对常规的产品体系难以实现商业化，也是阻碍其发展的主要瓶颈。因此，微反应技术更适用于一些高危反应，或利用传统方法合成较困难或成本和价值非常高的反应。当前，在日本和德国，一些中等规模的微反应器已投入商用。然而，大部分发表的文章在微反应技术的工业化应用领域都没有获得严格意义的认可，微反应器的工业和商业应用可行性尚待分析。

2.4.2　微反应技术在生物领域的应用

在生物实验中，经常需要对流体进行操作，如样品 DNA 的制备和电泳的检测等都是在液相环境中进行的。将样品制备、生物反应、结果检测等步骤集成到一起，并将实验所用试剂的量大幅度下降到微升和纳升的水平，需要借助微流控装置。微流控装置具有很多优点，如实际消耗量少、灵敏度高、效率高、方便携带等。我国在此领域有大量的研究成果，限于篇幅，在此只简单介绍近期的几项成果。Huang 等使用一种新型的微流控装置并结合微阀和微泵技术用于快速 DNA 的杂交。这种装置拥有 48 个杂交点，其含有 48 个微阀和 96 个微泵，这些微流控装置可以形成穿梭流，从而有利于 DNA 的杂交，如图 2.19 所示。使用这种穿梭流进行登革热病毒基因实验，操作时间缩短到 90 s 以内，样品消耗量降低到 1 μL 的水平，检测线低至 100 ppm。除此之外，该装置能够对单个细胞鉴别，且能同时分析 48 个含有不同 DNA 片段的样品。使用该装置能够使杂交过程快速化和自动化操作成为可能。

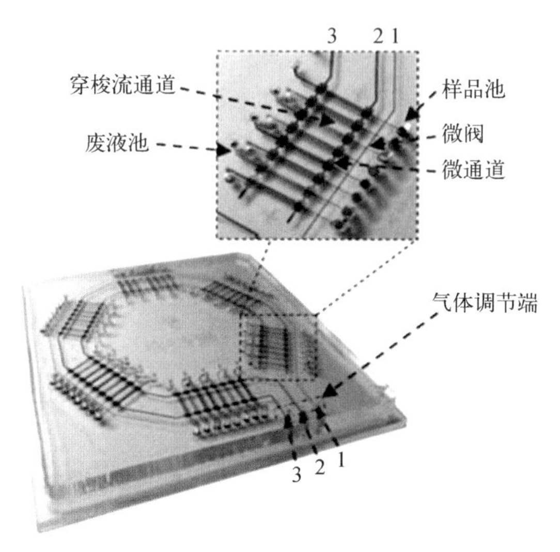

图 2.19 DNA 杂交微流控装置图

张宇等在玻璃微流控通道中,使用光聚合的方法将丙烯基修饰的单链寡核苷酸探针固定在丙烯酰胺水凝胶中。通道采用亲和硅烷修饰,聚合后的水凝胶共价锚定在硅烷化的通道壁上。该水凝胶结构稳定,不受温度和 pH 值影响,在电泳条件下水凝胶为多孔基质,可以通过杂交反应捕获样品中的特异性靶序列。除此之外,该芯片经过变性以及重新杂交,可进行重复利用。由于电场有增强杂交的作用,因此样品分析时间得到了大幅度降低,从小时量级降至 5 min 以内。

张国豪等研制了一种集成药物代谢微流控芯片,此芯片可以同时完成药物代谢的分子检测和代谢过程对药物细胞毒性的影响评价,使用该装置可以为进一步的药物代谢和药物相互作用研究奠定良好基础。在该研究中,利用硅溶胶-凝胶法固定肝微粒体,凝胶致密透明,可直接在显微镜下观察下层细胞状态。其中,集成的电泳分离单元和细胞孵化单元,可以同时满足分子和细胞水平药物代谢实验等需要。

通常分离血清小而密的低密度脂蛋白采用超速离心法。该方法仪器昂贵,耗费时间长,技术要求高。毛细管电泳技术因其高效、快速、试剂用量低等优点,近年来被广泛关注和应用。汪骅等应用微流控芯片电泳分离血清小而密低密度脂蛋白,研究了荧光染料与脂蛋白结合的特异性、饱和性以及血清保存和检测时间对脂蛋白电泳行为的影响。该方法具有简易、快速、高效等优点,有望成为冠心病危险性评估的常规分析手段。

李永新等建立了食品中 4 种常见食源性致病菌的微流控芯片快速检测方法。根据副溶血弧菌的 Vpara(16S - 23S rDNA IGS)基因、沙门菌的 invA 基因、大肠杆菌 O157∶H7 的 rfbO157 基因和志贺菌的 ipaH 基因序列设计了 4 对特异性引物,对上述致病菌进行四重聚合酶链反应(Polymerase Chain

Reaction, PCR)扩增。采用激光诱导荧光检测食品中 4 种常见致病菌的多重 PCR 扩增产物,且优化了多重 PCR 扩增和微流控芯片电泳分离的实验条件。该方法能够检出 1×10^{-2} cfu/mL 的副溶血弧菌、沙门菌、大肠杆菌 O157∶H7 和志贺菌。此方法特异性高,所设计的引物在 10 种非目的菌株体系中均未见扩增的片段。将该法应用于食品中上述致病菌的测定,获得了满意的结果,为常见食源性致病菌的快速检测提供了一种新的可靠分析手段,对保障食品安全具有重要的现实意义。最近,Daktari Diagnostics 公司展示了一种微流体装置,它将样品的制备和分析集于一体,该装置可以定量血液样本中的 CD4 和 CD8 免疫细胞。另一家公司 DFA 开发了基于纸张的微流控设备,该设备利用毛细管力推动流体运动实现了低成本的医疗诊断。Marques 等通过微通道反应器中胆固醇的生物氧化来评估胆甾酮的产生。

微流控技术应用于生物技术领域已经取得了长足的发展,但是与之相配套的分析仪器的尺寸却没有多少变化,例如质谱仪、拉曼光谱仪、红外光谱仪等。这些仪器的尺寸往往比微流控芯片大好几个数量级,这就使得微流控技术可移动化和便携式发展变得困难。由于微流控技术在分析、生物、医疗保健等领域有着非常重要的应用,因此如何将整套装置小型化对于将来的实际应用就变得尤为重要,这是一个非常具有挑战性的课题。因为随着装置尺寸的减小,测量误差可能随之大幅上升。测量结果对扰动的敏感性提高,稳定性变差。所以,如何平衡尺寸的微小和测量准确度的关系值得思考,装置不是越微小越好。

2.4.3　微反应技术在热动力领域的应用

1. 微型燃料电池

近几年,微型燃料电池由于其在笔记本、数字化个人助理、摄像机和移动电话等个人便携式电子设备上的应用,越来越受到关注。聚合物电解质膜或者质子交换膜燃料电池,或者用甲醇作为燃料的直接甲醇燃料电池,工作温度低,电转换效率高,因此较适合用在便携式设备上。

如何减小燃料电池整体尺寸成为很多人关注的热点。Pan 等用高氟化离子交换树脂/聚乙烯吡咯烷酮纳米线作为电解质,开发了一种微米级的燃料电池。这种微型燃料电池由硅基底、电解质、PtRu/C 和 Pt/C 催化剂、电极、甲醇燃料和空气氧化剂组成,它的效率比传统的燃料电池高几个数量级。这种微型燃料电池在复杂的、自供电的纳米器件中可能会有较好的应用前景。

硅基微型燃料电池动力系统目前通常采用微制造技术。Zhang 等报道了一种硅基微型直接甲醇燃料电池。这种微型燃料电池集成了由加热器和温度传感器组成的温度控制系统,通过调节最优温度来提高微型燃料电池的工作效率。Wei 等报道了一种新的星形结构的微型固体氧化物燃料电池,利用稀释的甲烷-

氧气混合物作为原料。这种燃料电池可以带动一个 USB 的风扇正常工作。Y 形微槽道层流无膜燃料电池也有报道。为了减少膜的传质阻力，Kwan 等通过微制造的方法利用沸石制造出微膜，成功用在微型燃料电池上面。

2. 微尺度传热和微型换热器

相比传统的换热器，微型换热器的主要优点是单位体积内有着极其高的传热面积，可满足电子产品、电源和激光设备等的换热要求。近年来，微尺度相变传热引起了大家广泛关注，对比单相流传热，相变传热有着较高的传热效率，根据冷却液的饱和特性，能够维持一个相对恒定的表面温度。Lee 等报道了一套微槽道散热片，该套散热片集成温度传感器，散热片槽道高度在 5～510 μm 内变化。用这套散热片来研究微槽道内强制对流沸腾，实验结果表明换热效果非常显著。Qi 等开发了一种微槽道管，用于移动空调强化传热，可显著提高系统换热性能，减少环境对移动空调的影响，在所有测试条件下都表现出很好的汽车空间冷却能力。

我国虽然在微动力系统和微换热系统领域取得了很大的进展，但是对微尺度下传热和传质的基础研究仍需加强。随着尺寸的减小，温度、压力和浓度等参数测量的误差增大，测量精度下降，制约了对微尺度下传热、传质规律的发现和研究。因此，如何在微尺度下实现试验参数的原位、高精度的测量是需要深入研究的课题。

参考文献

[1] Yao X, Zhang Y, Du L, et al. Review of the applications of microreactors. Renewable and Sustainable Energy Reviews, 2015, 47: 519 - 539.

[2] Wilms D, Nieberle J, Klos J, et al. Synthesis of hyperbranched polyglycerol in a continuous flow microreactor. Chemical Engineer & Technology, 2007, 30 (11): 1519 - 1524.

[3] 王乐夫，张美英，黄仲涛，等.微化学工程中的微反应技术.化学反应工程与工艺，2001，17(2): 174 - 179.

[4] 徐泰然.MEMS 和微系统——设计与制造.北京：机械工业出版社，2004.

[5] Robins I, Shaw J, Miller B, et al. Solute transfer by liquid /liquid exchange without mixing in micro-contactor devices //Microreaction Technology. Springer, Berlin, Heidelberg, 1998: 35 - 46.

[6] 王琪民.微型机械导论.合肥：中国科学技术大学出版社，2003.

[7] Tang B, Sato K, Gosálvez M A. Sharp silicon tips with different aspect ratios in wet etching /DRIE and surfactant-modified TMAH etching. Sensors and Actuators A: Physical, 2012, 188: 220 - 229.

[8] Löwe H, Ehrfeld W, Hessel V. Micromixing technology. New York: American Institute of Chemical Engineers, 2000.

[9] Wang H, Wang Y, Zhu G, et al. A novel thermally evaporated etching mask for low-damage dry etching. IEEE Transactions on Nanotechnology, 2017, 16(2): 290-295.

[10] 王润孝.先进制造技术导论.北京:科学出版社,2004.

[11] TeGrotenhuis W E, Cameron R J, Butcher M G, et al. Microchannel devices for efficient contacting of liquids in solvent extraction. Separation Science and Technology, 1999, 34(6-7): 951-974.

[12] Quiñónez F, Menezes J W, Cescato L, et al. Band gap of hexagonal 2D photonic crystals with elliptical holes recorded by interference lithography. Optics Express, 2006, 14(11): 4873-4879.

[13] Hung Y J, Lee S L, Pan Y T, et al. Holographic realization of hexagonal two dimensional photonic crystal structures with elliptical geometry. Journal of Vacuum Science & Technology B Microelectronics & Nanometer Structures, 2010, 28(5): 1030-1038.

[14] Menz W, Mohr J, Paul O.微系统技术.王春海,于杰,孙东辉,等译.北京:化学工业出版社,2003.

[15] 刘刚,田扬超,张新夷.LIGA技术制作微反应器的研究.微细加工技术,2002(2):68-71.

[16] Hasni A E, Pfirrmann S, Kolander A, et al. Six-layer lamination of a new dry film negative-tone photoresist for fabricating complex 3D microfluidic devices. Microfuidics & Nanofluidics, 2017, 21(3): 41.

[17] Du L, Zhao M, Wang A, et al. Fabrication of novel MEMS inertial switch with six layers on a metal substrate. Microsystem Technologies, 2015, 21(9): 2025-2032.

[18] Yao X, Chen Z, Chen G. Fabrication of PMMA microfluidic chips using disposable agar hydrogel templates. Electrophoresis, 2009, 30(24): 4225-4229.

[19] He Q H, Fang Q, Du W B, et al. Fabrication of a monolithic sampling probe system for automated and continuous sample introduction in microchip-based CE. Electrophoresis, 2007, 28(16): 2912-2919.

[20] Zhong R T, Liu D Y, Yu L F, et al. Fabrication of two-weir structure based packed columns for on-chip solid-phase extraction of DNA. Electrophoresis, 2007, 28(16): 2920-2926.

[21] Sun Y, Yin X F. Novel multi-depth microfluidic chip for single cell analysis. Journal of Chromatography A, 2006, 1117(2): 228-233.

[22] Qu S, Chen X H, Chen D, et al. Poly(methylethacrylate)CE microchips replicated from poly(dimethylsiloxane) templates for the determination of cations. Electrophoresis, 2006, 27(24): 4910-4918.

[23] Liu A F, He F Y, Wang K, et al. Rapid method for design and fabrication of passive micromixers in microfluidic devices using a direct-printing process. Lab on a Chip, 2005, 5(9): 974-978.

[24] Yu X, Tu S T, Wang Z, et al. Development of a microchannel reactor concerning steam reforming of methanol. Chemical Engineering Journal, 2006, 116(2): 123 - 132.

[25] Lin Y, Yu X, Wang Z, et al. Measurement of temperature dependent diffusion coefficients using a confocal Raman microscope with microfludic chips considering laser-induced heating effect. Analytica Chimica Acta, 2010, 667(1 - 2): 103 - 112.

[26] 谭天亚,傅正义,张东明.扩散焊接异种金属及陶瓷/金属的研究进展.硅酸盐通报,2003, 22(1): 59 - 63.

[27] Ehrfeld W, Hessel V, Kiesewalter S, et al. Implementation of microreaction technology in process engineering //Microreaction Technology: Industrial Prospects. Springer, Berlin, Heidelberg, 2000: 14 - 34.

[28] Yu X H, Tu S T, Wang Z D, et al. On-board production of hydrogen for fuel cells over Cu/ ZnO/Al_2O_3 catalyst coating in a micro channel reactor. Journal of Power Sources, 2005, 150: 57 - 66.

[29] Cui T H, Fang J, Zheng A P, et al. Fabrication of microreactors for dehydrogenation of cyclohexane to benzene.Sensors and Actuators B: Chemical, 2000, 71(3): 228 - 231.

[30] Bouchaud J, Stuible L. Micro reaction in Europe and Asia: status of R&D and industry, applications and markets //Microproducts Breakthrough Institute (MBI). 2004, Micro Nano Breakthrough Conference, Oregon, 2004: 07 - 28.

[31] 刘涛.欧洲微反应器技术的发展与应用现状.现代化工,2007, 27(10): 66 - 68.

[32] Mason B P, Price K E, Steinbacher J L, et al. Greener approaches to organic synthesis using microreactor technology. Chemical Reviews, 2007, 107(6): 2300 - 2318.

[33] Yao X, Yao J, Zhang L, et al. Fast esterification of acetic acid with short chain alcohols in microchannel reactor. Catalysis Letters, 2009, 132(1 - 2): 147 - 152.

[34] Sun J, Ju J, Ji L, et al. Synthesis of biodiesel in capillary microreactors. Industrial & Engineering Chemistry Research, 2008, 47(5): 1398 - 1403.

[35] Wen Z, Yu X, Tu S T, et al. Intensification of biodiesel synthesis using zigzag micro-channel reactors. Bioresource Technology, 2009, 100(12): 3054 - 3060.

[36] Chen Y H, Huang Y H, Lin R H, et al. A continuous-flow biodiesel production process using a rotating packed bed. Bioresource Technology, 2010, 101(2): 668 - 673.

[37] Nettekoven M, Püllmann B, Martin R E, et al. Evaluation of a flow-photochemistry platform for the synthesis of compact modules. Tetrahedron Letters, 2012, 53(11): 1363 - 1366.

[38] El Zanati E, Abdallah H, Elnahas G. Micro-reactor for non-catalyzed esterification reaction: performance and modeling. International Journal of Chemical Reactor Engineering, 2017, 15(2).

[39] Yu X, Wen Z, Lin Y, et al. Intensification of biodiesel synthesis using metal foam reactors. Fuel, 2010, 89(11): 3450 - 3456.

[40] Wang K, Lu Y, Shao H, et al. Improving selectivity of temperature-sensitive exothermal reactions with microreactor. Industrial & Engineering Chemistry Research,

2008, 47(14): 4683 - 4688.

[41] 葛皓,陈光文,袁权,等.微反应器内甲苯气相催化氧化反应动力学.化工学报,2007,58(8): 1967 - 1972.

[42] 戴莉,郑亚峰,颜卫,等.毛细管微反应器中乙烯环氧化反应.石油化工,2007, 36(2): 156 - 160.

[43] 李宏亮,文振中,林莹,等.我国在化工、生物与热动力微系统领域的研究进展.化工进展,2011(1):26 - 33.

[44] Li H, Yu X, Tu S T, et al. Catalytic performance and characterization of Al_2O_3-supported Pt-Co catalyst coatings for preferential CO oxidation in a micro-reactor. Applied Catalysis A: General, 2010, 387(1 - 2): 215 - 223.

[45] Ying Y, Chen G, Zhao Y, et al. A high throughput methodology for continuous preparation of monodispersed nanocrystals in microfluidic reactors. Chemical Engineering Journal, 2008, 135(3): 209 - 215.

[46] Chang J Y, Yang C H, Huang K S. Microfluidic assisted preparation of CdSe/ZnS nanocrystals encapsulated into poly (dl-lactide-co-glycolide) microcapsules. Nanotechnology, 2007, 18(30): 305305 - 305312.

[47] Ju J, Zeng C, Zhang L, et al. Continuous synthesis of zeolite NaA in a microchannel reactor. Chemical Engineering Journal, 2006, 116(2): 115 - 121.

[48] Luan W L, Yang H W, Tu S T, et al. Open-to-air synthesis of monodisperse CdSe nanocrystals via microfluidic reaction and its kinetics. Nanotechnology, 2007, 18(17): 175603 - 175608.

[49] Yang H W, Luan W L, Tu S T. Large-scale synthesis of monodispersed nanocrystals via microreaction//2007 First International Conference on Integration and Commercialization of Micro and Nanosystems. American Society of Mechanical Engineers, 2007: 189 - 193.

[50] Yang H Y, Luan W L, Tu S T, et al. Synthesis of nanocrystals via microreaction with temperature gradient: Towards separation of nucleation and growth. Lab on a Chip, 2008, 8(3): 451 - 455.

[51] Yang H W, Luan W L, Wang Z, et al. High-temperature synthesis of CdSe nanocrystals in a serpentine microchannel: Wide size tenability achieved under short residence time. Crystal Growth & Design, 2009, 9(3): 1569 - 1574.

[52] Yang H W, Luan W L, Tu S T, et al. Continuous synthesis of full-color emitting core/shell quantum dots via microreaction. Crystal Growth & Design, 2009, 9(11): 4807 - 4813.

[53] Appalakutti S, Sonawane S, Bhanvase B A, et al. Process intensification of copper chromite ($CuCr_2O_4$) nanoparticle production using continuous flow microreactor. Chemical Engineering and Processing: Process Intensification, 2015, 89: 28 - 34.

[54] Xu L, Peng J, Yan M, et al. Droplet synthesis of silver nanoparticles by a microfluidic device. Chemical Engineering and Processing: Process Intensification, 2016, 102: 186 - 193.

[55] 李晓宇，侯森，冯喜增.微流控技术在细胞生物学中的应用.生命科学，2008，20(3)：397-401.

[56] Huang S，Li C，Lin B，et al. Microvalve and micropump controlled shuttle flow microfluidic device for rapid DNA hybridization. Lab on a Chip，2010，10(21)：2925-2931.

[57] 张宇，于浩，董秀玲，等.玻璃微流控通道中水凝胶固定寡核苷酸探针的方法及应用.高等学校化学学报，2009，30(6)：1128-1130.

[58] 张国豪，马波，秦建华，等.集成药物代谢微流控芯片的研制.高等学校化学学报，2008，29(7)：1356-1358.

[59] 汪骅，王惠民，金庆辉，等.微流控芯片电泳分离血清中小而密低密度脂蛋白的研究.分析化学，2008，36：1531-1534.

[60] 李永新，黎源倩，渠凌丽，等.微流控芯片-激光诱导荧光快速检测 4 种食源性致病菌.分析化学，2008，36(12)：1667-1671.

[61] Watkins N N，Hassan U，Damhorst G，et al. Microfluidic CD^{4+} and CD^{8+} T lymphocyte counters for point-of-care HIV diagnostics using whole blood. Science Translational Medicine，2013，5(214)：214ra170.

[62] Yetisen A K，Jiang N，Tamayol A，et al. Paper-based microfluidic system for tear electrolyte analysis. Lab on a Chip，2017，17(6)：1137-1148.

[63] Marques M P C，Fernandes P，Cabral J M S，et al. Continuous steroid biotransformations in microchannel reactors. New Biotechnology，2012，29(2)：227-234.

[64] Yu J R，Cheng P，Ma Z Q，et al. Fabrication of miniature silicon wafer fuel cells with improved performance. Journal of Power Sources，2003，124(1)：40-46.

[65] Lee C Y，Chuang C W. A novel integration approach for combining the components to minimize a micro-fuel cell. Journal of Power Sources，2007，172(1)：115-120.

[66] Pan C，Wu H，Wang C，et al. Nanowire-based high-performance “micro fuel cells”：One nanowire，one fuel cell. Advanced Materials，2008，20(9)：1644-1648.

[67] Zhang Q，Wang X，Zhu Y，et al. Optimized temperature control system integrated into a micro direct methanol fuel cell for extreme environments. Journal of Power Sources，2009，192(2)：494-501.

[68] Wei B，Lv Z，Huang X，et al. A novel design of single-chamber SOFC micro-stack operated in methane-oxygen mixture. Electrochemistry Communications，2009，11(2)：347-350.

[69] Chang M H，Chen F，Fang N S. Analysis of membraneless fuel cell using laminar flow in a Y-shaped microchannel. Journal of Power Sources，2006，159(2)：810-816.

[70] Sun M H，Gasquillas G V，Guo S S，et al. Characterization of microfluidic fuel cell based on multiple laminar flow. Microelectronic Engineering，2007，84(5-8)：1182-1185.

[71] Yeung K L，Kwan S M，Lau W N. Zeolites in microsystems for chemical synthesis and

energy generation. Topics in Catalysis, 2009, 52(1 - 2): 101 - 110.

[72] Lee M, Cheung L S L, Lee Y K, et al. Height effect on nucleation-site activity and size dependent bubble dynamics in microchannel convective boiling. Journal of Micromechanics and Microengineering, 2005, 15(11): 2121 - 2129.

[73] Qi Z, Zhao Y, Chen J. Performance enhancement study of mobile air conditioning system using microchannel heat exchangers. International Journal of Refrigeration, 2010, 33(2): 301 - 312.

[74] Yu S T, Yu X, Luan W, et al. Development of micro chemical, biological and thermal systems in China: A review. Chemical Engineering Journal. 2010, 163(3): 165 - 179.

第 3 章

CdX（X＝Se，S）/ZnS 及Ⅱ-Ⅵ族复合结构量子点全连续微反应合成

3.1 概述

目前，基于量子点的应用研发已取得突破性进展，然而高质量、低成本量子点批量合成技术的缺乏限制了其在相关应用领域的商业化。微反应法具有稳定性好、反应过程精确可控等优势，可用于高质量量子点的合成工艺研发。而被广泛研究的二元量子点，由于材料自身物理性质的限制，其荧光量子产率一般不高，且发光范围有限。以 CdSe 量子点为例，仅能合成绿色到红色荧光发光的产品，且量子点表面的缺陷易导致本征量子效率的降低。复合结构量子点的提出赋予了材料更为优异的光学性能，通过量子点的能带调控进一步拓展了发光光谱范围。

采用微反应法合成量子点多限于成熟工艺的转移，针对微反应法进行新工艺的开发和复合结构量子点的合成报道还比较少，使得微反应技术在量子点参数优化和提高产品质量上的优势还未得到充分体现；此外，与其他合成手段相比，微反应是一种连续生产的过程，可实现量子点的大量生产。将微反应技术应用于复合结构量子点的高效合成，并实现量子点的批量生产，具有重要的应用价值。

本章基于微通道中强化传热和传质效率的原理，介绍了毛细管连续微反应系统的搭建及优化。在大气环境下，以Ⅱ-Ⅵ族复合结构量子点为研究对象，实现从紫色到近红外荧光光谱发光量子点的可控合成。为达到单位时间内克级量子点的制备规模，采用模块化微反应系统（芯片微反应）对量子点合成的放大工艺结果进行介绍。

3.2 CdX（X＝Se，S）/ZnS 全连续微反应合成

3.2.1 CdSe 前驱体合成工艺优化

基于烧瓶的量子点合成通常需要在严格的无水、无氧环境下进行，因此整个反应过程需要使用谢勒管线（Scheler Line），并且在加热至高温前需要对前驱体以及溶剂进行严格的真空脱气。上述工艺在少量样品的制备过程中尚可以采用，但转移到商业化生产后将产生巨大的操作费用。相对间歇式的烧瓶反应，微反应器可

以在密闭的状态下连续进行量子点的合成，而不受外界环境的影响。以下介绍以CdSe纳米晶的合成为例对微反应系统的性能考察，并在没有惰性气体保护的条件下实现了高质量CdSe纳米晶的制备。在此基础上对反应温度、反应时间和配体浓度等因素进行优化，体现了微反应在反应参数高通量筛选中的优势。

1. 实验方法

实验过程中采用的化学药品及试剂见表3.1。该实验采用基于非配位溶剂的合成体系。将Se粉溶于三辛基膦(Tri-n-octylphosphine, TOP)，并使用十八烯(1-Octadecene, ODE)稀释形成阴离子前驱体。将CdO、油酸(Oleic Acid, OA)以及ODE组成的混合物在150℃下加热60 min形成透明的阳离子前驱体。药品和溶剂的信息见表3.2。

表 3.1 试验中采用的化学药品及试剂

药品及试剂	分子式	简 写	纯 度
氧化镉	CdO		99.95%
硒粉	Se		99.95%
油酸	$C_{18}H_{34}O_2$	OA	CP
油胺	$C_{18}H_{37}N$	OLA	70%
十八烯	$C_{18}H_{36}$	ODE	90%
三正辛基膦	$[CH_3(CH_2)_7]_3P$	TOP	90%
三正辛基氧膦	$[CH_3(CH_2)_7]_3PO$	TOPO	98%
三氯甲烷	$CHCl_3$		AR
丙酮	CH_3CH_6O		AR
无水甲醇	CH_3OH		AR
罗丹明 B	$C_{28}H_{31}ClN_2O_3$		AR
罗丹明 6G	$C_{28}H_{31}N_2O_3Cl$		AR
无水乙醇	C_2H_6O		AR
3-巯基丙酸	$C_3H_6O_2S$	MPA	AR

表 3.2 前驱体的制备参数

阴离子前驱体	Se	0.039 5 g
	TOP	1 mL
	ODE	2 mL
阳离子前驱体	CdO	0.012 85 g
	OA	0.3 mL
	ODE	1.7 mL

将等体积的阴离子与阳离子前驱体分别装入注射器，注射泵引导前驱体经三通汇合后进入磁力微混合器，较大比表面积以及很短的热传导路径促使进入加热区域的反应原料迅速达到高温，并在稳定的热环境下停留一段时间后经出口流出，整个反应随流出液体的迅速降温而猝灭。

2. 结果与讨论

基于烧瓶装置间歇合成量子点时，注射过程、环境温度等因素都会对反应的可重复性产生影响。基于同样参数的两个独立实验往往使荧光峰产生±5 nm的变化。为了考察微反应系统的稳定性，实验过程中让装置在相同的参数下连续工作 2 h，并分别在 0～5 min、30～35 min、60～65 min、90～95 min 以及 115～120 min 的时间段内收集样品。测试表明，荧光峰的变化减少到±1 nm，而且两次独立的操作可以得到几乎重合的荧光光谱，如图 3.1 所示。

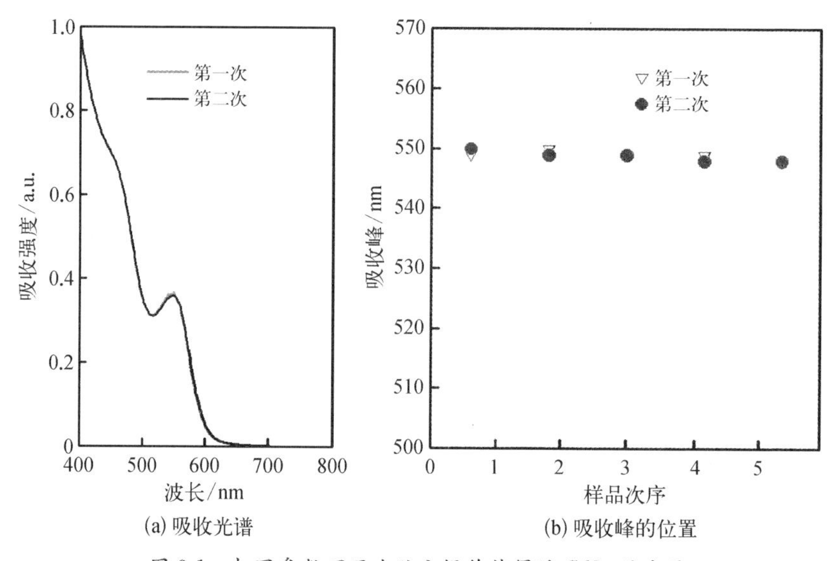

图 3.1　相同参数下两次独立操作获得的 CdSe 纳米晶

在反应装置具有良好稳定性的基础上，分别在 255℃、275℃和 295℃下进行 CdSe 纳米晶的合成。在相同的温度下，通过改变进料流速获得不同的停留时间，以考察反应温度对纳米晶生长过程的影响。样品的吸收光谱如图 3.2 所示。

与烧瓶反应相比，微反应环境下强化了传热与传质过程，使合成反应的效率大大提高，形成高质量 CdSe 纳米晶所需的反应温度与反应时间明显降低。在 255℃下获得的样品的吸收光谱出现尖锐的吸收峰，表明纳米晶的尺寸分布较窄，而且荧光峰的半高全宽最窄可达 36 nm。基于相同的反应配方，烧瓶反应则需要在 300℃下才能获得相似的结果。此外，加速的反应过程使在 5～40 s 内就可以观察到纳米晶尺寸分布演化的整个过程，而这在烧瓶反应中通

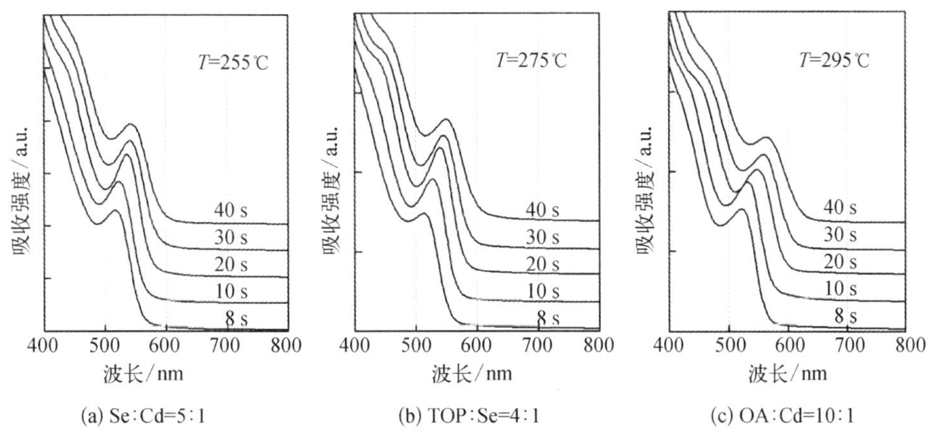

图 3.2　不同反应温度与停留时间下合成的 CdSe 纳米晶的吸收光谱

常需要几十分钟甚至数小时才能获得。在特定的温度下，吸收谱峰的位置随反应时间的延长出现红移，而且红移的速率随反应温度的升高而加快。255℃、停留时间变化 20 s(10～30 s)所导致的红移幅度为 25 nm，而 295℃下的相应移动则达 40 nm。

为了系统考察反应温度、停留时间以及配体浓度对 CdSe 纳米晶的影响，本节基于 Yu 等报道的经验公式获得不同反应条件下 CdSe 纳米晶的平均直径与摩尔浓度。CdSe 纳米晶表现出强烈的量子尺寸效应，因此，其形成电子-空穴(激子)对所需的能量与纳米晶的尺寸呈对应关系。以此为基础，Yu 等通过透射电镜并综合其他实验报道结果获得 CdSe 纳米晶的平均直径，并建立起平均直径与第一个激子吸收峰位置的关系，拟合得到式(3-1)。

$$D=(1.6122\times10^{-9})\lambda^4-(2.6575\times10^{-6})\lambda^3+(1.6242\times10^{-3})\lambda^2-0.4277\lambda+41.57 \tag{3-1}$$

式中，D 为 CdSe 纳米晶的直径；λ 为对应样品吸收光谱中第一个激子吸收峰的位置。

基于获得的纳米晶平均直径，利用式(3-2)获得 CdSe 纳米晶的摩尔消光系数。

$$\varepsilon=5857\times D^{2.65} \tag{3-2}$$

最后通过 Lambert-Beer 定律获得溶液中 CdSe 纳米晶的摩尔浓度。

$$A=\varepsilon cL \tag{3-3}$$

式中，A 为第一个激子吸收峰的吸光度；c 为纳米晶的摩尔浓度，mol/L；L 为用于测试吸收光谱的光程长度(本实验中为 1 cm)。

由于式(3－1)的获得是以单分散的 CdSe 纳米晶为基础,因此用式(3－3)计算纳米晶的摩尔浓度时须对实验测得的吸收值进行标定。以下计算所采用的吸光度都基于吸收峰的半高半宽(HWHM),并使用式(3－4)进行标定。

$$A = A_{\mathrm{m}}(HWHM)_{\mathrm{UV}}/14 \tag{3-4}$$

式中,A 和 A_{m}分别为校准吸光度和实际测量的吸光度。

由图 3.2 可见,停留时间显著影响纳米晶的生长过程。随着停留时间的延长,纳米晶的尺寸逐渐变大。相对而言,不同反应温度下荧光半高全宽随停留时间的变化并非呈相同的变化趋势。在 255℃和 275℃,随着停留时间的延长,半高全宽先逐渐减小,并分别在 20 s 和 8 s 出现最小值(分别为 35 nm 和 36 nm)。随后半高全宽随停留的时间增加出现增大过程。而在 295℃,半高全宽仅随停留时间的延长而逐渐增大,并未出现转折点。

上述实验现象可以通过微通道中流体的流动状态和纳米晶的扩散生长理论进行解释。Günther 等提出,在圆柱形的微通道中,流体呈典型的抛物线流型。流体在毛细管的轴线处具有最大的流速,而管壁处流速最低,即存在流速分布。因此,微反应通道内的流体在轴心与壁面经历了不同的反应时间,纳米晶生长时间的不同导致其尺寸存在偏差。停留时间的影响在高流速下较为显著,而在较低的流速下得到缓和。由于荧光半高全宽可以定性反映纳米晶的尺寸分布,半高全宽越窄,则纳米晶的尺寸越均一。仅考虑停留时间分布的影响,半高全宽应该随停留时间的延长(流速降低)呈单调降低趋势。基于扩散的纳米晶生长过程是影响半高全宽变化的另一因素。Peng 等提出反应前驱体在高温下迅速反应形成 CdSe 单体,当单体的浓度冲破成核门槛值后将形成大量的 CdSe 晶核,形成的晶核基于环境中的单体进行生长。在生长的初期,环境中较高的单体浓度使晶核的直径都大于纳米晶溶解的临界尺寸,此时小颗粒比大颗粒具有更快的生长速率,从而出现纳米晶尺寸分布的集中过程。但随着生长过程的进行,环境中单体的浓度不断降低,导致临界尺寸增大。此时,小于临界尺寸的颗粒出现负的生长速率(以及溶解),而大颗粒继续生长,导致纳米晶的尺寸分布变宽,伴随奥氏熟化过程。由此可见,停留时间分布与奥氏熟化的交互结果导致半高全宽转折点的出现。

图 3.3 给出了不同反应温度下 CdSe 纳米晶的生长动力学数据。在相同的停留时间下,CdSe 的摩尔浓度随反应温度的升高而增加,表明较高的温度有助于提高 CdSe 纳米晶的转化率。此外,基于尺寸-停留时间曲线[图 3.3(b)]的斜率可知,纳米晶的生长速率随反应温度的升高而加快。295℃下,在 8～30 s 内 CdSe 纳米晶的平均生长速率为 255℃时的 1.8 倍。从半高全宽-停留时间曲线可见,半高全宽“转折点”的出现时间随反应温度的降低而延迟。295℃时,半高全宽在所考察的停留时间范围内并未出现转折点,呈单调递增趋势。上述结果

表明较高反应温度促成奥氏熟化过程的提前出现。较高的反应温度有利于冲破前驱体形成CdSe单体的能垒,从而导致单体浓度提高,最终导致成核数量的大大增加。大量晶核的快速生长导致环境的单体浓度迅速降低至奥氏熟化门槛值,从而使纳米晶尺寸分散过程的出现相对低温时提前。

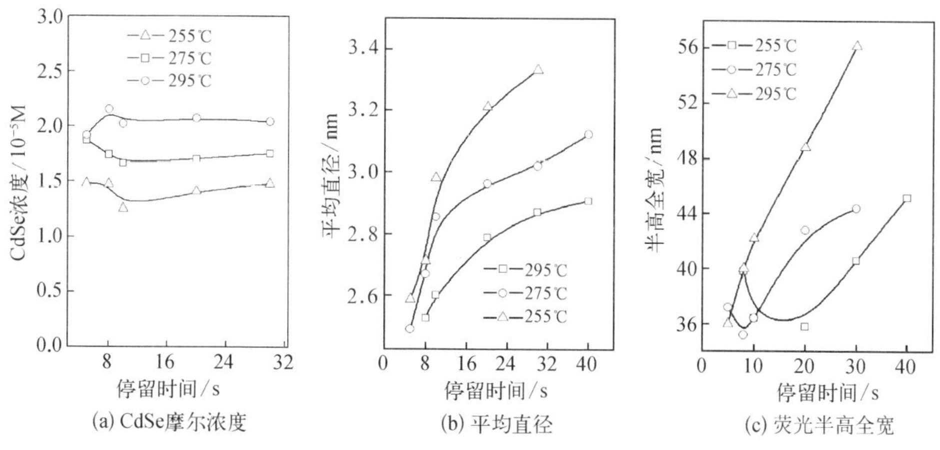

图3.3 不同反应温度与停留时间下获得的CdSe纳米晶的生长动力学数据

配体浓度是影响纳米晶生长过程的另一重要因素。该实验考察了五组不同的配体(油酸)浓度,获得样品的吸收光谱见图3.4(a)。可见,CdSe纳米晶的吸收峰随油酸浓度的升高出现显著红移。油酸与CdO的摩尔比从5变化到40时,吸收峰的红移达23 nm,对应的纳米晶平均直径增大0.6 nm[图3.4(b)]。CdSe纳米晶的荧光半高全宽随油酸浓度的升高先减小,在OA/CdO为10时出现最小值(36 nm),然后随油酸浓度的继续增加而增大。CdSe纳米晶的摩尔浓度随油酸浓度呈单调下降的趋势[图3.4(c)],与Yu等针对CdS

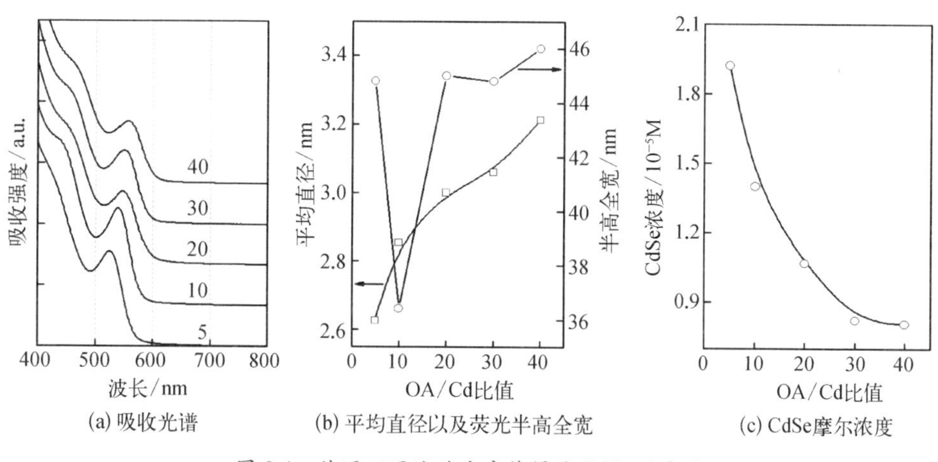

图3.4 使用不同油酸浓度获得的CdSe纳米晶

的研究结果相似。油酸对 CdSe 纳米晶合成的影响主要体现在成核阶段，油酸浓度的增加将导致纳米晶成核浓度的降低。而在相同的温度下，CdSe 单体的浓度则不会出现很大的偏差。因此，溶液中较多的单体仅供少量晶核生长，从而出现大尺寸的颗粒。当油酸浓度进一步提高，过快的生长将失去控制，导致纳米晶尺寸的分散，过高的油酸浓度将使 CdS 直接生长成体材料。但在油酸浓度较低时，纳米晶的表面不能得到完全钝化，因此颗粒间的相互吸引将导致团聚的发生。因此，CdS 纳米晶的荧光半高全宽在 OA/CdO 等于 10 时出现最小值。

通过控制反应温度、反应时间和油酸浓度，使用微反应装置可重复获得较高质量的 CdSe 纳米晶。图 3.5 为 CdSe 纳米晶的透射电镜照片，可见纳米晶呈球形，而且分散良好。从图 3.5 中任意选取 100 个点计算纳米晶的平均直径和尺寸分布，得到纳米晶的平均直径为 3.7 nm，尺寸分布的标准方差(σ)为 11%。从高分辨透射电镜照片中可以清楚地观察到不同的晶面，表明获得的样品结晶良好。但从图 3.5 中很难确定纳米晶的晶面取向，因此仅通过电镜照片还不能确定 CdSe 的晶相。

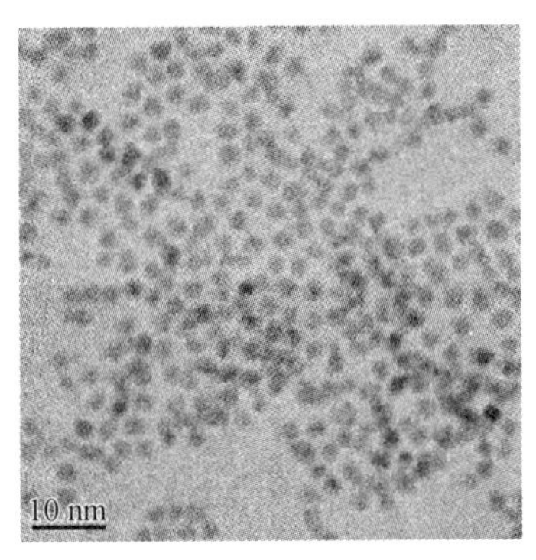

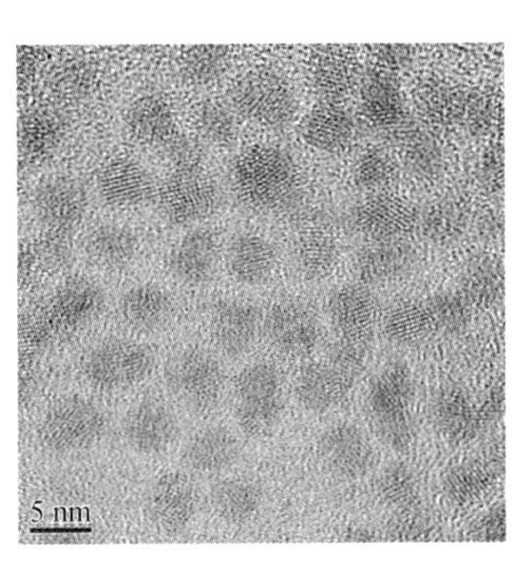

图 3.5 微反应法获得的 CdSe 纳米晶的透射电镜照片
(OA/Cd=10，T=275℃，t=8 s)

CdSe 纳米晶具有四方和六方两种晶相。两种相结构都呈六方密堆积，仅仅是晶面的堆垛次序不同。四方相的 CdSe 纳米晶沿[001]晶向以 ABAB 的结构进行堆积，而六方相的堆垛则是沿[111]晶面以 ABCABC 的方式进行。两种相结构的能量相差很小，其中四方相仅在低温下能够稳定存在，在高于95℃时将可逆的转变为六方相。实验获得的 CdSe 纳米晶的 XRD 图谱见图3.6，通过衍射峰的位置可以确定该实验获得的 CdSe 纳米晶呈四方相。其中 $2\theta=25°$为(111)晶面的衍射，而 $2\theta=42°$和 50°的衍射峰则分别对应(220)和(311)晶面。而对于六方相的 CdSe 纳米晶，XRD 图谱中将在 $2\theta=35°$和 $2\theta=46°$出现分别对应(102)和(103)晶面的特征衍射峰，确证了该实验获得的 CdSe 纳米晶为四方相。

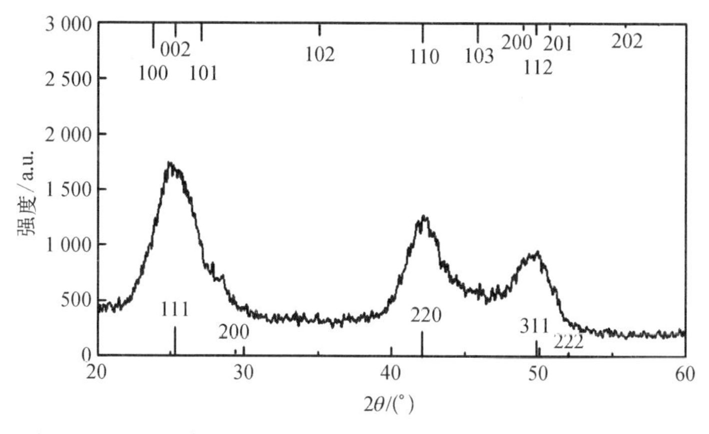

图 3.6　CdSe 纳米晶的 XRD 图谱(OA/Cd=10, T=275℃, t=8 s)

3. CdSe 纳米晶的温度梯度微反应合成

纳米晶的微反应合成在最近的十年里得到广泛的重视。微反应器结构的不断改进以及合成工艺的不断进步使获得的纳米晶的质量得到持续提高。而且微反应器在反应动力学参数的高效获取以及纳米晶的高效、稳定合成中的优势已经在 CdS、CdSe 以及 CdSe/ZnS 纳米晶的制备过程中得到充分体现。基于多相流的微反应使前驱体在微通道中停留时间分布显著变窄，伴随的高效混合过程为反应动力学过程的高分辨解析打下了基础。此外，基于透明材料制作的微反应器更为量子点光学性能的在线、原位测试提供了良好的工具。

针对量子点合成微反应器的结构设计，已有的报道都从流体动力学的角度出发，通过通道结构以及流体流型的控制使流体的混合过程得到改善，但忽略了量子点合成的热力学对最终获得的纳米晶性能的影响。基于烧瓶的量子点合成通常采用截然不同的温度进行纳米晶的成核与生长。高温造成的高单体浓度使纳米晶的成核得以快速进行，而随后的迅速降温使单体的浓度立即降至成核门槛值以下，并且较低温度下的生长与退火使获得的纳米晶具有良好的结晶度和高效的荧光性能。在微反应环境下，微通道很高的比表面以及很短的热传导路径导致前驱体在 1 s 内达到成核所需的目标温度，但在成核温度下的快速生长使纳米晶难以获得理想的表面状态，导致纳米晶荧光效率的降低。此外，高温环境下奥氏熟化的快速出现则导致纳米晶尺寸分布的宽化。

针对上述问题，基于管式炉内对称分布的温区以及空气层的良好绝热性，在量子点合成微反应系统的反应通道上建立稳定、可控的温度梯度。采用高温促进成核，而在较低温度下进行纳米晶的生长。目标是通过反应温度所导致的单体浓度的变化以实现纳米晶成核与生长过程的分离，研究思路见图 3.7。将反应通道的初始段置于高温环境中，然后经过很短的过渡进入低温区域，并在低温区域设置较长的微通道。基于此结构，混合后的前驱体进入高温反应后单体浓度迅速提高，促成大量晶核瞬时形成，而后迅速流入低温区域。微通道高效的传热效率使通道中流体的温度也迅速降低，然后在低温环境下停留较长时间以进行纳米晶的生长和退火过程，最终使获得的纳米晶的尺寸分布与荧光性能得到改善。

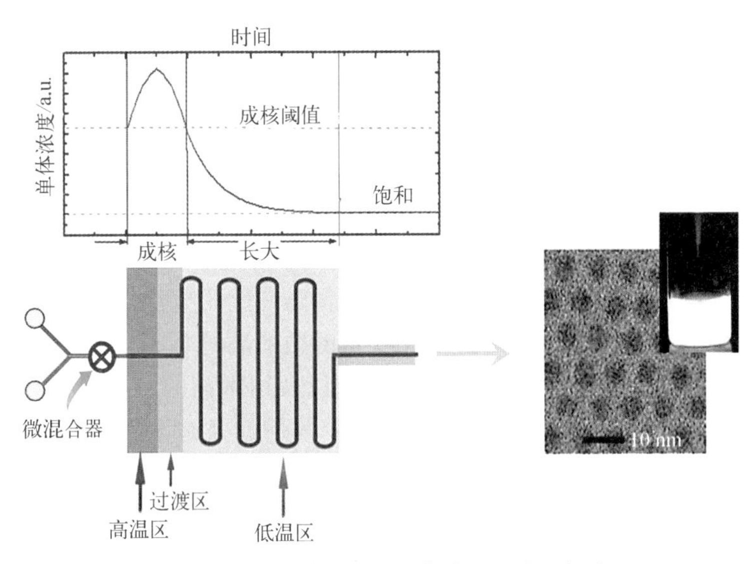

图 3.7　温度梯度微反应合成量子点的示意图

(1) 微反应系统的设计

整个微反应系统的进样与混合部分与前文所述相同。采用注射泵与注射器组成进样系统，以满足前驱体的可控进料。采用以磁力驱动的对流微混合器实现汇合后的前驱体在低流速条件下的快速混合。采用内径为 300 μm 的 PTFE 毛细管作为微反应通道，以实现纳米晶的成核与生长过程。管式加热炉为反应通道上温度梯度的实现提供了良好的工具。针对通常管式电炉，一般在管式炉的四周布置加热电阻，而沿轴向通过加热电阻设置密度的变化以保证炉内沿轴向的温度均匀性。该实验采用的管式电炉在两端严格绝热密封的条件下，轴向的温度梯度可以控制在±1℃以内。空气作为热的不良导体，将在管式炉的径向造成较大的温差，此时管壁的附近因靠近加热电阻而温度较高，而管式轴线处因离加热电阻最远而温度最低。因此，仅需将两段毛细管平行的置于管式炉内不同的位置就可以在毛细管上获得较大的温差，并且仅需改变毛细管的平行间距就可以实现温差的可控调节，如图 3.8 所示。在该实验中，采用 PTFE 毛细管更体现出了良好的灵活性，其良好的柔性为其在不同位置的布置提供了方便。

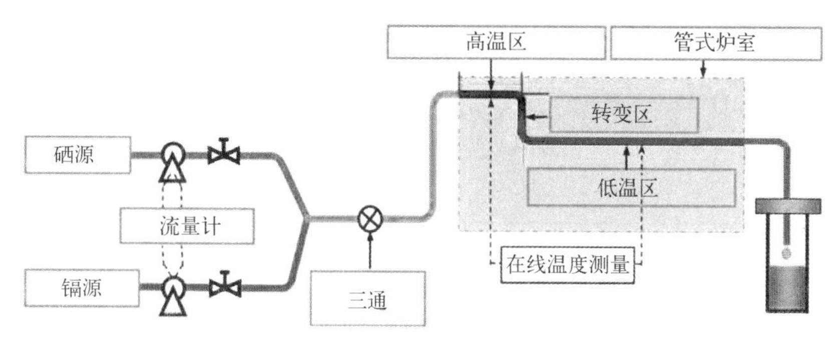

图3.8 CdSe纳米晶合成温度梯度微反应装置的结构示意图

(2) 前驱体的制备

该实验基于OA、油胺(Oleyl Amine, OLA)以及TOP组成的三配体体系进行CdSe纳米晶的合成。将52.67 mg Se溶于1.5 mL TOP,将获得的无色透明溶液使用2.5 mL OLA稀释得到Se前驱体溶液。制备Cd前驱体时,将17.13 mg CdO、0.47 mL油酸与十八烯(共4 mL)组成的混合物在150℃下加热30 min,获得黄色透明溶液。在抽入注射器前,两种前驱体在100℃下进行真空脱气(30 min)。

(3) 结果与讨论

该实验采用的反应装置可以实现两股原料在较宽流速范围内的高效混合,而且同一微通道上可以实现可控的温度梯度。基于该实验采用的管式电炉(φ50 mm),通过改变平行的两段毛细管的间距就可以实现高达60℃的温差。反应系统运行时,两股前驱体先经过Y形三通汇合后进入对流微混合器,混合后的原料首先进入高温段,经由过渡段流入低温区域,最后流出加热区域并迅速冷却至室温。

为了考察温度梯度对纳米晶成核与生长过程的影响,该研究分别采用285℃与260℃作为成核与生长温度,并与在相应的恒温条件下制备的样品进行比较。三种条件下获得的CdSe纳米晶的吸收与荧光光谱见图3.9。采用温度梯度进行纳米晶的合成时,前驱体在高温区、过渡区以及低温区的停留时间分别为2.3 s、0.7 s和17 s。图3.9中同样给出了恒温条件下获得样品的吸收与荧光光谱。采用温度梯度获得的样品具有很窄的吸收峰,而且两个更高能量的跃迁也清晰可见,表明获得的纳米晶具有很窄的尺寸分布。而在恒温条件下获得的样品则普遍体现出较宽的吸收峰,在更高能量的跃迁仅通过一个吸收肩得到体现。温度梯度法对CdSe纳米晶性能的改善同样表现在荧光光谱的比较中,如图3.9(b)所示。采用285～260℃获得的CdSe纳米晶出现狭窄、对称的荧光峰,荧光峰半高全宽仅为29 nm。基于相似的化学配方,该半高全宽已接近在烧瓶反应中获得的最好结果。而在285℃与260℃恒温条件下

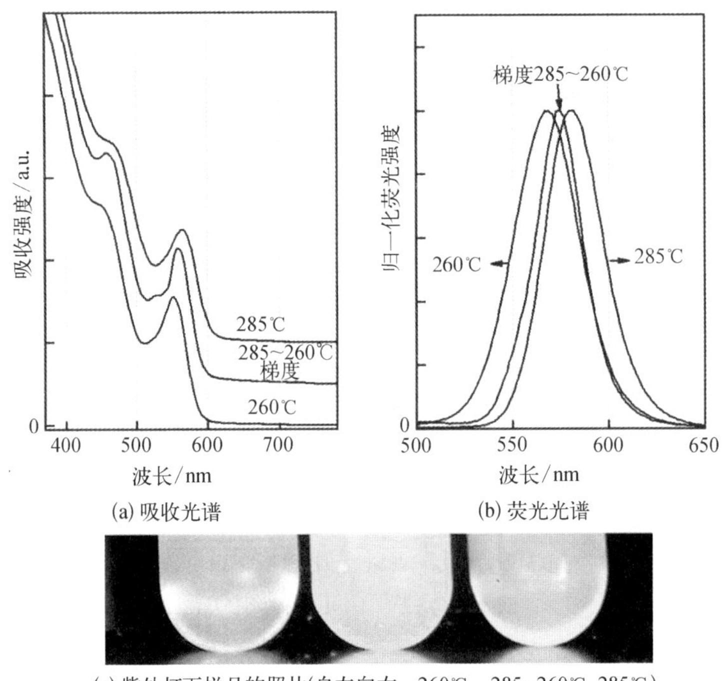

(a) 吸收光谱　　(b) 荧光光谱

(c) 紫外灯下样品的照片(自左向右：260℃，285~260℃，285℃)

图 3.9　采用恒温与温度梯度获得的 CdSe 纳米晶的比较(停留时间：20 s)

获得的样品的荧光峰半高全宽分别为 38 nm 与 40 nm。此外，基于温度梯度反应获得的 CdSe 纳米晶具有更高的荧光量子产率(35%)，远高于相应恒温反应获得的结果，如图 3.9(c)所示。

上述实验结果可以从纳米晶反应动力学的角度进行解释。在高温条件下过饱和度较高的单体使成核过程得以快速完成，而且大量晶核的形成使溶液中单体的浓度迅速降低，同时高温环境下的快速生长过程更使单体的浓度迅速降低至奥氏熟化的门槛值以下，使最终得到的纳米晶的尺寸分布变差。同时，高温微环境下纳米晶的快速生长导致其表面出现缺陷，造成纳米晶荧光效率的降低。而在低温环境下，过饱和单体的消耗过程减缓，此时需要较长的时间才能使单体的浓度降低至成核门槛值以下，因而在该段时间内，纳米晶的成核与生长过程并存，同样导致难以获得尺寸均一分布的样品。在温度梯度条件下，较高的成核温度使整个成核过程得以迅速完成，而低温下的生长与退火过程使纳米晶尺寸分布集中过程得以在较长的时间内进行，而且退火过程使纳米晶获得理想的表面状态，使纳米晶的荧光效率得到改善。为了对上述解释进行验证，这里采用 Peng 等提出的方法对三种不同条件下获得的纳米晶的浓度进行计算。为了保证计算结果的可靠性，测试吸收光谱时要将溶液在第一个激子吸收峰处的吸光度调至 0.1 以下，以避免重吸收过程对计算结果的影响。计算过程中，使用荧光半高全宽作为指标对实验中获得的吸光度进行标定，计算得到的结果见表 3.3。

表3.3 温度梯度与相应恒温条件下合成的CdSe纳米晶的动力学数据比较

温度/℃	颗粒浓度/(10^{-17}/L)	CdSe浓度/[10^{6}/(mol/L)]	荧光峰半高全宽/nm
260	1.34	6.76	40
260～285	1.40	6.59	29
285	1.37	5.59	38

计算结果表明,使用温度梯度法获得的样品的颗粒浓度最高;285℃获得的样品次之;而260℃制备的样品的浓度最低。实验得到的结果为前面的解释提供了有力的验证。低温环境下,纳米晶的成核过程因单体过饱和度降低而仅生成少量的晶核。而针对285℃的情况,高的反应温度使单体的过饱和度迅速升至成核门槛值以上,溶液中单体的过饱和度随反应温度的升高而增加,因而促进大量晶核的形成。但高温也使奥氏熟化的过程提早出现。在该条件下,大颗粒基于小颗粒溶解获得的单体进行继续生长,导致溶液中颗粒浓度的降低,而且使纳米晶的尺寸分布宽化。使用温度梯度进行纳米晶的合成时,高温促进成核,而成核导致单体浓度迅速降至成核门槛值以下,此时低温环境下缓慢生长过程使奥氏熟化的出现得以延迟,从而维持了较高的颗粒浓度。为了进一步验证温度梯度法在控制纳米晶成核与生长过程中的有效性,本节对前驱体在高温区的停留时间、低温区的停留时间以及生长温度进行了系统的考察。

为了保证整个考察过程的可重复性,实验前须将管式炉在300℃下预热两小时,而且实验中采用的毛细管每考察一组数据更换一次。通过上述措施,整个反应系统与反应工艺都体现出良好的稳定性。在此基础上,针对每一组数据的考察,独立进行三次实验,并取三次实验获得的平均值作为最终数据,以三组数据的标准方差作为误差限。

对前驱体在高温区的停留时间进行考察时,高温区毛细管的长度为1～7 cm,从而在流速为74.5 μL/min的条件下获得0.6～4.0 s的停留时间。从高温向低温过渡的毛细管长度为1.5 cm,而位于低温区的毛细管长度维持为30 cm。图3.10给出了该反应条件下获得的CdSe纳米晶的吸收光谱与对应数据。随着停留时间的延长,CdSe纳米晶的吸收峰先出现蓝移,并在$L_h=4$处出现转折,随后出现吸收峰的红移过程。从图3.10(a)中可以看出,高温区毛细管的长度为2 cm时纳米晶的颗粒浓度最高,在此之前纳米晶的浓度随毛细管长度的增加而增大,可视为成核过程尚未完全。当高温区毛细管的长度大于2 cm时,颗粒浓度首先出现急剧降低而后达到一个变化相对平缓的过程,最后颗粒的浓度再次出现明显的降低。

纳米晶颗粒浓度的第一个降低过程可能由纳米晶尺寸分布集中过程所致。该现象同样在Peng等基于原位吸收光谱的纳米晶生长过程中得到体现。上述

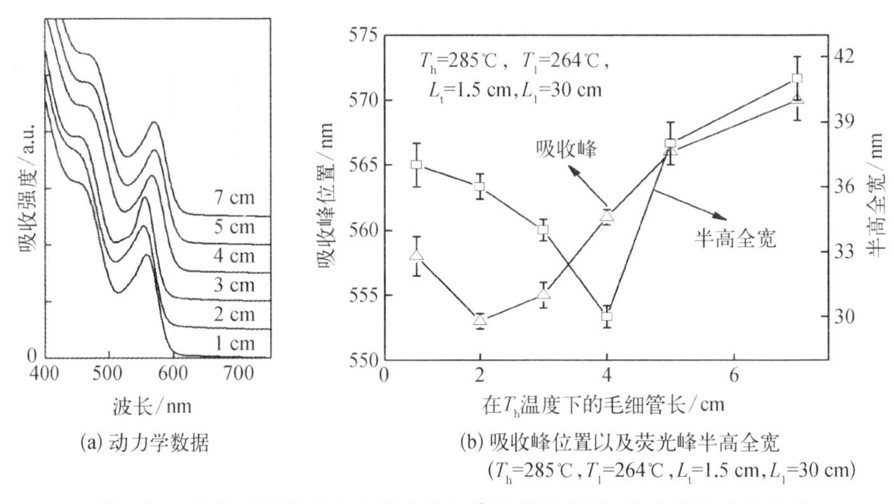

图 3.10　在高温区采用不同长度毛细管合成的 CdSe 纳米晶的吸收光谱

解释在荧光峰半高全宽的比较中得到证实。在高温区毛细管长度的变化过程中，荧光峰的最小值出现于 4 cm，正位于纳米晶颗粒浓度急剧降低的终了阶段。然而，当前驱体在高温区的停留时间继续延长时，纳米晶的尺寸继续变大，而颗粒浓度出现下降。并且伴随着纳米晶荧光峰半高全宽的增大，上述现象可视为奥氏熟化过程出现的典型标志。

固定毛细管在高温区与过渡区的长度，该研究同样对毛细管在低温区的长度进行变化，以考察低温区的生长时间对纳米晶性能的影响。基于微反应的停留时间考察通常采用改变流速的方法。但该方法的采用使停留时间的考察掺入了停留时间分布、混合效率等多个因素的影响。该实验中，停留时间的变化通过改变通道的长度来实现，而保持恒定的前驱体进样流速。因此，可以在其他因素恒定的条件下对停留时间进行考察。不同长度毛细管中获得的 CdSe 纳米晶的吸收光谱以及相应数据见图 3.11。随着停留时间的延长，纳米晶的吸收峰逐渐红移，而在实验考察的停留时间范围内，纳米晶的浓度随停留时间的延长而逐渐降低，而当低温区毛细管的长度超过 20 cm 时，停留时间的变化并未对纳米晶的浓度产生显著影响。前期的纳米晶浓度的降低主要源于纳米晶尺寸分布的集中过程，而后续的稳定过程表明纳米晶在该段时间内处于稳定生长阶段。随着停留时间的变化，纳米晶荧光峰半高全宽的最小值出现于 30 cm，如图 3.12(b)所示。该实验过程采用的是相同的流速，因此停留时间分布以及混合过程对纳米晶性能的影响可以忽略。因此纳米晶荧光峰半高全宽转折点的出现表明该点后纳米晶的生长进入奥氏熟化阶段。

综合前面实验获得的最佳参数(高温区毛细管的长度为 4 cm，低温区毛细管的长度为 30 cm)，该实验还对生长温度进行了系统的考察，见图 3.13。实验过程中固定高温区毛细管的长度，而使低温区毛细管的位置平行移动，以获得

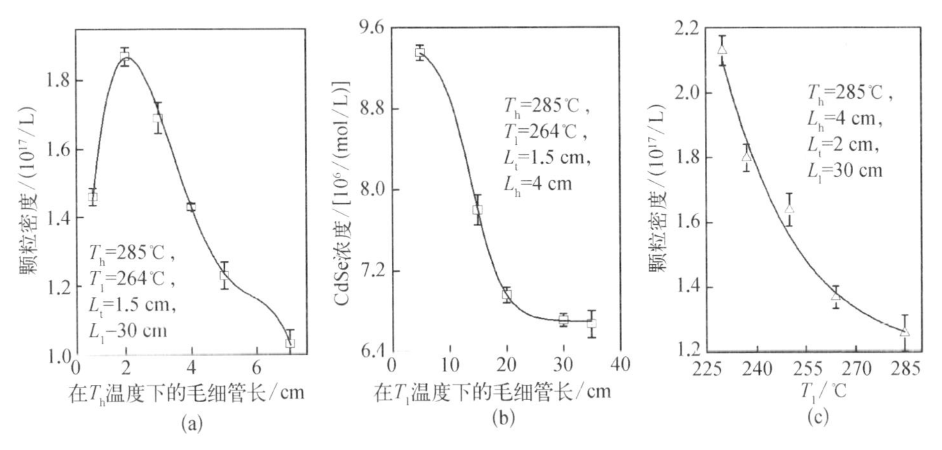

注:(a)和(b)分别为高温区与低温区通道长度变化时合成的CdSe纳米晶的颗粒密度与CdSe的摩尔浓度;(c)采用不同的低温区温度合成的CdSe纳米晶的颗粒浓度(维持高温区温度恒定,其中L_h,L_t和L_l分别表示高温区、过渡区以及低温区反应通道的长度,T_h和T_l分别表示高温区与低温区的温度)

图3.11 不同条件下合成的CdSe纳米晶的颗粒密度与CdSe的摩尔浓度

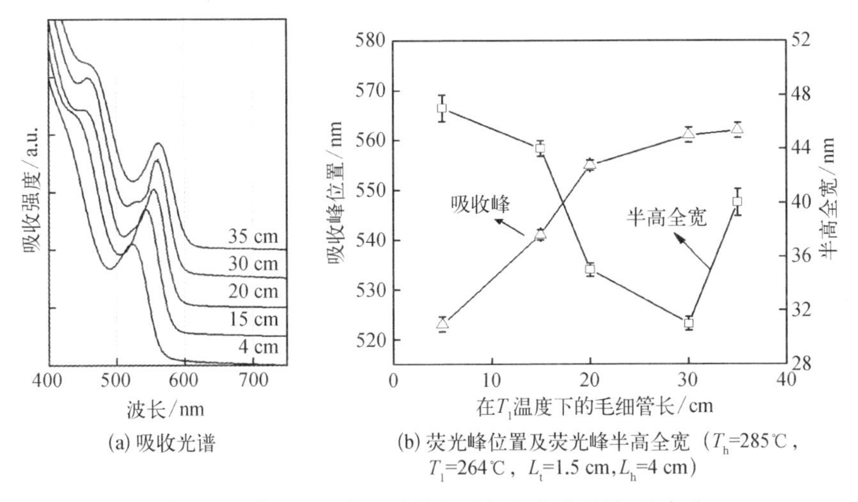

图3.12 采用不同低温区停留时间合成的CdSe纳米晶

230~285℃的变化温度。在毛细管位置的变化过程中,维持过渡段毛细管的长度不变(即低温230℃时高温与低温区毛细管的平行距离)。该条件下获得的纳米晶的吸收光谱见图3.13(a),而相应的数据见图3.13(b)。从图中可见,高的生长温度使得到的纳米晶的尺寸增加,而纳米晶荧光峰半高全宽随温度的变化则较为复杂。当生长温度从230℃增加到264℃时,纳米晶的荧光峰半高全宽逐渐降低,而在264℃时达到最小值,此后生长温度继续升高则使纳米晶的荧光峰显著宽化。纳米晶生长的经典动力学理论可以很好地解释观测到的实验现象。

对于基于扩散过程的球形颗粒的稳定生长,在固定的单体浓度存在一个临界直径r_{cr},当纳米晶的直径$r>r_{cr}$时,纳米晶持续生长,而半径小于r_{cr}的纳米晶

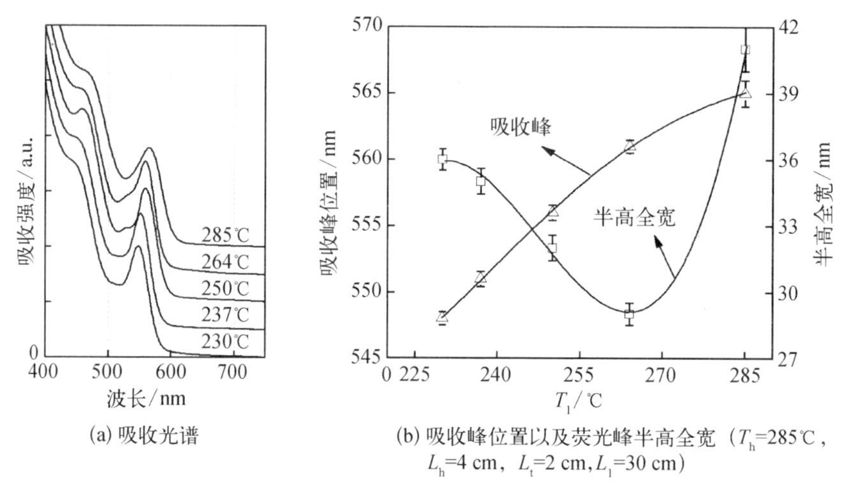

(a) 吸收光谱

(b) 吸收峰位置以及荧光峰半高全宽（T_h=285℃，L_h=4 cm，L_t=2 cm，L_1=30 cm）

图 3.13　采用不同的生长温度合成的 CdSe 纳米晶

则处于溶解过程。该临界半径随单体浓度的降低而增大。当 r_{cr} 大于溶液中最小颗粒的半径时，纳米晶的生长则进入奥氏熟化阶段，导致纳米晶尺寸分布的宽化。当生长温度低于 264℃，溶液中单体的缓慢消耗使纳米晶的生长一直处于粒径分布的集中过程。而在相同的停留时间下，较高的反应温度使得纳米晶尺寸分布的集中过程进行得更为完全，因而纳米晶的荧光峰半高全宽随温度的升高而降低。当生长温度高于 264℃时，纳米晶的快速生长使纳米晶在考察的生长时间内就进入奥氏熟化过程，导致纳米晶尺寸分布的宽化。

通过上述实验获得最佳参数，获得的纳米晶的透射电镜照片如图 3.14(a)所示。表明得到的样品在形状和尺寸上都具有良好的均一性。未经尺寸选择，获得的 CdSe 纳米晶具有较窄的尺寸分布(8%)，而且高分辨透射电镜照片中，晶面亦可分辨，表明获得的纳米晶具有良好的结晶性。

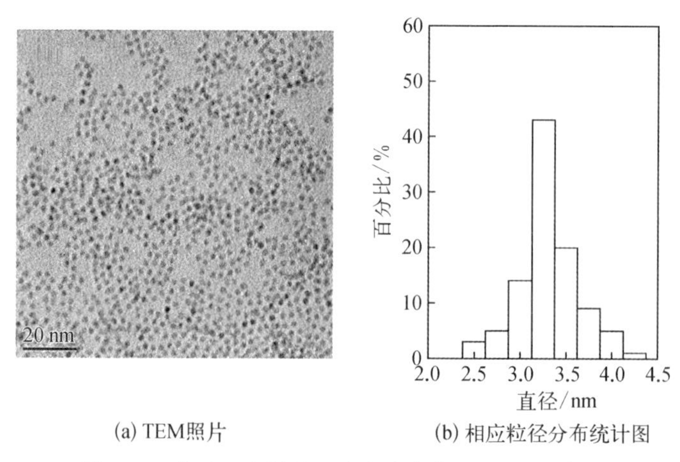

(a) TEM照片

(b) 相应粒径分布统计图

图 3.14　采用温度梯度微反应法合成的 CdSe 纳米晶

3.2.2　CdS/ZnS 核壳量子点合成工艺优化

该研究最终目标是实现从紫色到蓝色荧光发光 CdS 量子点的合成，其中重点是量子点的发光范围能达到纯蓝色(450～480 nm)区域。上述两组实验采用油酸单配体和油酸-油胺双配体分别制备了单分散的 CdS 量子点，在油酸单配体实验中，通过改变油酸的含量，获得了吸收光谱在 389～453 nm 的量子点(荧光波长为 391～463 nm)；而在油酸-油胺双配体实验中，通过调节油胺的含量，实现了吸收光谱在 371～449 nm 的调控，并没有完全覆盖纯蓝色荧光发光区域。此外，在油酸单配体合成实验中，获得的样品虽然具有窄而对称的荧光峰，但其荧光量子产率却非常低，仅为 2.0%～14.5%；而在油酸-油胺双配体下制备的量子点呈明显缺陷发光。前人研究结果显示在窄禁带半导体材料表面包裹一层无机宽禁带材料(Ⅰ型核壳结构量子点)对核进行修饰，能有效地将激子限域在核内，提高纳米晶的荧光效率和光化学稳定性，而 ZnS 和 CdS 的晶格不匹配率只有 8%，是一种理想的包裹材料，该研究对 ZnS 包裹工艺进行了系统的考察。

1. 实验过程

将 722 mg(2 mmol)二乙基二硫代氨基甲酸锌(Zinc Diethyldithiocarbamate，ZDC)加入 25 mL 的单口烧瓶中，再加入 2 mL TOP 和 2 mL OLA 溶液，在磁力作用下搅拌 20 min 可形成 ZnS 前驱体溶液。其中，ZDC 作为单分子的 ZnS 源，并直接采用未经处理过的 CdS 量子点，分别置于注射泵上，进行实验。反应通道长度设置为 70 cm，整个实验在大气环境下进行。在进行量子点荧光光谱测试时，激发波长设为 340 nm，激发电压为 500 V。

2. 包裹温度对核壳结构量子点性能的影响

ZDC 是一种在橡胶生产中被广泛应用的抗老化剂，因为同时含有 Zn、S 元素，以及其包裹温度远低于核生长温度能有效避免核的再生长，近年来作为单分子前驱体被广泛用于 CdS 量子点的包裹合成中。对油酸单配体和油酸-油胺双配体两种情况下制备的单分散量子点均进行了包裹工艺研究，但是仅在油酸-油胺双配体下合成的 CdS 量子点表面能有效外延生长。本节针对在油酸-油胺双配体下合成的 CdS 量子点包裹工艺进行了深入的研究。

在开发核壳结构量子点的合成工艺中，包裹温度的确定至关重要。采用过高的温度将导致核壳的合金化、核的再生长以及壳的单独形核；而过低的温度将难以克服单分子前驱体溶液分解所需的能垒，从而导致壳层材料包裹不成功或者结晶度较差。为初步选定包裹温度，在大气环境下对 ZDC 粉末进行了热重分析，发现 ZDC 在 160℃左右出现明显的质量下降，如图 3.15 所示。实验过程中，停留时间为 170 s，在五个不同包裹温度下分别合成了 CdS/ZnS 核壳结构量子点，其吸收光谱、荧光光谱和动力学数据如图 3.16 所示。ZnS 壳层的成功外延生长会使激子有效限域在 CdS 核内，宏观表现为荧光强度的提高，可将此作为包裹成功的判断依据。当包裹温度从 100℃升高至 140℃时，纳米晶的荧光峰从 434 nm 移动至 439 nm，其荧光强度显著提高；进一步升高温度至 180℃，荧光峰出现轻微蓝移，往短波长方向移动了 2 nm，荧光强度出现下降。荧光强度的最高值出现在包裹温度为 140℃下，表明此时 ZnS 壳层达到最佳值。相同停留时间下，ZnS 壳层的厚度是随着反应温度的升高而变厚的，当包裹温度高于 160℃时，由于 CdS 和 ZnS 的晶格不匹配，ZnS 厚度的增加使得在界面处积攒的应力产生应变导致裂纹，造成了量子点荧光效率的降低；而当包裹温度为 120℃时，前驱体活性太低使得 ZnS 壳层太薄，难以实现 CdS 量子点表面缺陷的完全钝化，导致了较低的荧光强度；而当包裹温度为 100℃时，前驱体的活性不足导致

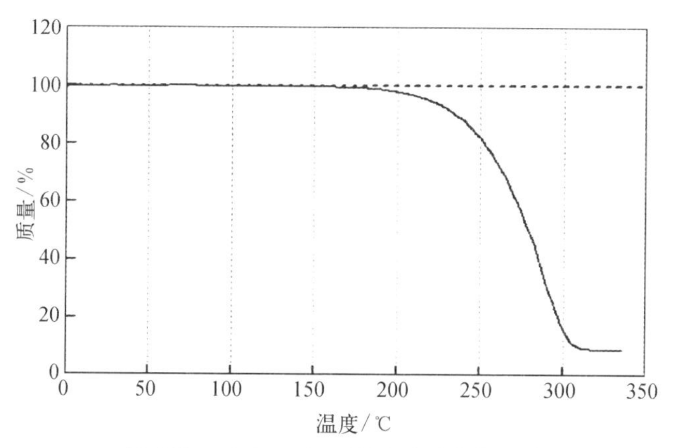

图 3.15　大气环境下 ZDC 热重分析曲线

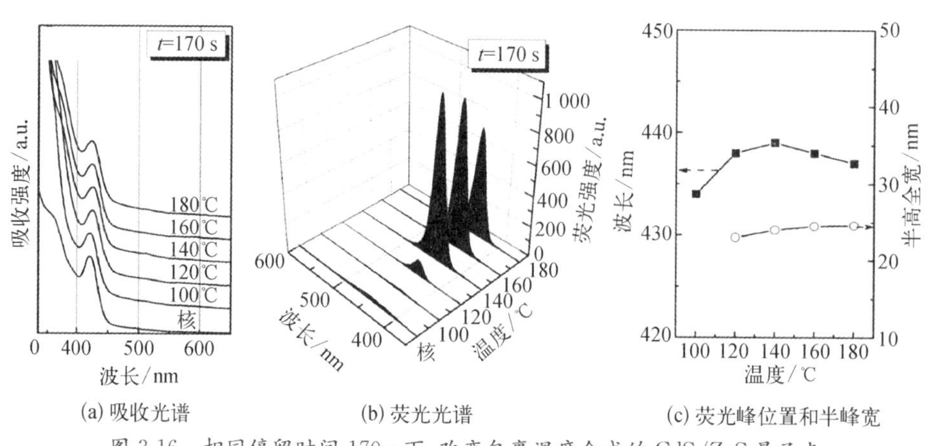

(a) 吸收光谱　(b) 荧光光谱　(c) 荧光峰位置和半峰宽

图 3.16　相同停留时间 170 s 下，改变包裹温度合成的 CdS/ZnS 量子点

没有成功包裹。因此，选定 140℃为最优包裹温度，基于此温度下合成 CdS/ZnS 核壳结构量子点的荧光半峰宽仅为 25 nm，表明纳米晶具有较窄的尺寸分布，在紫外光照射下，荧光发光从淡白色变成明亮的蓝紫色。

3. 包裹时间对核壳结构量子点性能的影响

上述研究结果表明，壳层材料的厚度是影响核壳结构量子点荧光性能的关键因素，而壳层材料的稳定生长仅能在特定的包裹温度下实现，因此必须通过调节停留时间来实现 ZnS 壳层厚度的调控。在包裹温度为 140℃时，在不同停留时间 50～290 s 下获得的 CdS/ZnS 核壳结构量子点的吸收光谱、荧光光谱和相应动力数据如图 3.17 所示。针对 CdS/ZnS 核壳结构量子点，通过调节 ZnS 壳层厚度可以实现对样品吸收和荧光波长的调控。而在该研究中，却发现停留时间的变化对 CdS/ZnS 的吸收和荧光波长影响甚微，随着停留时间的延长，只有 1～2 nm 轻微红移，这主要是由于 CdS 和 ZnS 之间禁带宽度能量差不大。由于包裹后 CdS/ZnS 量子点的吸收和荧光波长发生略微红移，排除了 ZnS 壳的合金化，表明 ZnS 的成功外延生长。随着停留时间的延长，包裹后 CdS/ZnS 核壳结构量子点的荧光半峰宽出现略微宽化，半峰宽值维持在 23～25 nm。在荧光半峰宽和荧光波长都相差不大的情况下，荧光强度成为判断量子点性能好坏的唯一标准。随着停留时间从 50 s 延长至 170 s，荧光强度出现显著增强，进一步延长停留时间，荧光强度并没有发现显著变化，考虑到整个反应的产率，170 s 被选定为优化包裹时间。

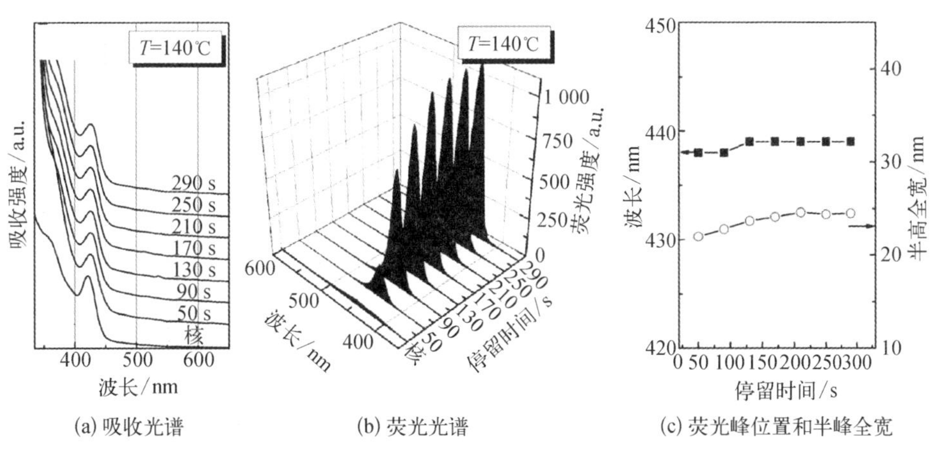

(a) 吸收光谱　　(b) 荧光光谱　　(c) 荧光峰位置和半峰全宽

图 3.17　相同包裹温度 140℃下，改变停留时间合成的 CdS/ZnS 量子点

基于对包裹温度和停留时间的考察发现，包裹能够有效实现 CdS 表面的修饰，提高量子点的荧光效率，但是不能对荧光波长进行调控。因此，要实现从紫色到蓝色区域发光纳米晶的制备，针对发光波长的调控主要还是在制备核的过

程中完成。在包裹温度140℃和停留时间170 s下，对不同油胺含量下制备的CdS进行了包裹，获得的核壳结构量子点的荧光光谱、荧光峰位置、荧光半峰宽、荧光量子产率如图3.18所示。该实验发现在未添加油胺的情况下获得的量子点也具有窄而对称的荧光峰，相应的荧光半峰宽为22 nm，荧光量子产率30%，这与在油酸单配体、反应温度220℃下制备的CdS量子点难以包裹的结论明显不符，产生这一现象可能是由核的反应温度导致的，该研究中反应温度为280℃，较高的反应温度能提高Cd前驱体的活性，实现CdS量子点表面由S富集向Cd富集的转变，而包裹前驱体中ZDC的含S量非常多，更有助于ZnS的外延生长。在不同油胺含量下，获得的量子点均具有窄而对称的荧光峰，呈明显禁带发射，相应半峰宽在22～25 nm，随着油胺含量的增加，荧光峰位置从422 nm逐渐红移至464 nm，荧光强度在油胺体积含量为22.5%时达到最高值，此时的荧光量子产率达到76.1%。

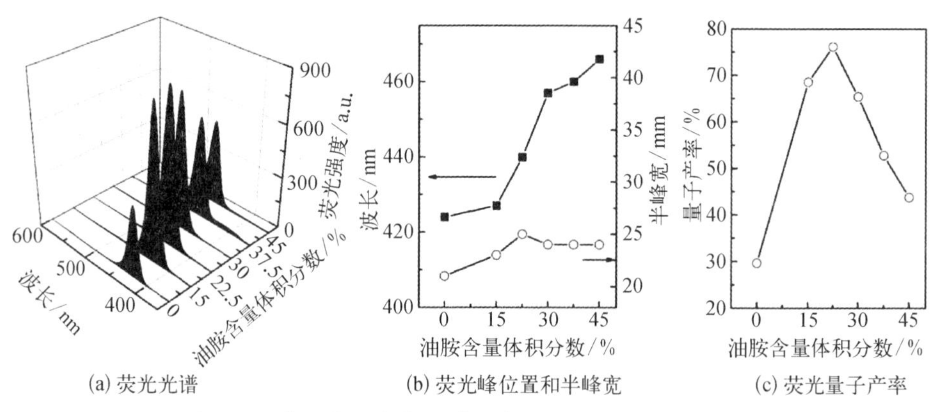

图3.18 在反应温度为140℃、停留时间为170 s时，改变OLA的添加量制备的CdS/ZnS量子点

为合成荧光发光在450～480 nm纯蓝光区域发光的CdS/ZnS量子点，必须制备大尺寸的CdS量子点，可通过提高反应前驱体的浓度来实现。最终，通过调节核合成的停留时间、油胺含量和前驱体浓度，制备了系列CdS/ZnS量子点，其荧光波长在424～483 nm内可调，并具有优异的光纯度，对应荧光半峰宽在21～24 nm，荧光量子产率最高可达80%，其吸收光谱、荧光光谱及紫外灯下的照片如图3.19(a)所示。此外，还对荧光波长在451 nm的CdS/ZnS核壳结构量子点进行了荧光稳定性测试，如图3.19(b)所示。测试条件如下：将CdS/ZnS原液用氯仿稀释至吸收峰位置处吸光度约为0.1，并置于石英比色皿内，在大气环境下用激发波长为365 nm的紫外灯照射，间隔取样，并测试其荧光光谱，最后将荧光强度均一化后绘成随时间变化的曲线。从图中可见，制备的产品具有较好的光化学稳定性，经过10 h的连续照射后，仍能保持30%的荧光强度。此外，如果将未经处理的CdS/ZnS量子点原液直接存储在空气环境下，其荧光性能可

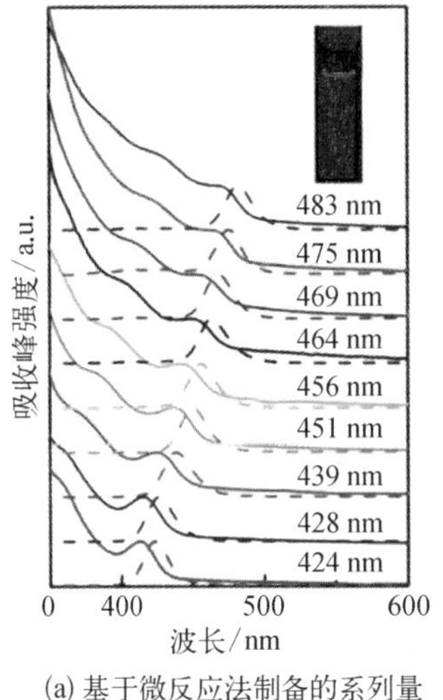

(a) 基于微反应法制备的系列量子点的吸收光谱和荧光光谱

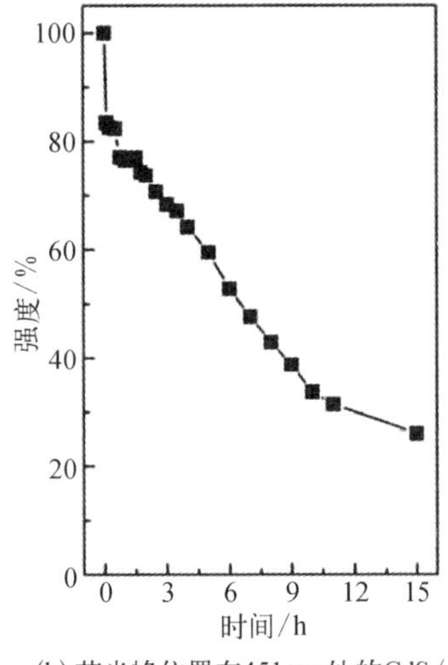

(b) 荧光峰位置在451 nm处的CdS/ZnS核壳结构量子点在365 nm紫外光照射下随时间变化的荧光强度（已作均一化）

图 3.19　CdS/ZnS 系列量子点的荧光特性

保持数月，表明 ZnS 壳层能有效钝化 CdS 表面并具有较优异的稳定性。

4. CdS/ ZnS 核壳结构量子点的表征

图 3.20 为获得的 CdS 和 CdS/ZnS 量子点的吸收光谱和荧光光谱。从 CdS 的吸收光谱中可观察到较窄的吸收峰以及三个高能跃迁，表明具有良好的尺寸分布。包裹后，吸收峰位置发生显著红移，表明 ZnS 成功外延生长，其荧光峰也由明显缺陷发光转变为禁带发光，荧光峰窄且对称。将上述两个样品分别分离、提纯，进行 TEM、XRD、EDS 表征。图 3.21 分别为 CdS 核和 CdS/ZnS 核壳结构量子点的透射电镜和高分辨透射电镜照片，可见包裹前、后的量子点均具有较好的球度、尺寸大小均一、分散度良好。通过对任意选取的 100 个点进行计算，得到 CdS 和 CdS/ZnS 量子点的尺寸分别为 4.3 nm 和 5.2 nm。根据文献报道，一层 ZnS 单分子层厚度约为 0.3 nm，因此该研究中获得的 CdS/ZnS 量子点的壳层厚度约为 1.5 个单分子层。此外，通过高分辨透射电镜照片，可明显分辨出晶格，表明得到的量子点具有较好的结晶性。

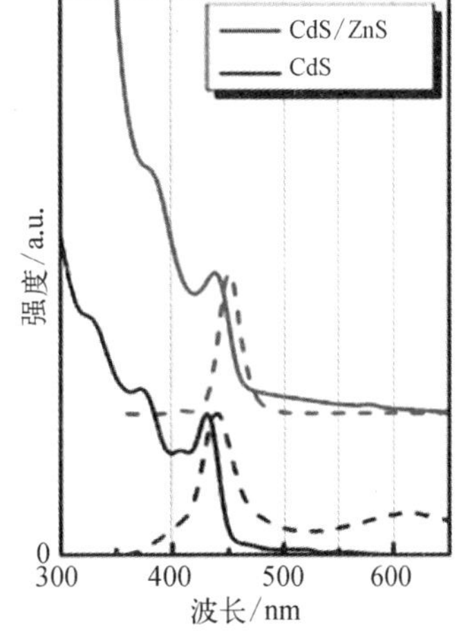

图 3.20　CdS 和 CdS/ZnS 核壳结构量子点的吸收光谱（实线）和荧光光谱（虚线）

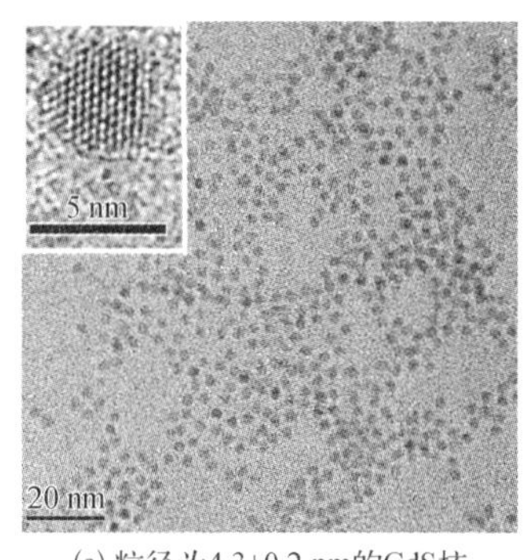

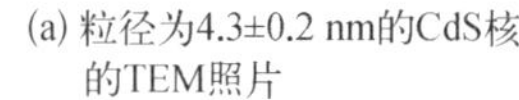
(a) 粒径为4.3±0.2 nm的CdS核的TEM照片

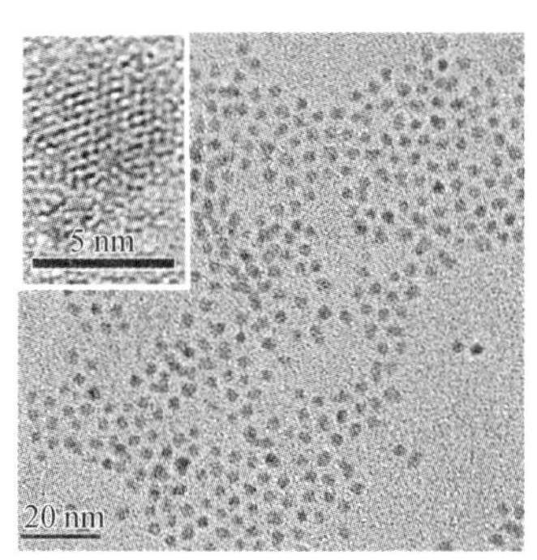

(b) 粒径为5.2±0.3 nm的CdS/ZnS核壳量子点的TEM照片

图 3.21　CdS 核和 CdS/ZnS 核壳结构量子点透射电镜图

图 3.22 分别是 CdS 和 CdS/ZnS 量子点的 XRD 和 EDS 分析谱图。从 X 射线衍射图中可以看出 CdS/ZnS 核壳结构量子点与未包裹的 CdS 量子点相比，三个特征衍射峰均向大角度方向移动。包裹后，分别在 $2\theta=29°$、48°、56°出现特征衍射峰，对应(111)、(220)、(311)晶面，与标准 PDF 卡片对比，确认为 ZnS 物相，且为立方闪锌矿结构，表明上述工艺成功地实现了 CdS 的外延 ZnS 包裹，而且与 CdS 量子点对比，并未发生相变。从 EDS 分析谱图中可以看出包裹后出现了 Zn 的特征峰，且 Zn、S 元素占主导，包裹前后，[Zn]/([Zn]+[Cd])的摩尔比值从 0 变化到 0.81。

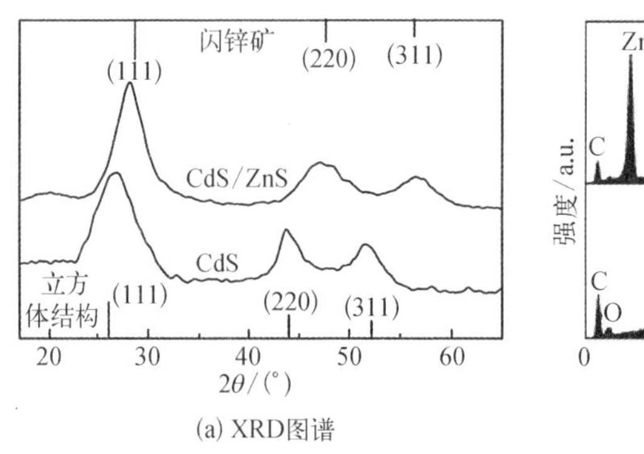

(a) XRD图谱

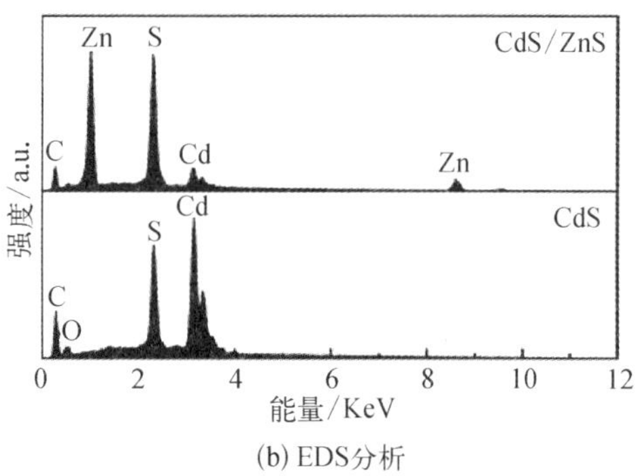

(b) EDS分析

图 3.22　CdS 量子点和 CdS/ZnS 量子点

3.3　Ⅱ-Ⅵ族复合结构量子点全连续微反应合成

3.3.1　绿色到深红色荧光 $CdSe_xS_{1-x}$ 合金结构量子点

1. 实验过程

(1) CdSeS 量子点的制备

在前驱体溶液的制备过程中，将 64.30 mg CdO(0.5 mmol)装入 25 mL 的单口圆底烧瓶，并加入1 mL OA、1 mL OLA和1 mL ODE，在150℃下磁力搅拌1 h后得到黄色澄清的阳离子前驱体溶液。同时，在另一个单口圆底烧瓶中加入8.02 mg的硫粉(0.25 mmol)和19.74 mg的硒粉(0.25 mmol)，然后再加入1 mL TOP、1 mL OLA和1 mL ODE，在室温下磁力搅拌0.5 h后获得无色澄清的阴离子前驱体溶液。反应通道长度定为35 cm，反应温度为285℃，整个反应过程都是在大气环境下进行的。为方便讨论，将三元合金量子点命名为$CdSe_xS_{1-x}$。以$CdSe_{0.5}S_{0.5}$为例，下标0.5和0.5仅表示实际加入反应的Se粉和S粉的摩尔比为1∶1，并不代表最终产品中Se和S的含量。

(2) $CdSe_xS_{1-x}$/ZnS核壳结构量子点的制备

在ZnS壳的制备过程中，选用单分子ZDC作为Zn源和S源，将541.50 mg的ZDC粉末(1.5 mmol)溶于2 mL TOP和2 mL OLA中，室温下磁力搅拌20 min形成ZnS前驱体溶液。将相同体积的未经分离提纯的CdSeS量子点和ZnS前驱体分别抽于注射器中并置于注射泵上进行反应，反应温度为140℃。整个实验过程均是在大气环境下进行的。量子点进行荧光光谱测试时，激发波长设置为400 nm。

2. 结果与讨论

(1) 反应方程式

在$CdSe_xS_{1-x}$量子点的制备中，选用“CdO-OA-OLA-ODE”和“Se-S-TOP-OLA-ODE”的配体体系，反应方程如式(3-5)、式(3-6)、式(3-7)所示，整个试验方案操作简单，易于放大。其中，ODE为非配位溶剂，不参与反应；OA作为金属配位剂，高温下溶解CdO粉末形成$Cd(OA)_2$；OLA作为阳离子络合剂和表面活性剂，起到提高前驱体的活性并钝化量子点表面的作用；TOP为阴离子配位剂，常温下可与Se粉和S粉形成TOP=Se和TOP=S。当均匀混合的阴、阳前驱体溶液进入高温反应通道后，单体浓度瞬间达到形核阈值产生形核并随后在反应通道中稳定生长，伴随着前驱体溶液颜色的变化。

$$Cd(OA)_2 + OLA \xrightarrow{\text{加热}} Cd^{2+} + Complex \tag{3-5}$$

$$(C_8H_{17})_3P + Se + S + OLA \longrightarrow (C_8H_{17})_3P{=}Se + (C_8H_{17})_3P{=}S + Complex \tag{3-6}$$

$$Cd^{2+} + (C_8H_{17})_3P{=}Se + (C_8H_{17})_3P{=}S \xrightarrow{\text{加热}} CdSe_xS_{1-x} + \text{副产物} \tag{3-7}$$

(2) 不同前驱体浓度对$CdSe_xS_{1-x}$合金量子点光学性能的影响

基于实验室前期研究结果，反应温度设定为285℃。在此温度下，通过调节注射泵的进样速率来实现对停留时间的调控。为考察不同前驱体浓度对

$CdSe_xS_{1-x}$ 合金量子点光学性能的影响，通过控制阳离子前驱体不变及阳离子和阴离子前驱体摩尔比为 2∶1，改变 Se 和 S 的摩尔比，制备了一系列不同荧光波长的三元 $CdSe_xS_{1-x}$ 合金量子点，其吸收和荧光光谱如图 3.23 所示。为具有可比性，相同反应条件下，阴离子分别全部用 Se 粉和 S 粉取代，制备了基体二元 CdSe 和 CdS 量子点。然而基于添加 TOP 的合成配方制备的 CdS 量子点的光学性能非常差，在这里就不再赘述。研究发现，所有配比下获得的样品均具有较窄的吸收峰，而且一个更高能量的跃迁也清晰可见，表明获得的量子点具有较好的结晶性。然而，基于此配方下制备的合金量子点并非纯禁带发光，由于采用的表面活性剂仅能较好地钝化纳米晶表面的阳离子，其表面仍存在宽禁带缺陷，除

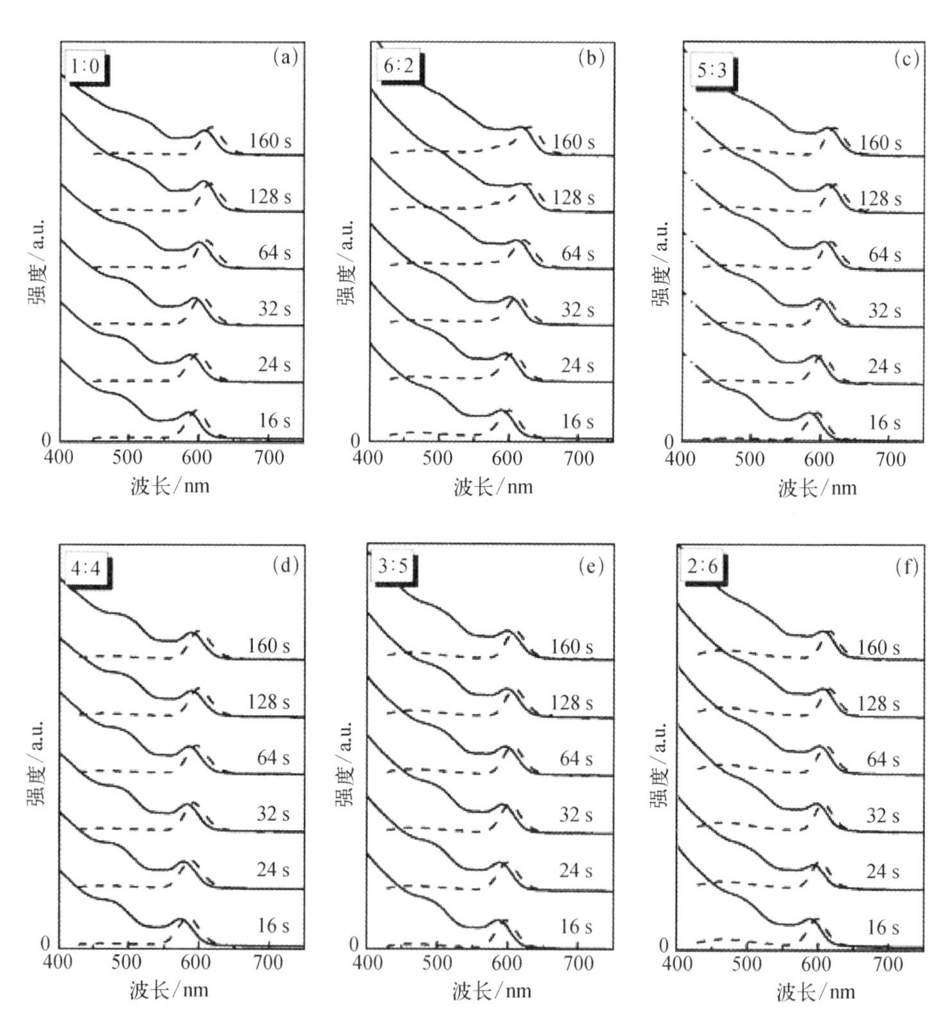

图 3.23　在反应温度为 285℃时，不同初始 Se 和 S 摩尔比下制备的 $CdSe_xS_{1-x}$ 量子点随停留时间变化的吸收光谱（实线）和荧光光谱（虚线）：(a) 1∶0；(b) 6∶2；(c) 5∶3；(d) 4∶4；(e) 3∶5；(f) 2∶6。其中，前驱体中 Cd/(Se+S)的摩尔比值为 2∶1。

本征发光外，在短波长处可观察到缺陷发光，其荧光半峰宽在 31～47 nm。对于同一配比下合成的样品，随着时间的推移，促使单位体积内单体接触机会增加，形成的颗粒粒径增大，导致量子点的电子能级间距减少，吸收与发射波长不断产生红移。以 Se∶S 摩尔比 1∶1 为例，当停留时间从 16 s 变化到 160 s 时，相应地吸收波长从 573 nm 红移到 589 nm，荧光波长从 585 nm 红移到 600 nm。

为深入研究合金量子点的生长机制，对不同配比下合成的 $CdSe_xS_{1-x}$ 合金量子点的动力学参数进行了提取，其荧光波长和荧光半峰宽随停留时间的变化曲线如图 3.24 所示。通过改变停留时间和前驱体配比，获得的 $CdSe_xS_{1-x}$ 合金量子点的荧光波长可由 585 nm 调控至 628 nm，而相同停留时间下，基体 CdSe 量子点的荧光波长在 597～619 nm，CdS 的禁带宽度为 2.43 eV，其理论荧光波长应该介于紫光到蓝光区域(370～480 nm)，因此验证了合金量子点的非线性光学效应。值得注意的是，在相同停留时间下，以 64 s 为例，随着反应前驱体溶液中 S 含量的增加，产物的荧光波长先发生蓝移(从 621 nm 蓝移至 597 nm)，并在 Se∶S 的摩尔比为 1∶1 时，达到最小值 597 nm。进一步增加 S 的含量，产物的荧光波长逐渐发生红移，当 Se∶S 摩尔比为 1∶3 时。其荧光波长又红移至 612 nm。为讨论这一现象，对在不同前驱体浓度、停留时间 64 s 下合成的量子点进行了 ICP 和 XPS 表征，分别得到了纳米晶整体和表面的 Se、S 元素含量，研究发现随着反应前驱体中 S 元素的增加，实际产物中的 S 含量并非随之增多的，而是呈抛物线关系，在反应前驱体 Se∶S 摩尔比为 1∶1 下，产物中实际 S 含量达到最高值 50.6%，进一步增加反应前驱体中 S 的添加量，产物中实际 S 含量却发生下降，这可能是由于不同前驱体配比下产生的不同单体的反应活性变化。通过对实际量子点的 S 含量和荧光波长对比发现，荧光波长和产物中真实 S 含量的变化趋势是一致的，随着量子点中实际 S 含量的增加，其相应的荧光波长发生蓝移。由于晶体表面中既含有 Se 又含有 S 元素，排除了形成 CdSe/CdS 或 CdS/CdSe 核壳结构的可能性。此外，对比不同前驱体浓度下制备的量子点的

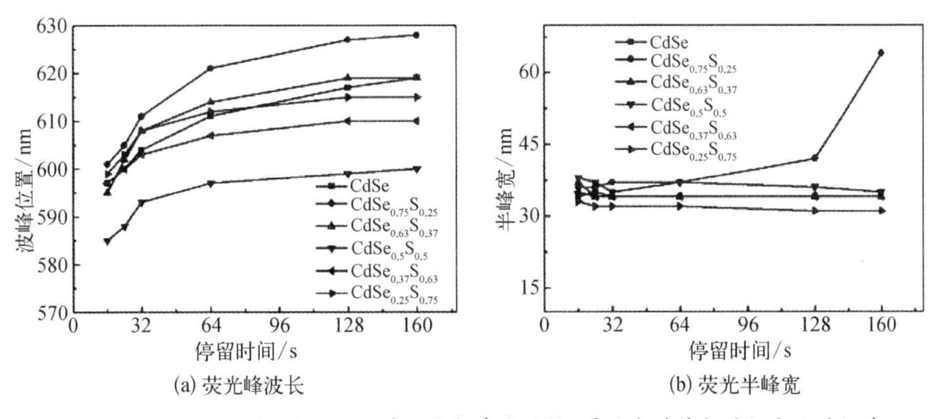

图 3.24　不同配比的 $CdSe_xS_{1-x}$ 量子点与基体 CdSe 量子点随停留时间变化的规律

表面和整体元素含量,发现晶体表面的 Se 原子比 S 原子稍多(表 3.4),由于反应过程中 Cd 前驱体与 Se 的反应速率要比与 S 的反应速率快,所以绝大部分情况下,晶体中 Se 原子占主导地位。另外,表面和整体的 Se 或 S 含量不一致,证明了合成的纳米晶为梯度合金结构。

表 3.4 不同前驱体浓度下制备 $CdSe_xS_{1-x}$ 量子点的实际表面和全部组分对比

	荧光波长/nm	Se/S 相对摩尔组成	
		Se(表面/整体)	S(表面/整体)
$CdSe_{0.75}S_{0.25}$	621	54.4%/81.9%	45.6%/18.1%
$CdSe_{0.63}S_{0.37}$	614	53.7%/80.2%	46.3%/19.8%
$CdSe_{0.5}S_{0.5}$	597	56.6%/49.4%	43.4%/50.6%
$CdSe_{0.37}S_{0.63}$	607	53.1%/53.5%	46.9%/46.5%
$CdSe_{0.25}S_{0.75}$	612	53.6%/68.1%	46.4%/31.9%

上述研究发现,通过改变前驱体的浓度能有效实现量子点光学性能的调控。当控制 Se 和 S 的前驱体浓度不变时,增加 Cd 前驱体浓度,获得的量子点荧光位置往长波长方向移动;反之减少 Cd 前驱体浓度,获得的量子点荧光位置往短波长方向移动。在保证 Cd 和 Se 摩尔比为 25∶1 的条件下,改变 S 的含量从 25∶1∶5(Cd、Se、S 摩尔比)到 25∶2∶80,对在反应温度为 285℃和停留时间 60 s 下合成的样品进行收集并测试其吸收和荧光性能,其相应的吸收光谱、荧光光谱如图 3.25(a)所示,吸收波长和荧光波长随阴离子前驱体中 S 摩尔百分比的变化曲线如图 3.25(b)所示。发现改变阴离子前驱体中 S 的含量从 84%到 99%,可实现量子点的荧光波长在较大区域内的调控。与前面得到的结论一致,随着 S 含

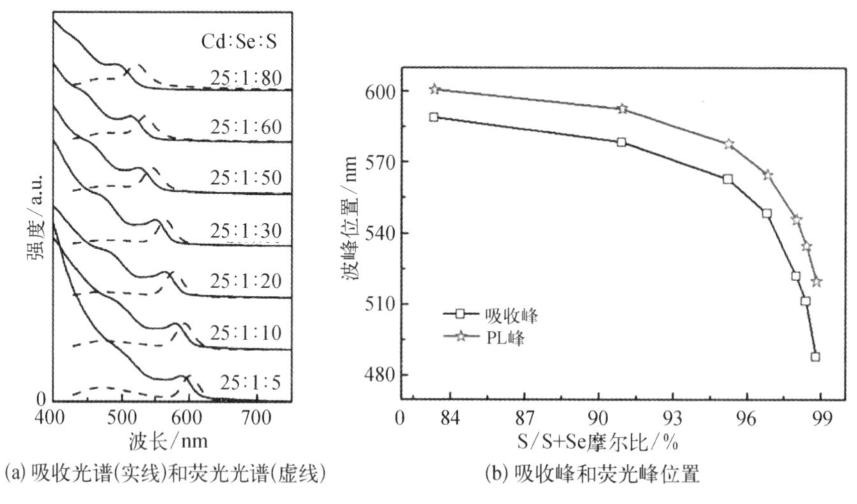

(a) 吸收光谱(实线)和荧光光谱(虚线)　　(b) 吸收峰和荧光峰位置

图 3.25 不同 S 前驱体浓度下制备的 $CdSe_xS_{1-x}$ 量子点发光特性

量的增多，相应吸收和荧光光谱发生蓝移，荧光峰位置可从 601 nm 蓝移至 520 nm，涵盖了从绿色到红色的荧光光谱范围。

(3) 包裹温度和时间对核壳结构量子点性能的影响

基于此配方获得的 $CdSe_xS_{1-x}$ 合金量子点，从荧光光谱中观测到在短波长方向存在缺陷峰，这是由于有机配体尚难实现颗粒表面缺陷的完全钝化，悬空键的存在使量子点表面仍存在许多陷阱，成为荧光猝灭的中心，导致本征发光效率的降低。使用宽禁带的无机材料对量子点表面进行包裹，能有效实现激子的限域，消除非辐射弛豫效应和防止光化学褪色，进而提高其荧光量子产率。ZnS 和 CdSe 或 CdS 的晶格不匹配率较小，是理想的包裹层，本节选用环境友好的 ZDC 单分子前驱体作为 ZnS 壳层材料的来源，对包裹温度和停留时间进行了考察，实现了最优化的 ZnS 包裹 $CdSe_xS_{1-x}$ 合金量子点的合成。

在实验中，选定由荧光峰位置在 591 nm、荧光半峰宽为 31 nm 的 $CdSe_xS_{1-x}$ 量子点作为核源。在相同停留时间 10 s 下，改变包裹温度从 80℃ 至 160℃，分别取样并进行光谱测试，其吸收光谱、荧光光谱及相应的荧光峰位置和荧光半峰宽随温度变化的曲线图如图 3.26 所示。随着包裹温度的升高，前驱体的反应活性增强，导致生长速率变快，相应地吸收和荧光光谱发生红移，其荧光峰位置从 591 nm 红移至 612 nm，荧光半峰宽略微宽化，数值在 33～38 nm 内，证明了 ZnS 的成功外延生长。此外，随着包裹温度的升高，量子点的荧光强度呈抛物线形变化，并在 140℃ 达到最高值，表明此时壳层厚度达到最佳，故 140℃ 被选定为最优包裹温度。

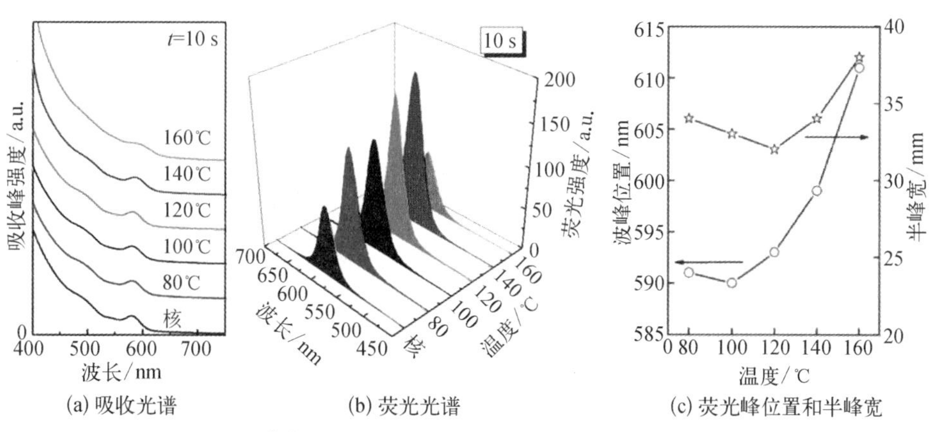

图 3.26　在相同停留时间 10 s 下，改变不同包裹温度制备的 CdSeS/ZnS 核壳结构量子点的荧光特性

在相同包裹温度 140℃下，改变停留时间从 8 s 至 40 s，间隔时间取样测试，得到的吸收光谱、荧光光谱和相关动力学数据随时间变化曲线如图 3.27 所示。随着停留时间的延长，壳层不断外延生长，相应地吸收光谱和荧光光谱发生红

移,其中荧光峰位置从 596 nm 红移至 611 nm。包裹也引起了尺寸分布的宽化,但仍在可接受范围内,其荧光半峰宽为 33～39 nm。此外,包裹有效地钝化了量子点的表面,显著提高了量子点的荧光效率包裹后,量子点呈禁带发射,随着时间的延长,其荧光强度先升高后降低,在停留时间为 20 s 时达到最高值,进一步延长包裹时间,将导致荧光强度的减弱,这是由于时间过长,壳层厚度过厚,晶格常数的不匹配导致应力集中产生应变,从而使荧光强度下降。因此,最优包裹时间为 20 s。

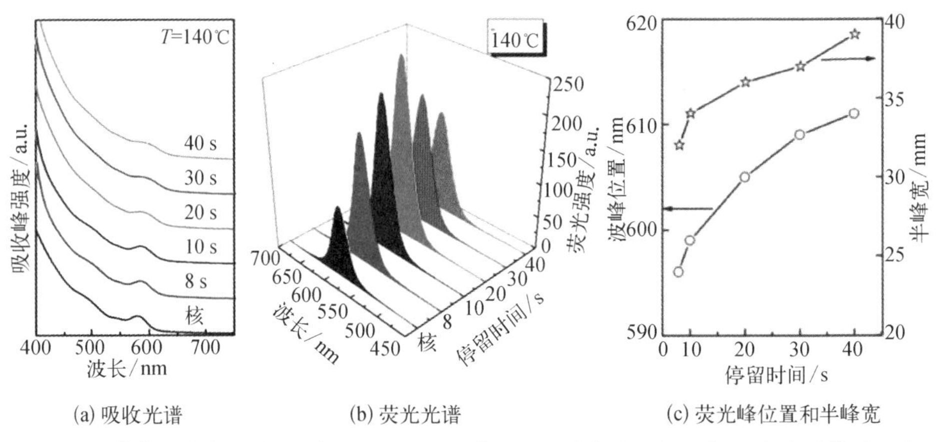

(a) 吸收光谱 (b) 荧光光谱 (c) 荧光峰位置和半峰宽

图 3.27 在相同包裹温度 140℃下,改变不同停留时间制备的 CdSeS/ZnS 核壳结构量子点

图 3.28 分别为黄色荧光和深红色荧光 $CdSe_xS_{1-x}$/ZnS 核壳量子点包裹前后的吸收光谱和荧光光谱。图 3.28(a)为在 Cd∶Se∶S 摩尔比 12.5∶1∶20、反应温度为 285℃、停留时间 60 s、包裹温度 140℃、包裹时间 20 s 下获得的 $CdSe_xS_{1-x}$ 三元合金量子点和 $CdSe_xS_{1-x}$/ZnS 核壳量子点的光谱图,在此反应条件下得到了吸收波长在 549 nm、半峰半宽为 17 nm、荧光波长在 562 nm、荧光半峰宽为 29 nm,荧光量子产率为 14.2%的 $CdSe_xS_{1-x}$ 量子点;包裹后,荧光强度显著增强,缺陷被有效钝化,荧光量子产率提高到原来的三倍多,达到 45.2%,产品的荧光发射波长在 577 nm、荧光半峰宽为 33 nm,为黄色荧光发光。此外,实验室前期针对 CdSe 量子点合成研究发现,包裹后的 CdSe/ZnS 量子点仅在绿光到红光区域(500～620 nm)能表现出优异的光学性能,超出这一荧光发光范围,CdSe 量子点的粒径必须极小或极大,合成极为困难,且荧光效率难以提高。三元合金量子点由于具有非线性光学效应,可实现禁带宽度在更宽范围内的调控。基于此原理,实验中希望合成发光波长在深红色区域(>620 nm)的 $CdSe_xS_{1-x}$/ZnS 核壳量子点。根据实验研究结果,前驱体溶液中 Cd 过量、S 不足的情况下,更容易合成窄禁带发光的量子点,因此在 Cd∶Se∶S 摩尔比为 25∶2∶2.5 时,制备了吸收波长在 606 nm、荧光波长在 625 nm、荧光半峰宽为 40 nm 的 $CdSc_xS_{1-x}$ 三元合金量子点。并在包裹温度为 140℃的情况下,通过改变壳层厚

度实现了光谱调控，当停留时间在10～70 s变化时，实现了荧光波长在623～646 nm的调节，相应地荧光半峰宽在38～44 nm，图3.28(b)为包裹时间20 s下获得$CdSe_xS_{1-x}$/ZnS核壳量子点的光谱图，其荧光峰位置在637 nm、半峰宽为40 nm，包裹前后，荧光量子产率显著提高了近四倍，达40.0%。

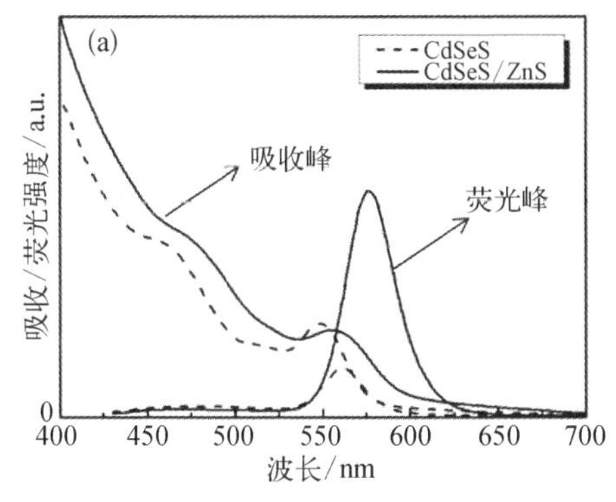

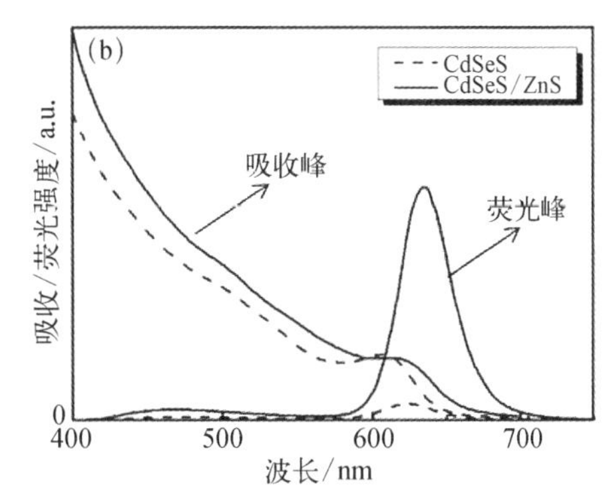

图3.28 黄色和深红色荧光$CdSe_xS_{1-x}$/ZnS核壳结构量子点包裹前后的吸收光谱(虚线)和荧光光谱(实线)

(4) 表征

图3.29是获得的$CdSe_xS_{1-x}$量子点的能谱分析图，其中Cd、Se、S三种元素的特征峰都被检测出来，而且并没有其他杂质元素峰出现，表明所合成的纳米颗粒是纯$CdSe_xS_{1-x}$合金量子点。图3.30是$CdSe_xS_{1-x}$量子点和包裹后$CdSe_xS_{1-x}$/ZnS核壳结构量子点的X射线衍射图谱。其中，$CdSe_xS_{1-x}$量子点在2θ值为25.5°、42.4°、49.9°处出现三个宽化的特征衍射峰，定性地表明了量子点的粒径较小，而且这三个峰介于立方相的CdSe和CdS的特征峰之间，并没有出现两个峰叠加的情况，排除了CdSe或CdS的形成，三强峰分别对应立方晶系(111)、(220)、(311)三个晶面，展示了比较好的晶形结构。ZnS包裹后的量子

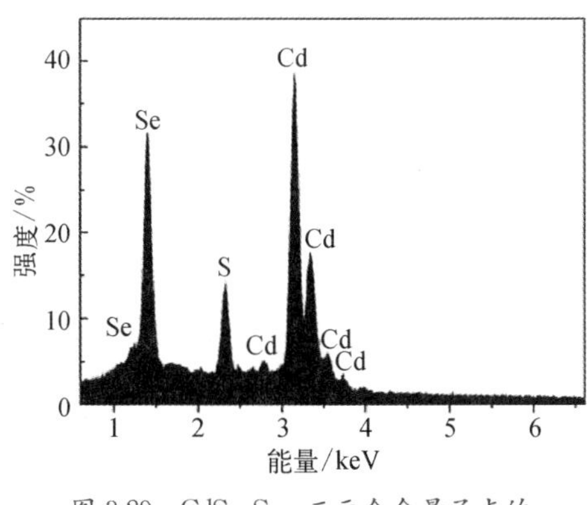

图3.29 $CdSe_xS_{1-x}$三元合金量子点的EDS图谱

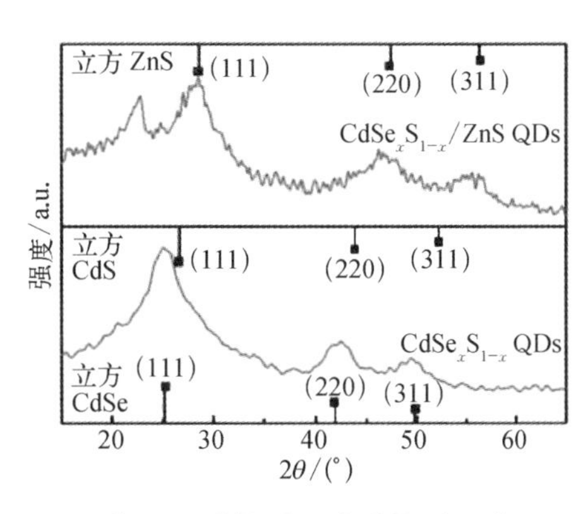

图3.30 $CdSe_xS_{1-x}$和$CdSe_xS_{1-x}$/ZnS量子点的XRD图

点的三强特征衍射峰明显往大角度方向移动，分别对应 ZnS 的(111)、(220)和(311)晶面，为 ZnS 立方闪锌矿晶型特征峰，证明了 ZnS 的成功外延生长，同时也表明了包裹前后并没有产生相变。图 3.31 是 $CdSe_xS_{1-x}$ 量子点和包裹后 $CdSe_xS_{1-x}$/ZnS 核壳结构量子点的 TEM 照片，表明 $CdSe_xS_{1-x}$ 纳米晶呈近似球形，尺寸分布相对比较集中，粒子单分散性良好，平均粒径约为 5.2 nm。由于包裹后量子点难以分离、提纯干净，量子点表面的有机物以及溶解量子点的氯仿溶液在高压电子束激发下极易发生碳化，并没有获得关于 $CdSe_xS_{1-x}$/ZnS 核壳结构量子点的较好的 TEM 照片。

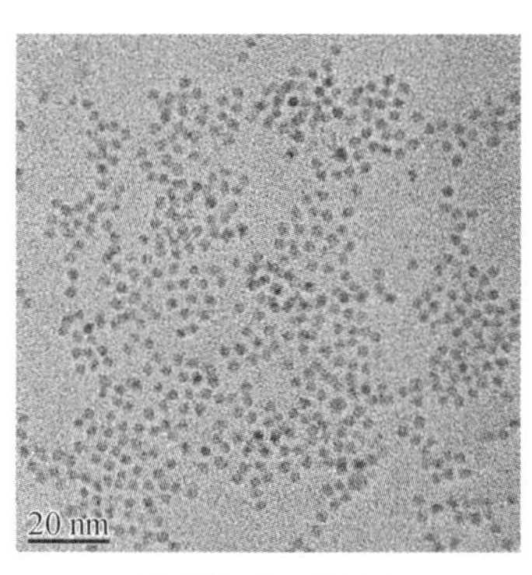

(a) $CdSe_xS_{1-x}$量子点

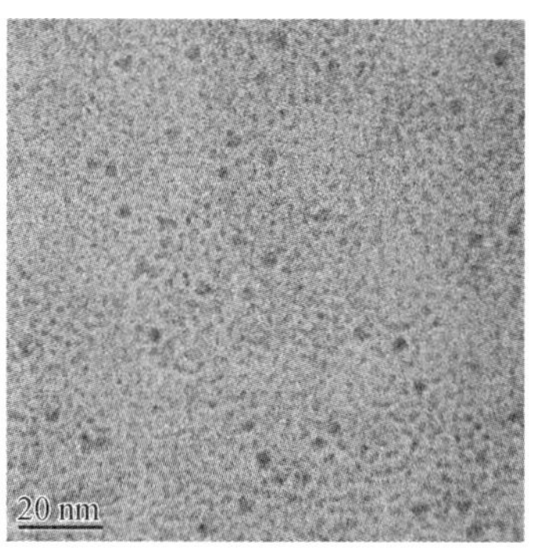

(b) $CdSe_xS_{1-x}$/ZnS量子点

图 3.31　$CdSe_xS_{1-x}$ 和 $CdSe_xS_{1-x}$/ZnS 量子点的 TEM 照片

3.3.2　近红外荧光 $CdSe_xTe_{1-x}$ 合金量子点

1. 实验过程

(1) $CdSe_xTe_{1-x}$ 三元合金量子点的制备

在前驱体的制备过程中，将 64.20 mg CdO(0.5 mmol)装入 25 mL 的单口圆底烧瓶，并加入 0.8 mL OA 和 1.5 mL OLA，混合物在 150℃下磁力搅拌 1 h 后，将获得的黄色透明溶液使用 ODE 稀释至总体积为 5 mL，得到 Cd 前驱体溶液。在另一个 100 mL 的三颈烧瓶中，加入一定摩尔比的 Se 粉和 Te 粉(总量控制为 0.5 mmol，其中 Se 粉和 Te 粉的摩尔比分别设置为 0∶1、1∶3、2∶2、3∶1、1∶0)，并加入 2 mL TOP，0.5 g TOPO 和 2.5 mL ODE 有机溶剂，将混合物加热到 250℃，在氮气氛围中磁力搅拌 1 h，形成透明的淡黄色阴离子前驱体溶液。将上述两种前驱体溶液分别抽入密封的金属注射器中，置于注射泵上，由注射泵提供动力进样。将反应温度设置为 280℃，待温度稳定后，开始进行反应，反应装置、原理和反应过程如前所述。通过改变进样速率可以调节反应时间。不同的反应时间以及不同的阴离子前驱体，可以分别制备出不同组分和大小的三元合金 $CdSe_xTe_{1-x}$ 以及二元 CdSe、CdS 量子点。将毛细管出口获得的量子点溶于氯仿溶液中，可直接进行吸收光谱和荧光光谱的表征。在进行量子点荧光光谱测试时，激发波长设为 510 nm。

(2) CdS 包裹层的制备

实验采用 Cd 前驱体和 S 前驱体的混合溶液作为 CdS 壳层材料的来源，同时直接采用未经分离提纯的 $CdSe_xTe_{1-x}$ 溶液作为核前驱体溶液。在实验过程中，将 38.52 mg 的 CdO(0.3 mmol)装入 25 mL 的单口圆底烧瓶中，加入 0.48 mL OA 和 1.02 mL ODE，将混合物在 150℃下磁力搅拌 1 h，获得黄色透明 Cd 前驱体溶液；同时，将 9.62 mg 的 S 粉(0.3 mmol)溶于 1.5 mL ODE 中并加热至 150℃，磁力搅拌 1 h 得到淡黄色透明的 S 前驱体溶液。将上述两种前驱体溶液分别冷却至室温，等量混合。为得到均匀混合的溶液，室温下磁力搅拌 20 min，便制备了 3 mL CdS 壳层前驱体溶液。将等量的 $CdSe_xTe_{1-x}$ 核溶液和壳前驱体溶液分别抽入两个密封的金属注射器中，置于注射泵上，开始反应。反应过程如前所述，将反应温度设定为 180℃，通过对进样流速的调节控制反应停留时间，得到不同壳层厚度的核壳结构 $CdSe_xTe_{1-x}$/CdS 量子点溶液。将毛细管出口获得的量子点溶于氯仿溶液中，可直接进行吸收光谱和荧光光谱的表征。在进行量子点荧光光谱测试时，激发波长设为 510 nm。

(3) 后处理

将由毛细管出口处获得的量子点溶解于适量的氯仿中，并加入等体积的甲醇溶液萃取，将离心机的转速设置为 8 000 r/min，离心时间设置为 10 min，倒掉上层清液。为了进一步去除沉淀中的杂质，如多余的 ODE 等，将余下的沉淀用微量氯仿溶解，并加入过量丙酮溶液离心分离，离心机转速和时间设置同前，倒掉上层清液。沉淀用氮气吹干，最终将沉淀重分散于氯仿溶液中，用于 TEM、XRD、EDS 等表征。部分沉淀用王水①溶解，并加去离子水稀释，用于 ICP 表征。值得注意的是，为了方便讨论，将三元合金量子点命名为 $CdSe_xTe_{1-x}$。以 $CdSe_{0.25}Te_{0.75}$ 为例，下标 0.25 和 0.75 仅表示实际加入反应的 Se 粉和 Te 粉的摩尔比为 1∶3，而非代表最终产品 Se 和 Te 的含量。

2. 结果与讨论

(1) 合成配体体系的选择

由于微环境下强化的传热和传质效率，使得纳米晶具有较快的生长速率，而退火过程的缺乏易使产品表面存在大量缺陷，因此在简单配体体系下难以制备高荧光效率的量子点。研究发现可通过在制备过程中添加其他有机配体来控制晶体的表面状态，以实现晶体生长与其表面包覆过程的原位控制。在 $CdSe_xTe_{1-x}$ 三元合金量子点的制备过程中，采用了“CdO-OA-OLA-ODE”和

① 王水：浓盐酸与浓硝酸按体积比为 3∶1 组成的混合物。

“Se-Te-TOP-TOPO-ODE”较复杂的配体体系，反应方程式如式(3－8)～(3－11)所示。在阳离子前驱体中，OA 作为金属配位剂，高温条件下溶解 CdO 粉末形成$Cd(OA)_2$；OLA 作为阳离子络合剂，会与 Cd^{2+} 形成络合物，提高前驱体的活性及最终产品的光学性能。此外，OLA 还是一种高沸点极性物质，可选择性吸附在量子点表面而维持颗粒的分散性和稳定性，可作为表面活性剂，若仅以 OA 作为配体，样品放置一段时间后会出现沉淀，加入 OLA 后，量子点经长时间放置仍能保持澄清透明。在阴离子前驱体中，TOP 作为非金属配位剂，常温条件下可溶解 Se 粉和 Te 粉，形成 TOP＝Se 和 TOP＝Te；TOPO 具有沸点高、稳定性好等优点，与 Cd^{2+} 可产生配位作用，作为表面活性剂，选择性吸附在量子点表面。此外，长链烷烃具有隔离作用，保证了量子点不团聚并具有较窄的粒径分布。当阴、阳离子前驱体混合后，在高温条件下纳米晶发生瞬时形核并稳定生长，伴随着混合前驱体溶液的颜色由淡黄色变成深红乃至黑色，证明了 $CdSe_xTe_{1-x}$ 量子点的形成。该实验的影响因素较多，通过改变阴、阳离子前驱体浓度、反应时间可以对合金量子点的组分进行调控，从而对其光学性能进行调控。一般来说，产品溶液颜色越深，其发射波长越远。

$$Cd(OA)_2 + OLA \xrightarrow{\text{加热}} Cd\text{—}Complex \tag{3-8}$$

$$(C_8H_{17})_3P + Se \longrightarrow (C_8H_{17})_3P = Se \tag{3-9}$$

$$(C_8H_{17})_3P + Te \longrightarrow (C_8H_{17})_3P = Te \tag{3-10}$$

$$(C_8H_{17})_3P = Se + (C_8H_{17})_3P = Te + Cd^{2+} \xrightarrow[\text{加热}]{TOPO} CdSe_xTe_{1-x} + \text{副产物} \tag{3-11}$$

(2) 不同前驱体浓度对 $CdSe_xTe_{1-x}$ 量子点光学性质的影响

基于获得的“Cd-OA-OLA”和“TOP-TOPO-Se-Te”的四配体合成配方，本章系统考察了不同前驱体浓度对 $CdSe_xTe_{1-x}$ 纳米晶生长过程与荧光性能的影响。依据实验室前期合成 CdSe 和 CdTe 二元量子点所得到的实验数据，在该实验中选择 280℃作为合成温度。

同时，为研究 $CdSe_xTe_{1-x}$ 合金量子点禁带宽度及组分与其对应的二元量子点之间的关系，在相同反应条件下合成了 CdSe 和 CdTe 二元量子点。实验中，保持 Cd 的摩尔浓度与 Se 和 Te 的总摩尔浓度相等，改变 Se 和 Te 的摩尔比分别为 0∶1、1∶3、2∶2、3∶1、1∶0，在不同停留时间下分别制备了 CdTe、$CdSe_xTe_{1-x}$ 和 CdSe 量子点，吸收光谱和荧光光谱如图 3.32 所示。其中，通过调节微流注射泵进样速率从 35.76 mL/h 到 0.89 mL/h 可实现停留时间在 9～270 s 内的变化。所有条件下制备的量子点均具有较好的荧光性能，从荧光光谱中可以看出所制备的量子点的荧光峰对称，小的非谐振斯托克斯位移表明合金量子点的荧光主要是由激子复合产生的，即呈明显禁带发射，而非缺陷发光；从吸收光谱中能够明显分辨出第一个激子峰，且半峰半宽较窄，证明了所制备的量子点具有良好的尺寸分布。在同一初始浓度下，随着停留时间的增长，由于颗粒的不断生长，吸收和荧光逐渐红移，随着颗粒浓度的逐渐消耗，生长速率逐渐变慢，最终达到稳定的状态。

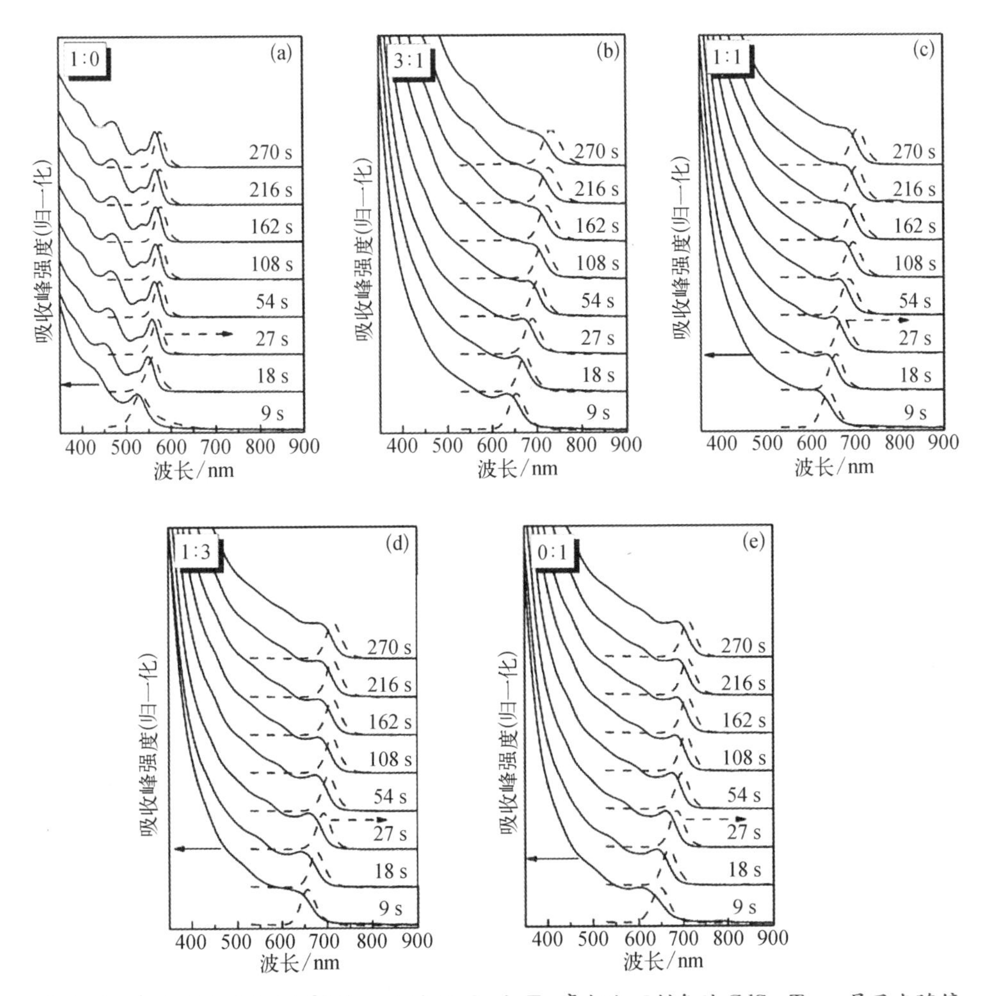

图3.32　在反应温度为280℃时，不同初始Se和Te摩尔比下制备的$CdSe_xTe_{1-x}$量子点随停留时间变化的吸收光谱(实线)和荧光光谱(虚线)：(a) 1∶0；(b) 3∶1；(c) 1∶1；(d) 1∶3；(e) 0∶1。其中，前驱体中Cd/(Se+Te)的摩尔比值为1∶1。

为进一步了解$CdSe_xTe_{1-x}$合金量子点的荧光性能随时间变化的关系，对其动力学数据进行了提取，不同组分的$CdSe_xTe_{1-x}$量子点和基体二元CdSe量子点及CdTe量子点随时间变化的荧光发射波长和半峰宽的数据如图3.33所示。由于形核过程非常迅速，所以在以下的讨论中仅关注于量子点的生长过程。合

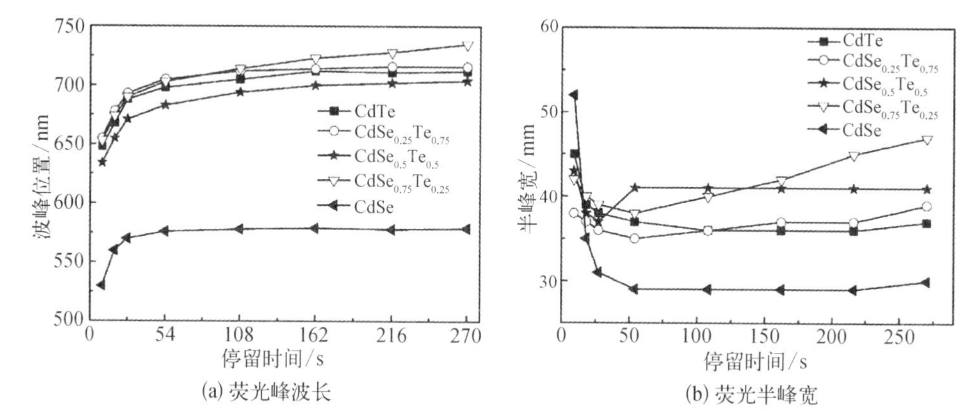

图 3.33 不同组分的 $CdSe_xTe_{1-x}$ 量子点与基体 CdSe 和 CdTe 量子点随停留时间变化的荧光特性

金量子点的生长过程与二元基体 CdSe、CdTe 量子点相似，都可分为三个阶段：① 当停留时间小于 54 s 时，溶液中极高的单体浓度使晶核瞬间形成并保持极快的生长速率，相应地导致荧光峰位置的快速红移，同时伴随着尺寸分布的集中，宏观表现为荧光半峰宽的变窄；② 当停留时间为 54～162 s 时，由于单体浓度的消耗，生长速率开始变慢，对应荧光峰位置发生缓慢红移，而此阶段晶体的生长是以牺牲小尺寸的晶核为代价的，导致荧光半峰宽逐步宽化，又称为“奥氏熟化”阶段；③ 随着停留时间继续延长至 270 s，由于单体被完全消耗，荧光峰位置不再发生变化，意味着反应达到稳定的状态。

$$E_{合成}=xE_A+(1-x)E_B \tag{3-13}$$

式中，x 为摩尔含量；E_A、E_B、$E_{合成}$分别为 A、B、A_xB_y 这三种物质的禁带宽度。对于块体和薄膜合金材料，是根据 Vegard 定律来计算其禁带宽度的，表明合金化材料和基体材料之间是呈线性关系的。这一定律已成功地用于判定许多合金化材料的结构和功能，最典型的合金材料就是 Ag_xAu_{1-x} 合金。但是，该定律却不适用于合金化的量子点，根据前人研究结果表明，由于三元合金中不同的离子具有不同的原子直径和电负性以及二种二元基体之间晶格常数的差异，使得阴阳离子键回到平衡位置出现弛豫，导致结构重组，尤其是禁带宽度变小，使合金量子点具有不同于二元量子点的光学性能，其禁带宽度并不介于两种基体禁带宽度之间，即产生非线性光学效应(Optical Bowing)，开辟了量子点在能带工程调控、发光范围扩展上的新方向。该研究也证实了这一现象的存在，通过对 Se 和 Te 摩尔比以及停留时间的调控，所制备的 $CdSe_xTe_{1-x}$ 量子点其发射光谱峰位置从 634 nm 红移到 735 nm，超过了相同反应条件下制备的 CdSe 和 CdTe 量子点的发光范围。其中，在该反应条件下制备的 CdSe 和 CdTe 量子点的发光范围分别为 530～579 nm 和 648～712 nm。

研究发现 $CdSe_xTe_{1-x}$ 量子点的生长和光学性质强烈依赖于阴离子前驱体 Se

和Te的进给摩尔比,由如图3.33(a)所示。控制阳离子和阴离子的进给摩尔数相当,当Se∶Te摩尔比为1∶1时,$CdSe_xTe_{1-x}$合金量子点随时间变化的荧光峰位置始终介于CdSe和CdTe之间;而当Se∶Te摩尔比为1∶3和3∶1时,合金量子点随时间变化的荧光峰位置与二元基体量子点相比发生了红移。这是由于不同离子间的原子尺寸和电负性不同,阴阳离子键回复到平衡位置具有弛豫作用,导致合金量子点禁带宽度的变窄,宏观表现为荧光光谱的红移。此外,保证Se和Te的摩尔比为1∶1的情况下,还对Cd前驱体的浓度进行了考察。研究发现高的Cd前驱体浓度有助于反应活性的增强,最终获得的产品的尺寸较大,同时还保证了较高的荧光量子产率;而Cd前驱体浓度较低会引起生长速率的变慢,同时制备的产品表面缺陷较多,导致荧光量子产率的下降。因此,通过采用合适的Cd前驱体浓度以及改变阴离子Se和Te的进给量,制备了一系列的、荧光波长在634～783 nm可调的$CdSe_xTe_{1-x}$量子点,同时具有较高的荧光量子产率(最高可达81%)和较窄的尺寸分布(荧光半峰宽为35～70 nm),如图3.34所示。

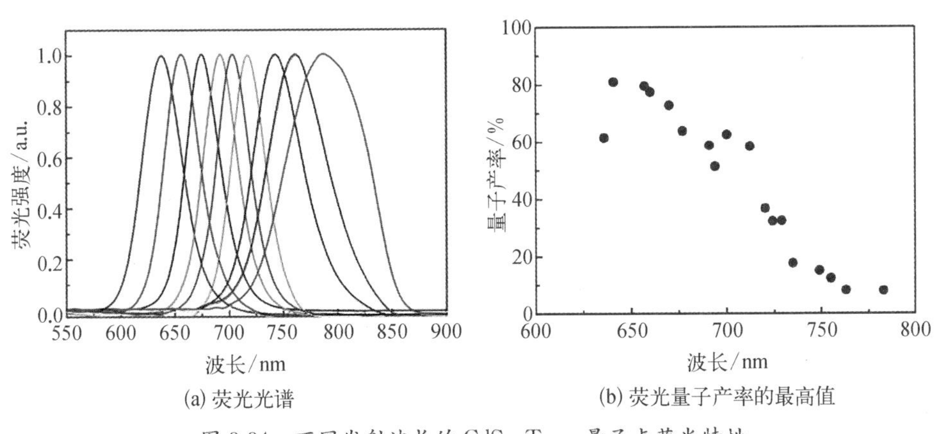

(a) 荧光光谱　　(b) 荧光量子产率的最高值

图3.34　不同发射波长的$CdSe_xTe_{1-x}$量子点荧光特性

(3) $CdSe_xTe_{1-x}$量子点的结构表征和合金化分析

图3.35(a)给出了合成的$CdSe_xTe_{1-x}$量子点的EDS谱图,图中分别出现了Cd、Se、Te的特征峰,证明量子点是由Cd、Se、Te三种元素组成的。为确定合成量子点的相结构,对获得的量子点进行了XRD表征。图3.35(b)对比了相同反应条件下制备的CdSe、$CdSe_{0.25}Te_{0.75}$、$CdSe_{0.5}Te_{0.5}$、CdTe的XRD谱,$CdSe_xTe_{1-x}$的三强峰介于CdSe和CdTe相应三强峰之间,所有合成的合金量子点都在(111)、(220)、(311)晶面出现衍射峰,表明为立方结构,排除了量子点相变的可能性。随着进样前驱体Te摩尔含量的增加,三个特征峰都向小角度方向缓慢移动,从原来靠近CdSe的晶格移动到靠近CdTe的晶格,三强峰规律性的移动排除了CdTe单独形核的可能性,同时也说明了产品中Te的含量是在不断增加的。图3.35(c)给出了荧光发射波长在659 nm处的$CdSe_xTe_{1-x}$量子点的透

射电镜和高倍透射电镜照片，表明获得的量子点呈球形，直径大约为5 nm，而且具有较窄的尺寸分布，从高倍透射电镜照片中能显著分辨出晶格平面，证明了获得的产品表面具有较高的结晶性。

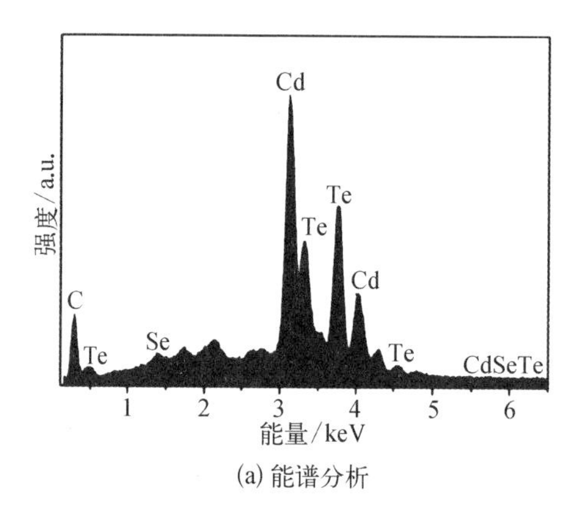

(a) 能谱分析

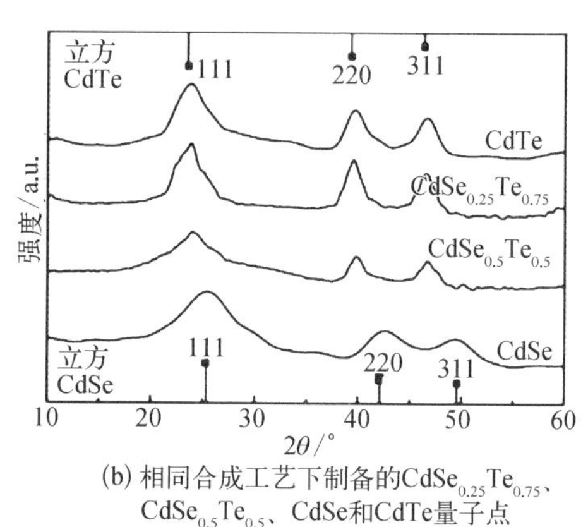

(b) 相同合成工艺下制备的$CdSe_{0.25}Te_{0.75}$、$CdSe_{0.5}Te_{0.5}$、CdSe和CdTe量子点XRD图谱

(c) $CdSe_{0.5}Te_{0.5}$量子点透射电镜照片（插图中是高倍透射电镜照片）

图 3.35　$CdSe_xTe_{1-x}$量子点

由 Cd、Se、Te 三种元素构成的复合结构量子点可能有四种结构，分别是 CdSe/CdTe 核壳结构、CdTe/CdSe 核壳结构、CdSeTe 均质合金结构和 CdSeTe 梯度合金结构。由于在实际反应工艺中，是将 Cd、Se、Te 这三种前驱体溶液同时注入高温的毛细管反应通道中的，阴阳离子会同时形核，而核壳结构量子点的前提条件是先形成一种二元基体量子点，然后在其表面外延生长另一种二元基体，所以基于现有的反应工艺不可能形成核壳结构的量子点。为了判断所制备的合金量子点是均质结构还是梯度结构，对不同 Se 和 Te 前驱体进给比及不同停留时间下制备的量子点进行了 ICP－MS 元素分析，如图 3.36(a)、(b)、(c)所示。图 3.36(a)是 Se∶Te 进样摩尔比为 1∶3 时，不同停留时间下合成的合金量子点的真实 Se、Te 百分含量。从图中可以看出在形核初期 Te 占据主要含量，大约占阴离子含量的 97%，随着反应时间的延长，Te 含量仅有轻微的降低，停留时间为 220 s 时，Te 的含量仍占总阴离子含量的 94%。当 Se∶Te 进样摩尔比为 1∶1 和 3∶1 时，可以得到趋势一致的结果。当 Se 和 Te 的进样量相等时，

形核初期 Te 的含量占 96%，随着生长时间的增长，产品中 Te 的含量逐渐降低，最终达到含量为 66%的平衡状态；当 Se 的含量是 Te 含量的三倍时，长时停留时间下 Te 的含量仍有 60%。若形成的纳米晶是均质合金结构，那么从形核初期一直到生长结束，量子点的 Se、Te 含量在各个过程中都是近似一致的，宏观表现为 ICP-MS 曲线图应该是线性关系，因此证明基于该合成工艺制备的 $CdSe_xTe_{1-x}$ 量子点是核内富含 Te 的梯度合金结构。

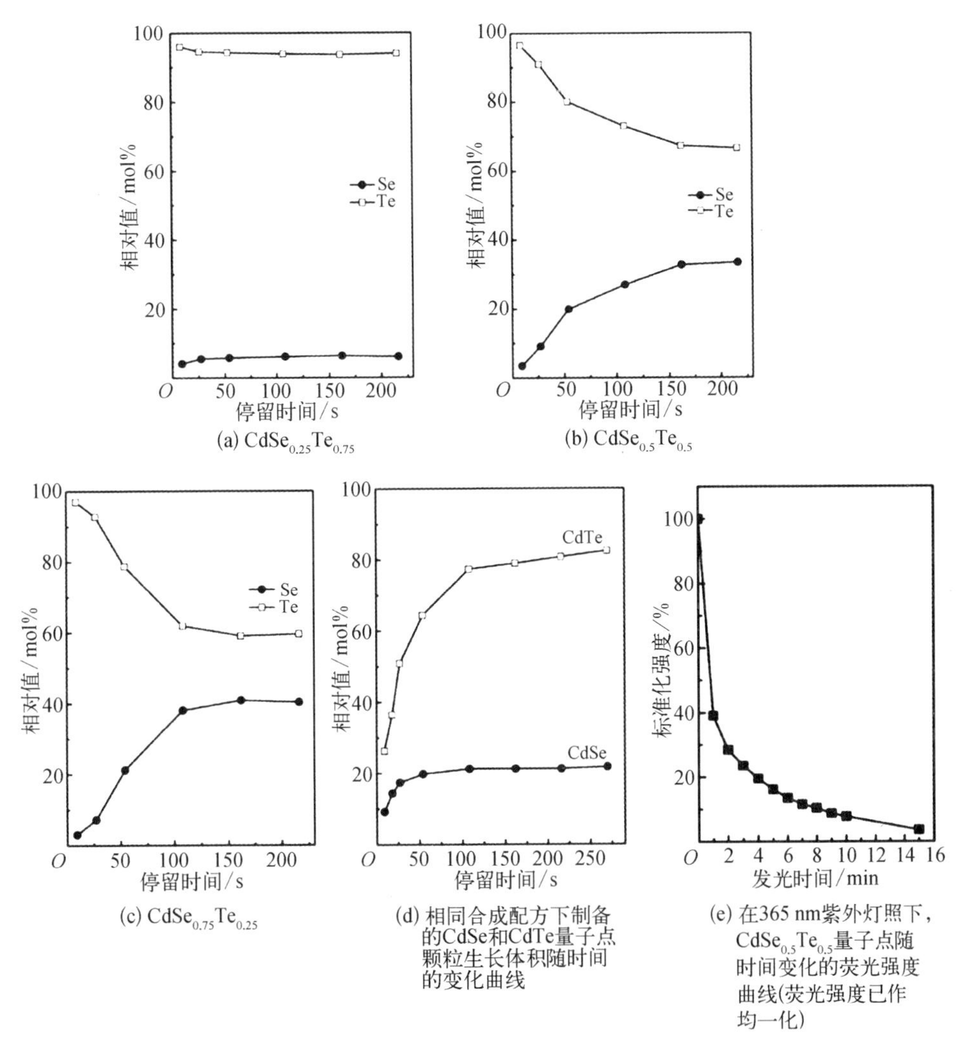

图 3.36　不同初始 Se 和 Te 前驱体摩尔浓度下制备的 $CdSe_xTe_{1-x}$ 量子点的 ICP-MS 及荧光稳定性分析

研究发现，梯度合金结构的形成原因可能是 Cd、Se 反应速率和 Cd、Te 反应速率的差异。在该实验中形成 CdSe 和 CdTe 晶核的先决条件是磷和硫族元素之间双键的断裂，再与 Cd 离子结合。据文献报道，在室温条件下 TOP=Se 和

TOP ═Te 络合物的双键解离能分别为 364 kJ /mol 和 298 kJ /mol，即形成游离 Se 离子所需的能量比形成 Te 离子的能量更多。因此与 CdSe 相比，CdTe 的生长速率更快。我们同样用实验验证了这一理论，在相同合成工艺和配体浓度下，分别考察了单个 CdSe 和 CdTe 量子点的体积随时间变化的曲线，如图 3.36(d) 所示，其中量子点的体积是根据 Yu 等拟合的经验公式由发射波长计算出来的，经验公式如式(3－14)所示。从图 3.36(d)可以看出基于该合成工艺，CdTe 的生长速率是 CdSe 的 4 倍。根据以上实验结果，可以推测出 $CdSe_x Te_{1-x}$ 梯度合金量子点的形成过程如下：反应初期，当阴、阳离子前驱体溶液流入高温毛细管反应通道后，温度的瞬时升高使浓度超过形核阈值从而形成 CdSeTe 晶核，由于反应初期 Te 的反应活性高于 Se，因此生成的晶核中富含 Te 元素。随着停留时间的延长，形核和生长过程中单体不断被消耗，前驱体溶液中 Te 的单体浓度相对 Se 的单体浓度减少得更快，相对来说此时 Se 的反应活性比 Te 的反应活性略有提高，因此晶体中 Se 的相对含量不断增多，Te 不断降低。当停留时间进一步增加时，此时前驱溶液中的单体已经消耗的差不多，CdSeTe 晶体的生长主要是依靠牺牲小尺寸的晶体实现的，因此 Se、Te 相对含量逐渐保持稳定。根据以上实验结果，还可以得到如下结论，在阳离子和阴离子前驱体浓度相差不大时，Cd、Se 反应速率与 Cd、Te 反应速率的差异占主导地位，因此合成的量子点为梯度合金结构；在 Cd 前驱体浓度非常过量的情况下，Cd、Se 反应速率与 Cd、Te 反应速率的差异可以忽略，因此可以制备出均质合金结构的量子点。

$$\text{CdTe: } D=(9.8127\times10^{-7})\lambda^3-(1.7147\times10^{-3})\lambda^2+(1.0064)\lambda-194.84 \tag{3-14}$$

$$\text{CdSe: } D=(1.6122\times10^{-9})\lambda^4-(2.6575\times10^{-6})\lambda^3+(1.6242\times10^{-3})\lambda^2-(0.4277)\lambda+41.57 \tag{3-15}$$

图 3.36(e)对制备的 $CdSe_x Te_{1-x}$ 梯度合金量子点的荧光稳定性进行了考察，在 365 nm 的紫外光照下 1 min 后，其荧光强度就下降至 40%，进一步延长光照时间，荧光也随之变弱，直至最后几乎观测不到荧光。产生这种现象主要有两个原因：首先，量子点中 Te 元素占主导地位，而 Te 比较容易被光氧化，因此得到的量子点非常容易荧光猝灭；其次，表面活性剂 TOPO 和 OLA 的添加使得最后样品的表面是包覆 TOPO 和 OLA 的，起到了提高荧光量子产率的作用，但是 TOPO 和 OLA 主要是与阳离子 Cd^{2+} 产生配位的，很难与阴离子 Se^{2-}、Te^{2-} 产生很好的配位作用，在空气中放置一段时间，会使表面生成硒或碲的氧化物，在样品表面产生一定的缺陷，导致光化学稳定性变差。量子点的极易光猝灭性质限制了该材料的广泛应用，而制备核/壳结构的纳米晶可以解决上述现象。

(4) CdS 包裹工艺的开发

本节中提到，用宽禁带的无机材料包裹窄禁带的材料所组成的 Ⅰ 型核壳结构量子点能有效地将激子限域在核内,使得量子点的荧光量子产率的提高。而且复合结构的量子点对外界环境的变化所产生的影响不大并具有较好的抗光氧化性,光化学稳定性非常好。为改善 $CdSe_xTe_{1-x}$ 量子点的易光猝灭性,对其包裹工艺进行了系统的研究,具体的过程是以窄分布的 $CdSe_xTe_{1-x}$ 量子点为基础,加入壳层材料的前驱体溶液,在适当的温度下 $CdSe_xTe_{1-x}$ 表面会生长出一层新的材料,前驱体溶液中使用的表面活性剂还会对壳层进行修饰。

对于Ⅱ-Ⅵ族二组分量子点,ZnS是最佳的包裹材料。而对于三组分合金量子点来说,由于 $CdSe_xTe_{1-x}$ 和ZnS的晶格不匹配率高达17%,实际操作中在 $CdSe_xTe_{1-x}$ 晶体表面外延生长一层ZnS壳层是非常困难的,事实上在ZnS包裹 $CdSe_xTe_{1-x}$ 实验中,我们也尝试了使用不同的Zn源、前驱体浓度和包裹温度,量子点的荧光易猝灭性始终没有得到改善,证明ZnS没有包裹成功。CdS与 $CdSe_xTe_{1-x}$ 的晶格不匹配率仅有7%,是理想的包裹材料。1997年,Peng等在烧瓶中开发出了连续离子层吸附法,在包裹中通过阴、阳离子的间隔进样,实现了单分散的CdSe/CdS核壳结构量子点连续合成。该工艺是目前应用最为广泛的制备CdS壳层材料的方法,但是由于此工艺需要反复进样并控制相应的温度,所以并不适用于毛细管微反应装置。根据前期对CdS合成工艺的研究结果,本章介绍了一种简易、新颖、高效的壳制备工艺,仅用OA作为配体,单步反应就能够实现CdS的包裹。实验中,将CdO粉末溶于OA和ODE中,在高温条件下磁力搅拌直至CdO粉末溶解至澄清的Cd前驱体溶液。同时,将S粉溶于ODE中,高温下磁力搅拌直至形成澄清透明的前驱体溶液。将这两种溶液冷却至室温后充分混合,形成CdS壳层材料的前驱体溶液。上一步反应获得的 $CdSe_xTe_{1-x}$ 量子点不需进行任何后处理就可以直接参加包裹反应。将这两种溶液分别抽于真空注射器内,置于注射泵上开始反应,混合后的溶液进入加热的反应通道以实现CdS的外延生长,从出口处获得的就是包裹后的核壳结构量子点。

包裹温度和停留时间是包裹反应最重要的两个考察参数。较高的包裹温度会导致CdS的单独形核,而较低的温度不能提供足够的反应活化能,最终导致包裹不成功。停留时间过长会导致包裹层厚度太厚,两种材料的晶格不匹配会导致应力集中,使得核、壳界面处产生应变;而停留时间过短则包裹层厚度太薄,不能有效地实现激子限域在核内。因此,在Cd和S的前驱体浓度为0.2 mol/L时,进行了一系列的实验对包裹温度和停留时间进行了系统的考察。

图3.37是在停留时间为50 s的情况下,改变包裹温度为140~220℃制备的核壳结构量子点的吸收光谱、荧光光谱和动力学数据。从吸收光谱和荧光光谱中可以看出在紫外到蓝光区域并没有新的峰出现,排除了CdS量子点单独形核的可能。随着包裹温度的升高,前驱体反应活性也不断增强,相应生长速率也不

断提高，宏观表现为吸收峰的位置从 700 nm 缓慢红移至 707 nm。在不同的包裹温度下，包裹后的量子点的荧光量子产率相比未包裹的量子点，均有所增长，最高值达到未包裹量子点的三倍，证明了 CdS 材料的成功外延生长。由于包裹前后的荧光半峰宽基本相同，所以将荧光量子产率作为判断包裹温度优劣的唯一参数。在包裹温度为 180℃时，可以得到最高的荧光量子产率(56%)，因此 180℃被选定为最优包裹温度。

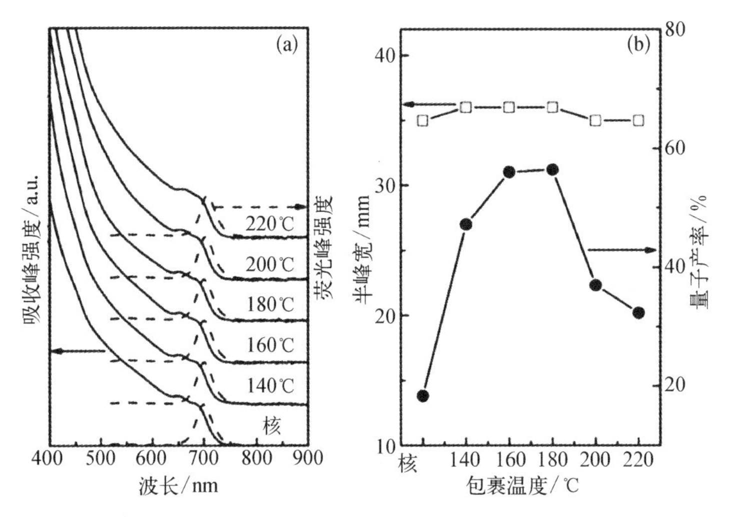

图 3.37 在停留时间为 50 s 时，不同包裹温度下合成的 $CdSe_xTe_{1-x}$/CdS 核壳结构量子点：(a) 吸收(实线)和荧光(虚线)光谱；(b) 荧光半峰宽(上)和荧光量子产率(下)

在包裹温度为 180℃时，改变停留时间为 10～90 s，同样对样品的吸收光谱和荧光光谱进行了测试，并对荧光动力学数据进行了提取，如图 3.38 所示。与未包裹的合金量子点相比，停留时间的增加对量子点的荧光峰位置和荧光半峰宽影响不大。当包裹时间为 10 s 时，包裹后的量子点的荧光量子产率显著的增强，证明了壳层材料的成功包裹；进一步延长停留时间，荧光量子产率出现下降。上述现象表明仅需很薄的一层 CdS 层就足够将合金量子点表面钝化。

根据上面的研究结果，在包裹温度为 180℃和停留时间为 50 s 下，对包裹材料前驱体的浓度进行了考察，如图 3.39 所示。图 3.39(a)是包裹前后量子点的吸收光谱和荧光光谱，从图中可以看出包裹前后量子点的吸收和荧光光谱(归一化)基本相同。但是，由于壳层材料的有效限域使得其荧光量子产率得到显著提高，最高值是在前驱体浓度为 0.2 mol/L 下得到的，为 56.4%。开发的单步包裹工艺对于所有的 $CdSe_xTe_{1-x}$ 合金量子点均有效，尤其是当合金量子点本征量子效率较弱时，包裹后量子点的荧光量子产率提高更为明显。开发包裹工艺的目的是增强量子点荧光稳定性，所以在 365 nm 紫外灯光照下，对不同前驱体包裹

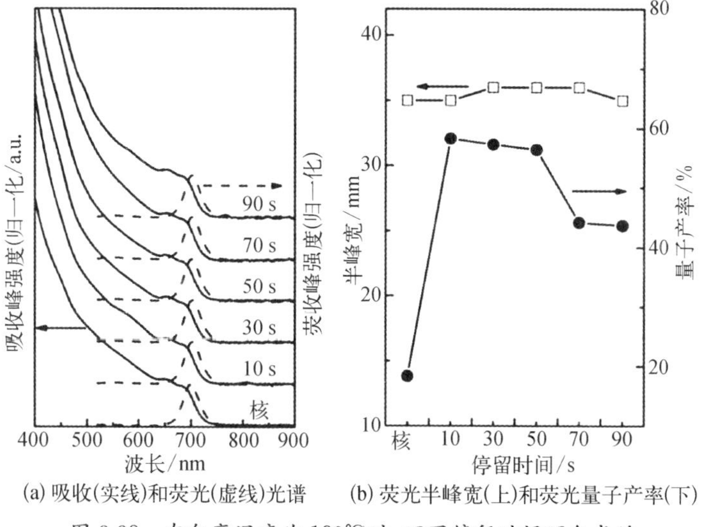

(a) 吸收(实线)和荧光(虚线)光谱　(b) 荧光半峰宽(上)和荧光量子产率(下)

图 3.38　在包裹温度为 180℃时，不同停留时间下合成的 $CdSe_xTe_{1-x}$/CdS 核壳结构量子点

后的 $CdSe_xTe_{1-x}$/CdS 量子点的荧光稳定性进行了研究。图 3.39(b)是随时间变化的荧光强度曲线，初始值设为 100。与 $CdSe_xTe_{1-x}$核相比，包裹后的核壳结构量子点的荧光稳定性得到了显著增强，光照 3 h 后，量子点仍能保持15%～40%的荧光强度。值得注意的是，这一过程中虽然荧光强度不断减弱，其吸收峰的位置并没有发生任何变化，表明在光照实验过程中，并没有颗粒的分解或者生长。

为进一步证明 CdS 壳层的成功外延生长，对样品进行了 EDS 表征，如图

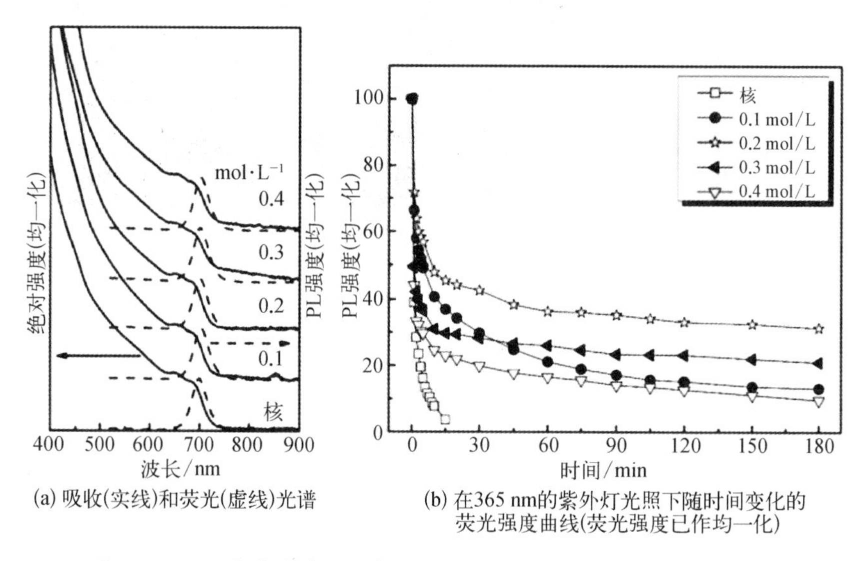

(a) 吸收(实线)和荧光(虚线)光谱　(b) 在365 nm的紫外灯光照下随时间变化的荧光强度曲线(荧光强度已作均一化)

图 3.39　不同包裹浓度下合成的 $CdSe_xTe_{1-x}$/CdS 量子点的荧光特性

3.40(a) 所示，在 $K=2.3$ eV 处可以清楚地观测到 S 元素的特征峰，证明包裹后的样品中存在 S 元素。图 3.40(b)给出了 $CdSe_xTe_{1-x}/CdS$ 核壳结构量子点的透射电镜和高倍透射电镜照片，可见获得的量子点具有较好的圆度，而且未经任何尺寸选择也具有较窄的尺寸分布。通过计算，获得最佳荧光量子产率的包裹层厚度为 0.3 nm 左右，为 CdS 的一个单分子层。

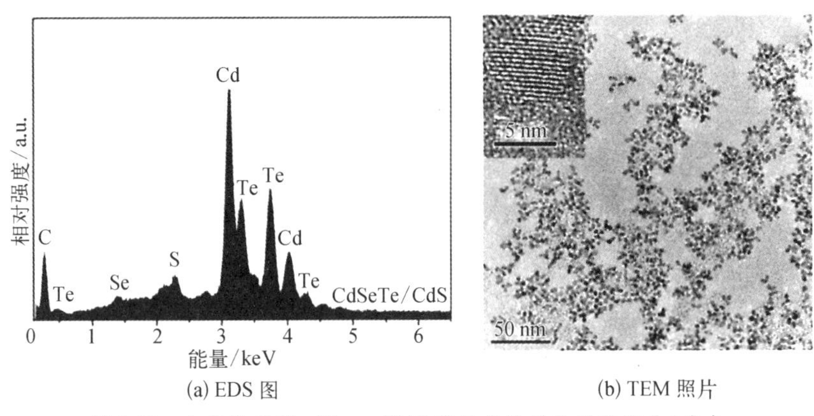

(a) EDS 图　　(b) TEM 照片

图 3.40　合成的 $CdSe_xTe_{1-x}/CdS$ 量子点能谱及显微照片(其中，前驱体溶液中 Cd：Se：Te 的摩尔比为 2：1：1)

图 3.41 给出了制备的 $CdSe_xTe_{1-x}/CdS$ 量子点的结构示意图和合成的不同荧光发射波长的样品在紫外光照下的照片。通过改变前驱体进样比和停留时间，可得到从红色到近红外发光的量子点，并具有较高的荧光效率。基于实验所采用的配方，最终获得的纳米晶是核壳结构，其中核是中心富含 Te 的梯度合金结构。

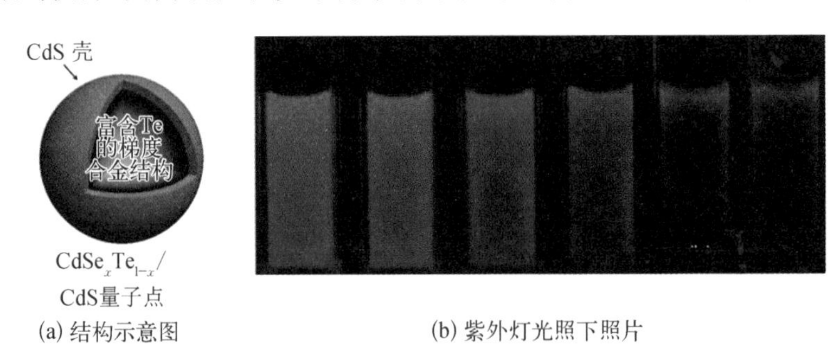

(a) 结构示意图　　(b) 紫外灯光照下照片

图 3.41　$CdSe_xTe_{1-x}/CdS$ 量子点的结构及紫外光照发光照片

3.4　微反应模块系统放大合成核壳结构量子点

3.4.1　微模块介绍

(1) 曲径式反应器(Meander Reactor)

如图 3.42 所示，曲径式反应器包含两组管路，分别是总体积为 11 mL 的曲折蜿蜒的反应通道以及紧临其的可通热交换介质的管道，确保温度能够精确控制。此外，反应通道具有低流动阻力，最大操作压力为20 bar①。该反应器适用于停留时间较长的反应(0.3～60 min)。由于反应器拆解和清洗十分方便，所以也适用于高黏度反应物料的反应。通过多个反应器串联还可实现相同停留时间下进样流速成倍地增加。

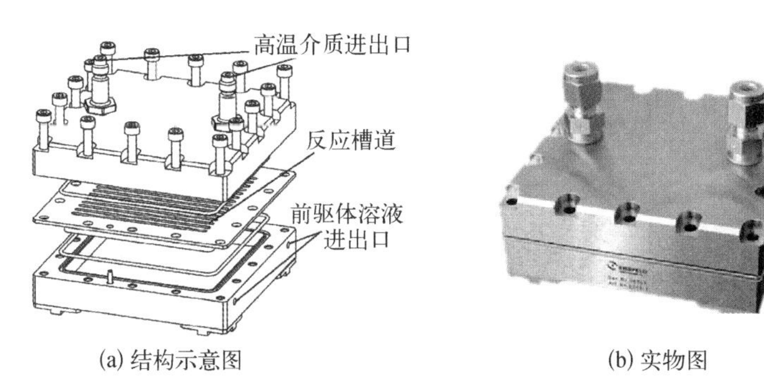

(a) 结构示意图　　(b) 实物图

图3.42　曲径式反应器

(2) 同轴换热器(Coaxial Heat Exchange)

微换热器通常由很多薄片叠加在一起构成，换热介质和流体分别流过薄片之间形成的薄层空间，薄片上一般会机械加工或者刻蚀形成沟槽，这样就实现了在一个小的部件内实现很大的换热面积，确保了单位体积内极大的换热速率。该模块是同心管式结构，反应液体在中心的管道内流动，和套管内流动的冷却介质做轴向逆向流动，如图3.43所示。流体流动通道较大，可用于带颗粒和高黏度的反应液体。可完全拆卸，清洗方便；压降低，几个同轴换热器串联起来使用可提高换热能力。

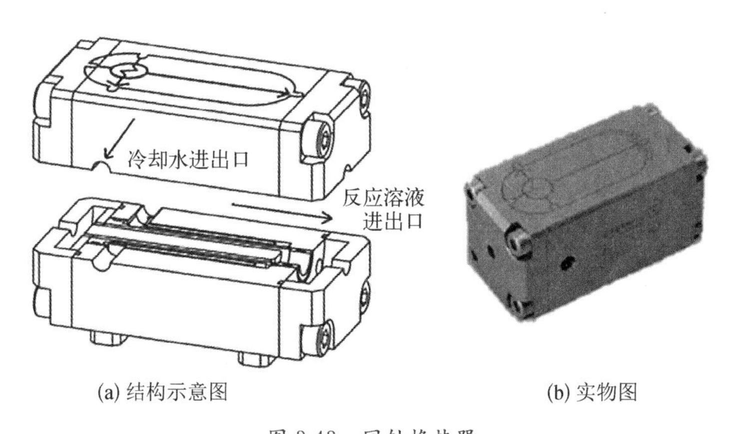

(a) 结构示意图　　(b) 实物图

图3.43　同轴换热器

① 1 bar=0.1 MPa。

(3) 梳式微混合器(Comb-type Micromixer)

微混合器中有一个T形的构件,其末端被分割成很多狭长的缝隙,狭缝宽度为70 μm,外观类似梳子,故名为梳式混合器。两种待混合的流体分别被分成多股薄层状细流体,这些细流体相互交错,由于扩散作用和二次流动作用,流体中的分子得以快速混合,如图3.44所示。由于微混合器中所有的微结构通道都很短,引起的压降很小。此外,微混合器的开放型结构方便拆卸,污垢和沉积物可以方便地利用超声波振荡清除。

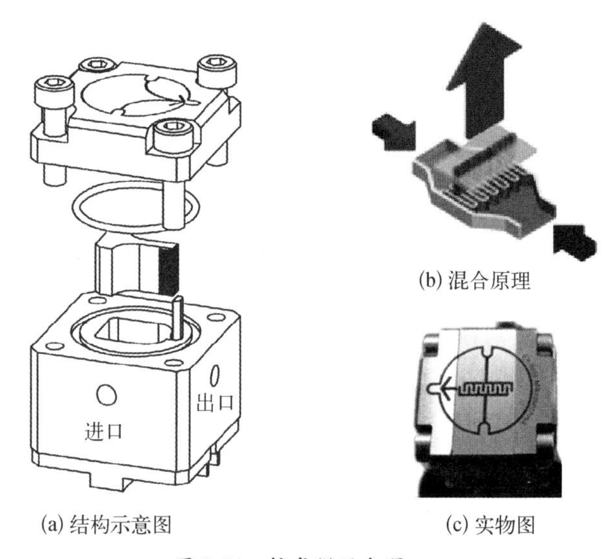

(a) 结构示意图

(b) 混合原理

(c) 实物图

图3.44　梳式微混合器

(4) 层叠式微混合器(Cascade-type Micromixer)

利用反复分割与合并的工作原理对流体进行混合,两股流体分别从进口流入,被分割后再次合并就形成四股流体,通过五次层叠的方式,流体就被分割成多股细流,加上此过程中产生的扩散作用和二次流动作用,就完成了非常快速的混合过程,如图3.45所示。此微混合器可以产生比通道本身尺寸小得多的极细的层流,适用于带颗粒或者高黏度的流体。此外,微混合器的开放性结构方便拆卸,污垢和沉积物可以方便地利用超声波振荡清除。

(5) 导入导出模块(Input/Output Module)

模块化微反应系统的模块之间均采用无管连接,然而反应物料从外部容器进入微反应器,需要借助导管和标准连接头。图3.46为进/出口模块的结构示意图和实物图,材质为不锈钢和聚四氟乙烯,除了标识流体流动方向的标志不同,进/出口模块的设计完全相同。

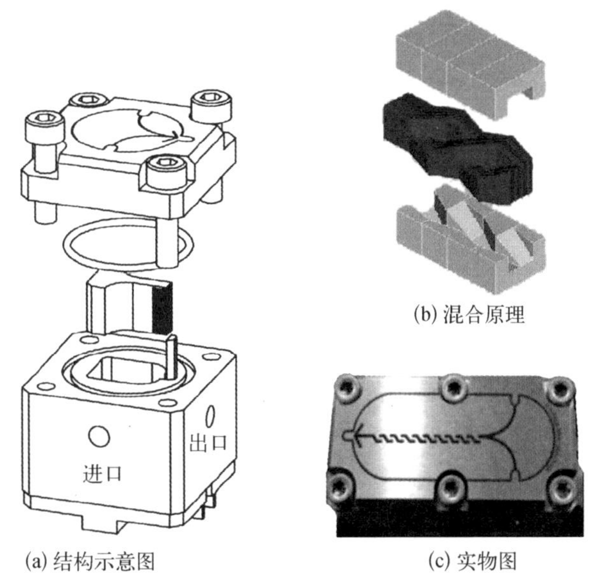

(b) 混合原理
(a) 结构示意图　(c) 实物图
图 3.45　层叠式微混合器

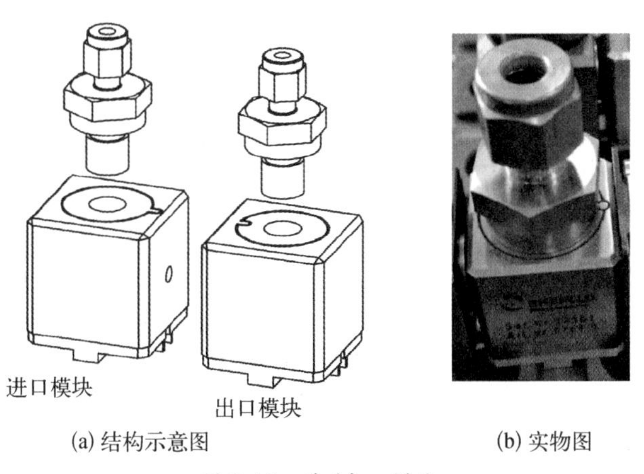

(a) 结构示意图　(b) 实物图
图 3.46　进/出口模块

(6) 紧固件和密封件(Mounting and Sealing Devices)

包括密封件(Sealing Plate)、基座盘(Base Plate)、夹紧模块(Clamping Module)三类,其结构示意图如图 3.47 所示。搭建的微反应系统一般使用基座盘来支撑和固定,模块与模块之间用密封件连接,并用夹紧模块夹紧,使之耐压、密封。夹紧模块内有弹簧装置,可适应模块系统的热胀冷缩。此外,基座盘的材质为不锈钢,内置加热丝,最高可加热至 100℃,用以满足低温化学反应的需要。

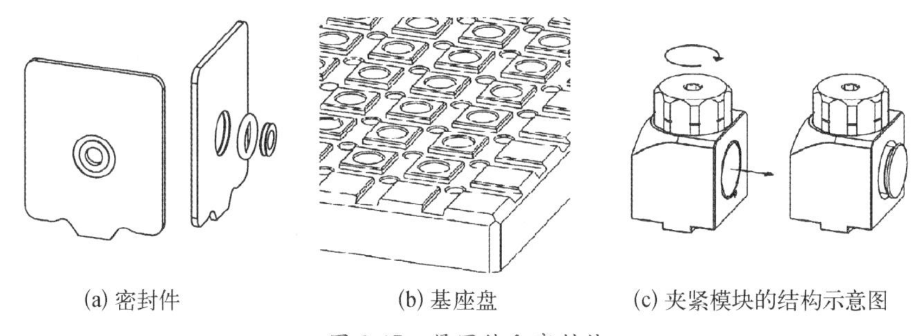

图 3.47　紧固件和密封件

3.4.2　微模块反应系统的搭建

以蓝色荧光 CdS/ZnS 核壳结构量子点为研究对象，包含 CdS 核的合成和 ZnS 的外延生长两步工艺。为简化反应参数考察的复杂性，先制备 CdS 核，再进行包裹，最后将两个系统结合起来实现 CdS/ZnS 的全连续合成。在 CdS 核的合成实验中，根据反应要求，设计了如图 3.48 所示的流程图。将制备的 Cd 和 S 前驱体溶液用两个恒流泵分别提供动力进样，两股流体在微混合模块中均匀混合成一股流体，进入由不断循环的高温油浴提供热量的曲径式反应器，CdS 纳米晶瞬时完成形核并稳定生长，最后 CdS 量子点通过热交换模块迅速降温使反应猝灭，并在出口处被收集。在包裹实验中，仅须将前驱体进样部分改成 CdS 量子点和 ZnS 的单分子前驱体溶液即可。根据设计的反应工艺，搭建了微模块系统的示意图(如图 3.49 所示)。

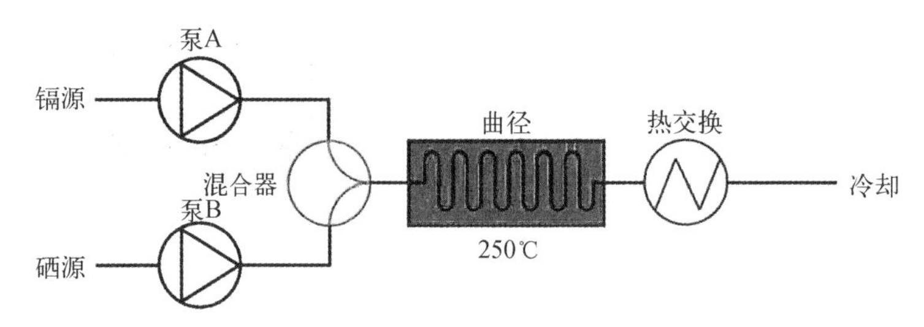

图 3.48　CdS 量子点合成流程图

微反应系统的组建，包括以下几个步骤。

(1) 将微模块置于基板上，并按照相应位置摆放，为使微模块能更方便地嵌入基板的单元格，模块的底部均设有调节条。

(2) 为预防管路的泄漏，在开口的流体管路间需放置密封垫片。

(3) 在每一列模块的两端都加上夹紧装置，并拧紧螺母，完成夹紧。

(4) 管路连接：包括高温循环油泵和冷却水管路的连接；进口模块通过聚四

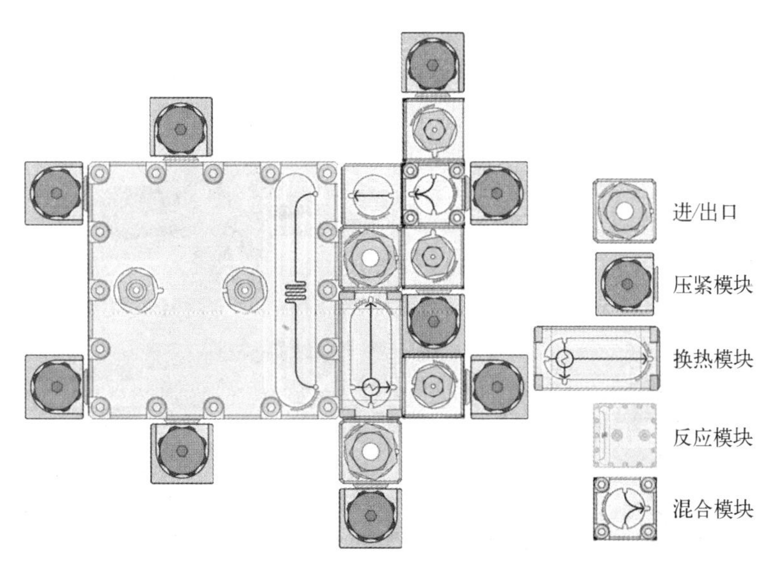

图 3.49　微模块系统示意图

氟乙烯管与恒流泵相连;出口模块出口处连接聚四氟乙烯管直接收集样品。

(5) 装置的密封性检查:装置搭建后,利用十八烯作为空白溶剂,开启恒流泵,在常温下进行装置的密封性检验,仔细观察是否有泄漏点。若没有,开启高温循环油泵,逐渐升温,观察是否有泄漏点。

(6) 反应开始前的注意事项:反应开始前开启高温循环油泵,并设置工作温度为反应温度,同时用十八烯作为空白溶剂循环进样,使整个反应系统预热,这样能有效降低曲径微反应器内管道温度与高温循环油泵工作温度的温差,确保量子点的尺寸分布的均一。

(7) 反应完成后的注意事项:反应结束后,设定高温循环油泵的工作温度为室温,等待温度下降,同时将十八烯溶液作为空白溶剂循环进出样。待温度降至50℃左右,用甲苯溶液清洗系统,使沉淀的颗粒排出系统。最后用乙醇或异丙醇溶液清洗系统,保证留在恒流泵和反应系统中的是乙醇或异丙醇溶液,这样能有效降低对系统的损耗。

图 3.50 是搭建的模块化微反应系统的实际装置图。

3.4.3　核壳结构量子点的放大生产

1. 微混合模块混合效果对比

在对毛细管微反应装置优化过程中发现,微混合器对最终产品的质量起着重要的作用。均匀混合的前驱体溶液进入加热段之后更有利于得到尺寸分

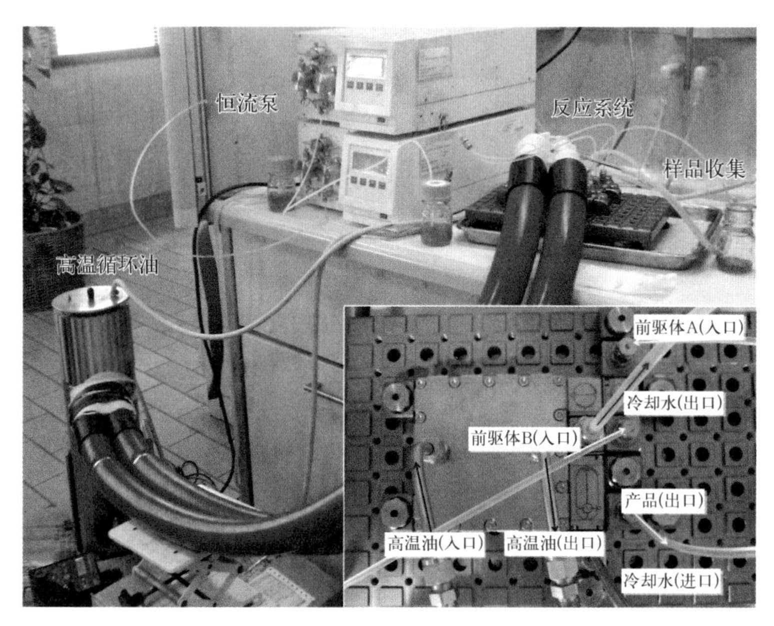

图 3.50　基于微模块搭建的混合反应系统实物图

布更为均一的量子点。梳式微混合器和层叠式微混合器均是由于扩散和二次流动作用使前驱体溶液混合均匀的,但是其混合效率不尽相同。本节先对梳式和层叠式微混合器的混合效果进行考察,以合成量子点的尺寸大小(吸收峰位置)和颗粒分布(半峰半宽)为标准来表征微混合模块的混合效果优劣。为简化反应和降低成本,将毛细管微反应装置进行改装,分别用梳式和层叠式微反应模块替代聚四氟乙烯对流微腔混合器,仅用油酸作为单配体,在相同反应条件下制备了 CdS 量子点。在反应温度为 240℃,不同停留时间下取样测试,得到的吸收光谱和荧光光谱图如 3.51 所示。在这两种情况下制备的量子点均具有很好的性能,吸收峰尖锐并能明显观察到三个高能激发峰,表明形成的颗粒尺寸非常均一,结晶性能良好。荧光峰窄而对称,但在低能处仍能明显观察到缺陷峰,说明制备的量子点仍有表面缺陷,可通过外延生长壳层减少缺陷,提高产率。

图 3.52 对比了使用两种微混合模块制备的 CdS 量子点吸收峰位置和半峰半宽的动力学数据。在两种情况下制备的量子点的吸收峰半峰半宽均在 12～14 nm,差别较小。然而,相同停留时间下,梳式微混合模块制备的量子点的尺寸明显大于层叠式微混合模块,即在梳式微混合模块下量子点的生长速率更快,表明前驱体溶液混合更为充分。考虑到本节的重点是合成蓝色荧光 CdS/ZnS 核壳结构量子点,得到的 CdS 量子点尺寸越大越好,所以选用梳式微混合模块进行下面的工艺探索。

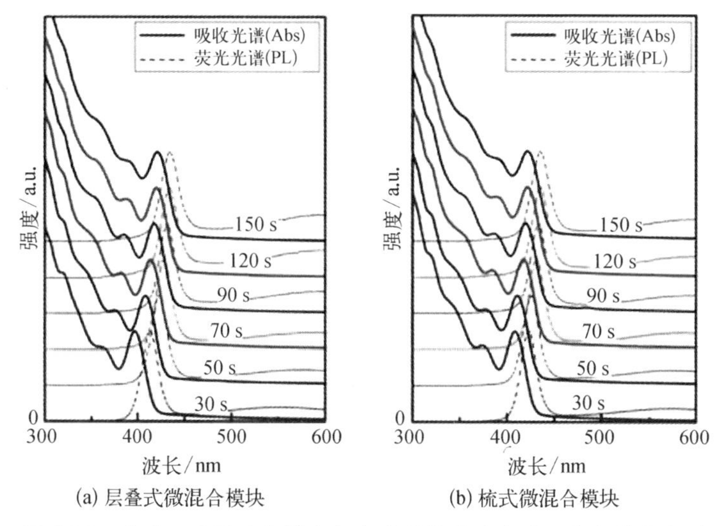

图 3.51　采用不同微混合模块合成的 CdS 量子点的吸收和荧光光谱

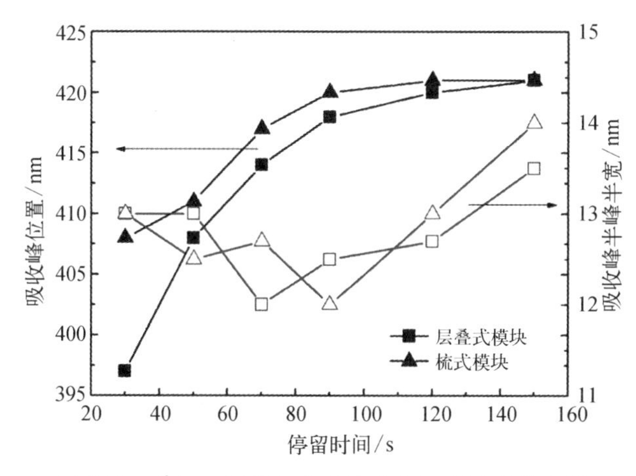

图 3.52　采用不同微混合模块合成的 CdS 量子点的吸收峰位置以及吸收峰半峰半宽

2. 系统的稳定性和重复性考察

当仅以油酸作为单配体进行 CdS 量子点的合成时，前期研究发现，虽然制备的纳米晶具有较好的荧光光谱对称性，但是仍在 500～650 nm 内存在馒头状的缺陷峰。由于纳米晶表面配体的影响，难以对其进行外延包裹生长，在配体中添加油胺能够有效改善这一现象，虽然对 CdS 纳米晶本征发光效率有所影响，但是能够促进 ZnS 的外延生长而得到禁带发射的 CdS/ZnS 核壳结构量子点，故本节选择油酸-油胺双配体进行量子点放大生产的研究。对于所搭建的模块微反应系统，反应温度由高温循环油泵控制，停留时间由恒流泵进样速率控制。表 3.5 是停留时间(s)与恒流泵进样速率(mL/min)的对应关系。

表 3.5　停留时间与前驱体进样流速的对应关系

停留时间/s	进样流速/(mL/min)
40	16.5
60	11.0
100	6.6
120	5.5
180	3.7

依据毛细管微反应系统合成 CdS 量子点的实验结果，研究得到 CdS 量子点在很宽的温度范围内都能形核、生长。结合高温循环油泵的实际情况，选择 250℃作为反应温度。为考察模块微反应系统的稳定性，实验过程中让系统在相同参数下连续工作 20 min，进样流速保持为 5.5 mL/min(330 mL/h)，间隔取样，两组实验得到样品的吸收光谱如图 3.53 所示。测试结果表明，吸收峰位置几乎无变化，且吸收光谱几乎完全重合，证明了模块微反应系统具有很好的稳定性。另外，相同参数下，两次独立的操作也可以得到几乎完全相同的吸收光谱和荧光光谱，验证了模块微反应系统具有良好的可重复性，如图 3.54 所示。

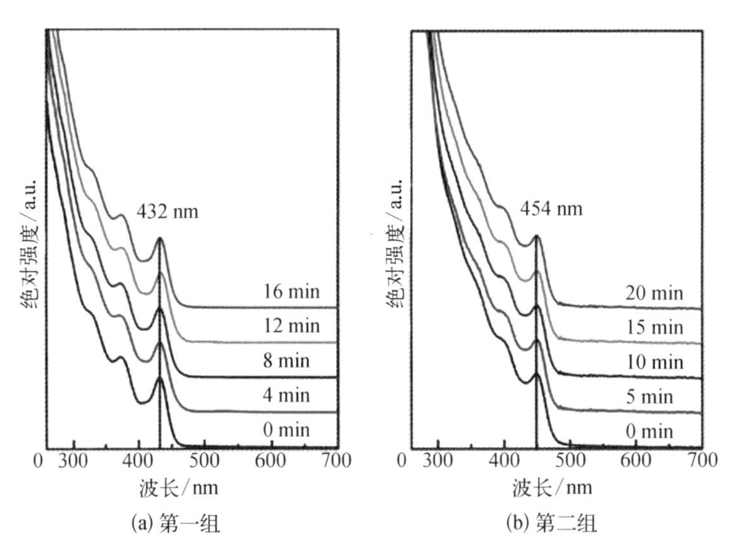

图 3.53　两次不同实验条件下，不同间隔时间下所合成的 CdS 量子点吸收光谱

3. 反应参数的优化

曲径式微反应器中矩形的槽道结构与毛细管内圆形的槽道结构不同，槽道结构的变化将导致流体流型和温度场分布的变化，最终导致量子点生长过程中尺寸分布的集中和熟化发生变化，所以首先对停留时间进行了优化。图 3.55 是

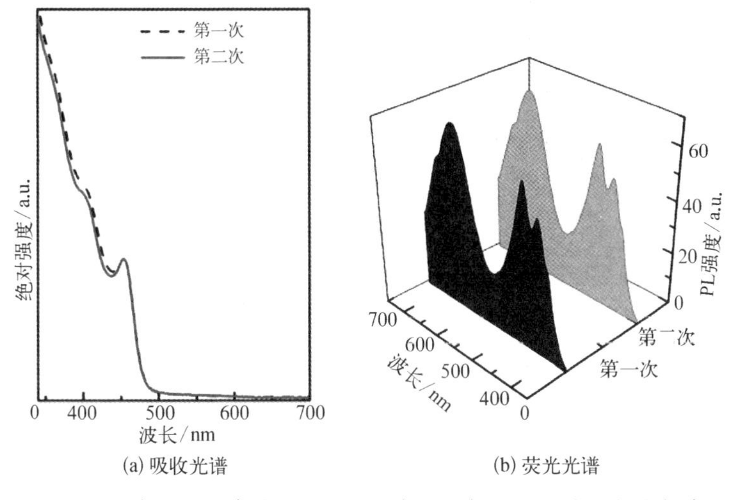

(a) 吸收光谱　　(b) 荧光光谱

图 3.54　相同反应条件下两次独立实验制备的 CdS 量子点的光谱

反应温度为 250℃时，不同停留时间（从 40 s 延长至 180 s）下制备的 CdS 量子点的吸收光谱和荧光光谱。图 3.55(a)所示，停留时间显著影响量子点的生长过程，随着停留时间的增长，量子点的尺寸逐渐变大，相应吸收峰位置出现红移。当停留时间为 40 s 时，从吸收图谱中可观察到 320 nm 处出现尖锐的吸收峰以及 420 nm 左右的吸收肩，分别对应为形核初期形成的极小尺寸颗粒（Magic-Sized）的吸收以及部分颗粒开始长大的吸收，由于停留时间过短，纳米晶仍处于形核刚结束的生长初期，并未生长完全。随着停留时间延长至 100 s，320 nm 处出现的吸收峰消失，颗粒继续生长，对应的吸收峰位置不断红移，吸收峰的半峰半宽值逐渐变小，说明尺寸分布变小。当停留时间延长至 120 s 时，可以观察到在 453 nm 处有明显的吸收峰，且吸收峰较窄，对应的半峰半宽只有 15.8 nm；当停留时间延长至 180 s 时，在 455 nm 处监测到吸收峰，半峰半宽为 15.7 nm。由于

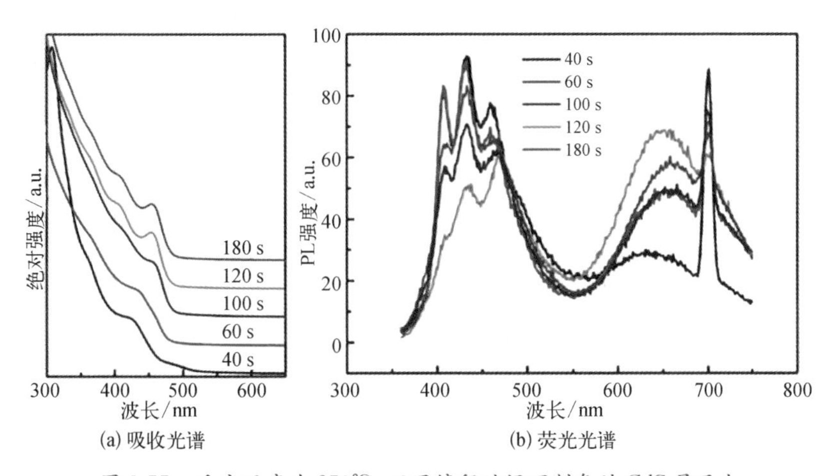

(a) 吸收光谱　　(b) 荧光光谱

图 3.55　反应温度为 250℃，不同停留时间下制备的 CdS 量子点

前驱体溶液中单体的消耗，生长速率开始变慢。在这个实验中，考虑到单位时间的产量问题，进样流速需越快越好，相应停留时间越短越好，所以没有再做进一步的观测。因此，选择 120 s 为最优停留时间，对应的产量达到 5.5 mL/min (330 mL/h)。图 3.55(b)是不同停留时间下制备的 CdS 量子点的荧光光谱，表面不饱和键和悬空键太多，量子点呈明显缺陷发光。为提高量子点的荧光量子产率和光化学稳定性，选择 ZnS 作为壳层材料制备Ⅰ型核壳结构量子点，这些悬空键将成为 ZnS 外延生长的中心，能有效地将激子限域在核内。

选择单分子前驱体 ZDC 作为 ZnS 源，反应温度设定为 140℃，进行 ZnS 的包裹实验。图 3.56 为不同停留时间下合成的 CdS/ZnS 核壳结构量子点的吸收光谱、荧光光谱和动力数据图。从吸收和荧光光谱图中可以看出，包裹之后的纳米晶和未包裹的纳米晶相比，荧光峰更加尖锐、对称，呈明显的禁带发射。而且随着停留时间的不断延长，荧光强度也在不断增加，证明了 ZnS 被成功外延生长。图 3.56 (c)是从荧光光谱中提取的动力学数据，随着停留时间从 60 s 增长至 210 s，壳层的厚度不断增加，对应荧光峰位置从 459 nm 逐渐红移至 466 nm，已经达到了纯蓝色荧光的光谱范围。此外，包裹后纳米晶的荧光半峰宽基本保持在 25 nm 左右，证明所制备的量子点具有良好的光纯度。因此，荧光强度(荧光量子产率)成为判定停留时间是否最优化的唯一标准。当停留时间大于 150 s 后，荧光强度增强并不明显，考虑到实验目的是实现量子点的大量合成，选择 150 s 为最优包裹停留时间。

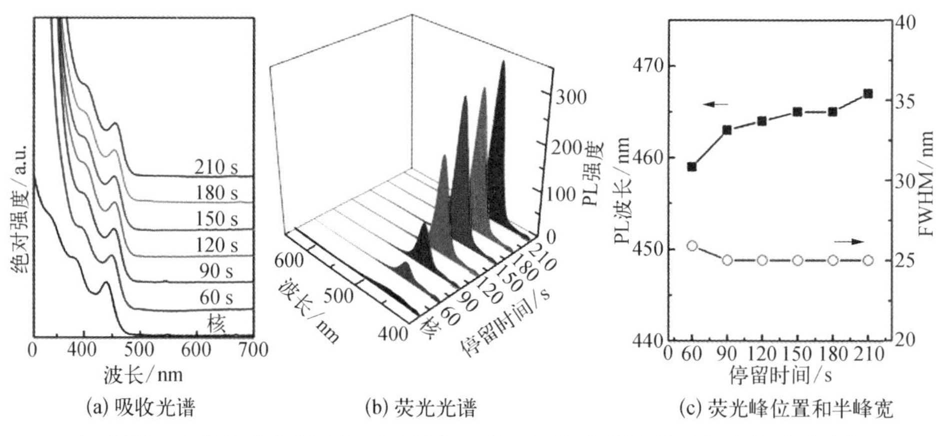

图 3.56　包裹温度为 140℃，不同停留时间下合成的 CdS/ZnS 核壳结构量子点

4. 全连续合成 CdS/ZnS 核壳结构量子点

基于上述研究结果，将 CdS 的合成和 ZnS 的外延包裹集成在同一微反应系统中，以实现 CdS/ZnS 核壳结构量子点的全连续合成。研究发现，合成 CdS 量子点的反应温度为 250℃，最优停留时间为 120 s，而外延生长 ZnS 壳层材料的包裹温度为 140℃，最优停留时间为 150 s。在搭建全连续模块化微反应装置过

程中，首要考虑的是整个系统的可行性问题，核的合成温度和包裹温度可以通过分别使用两个循环油泵来实现，而如何确定核合成和包裹停留时间成为重点。前述的实验结果表明：壳的厚度对量子点质量起着至关重要的作用，所以必须首要确保壳外延生长时间达150 s。曲径式微反应器的有效容积为11 mL，当核合成和包裹均用一个曲径式微反应器时，理论上来说，流入包裹用微模块的前驱体溶液流速是流入核合成用微模块的两倍，而停留时间相比核合成却缩短一半，即当核合成时停留时间为120 s，包裹停留时间仅为60 s。若要实现包裹停留时间为150 s，那么核合成停留时间必须为300 s，虽然单位时间产量可以达到4.4 mL/min（264 mL/h），但由于核的停留时间过长，必将导致尺寸分布宽化，影响最终产品的质量。为解决上述问题，选用两个串联的曲径式微反应器进行包裹，虽然包裹模块中流速是核合成模块的两倍，但是由于包裹模块的容积也是两倍，便能实现包裹模块和核合成模块停留时间的一致。此外，在对制备核的停留时间优化过程中发现，停留时间为120 s和180 s时得到的CdS量子点质量基本相同。所以，基于微模块系统全连续合成CdS/ZnS核壳结构量子点的实验中，选择150 s作为核合成和包裹的停留时间，此时产率可达8.8 mL/min（528 mL/h）。图3.57和图3.58是搭建的模块化全连续微反应系统的流程图和示意图。如图3.57所示，Cd和S前驱体溶液用恒流泵A、B分别进样，经过微混合模块A后混合成一股流体，再进入高温加热的曲径式微反应器A完成CdS量子点的形核和生长，流出的液体经过换热器A在冷却水的作用下迅速降至室温使反应猝灭。恒流泵C控制ZnS单分子前驱体溶液的进样，并与制备的CdS量子点在微混合模块B中混合，混合后的流体依次进入曲径式微反应器B和C，随后CdS/ZnS量子点溶液经过换热器B淬冷并由出口流出收集。

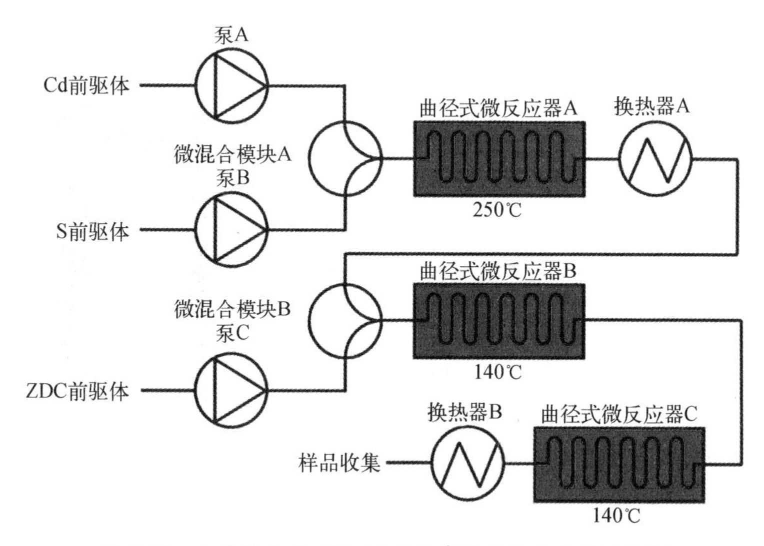

图3.57 全连续合成CdS/ZnS核壳结构量子点的流程图

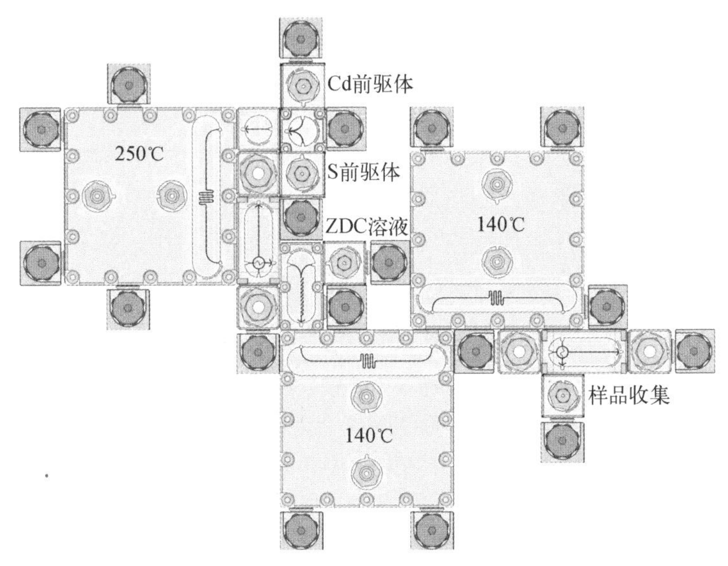

图 3.58 全连续合成 CdS/ZnS 核壳结构量子点的微模块系统示意图

基于搭建的模块化全连续微反应系统，合成的 CdS 和 CdS/ZnS 量子点的吸收和荧光光谱见图 3.59(a)。CdS 量子点的吸收峰位置为 442 nm，半峰半宽为 14.1 nm，但由于其表面缺陷太多，荧光性能较差，缺陷发光明显。包裹后，CdS/ZnS 量子点的吸收峰位置红移至 455 nm，半峰半宽为 14.9 nm，且具有对称而尖锐的禁带发射荧光峰，荧光峰位置为 468 nm，半峰宽仅为 25 nm，荧光量子产率达 61%。样品在室内光和紫外灯下的照片见图 3.59(b)和 3.59(c)，由于本征发光和缺陷发光的共同作用，CdS 样品在紫外灯照下呈紫色，而 CdS/ZnS 核壳结构量子点呈纯蓝色禁带发光。与基于毛细管微反应法合成 CdS/ZnS 量子点相比，单位时间的处理量最高可提高 125 倍，且产品质量差异不大。

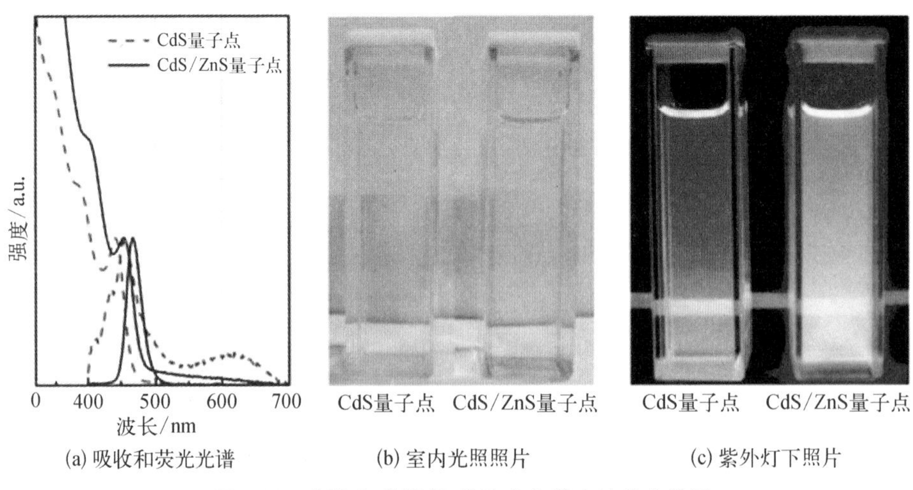

图 3.59 CdS 和 CdS/ZnS 量子点样品的荧光特性

5. 转化率和经济效益分析

分别对 CdS 核和 CdS/ZnS 核壳结构量子点的转化率进行了计算。以 CdS 量子点为例，分别取五份 3 mL 的原液进行分离提纯，每份样品交替用丙酮、甲醇和氯仿清洗，共清洗六遍，以确保量子点表面的表面活性剂被清洗干净，沉淀烘干后用分析天平称量，记录五次称量结果后求平均数，得到 3 mL 的原液可合成 13.4 mg 的 CdS 量子点，再通过理论计算出 3 mL 的前驱体若完全反应将得到 36.1 mg 的中间产物，最终可合成 20.3 mg 的 CdS 量子点，通过比较，可得到其转化率约为 66.0%。以相同方法，计算出 CdS/ZnS 核壳结构量子点的转化率在 47.0%左右。以上分析存在许多不可控误差，尤其是在 CdS/ZnS 计算上，由于核壳结构量子点表面活性剂结合力较强，难以完全清洗干净导致较大误差的产生。通过上述计算，基于前驱体浓度较高的反应配方，可获得质量为 1 g 的 CdS 量子点需约 230 mL 前驱体溶液参加反应，质量为 1 g 的 CdS/ZnS 核壳结构量子点需约 150 mL 前驱体溶液参加反应。因此，基于开发的模块化微反应系统，仅须约半小时就能够实现克级样品的制备。

目前，国内外销售量子点的公司还比较少，现以美国 Ocean NanoTech 公司和中国武汉珈源量子点技术开发有限公司为代表，其市售核壳结构量子点价格分别见表 3.6 和表 3.7(参考价格来源于官方网站)，美国 Ocean NanoTech 公司 1 gCdS/ ZnS 量子点约合人民币 99 830 元；而武汉珈源量子点公司的 CdSe/ZnS 量子点的售价为 10 mL 的量子点(浓度为 3 mg/mL)约合人民币 1 000 元，价格都是比较昂贵的。

表 3.6　美国 Ocean NanoTech 公司销售的 CdS/ZnS 量子点的价格

质　量	荧光峰/nm	价格/美元	编　　号
10 mg	400±10	149	QZP405—0010
	425±10	149	QZP425—0010
	450±10	149	QZP450—0010

表 3.7　武汉珈源量子点公司销售的 CdSe/ZnS 量子点的价格

质　量	吸收峰/nm	荧光峰/nm	价格/元	编号
10 mL (3 mg/mL)	525±10	≤30	1 000	Q1525
	545±10	≤30	1 000	Q1545
	565±10	≤30	1 000	Q1565
	585±10	≤30	1 000	Q1585
	605±10	≤30	1 000	Q1605
	625±10	≤30	1 000	Q1625

该文报道的研究中获得的CdS/ZnS量子点性能已达到上述两家公司产品的标准，下面对CdS/ZnS核壳结构量子点进行了成本核算，如表3.8所示。在不考虑人工费、设备损耗费的情况下，1 g量子点的原料成本大大低于上述两家公司。

表3.8 量子点的原料成本核算

原 料	S	CdO	OA	OLA	TOP	ODE	ZDC
数 量	0.12 g	0.91 g	15 mL	60.2 mL	0.94 mL	63.90 mL	3.16 g
价格/元	0.25	11.29	0.69	264.28	202.94	54.83	36.16
总价/元				570.44/g			

参考文献

[1] Wan Z, Yang H, Luan W L. Facile Synthesis of Monodisperse CdS Nanocrystals via Microreaction. Nanoscale Research Letters, 2010,5 (1): 130 - 137.

[2] Yu W, Qu L, Peng X, et al. Experimental determination of the extinction coefficient of CdTe, CdSe, and CdS nanocrystals.Chemistry of Materials, 2003, 15(14): 2854 - 2860.

[3] Günther A, Khan S A, Thalmann M, et al. Transport and reaction in microscale segmented gas-liquid flow. Lab on a Chip, 2004, 4(4): 278 - 286.

[4] Nirmal M., Murray C B, Bawendi M G. Fluorescence-line narrowing in CdSe quantum dots: Surface localization of the photogenerated exciton. Physical Review B, 1994, 50(4): 2293 - 2300.

[5] Peng X, Wickham J, Alivisatos A P. Kinetics of Ⅱ - Ⅵ and Ⅲ - Ⅴ colloidal semiconductor nanocrystal growth: "focusing" of size distributions. Journal of the American Chemical Society, 1998, 120(21): 5343 - 5344.

[6] Yu W, Peng X. Formation of high quality CdS and other Ⅱ - Ⅵ semiconductor nanocrystals in non-coordinating solvent, tunable reactivity of monomers. Angewandte Chemie International Edition, 2002, 41(13): 2368 - 2371.

[7] Mohamed M B, Tonti D, Al-Salman A, et al. Synthesis of High quality zinc blende CdSe nanocrystals. Journal of Physical Chemistry B, 2005, 109(21): 10533 - 10537.

[8] Demello J, Demello A. Microscale reactors: nanoscale products. Lab on a Chip, 2004, 4(2): 11N - 15N.

[9] Qu L, Yu W, Peng X. In situ observation of the nucleation and growth of CdSe nanocrystals. Nano Letters, 2004, 4(3): 465 - 469.

[10] Wan Z, Luan W L, Tu S T. Size controlled synthesis of blue emitting core/shell nanocrystals via microreaction. Journal of Physical Chemistry C, 2011, 115 (5): 1569 - 1575.

[11] Luan W L, Yang H W, Tu S T, et al. Synthesis of efficiently green luminescent CdSe/

ZnS nanocrystals via microfluidic reaction. Nanoscale Research Letters, 2008, 3(4): 134-139.

[12] Wan Z, Luan W L, Tu S T. Continuous synthesis of $CdSe_xTe_{1-x}$ nanocrystals: Chemical composition gradient and single-step capping. Journal of Colloid and Interface Science, 2011, 356 (1): 78-85.

[13] Saunders A E, Ghezelbash A, Korgel B A, et al. Synthesis of high aspect ratio quantum-size CdS nanorods and their surface-dependent photoluminescence. Langmuir, 2008, 24(16): 9043-9049.

[14] Peng X, Schlamp M C, Alivisatos A P, et al. Epitaxial growth of highly luminescent CdSe/CdS core/shell nanocrystals with photostability and electronic accessibility. Journal of the American Chemical Society, 1997, 119(30): 7019-7029.

[15] Yang H, Luan W, Cheng R, et al, Synthesis of Quantum dots via microreaction: structure optimization for microreactor system. Journal of Nanoparticle Research, 2011, 13(8): 3335-3344.

[16] Yang H, Luan W, Wan Z, et al. Continuous synthesis of full-color emitting core/shell quantum dots via microreaction. Crystal Growth & Design, 2009, 9(11): 4807-4818.

[17] Yang H, Luan W, Tu S-T, et al, Synthesis of nanocrystals via microreaction with temperature gradient: towards separation of nucleation and growth, Lab on a Chip, 2008, 8(3): 451-455.

[18] 杨洪伟.CdSe 量子点高温合成微反应系统及工艺研究.上海：华东理工大学,2009.

[19] 万真. II-VI 族复合结构量子点的微反应合成及工艺研究.上海:华东理工大学,2011.

[20] 刘鹏. 微反应连续合成 CdS 量子点、纳米 Ag 和 AuAg 合金颗粒. 上海:华东理工大学,2010.

第 4 章

高效发光 $CuInS_2$ 和 $CuInS_2/ZnS$ 量子点的合成及连续化工艺研究

4.1 概述

$CuInS_2$(CIS)是直接带隙半导体，通常具有两种晶体结构，黄铜矿结构(四方晶系)，闪锌矿结构(六方晶系)。黄铜矿结构的晶格常数为 $a=0.552\,3$ nm，$c=1.112\,8$ nm，与 ZnS 的晶格适配度为 2%～3%。黄铜矿结构的 CIS 具有较好的吸收和发光特性，其体相材料的能带宽度(E_g)为 1.53 eV，吸收系数可以由式(4-1)计算得到。

$$\alpha = C\,(h\omega - E_g)^{1/2} \tag{4-1}$$

式中，α 为吸收系数；ω 为光子能量；E_g为光学禁带宽度；C 为常数，与折射率、直接跃迁的振子强度等有关。体相 CIS 的吸收边带为 0.81 μm，光吸收系数约为 $10^5\ \text{cm}^{-1}$。Peng 等研究发现吸收层厚度为 1 μm CIS 的薄膜就能吸收 90%太阳光。

CIS 量子点的禁带宽度随颗粒尺寸变化可以用 Li 及 Wang 等提出的式(4-2)近似计算。

$$E(R) = E_g + \frac{\hbar^2\pi^2}{2R^2}\left[\frac{1}{m_e} + \frac{1}{m_h}\right] - \frac{1.786e^2}{\varepsilon R} - 0.248E_{Ry} \tag{4-2}$$

式中，R 为粒子半径；E_g 为 CIS 的体相材料禁带宽度；E_{Ry} 的值为 $e^4/[2\varepsilon^2\hbar^2(m_e^{-1}+m_h^{-1})]$；$\varepsilon$ 为 CIS 的体相材料介电常数，其值为 11；m_h为空穴质量，$m_h=1.30m_0$；m_e为电子质量，$m_e=0.16m_0$；m_0为电子的静止质量，为 9.3×10^{-31} kg。体相材料带隙 E_g以 1.53 eV 计算。图 4.1 是根据式(4-2)计算作出的禁带宽度(表现为波长)随颗粒直径变化的曲线图。从图中可以看出，当颗粒尺寸超过 10 nm 的时候，量子限域效应不明显，发光峰的位置不再随颗粒尺寸变化，体现体相晶体材料的基本特征。Yumashev 实验测得的 CIS 的玻尔半径约为 4.1 nm(直径约 8.2 nm)，与模拟计算结果相近。另外，量子点的禁带宽度也可以根据颗粒尺寸有效质量近似模型计算，图 4.2 是 Omata 团队计算所得的黄铜矿型量子点(包括 CIS)的光学禁带宽度随颗粒尺寸的变化曲线。

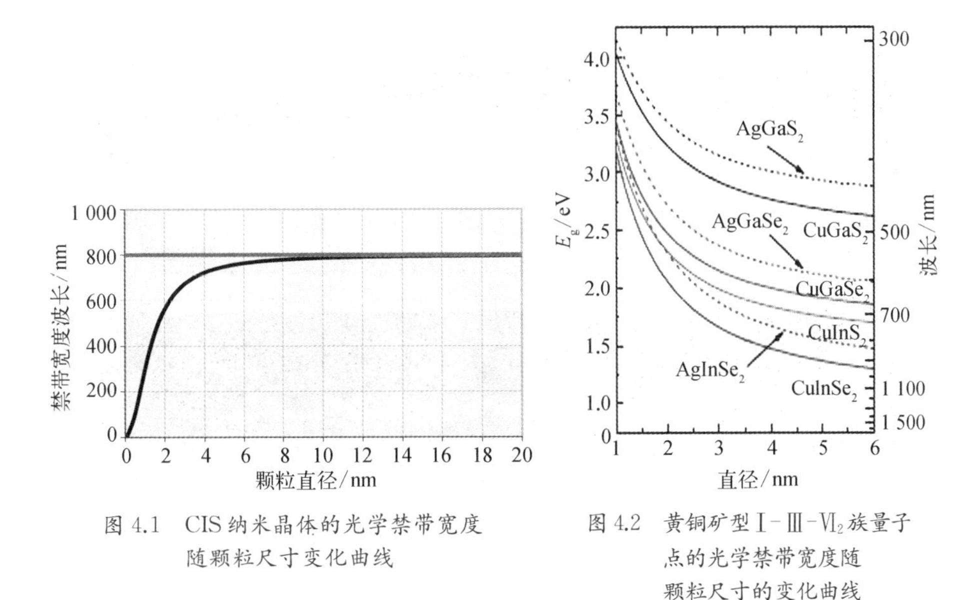

图 4.1　CIS 纳米晶体的光学禁带宽度随颗粒尺寸变化曲线

图 4.2　黄铜矿型Ⅰ-Ⅲ-$Ⅵ_2$族量子点的光学禁带宽度随颗粒尺寸的变化曲线

由于 CIS 是三元体系,化学法合成出来的晶体缺陷很多,因此其荧光发光通常为缺陷发光,实际荧光波长大于理论计算值。从图 4.1 看出,2 nm 以上的颗粒禁带宽度在 600 nm 左右,因此实际荧光波长可能大于 600 nm。通常化学法合成的纳米颗粒尺寸都在 2 nm 以上,因此合成的 CIS 通常为红色发光。

CIS 的电学性质也与量子点本身元素组分有关,同时还受到由偏离化学计量比而引起的固有缺陷(如空位、间隙原子、替位原子)、非本征掺杂和晶界的影响。CIS 量子点不含 Cd、Pb、Hg 等有毒元素,不会对环境和生物体造成负担,并且光谱可以覆盖广泛的波段,在生物医学、太阳能电池、LED 等领域有重要的应用。例如在太阳能电池中,可根据 CIS 量子点中 Cu 和 In 的比例,制成 p 型或者 n 型薄膜。利用制得的 p 型和 n 型薄膜获得稳定性高的同质结太阳能电池。

4.2　低温合成广谱发光核壳 CIS/ZnS 量子点的研究

4.2.1　实验方法

依据李永舫团队提出的方法合成 CIS,分别称取醋酸亚铜 0.074 1 g (0.6 mmol) 和醋酸铟 0.174 6 g(0.6 mmol),ODE 15 mL 和双对氯苯基三氯乙烷(Dichlorodiphenyltrichloroethane, DDT) 1.267 5 g(6 mmol)置于 100 mL 的三口烧瓶中混合,并在 N_2 气氛保护下搅拌 30 min 后快速升温至 240～260℃。反应溶液达到设定温度并持续反应 1～180 min 后,移除热源并自然冷却。图 4.3 为 240℃下持续反应 1 min、5 min、10 min、15 min、20 min、30 min、40 min、

60 min、90 min 和 240 min(从左至右)后得到的 CIS 样品在自然光下(上)和 365 nm 紫外灯激发后(下)的照片。

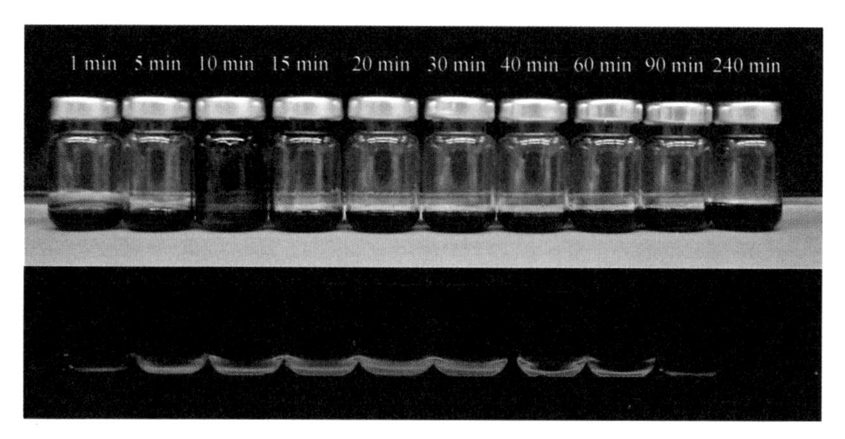

图 4.3 240℃下持续反应 1 min、5 min、10 min、15 min、20 min、30 min、40 min、60 min、90 min 和 240 min(从左至右)后得到的 CIS 样品在自然光下(上)和 365 nm 紫外灯激发后(下)的照片

ZnS 的包裹过程如下。0.6~4.8 mmol(0.216 5~1.731 6 g)ZDC 加入含有 3 mL TOP 和 1.5 mL ODE 混合溶液中,加热搅拌形成均相锌盐前驱体溶液。上述合成的含有 CIS 核的溶液快速降温至设定的包裹温度,并在不经过任何纯化处理下加入锌盐前驱体溶液。核层包裹温度为 150~240℃,包裹时间为 1~120 min,并在设定的不同包裹时间下分别取样,所得溶液快速冷却至室温并纯化。

样品的分离、纯化过程如下:将相当于反应溶液 4 倍体积的丙酮加入反应溶液中混合,并在 9 000 r/min 转速下离心分离 20 min 得到粗 CIS 沉淀。将 CIS 沉淀重新分散于甲苯中,并加入丙酮洗涤、离心分离。上述分散、洗涤和分离过程重复至少 2 次以充分去除副产物、未反应物料、过量 ODE 和 DDT 等。

4.2.2 ZnS 的包裹对 CIS 吸收特性的影响和 CIS/ZnS 的晶体结构分析

实验中使用 ZDC 作为前驱体材料、TOP 作为配体对 CIS 核进行 ZnS 包裹,合成过程中铜盐和铟盐的原料摩尔比保持 1∶1 不变,包裹温度设为 150℃,锌盐与铜盐的摩尔比在 1~8 之间调节,240℃反应 30 min 后得到 CIS 核。图 4.4(a~d)是在不同的 Zn/Cu 原料摩尔比和包裹时间下得到的 CIS/ZnS 的吸收光谱(实线)和荧光光谱(虚线)。由图可见,与李良等的研究结果一致,量子点的荧光量子产率大大提高,并且随着包裹时间的延长,量子点的吸收和荧光光谱逐渐蓝移。这说明在 150℃下,ZnS 已经包裹在 CIS 表面上。这是因为使用的 ZDC 具有较低的分解温度,使得反应能够在相对较低的温度下发生。

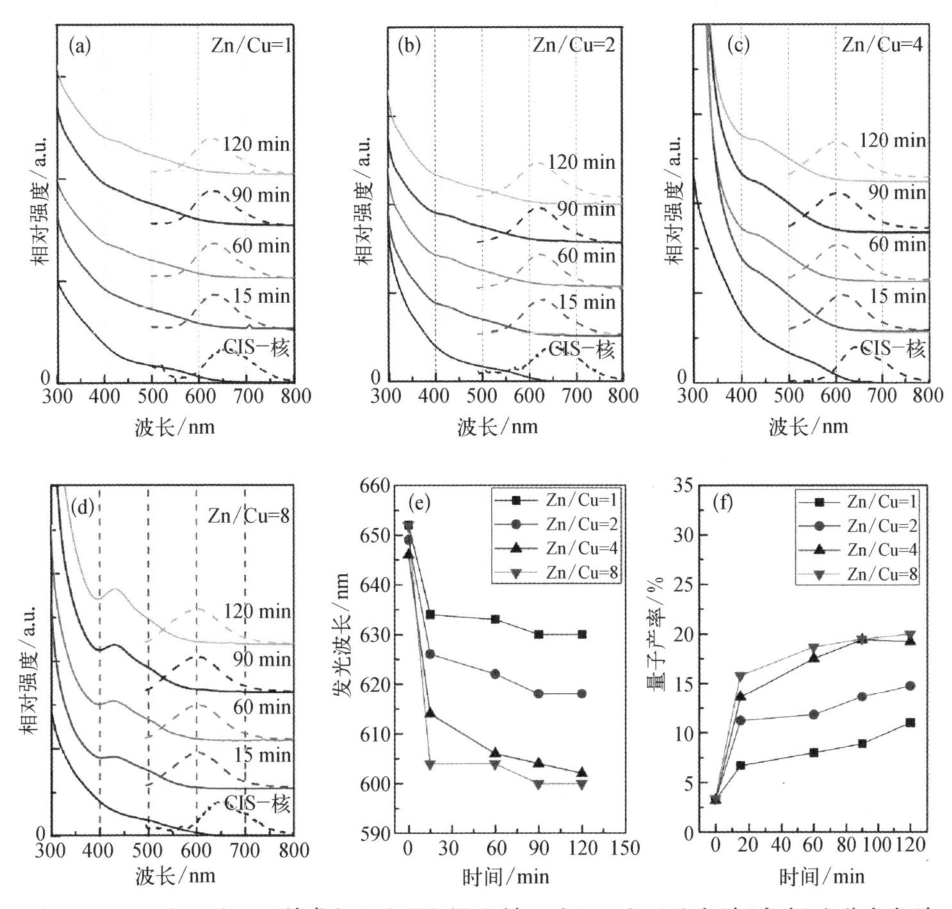

图 4.4　不同的 Zn/Cu 原料摩尔比的 CIS/ZnS 样品的(a～d)吸收光谱(实线)和荧光光谱(虚线);(e) 荧光波长;(f) 荧光量子产率随时间的变化

由于 CIS 的多能级发光特性,ZnS 的包裹降低了颗粒的表面缺陷,因此能量相对较低的给体-受体缺陷发光比例减少,而相对高能量发光比例逐渐增加,最终宏观表现为荧光波长蓝移。另外,随着 Zn/Cu 原料摩尔比的增加,荧光波长的总蓝移量加大,Zn/Cu 原料摩尔比为 1、2、4 和 8 对应的总蓝移量依次为 22 nm、30 nm、44 nm 和 52 nm。在相同包裹时间下,荧光量子产率也随 Zn/Cu 原料摩尔比的增加而升高[图 4.4(e)],当壳层包裹时间为 120 min 时,Zn/Cu 原料摩尔比为 1、2、4 和 8 对应的荧光量子产率依次为 11%、15%、19% 和 20%[图 4.4(f)]。这是因为当 Zn/Cu 原料摩尔比较大时,包裹在 CIS 表面的 ZnS 的厚度增加,有效降低了 CIS 晶体的表面缺陷,从而促进了蓝移量的加大和荧光量子产率的升高。从荧光发光波长和量子产率随 Zn/Cu 原料比的变化趋势可以判断,在其他条件相同时,进一步增加 Zn/Cu 比例有可能进一步增加荧光波长的蓝移量和提高量子产率,这为我们调节和提高量子点荧光特性提供了优化的方向。但也必须注意过量的 Zn 前驱体可能导致 ZnS 单独成核，产品杂质含量升高。

从吸收光谱看，当 Zn/Cu 原料摩尔比为 1 或 2 时[图 4.4(a)、(b)]，在15～120 min 的壳层包裹时间里样品的吸收光谱没有明显的吸收峰，呈很宽的拖尾吸收边带；但当逐步增加 Zn/Cu 摩尔比时[图 4.4(c)、(d)]，吸收光谱出现两个峰，第一个肩峰为正常 CIS 的吸收峰，同时在 433 nm 处逐渐显出明显的吸收峰。特别是当 Zn/Cu 摩尔比为 8 时，ZnS 包裹 15 min 后在 433 nm 处出现一个非常明显的吸收峰，这种现象在以前 CIS 量子点合成的报道中都没有观察到。433 nm 处的吸收峰有可能为所得样品的激发吸收峰，也有可能为合成过程中 ZnS 单独成核或其他杂质如 Cu_2S、In_2S_3 所致。为了验证 ZnS 是否单独成核，比较 ZnS 的吸收峰来判断合成的产物中是否含有 ZnS 纳米颗粒。图 4.5 是在 220℃ 下单独反应 15 min 后制得的 ZnS 的吸收光谱，从图中可以看出，ZnS 的吸收峰主要在 400 nm 以下，因此 433 nm 处不是 ZnS 的吸收峰。

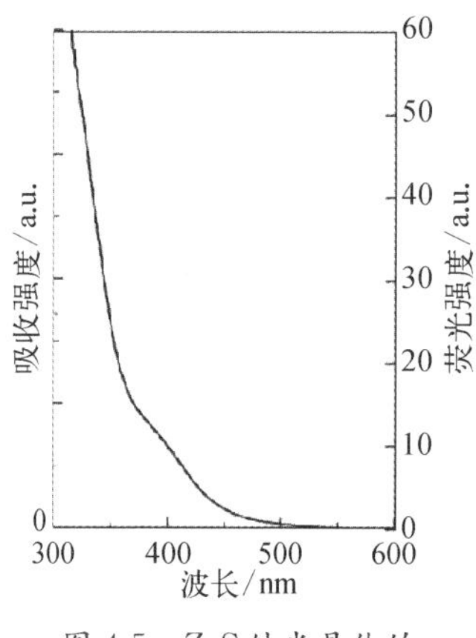

图 4.5　ZnS 纳米晶体的吸收光谱

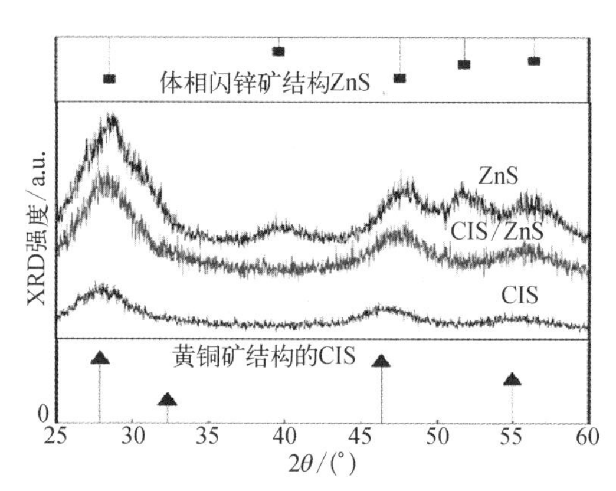

图 4.6　制备的 CIS、CIS/ZnS 和 ZnS 样品的 XRD 谱图（上图和下图分别为体相闪锌矿结构 ZnS 和黄铜矿结构的 CIS 对应的参考衍射峰）

采用 XRD 分析得到样品的组分，分析产物是否还有 Cu_2S、In_2S_3 颗粒。图 4.6 给出了合成的 CIS、CIS/ZnS 和 ZnS 样品的 XRD 谱图，CIS 核是在 240℃下反应 60 min 后得到。ZnS 包裹是在 Zn/Cu 原料摩尔比为 4、150℃下包裹120 min后得到。由图 4.6 看出 CIS 为四方黄铜矿结构，在 27.87°、46.23°和55.08°处出现三个衍射峰，分别为(112)、(204)和(312)晶面的衍射峰。由于合成的样品的颗粒尺寸较小，其特征衍射峰相对于体相材料有所宽化。ZnS 呈现立方闪锌矿结构，分别在 28.5°、39.61°、47.56°、51.78°、56.39°处出现五个明显的衍射峰，判断为(002)、(102)、(110)、(103)和(112)晶面的衍射峰。合成的 CIS/ZnS 样品的三个衍射峰都在 ZnS 和 CIS

之间，并无其他多余的衍射峰出现，相比 CIS 衍射峰略有红移。这就表明 ZnS 已经成功包裹在 CIS 表面，并且无其他颗粒单独成核。因此在 433 nm 处的峰应为 CIS 的吸收峰，这个峰的出现表明大量的 ZnS 将 CIS 表面钝化导致颗粒表面的缺陷减少而产生激子辐射，因此此峰应为 CIS 纳米晶的激子吸收峰。虽然量子点出现了激子吸收峰，但荧光光谱的半峰宽并未明显窄化，说明该激子吸收峰并未产生本征发光，这有可能是表面配体影响了量子点发光性能，后续将会详细描述。

从荧光波长的变化看，由于 CIS 颗粒晶体缺陷较多，荧光通常为多能级发光，包括自由激子发光、束缚激子发光、自由-束缚发光、给体-受体缺陷发光，ZnS 的包裹降低了颗粒的表面缺陷，因此能量相对较低的给体-受体缺陷发光比例减少，而相对高能量发光比例逐渐增加，最终宏观表现为荧光波长蓝移。

另外，利用谢乐公式对所得的 CIS 和 CIS/ZnS 量子点的粒径进行粗略计算，结果得出 CIS 量子点的直径约为 3.3 nm，CIS/ZnS 的直径约为 3.7 nm。根据 Borchert 等的研究推算出单层 ZnS 的尺寸约为 0.3 nm，ZnS 的包裹厚度约 0.2 nm，约 0.7 层。

4.2.3　CIS 核反应时间对光学特性的影响

在一定的反应条件下，反应时间的长短意味着颗粒尺寸的大小，以下考察了不同反应时间下得到 CIS 核包裹之后的光学特性。实验中，CIS 核的反应温度为 240℃，ZnS 的包裹条件为 Zn/Cu 原料摩尔比为 4，包裹温度为 150℃。图 4.7 为使用不同反应时间下得到的 CIS 核包裹后样品的吸收光谱（实线）和荧光光谱（虚线）图。发现在核合成过程中，反应时间影响 CIS 核的尺寸。当 CIS 反应时间在 15～120 min 变化时，在 60 min 下制备的 CIS 经过包裹后得到的 CIS/ZnS 在 433 nm 处出现非常明显的激子吸收峰，随后随着 CIS 颗粒的继续生长，433 nm处的吸收峰逐渐减弱。这可以从纳米晶体高温成核生长模型的角度进行解释。通常纳米颗粒的合成包含三步：前驱体的混合、高温下过饱和状态、成核与生长。在反应最初阶段，高温条件下混合溶液快速形成过饱和度较高的单体，在较高的单体浓度下成核过程快速完成，导致几乎所有颗粒同时生长，颗粒尺寸分布逐渐变窄。当单体浓度在生长过程中继续消耗并降低至奥氏熟化的门槛值时，小颗粒逐渐溶解，而大颗粒继续生长，从而导致颗粒尺寸分布重新变窄。这就说明在 60 min 合成的 CIS 量子点尺寸分布较窄，经过包裹之后呈现明显的激子吸收峰。另外，从吸收光谱看到，随着 ZnS 包裹时间的延长，处于 433 nm 处的吸收峰更加明显，这有可能是充分地 ZnS 包裹能够有效地消除或降低 CIS 表面缺陷，更多的电子-空穴激子对被限域在晶体内，提高了激子发光的概率。

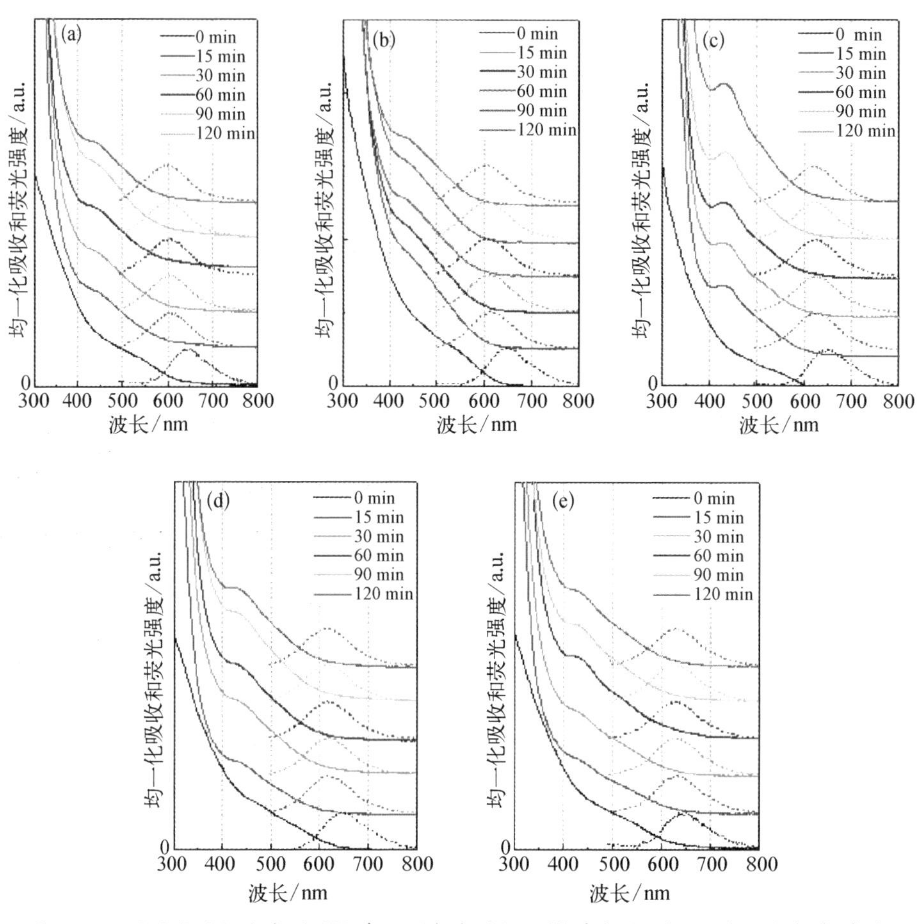

图 4.7　不同反应时间合成的 CIS 在不同包裹时间下得到的 CIS/ZnS 的吸收光谱(实线)和荧光光谱(虚线)变化，CIS 合成时间分别为(a) 15 min；(b) 30 min；(c) 60 min；(d) 90 min；(e) 120 min

4.2.4　ZnS 包裹温度对 CIS 荧光量子产率的影响

包裹温度会影响 Zn 前驱体的分解速度，导致包裹速度及单位时间内包裹厚度的不同，进而影响颗粒的荧光量子产率。为考察包裹温度对 CIS 荧光量子产率的影响，比较不同包裹温度下得到的 CIS/ZnS 荧光量子产率。在实验中，CIS 核在 240℃下反应 60 min 得到，ZnS 的包裹条件为固定 Zn/Cu 原料摩尔比为 4，包裹温度从 120℃至 240℃调整，分别制得的 CIS/ZnS 量子点在各温度下的最高荧光量子产率随包裹温度变化曲线如图 4.8 所示。由图可见，随着包裹温度从 120℃升至 200℃，CIS/ZnS 的量子产率从 7.5%逐渐升高至 29%。这是由于 ZDC 的分解温度较低，随着包裹温度的升高，其分解速度加快，因而相同时间内 ZnS 的包裹层数随包裹温度升高而增加，从而大大降低了

CIS 核的表面缺陷和非辐射跃迁概率。当包裹温度继续升高至 220℃以上时，CIS/ZnS 的量子产率又逐渐降低，这有可能是因为在较高的温度下，ZDC 分解进一步加快，包裹过程中容易将部分杂质引入晶体内部产生新的缺陷；也有可能在高温下 ZDC 快速分解导致部分 ZnS 单独成核，ZnS 在 CIS 核上包裹层数相对较少，颗粒表面的缺陷未能有效降低。因此，在该实验条件中，较优的包裹温度为 200℃。

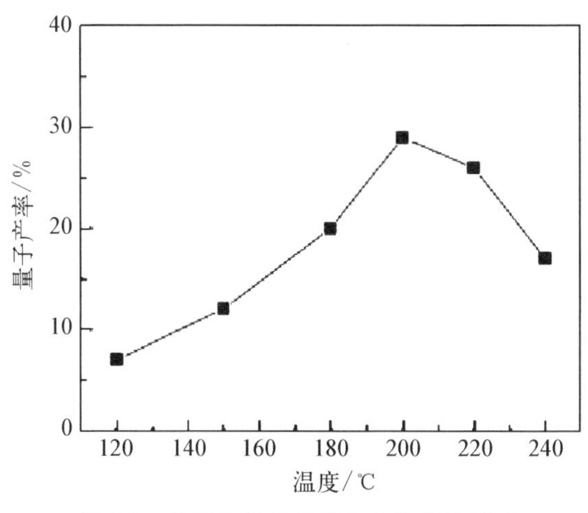

图 4.8　不同包裹温度下合成的 CIS/ZnS 量子点的最大荧光量子产率

4.2.5　配体修饰对量子点光学特性和晶体生长的影响

配体类型及浓度是影响纳米晶生长过程和光学特性的重要因素。除了 TOP 之外，硫醇也是合成量子点常用的配体。该实验分别采用 TOP 和 DDT 考察了单独或者混合使用两种配体对 CIS/ZnS 发光特性的影响。实验中，CIS 核在 240℃下反应 60 min 获得，ZnS 壳层的包裹温度为 200℃，包裹时间为5～120 min，在壳层包裹过程中使用的配体的量，按照其占液体总体积百分数计量。图 4.9 为使用不同配体和浓度下制得的 CIS/ZnS 的吸收光谱。由图可见，当反应中只使用 TOP 作为配体时[图 4.9(a)、(b)]，CIS/ZnS 量子点在 430 nm 处出现明显的激子吸收峰。当保持配体总体积不变，使用一半或者全部 DDT 代替 TOP 时[图 4.9(c)、(d)]，随着 DDT 用量的增加，在 430 nm 附近的激子吸收不断降低，最后呈现长拖尾肩峰，这表明 DDT 的加入降低了吸收峰的产生。

从荧光波长看[图 4.10(a)]，随着 TOP 浓度的增加，荧光峰蓝移量加大。当使用 13.3%TOP 时，CIS 的波长从 657 nm 蓝移到 557 nm，总共蓝移了 100 nm；当使用 13.3%DDT 时，荧光波长蓝移了约 40 nm，比使用 TOP 蓝移量

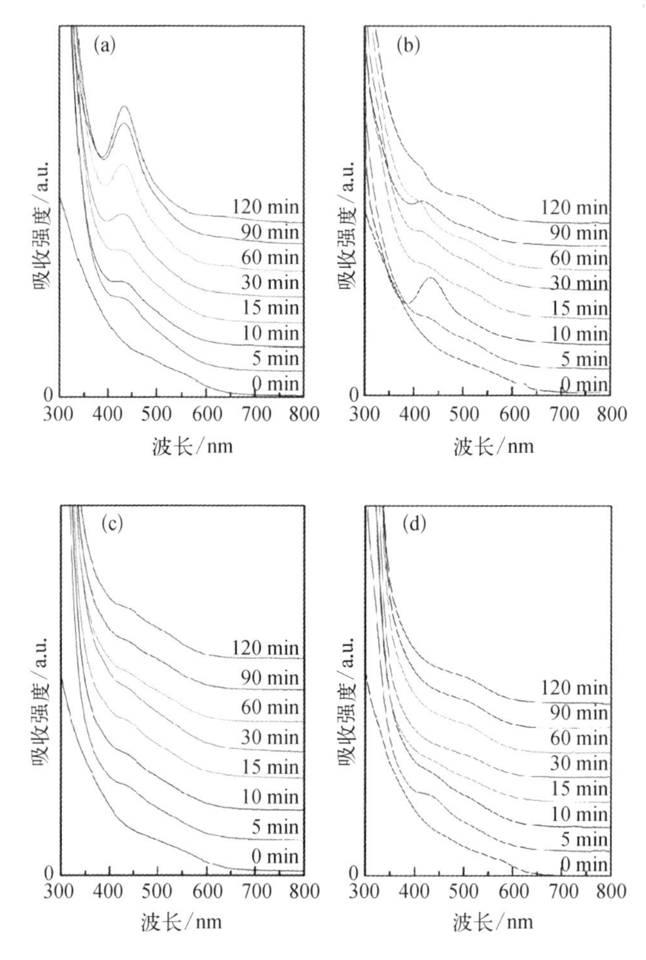

图 4.9 不同的配体及用量下合成的 CIS/ZnS 的吸收光谱，其中 TOP 和 DDT 的体积分数分别为

(a) 13.3%，0;(b) 6.7%，0;(c) 6.7%，6.7%;(d) 0，13.3%

要小。这就意味着通过改变配体的类型和使用量能够改变或者拓宽样品的发光区域。

从荧光量子产率来看[图 4.10(b)]，使用不同配体包裹后 CIS 颗粒的量子产率都呈现了大幅度的提升，但使用 TOP 作为配体时，荧光量子产率提高有限，并且随着 TOP 使用量的增加，荧光量子产率提升幅度逐渐减小。综合前面使用 TOP 作为配体量子点出现了激子吸收但未响应的本征发光，可以得出，TOP 作为配体时，CIS/ZnS 的发光受两方面影响：一方面 ZnS 的包裹有效地降低了晶体的表面缺陷，提高了颗粒的荧光量子产率；另一方面，TOP 在颗粒表面又作为空穴受体，产生了部分非辐射弛豫，导致荧光量子产率下降。随着 TOP 用量的增加，CIS/ZnS 量子点的最高荧光量子产率逐渐下降，最终分别使用含量为6.7%和13.3%TOP得到的量子点最高量子产率分别为38%和25%。当只用DDT并逐渐增加其使用量时，最高荧光量子产率随DDT用量的增加逐渐升高；使用13.3%DDT作为配体时，包裹后的CIS/ZnS荧光量子产率最高可达55%。DDT能够大大提升颗粒的荧光量子产率，但波长调节范围有限。这说明配体的类型可能影响了晶体表面状态和晶体生长速度，导致光学性能的变化。

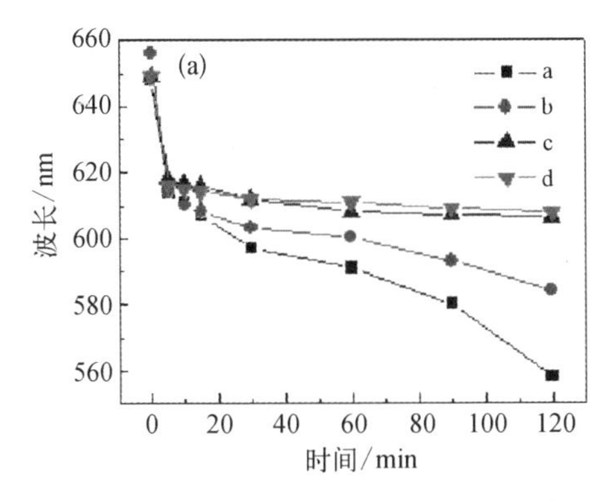

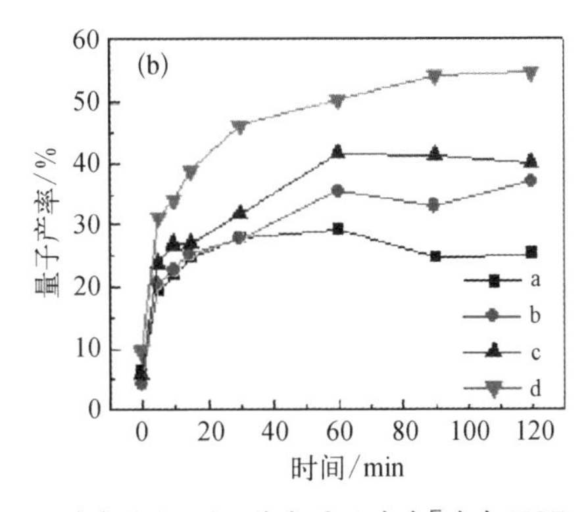

图 4.10　不同的配体及用量下合成的CIS/ZnS的(a) 荧光波长;(b) 荧光量子产率[其中TOP和DDT的体积分数分别为 a 13.3%,0;b 6.7%,0;c 6.7%,6.7%;d 0,13.3%]

采用傅里叶红外光谱(Fourier-transform Infrared Spectroscopy, FTIR)分析得到纳米晶表面的配体类型及颗粒表面状态。将在壳层包裹过程中分别使用DDT和TOP得到的CIS/ZnS样品用丙酮和异丙醇清洗3次以上以除去杂质、未反应的物料、配体和溶剂，并在真空烘箱中进行干燥。图4.11给出了纯TOP、DDT和使用不同配体合成的CIS/ZnS的FTIR光谱。其中在3 000～2 800 cm^{-1}处的吸收峰分别为—CH_3基团的不对称伸缩振动(2 957 cm^{-1})、—CH_2基团的不对称和对称伸缩振动(分别在2 925 cm^{-1}和2 853 cm^{-1}处)。而在介于1 500～500 cm^{-1}的低频区域中，1 461 cm^{-1}处为—CH_2的不对称弯曲振动，1 381 cm^{-1}处为—CH_3的对称弯曲振动，721 cm^{-1}处为—CH_2的摇摆振动。DDT和TOP都含有—CH_3和—CH_2基团，因而都会出现相关的特征峰。与纯的DDT相比[图4.11(a)]，用DDT合成的CIS/ZnS量子点[图4.11(c)]在2 572 cm^{-1}处的S—H的伸缩振动峰的消失，表明S—H键已

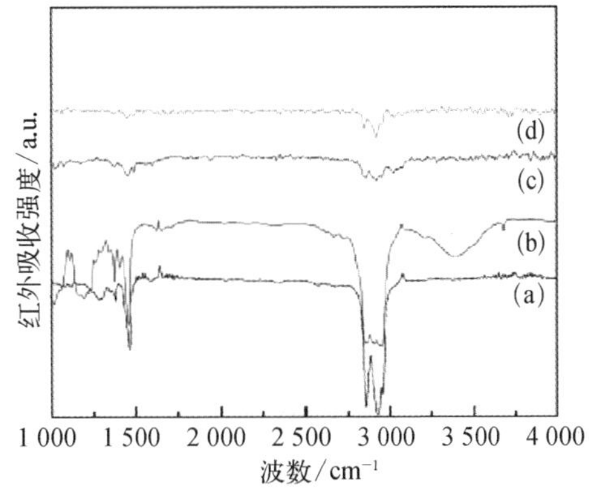

注: (a) DDT;(b) TOP;(c)、(d)分别使用DDT和TOP为配体进行ZnS包裹得到的CIS/ZnS量子点

图 4.11　FTIR 图谱

经断裂，DDT 分子作为硫醇阴离子被化学吸附到 CIS/ZnS 量子点的表面。与纯的 TOP 对照[图 4.11(b)]，用 TOP 进行 ZnS 包裹合成的样品[图 4.11(d)]在 1 079 cm^{-1}、1 032 cm^{-1} 处出现了 C—P 的伸缩振动峰，这说明 TOP 作为配体也存在于表面的有机层。另外，EDX 用来测量以 TOP 为配体得到的 CIS/ZnS 的颗粒所含元素，并半定量分析其含量。结果发现表面的 P 原子含量占整个颗粒分子总原子含量的 2%，这说明 TOP 也包覆在颗粒的表面。其中 S 原子的含量很高，占比为 62%，这是由于 DDT 作为硫源成为核(CIS)和壳(ZnS)的主要组分，也同时作为配体存在。由于 TOP 配体的含量相对较低，因此对形成的 CIS/ZnS 量子点的荧光量子产率影响有限，最终与 CIS 量子点相比，ZnS 包裹后荧光量子产率总体提高。通过调整 CIS 核反应时间、ZnS 包裹温度、包裹时间、Zn/Cu 原料摩尔比，在低温下合成了广谱发光的 CIS/ZnS 量子点，其荧光发光波长可调节拓宽至 550 nm 左右。

为了比较 DDT 和 TOP 在 ZnS 包裹过程中对颗粒生长速度的影响，测试之前使用不同配体合成 CIS/ZnS。CIS/ZnS 的合成条件为：CIS 在 240℃下反应 60 min 得到；ZnS 的包裹条件为 Zn/Cu 原料摩尔比为 4，包裹温度为 200℃，分别使用体积分数为 13.3%的 TOP 和 DDT 为配体。图 4.12 是分别单独使用 DDT 和 TOP 包裹 30 min 后样品的 TEM 图。

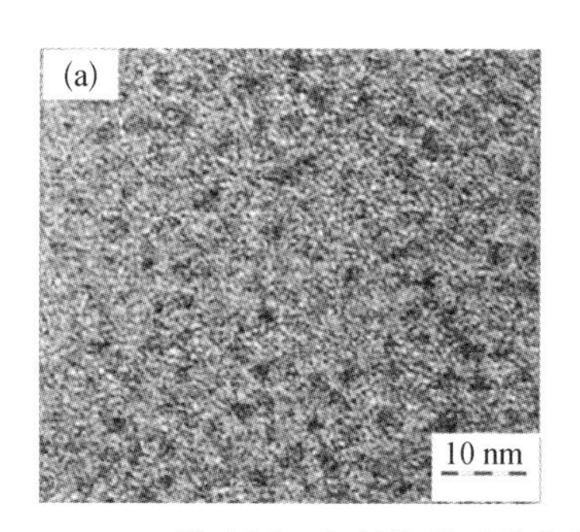

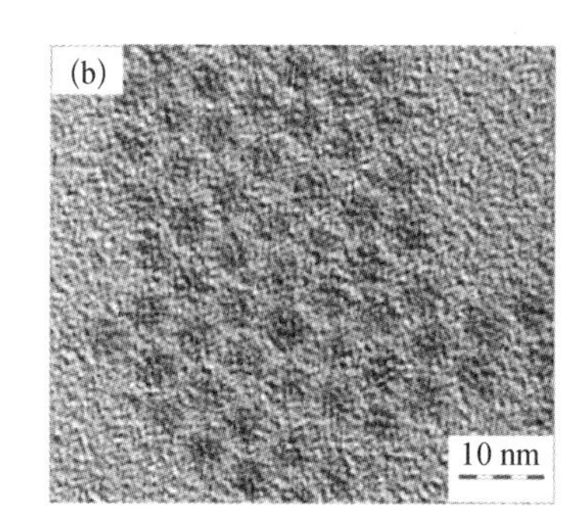

图 4.12　分别使用不同配体制备的 CIS/ZnS 量子点的 TEM 图：(a) DDT；(b) TOP

从图 4.12 可以看出，DDT 下得到的颗粒尺寸 3.2 nm[图 4.12(a)]，使用 TOP 作为配体得到的颗粒粒径约为 4.6 nm[图 4.12(b)]，并且得到的颗粒尺寸分布更加均匀。Pradhan 团队提出，通常在纳米颗粒生长过程中，纳米晶是一种热动力学亚稳态的物质，在生长过程中配体与纳米晶表面的键合是一个吸附和脱附的动态平衡过程，配体吸附在纳米晶表面可避免纳米颗粒之间由于范德瓦尔斯力而产生的团聚，而纳米晶表面配体的动态脱附可使纳米晶从生长环境中吸收单体以进行生长。在 ZnS 包裹 CIS 的过程中，由于 DDT 与颗粒的结合能力相对更强，降低了纳米晶的生长速率。而 TOP 在低温下与锌盐如 ZDC 形成配合物,并大大增加了前驱体的活性,导致生长速度变快,相同时间下 ZnS 包裹层数相对较多,能更多地降低晶体缺陷,最终宏观光学表现为荧光波长蓝移较多。

4.3　高效发光梯度核壳 CIS/ZnS 量子点的合成工艺研究

4.3.1　实验方法

核壳结构 CIS/ZnS 的合成:分别称取醋酸亚铜(0.074 1 g,0.6 mmol)和醋酸铟(0.174 6 g,0.6 mmol),ODE(15 mL)和 DDT(1.267 5 g,6 mmol)置于 100 mL 的三口烧瓶中混合,并在 N_2 气氛保护下搅拌 30 min 后快速升温至 240℃持续反应 1～180 min。将醋酸锌、DDT(2.54 g,12 mmol)和 ODE(6 mL)混合加热至 100℃形成锌盐前驱体,将锌盐前驱体溶液快速加入未经任何纯化的 CIS 溶液进行壳层包裹,调节壳层包裹温度,并在不同的成核时间下间隔取样。样品的洗涤、纯化参照 4.2.1 中叙述的 CIS 样品的处理方法。CIS 核的合成始终维持恒定的铜盐和锌盐的原料摩尔比(Cu/In=1)。

4.3.2　CIS/ZnS 发光动力学研究

CIS 量子点的主要发光方式为缺陷发光,对包裹后得到的 CIS/ZnS 的荧光光谱进行高斯分峰处理,结果见图 4.13。

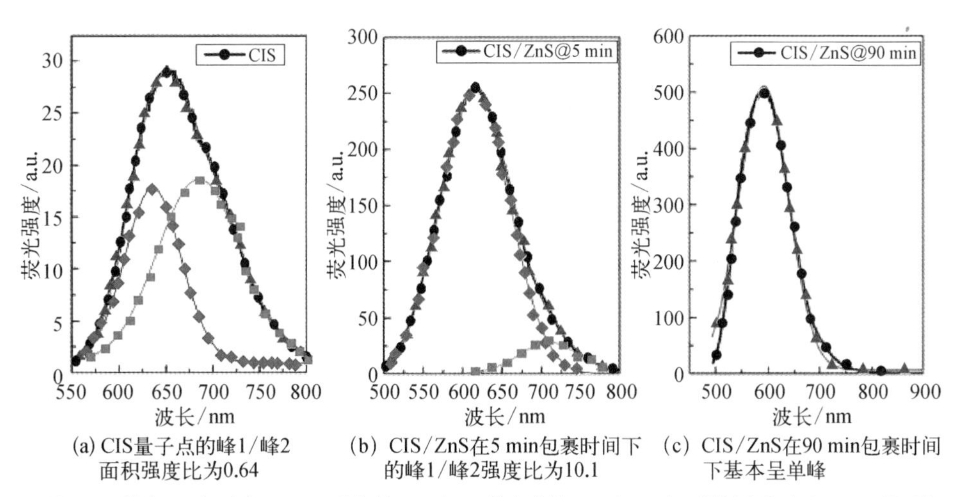

(a) CIS量子点的峰1/峰2面积强度比为0.64　(b) CIS/ZnS在5 min包裹时间下的峰1/峰2强度比为10.1　(c) CIS/ZnS在90 min包裹时间下基本呈单峰

注:CIS 核在 240℃反应 60 min 后获得;CIS/ZnS 是合成的 CIS 在 Zn/Cu 原料摩尔比为 4,240℃下包裹不同时间后获得。(峰 1,峰 2 和两者模拟叠加峰分别以菱形◆方形■和三角形▲表示)

图 4.13　CIS 和 CIS/ZnS 量子点的荧光峰高斯分峰

对比 CIS/ZnS 和 CIS 荧光峰分峰结果,可以看到,随着 ZnS 的壳层包裹,低能量峰(峰 2)强度渐渐被压制,而高能量峰(峰 1)强度逐渐升高。相对 CIS 量子点的峰 1 与峰 2 强度比例而言，壳层包裹 5 min 后制备的 CIS/ZnS 的荧光峰的两峰强度比从 0.64 增加至 10.1。随着壳层包裹时间的延长，CIS/ZnS 荧光光谱变得更加对称。壳层包裹时间为 90 min 下得到的 CIS/ZnS 样品呈现单峰曲线。这是由于自由-束缚发光(峰 1)所占比例不断升高并且代替非辐射跃迁和给-受体发光(峰 2)成为主要发光方式。因此通过 CIS 表面的逐步钝化，高能级的电子跃迁比例的增加成为发光峰蓝移的主要原因。为进一步研究 CIS 和CIS/ ZnS 的发光机理，考察了 CIS 颗粒壳层包裹前后荧光寿命。CIS 量子点在 240℃下反应 60 min 得到；CIS/ZnS 是基于合成的 CIS 核在 Zn/Cu 原料摩尔比为 4 和 240℃下包裹 180 min 后得到。图 4.14 是 CIS 壳层包裹前后样品的光致发光寿命。由图看出：得到的样品的寿命都不是单指数分布，对样品进行二元指数拟合，平均寿命时间可以用方程(4－4)计算。

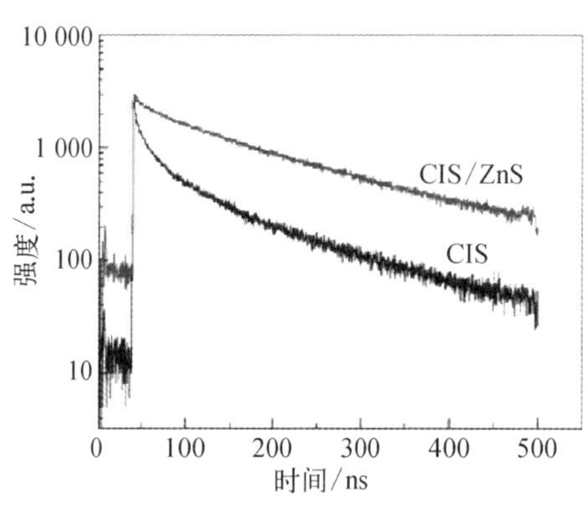

图 4.14　CIS 和 CIS/ZnS 量子点的荧光衰减曲线

$$I(t)=A_1\exp(-t/\tau_1)+A_2\exp(-t/\tau_2) \tag{4-3}$$

$$\tau(\text{average})=(A_1\tau_1^2+A_2\tau_2^2)/(A_1\tau_1+A_2\tau_2) \tag{4-4}$$

式中，A_1 和 A_2 为荧光寿命的特征参数，即荧光光子所占的比例；τ_1 和 τ_2 为特征寿命。

计算结果如表 4.1 所示，拟合计算结果发现，所有样品的光致发光寿命均能用二指数得到很好的拟合。将样品的荧光衰减曲线分解成快速衰减和慢速衰减两部分。当 CIS 没有进行壳层包裹时，快速衰减部分的荧光寿命 τ_1 为 16 ns，所占比例约为整个发光分布曲线的 18.2%；慢速衰减的荧光寿命 τ_2 为 115.5 ns，所占比例约 81.8%。当 CIS 核经过 ZnS 壳层包裹之后，在荧光寿命 τ_1 为 22.9 ns 的荧光光子所占比例降至约 4.4%；而在荧光寿命 τ_2 为 169 ns 的荧光光子的比例占 95.6%。与激子发光的衰减寿命相比，上述的两种发光寿命都相对较长，也就表明激子或者激子相关的发光不是 CIS 和 CIS/ZnS 的主要发光方式。短荧光寿命的减少和荧光量子产率的提高反映了缺陷数量的降低。快速衰减主要来自非辐射跃迁或者给体-受体发射，通过 ZnS 壳层的壳层包裹，降低了 CIS 颗粒的表面缺陷(S''，$In^{\cdots}$，$InCu''$，In'''，Cu'，$InCu^{\cdot\cdot}$，Cu''等)，因而相关的非辐射跃迁和给体-受体发射的概率也大大降低。而慢速衰减主要由 ZnS 壳层包裹主导，它主要来自内部缺陷状态如自由-束缚的发射，晶体表面的钝化提高了自由-束缚的发射概率，因而合成的 CIS/ZnS 荧光量子产率大大提高。

表 4.1　CIS 和 CIS/ZnS 量子点的 τ_1 和 τ_2、A_1 和 A_2 参数及计算得到的平均荧光寿命

纳米晶	A_1	A_2	τ_1/ns	τ_2/ns	τ(平均值)
$CuInS_2$	1 085	676	16	115.5	97.4
$CuInS_2$/ZnS	664	1 942	23	169	162.5

4.3.3　ZnS 壳层包裹时间和核反应时间对 CIS/ZnS 荧光特性的影响

在 240℃下分别反应 30 min、60 min、90 min 和 120 min 得到 CIS 核量子点，在壳层包裹过程中保持 Zn/Cu 原料摩尔比为 4，包裹温度为 240℃，在不同壳层包裹时间得到的样品的荧光量子产率及荧光发光峰波长变化如图 4.15 所示，结果表明 CIS 经过 ZnS 壳层包裹后其荧光量子产率提高了 20 倍以上。从图 4.15(a)看到，当壳层包裹时间在 5 min 至 180 min 变化时，随着时间的增加样品的荧光量子产率先快速升高，然后再缓慢下降。荧光量子产率在包裹初期的快速增

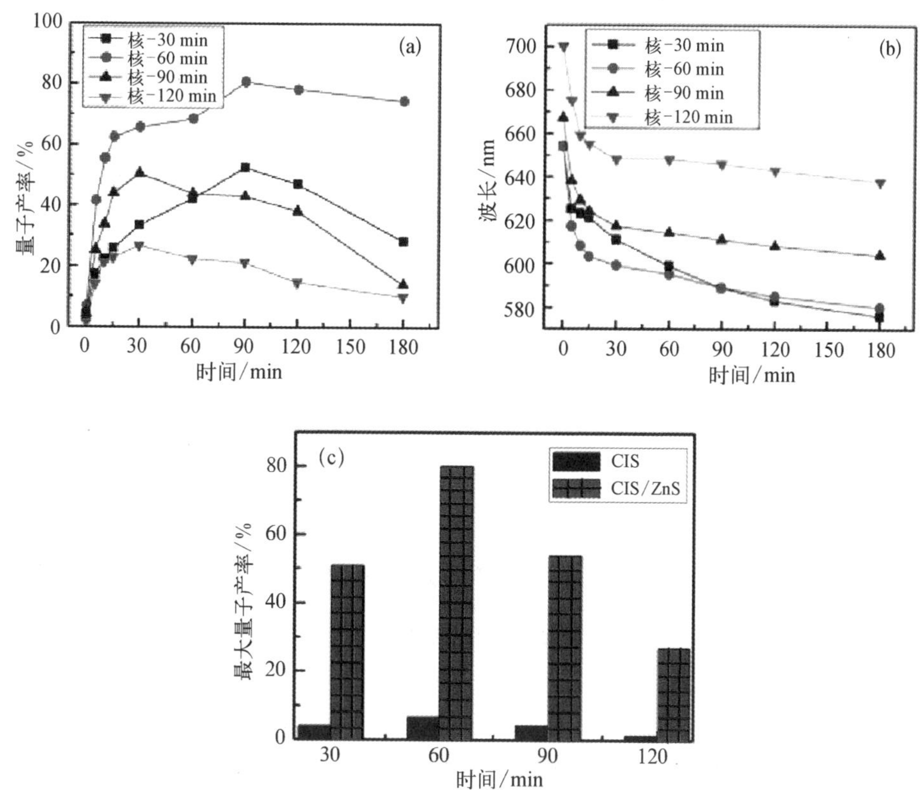

图 4.15　CIS/ZnS 量子点的(a) 荧光量子产率；(b) 荧光波长；(c) 最高量子产率随核反应时间的变化曲线

加是因为在高温条件下 DDT 不断分解释放出 S 与 Zn，结合在 CIS 表面生成 ZnS 层，从而降低了 CIS 的表面缺陷。此后荧光量子产率缓慢下降的原因在于：第一，DDT 在系统中除了提供 S 源以外，也作为配体包裹在颗粒表面，以降低表面缺陷和防止颗粒团聚，在长时间的高温条件下，颗粒表面的部分 DDT 也逐渐分解，因此在颗粒表面引入了新的缺陷，从而导致荧光量子产率的降低；第二，由于 ZnS 和 CIS 的晶格失配，ZnS 层厚度的增加产生界面应力，随之产生晶体缺陷。实验结果还发现荧光量子产率的最大值通常为壳层包裹时间在 30～90 min 时。

实验还发现，CIS 的表面进行 ZnS 包裹后，荧光波长发生了蓝移。与 CIS 核的发光峰(654 nm)相比，在壳层包裹 5 min 内荧光发光峰从 654 nm(CIS)快速移动至 617 nm，随后到 180 min 时变为 580 nm，共蓝移了 74 nm[图 4.15(b)]。在 ZnS 壳层包裹初期，短时间内的快速蓝移主要是由于 ZnS 的表面钝化促进了高能级的发光比例增加。另外，当温度高于 200℃时，Zn^{2+} 和 In^{3+} 在壳层包裹过程中的持续离子交换导致了 CIS 核尺寸的缩小，这是荧光波长持续蓝移的另一个原因。

CIS 核也会影响合成的 CIS/ZnS 的荧光量子产率。图 4.15(c)为反应 30 min、60 min、90 min 和 120 min 下得到的 CIS 核和使用相应的核合成的 CIS/ZnS 最高荧光量子产率的变化曲线。由图 4.15(c)可见，CIS 核的荧光量子产率依次为 4%、6.8%、4.3% 和 1.4%，相对应的 CIS/ZnS 最高荧光量子产率为 51%、80%、54%和 57%，CIS/ZnS 荧光量子产率的变化趋势与 CIS 核一致。这就说明，CIS 经过 ZnS 包裹后的荧光量子产率的提高程度也依赖于核的初始效率。因此，如需要进一步提高颗粒的荧光量子产率，有必要首先提高 CIS 的荧光量子产率。在现有实验条件下，在 CIS 成核时间 60 min，ZnS 壳层包裹时间 90 min 下得到样品的荧光量子产率可达 80%，荧光量子产率提高了 10 倍以上。当 CIS 成核时间为 120 min，ZnS 壳层包裹时间 30 min 下得到样品的荧光量子产率为 27%，荧光量子产率提高了 19 倍。因此，根据量子产率和荧光波长的变化规律，可调节 CIS 核反应时间和 ZnS 壳层包裹时间得到规定波长的高荧光量子产率的量子点。

4.3.4 Zn/Cu 原料摩尔比对 CIS/ZnS 发光特性的影响

本节主要考察不同 Zn/Cu 原料摩尔比对荧光量子产率和发光特性的影响。CIS 核在 240℃下反应 60 min 后进行 ZnS 的壳层包裹，壳层包裹温度设定为 220℃。图 4.16 为不同 Zn/Cu 原料摩尔比下经过不同壳层包裹时间后得到的样品的荧光量子产率和荧光波长的变化趋势。如图 4.16(a)所示，相同包裹时间下，荧光量子产率随着 Zn/Cu 原料摩尔比例的增加而升高。在现有的工艺条件下，可以看出 220℃下最佳壳层包裹时间为 60～90 min，较高的 Zn/Cu 摩尔比能

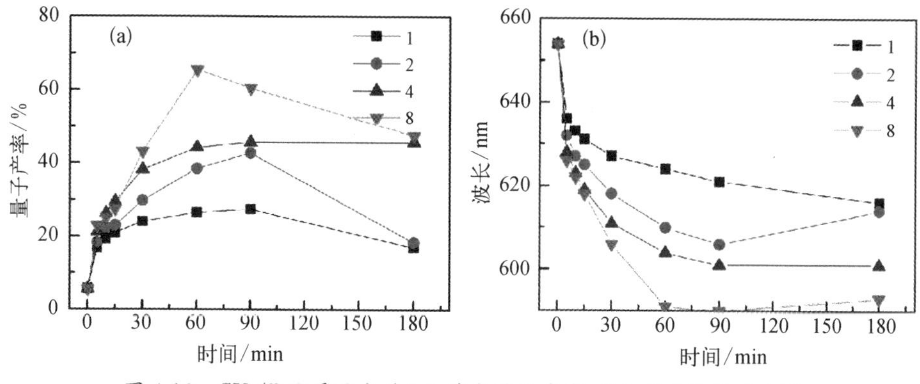

图 4.16　CIS/ZnS 量子点的(a) 荧光量子产率;(b) 荧光波长在不同 Zn/Cu 原料摩尔比例下随壳层包裹时间变化曲线

够获得相对较高的荧光量子产率。

在相同时间下,当 Zn 前驱体浓度较高时,其壳层的包裹速度较高,因此 CIS 和 CIS/ZnS 样品的荧光波长蓝移幅度随着 Zn/Cu 原料摩尔比的增加而增加。当 Zn/Cu 原料摩尔比分别为 1 和 8 时壳层包裹 180 min 后得到 CIS/ZnS 发光峰比 CIS 核分别蓝移了 38 nm 和 61 nm。23 nm 的差别是因为更高浓度的 Zn 前驱体促使了 Zn 离子与 CIS 核层的深层扩散,导致 CIS 核尺寸缩小更多,由于量子点的量子限域效应,禁带宽度增加,因而荧光波长产生蓝移更多。

4.3.5　壳层包裹温度对 CIS/ZnS 发光特性的影响

根据以上研究结果,选取 Zn/Cu 比例为 8,240℃下反应 60 min 得到的 CIS 核为基础进行壳层包裹并考察壳层包裹温度对 CIS/ZnS 发光特性影响。图 4.17(a) 是在不同壳层包裹温度下合成的 CIS/ZnS 随壳层包裹时间变化的荧光量子产率曲线。若温度过低,DDT 不能分解;若温度过高,则 DDT 分解速度过快,ZnS 可能发生单独成核或者发生颗粒团聚。因此我们主要考察的壳层包裹温度为 200～240℃。从图 4.17(b)看到,当包裹温度较高时,在 CIS 颗粒表面壳层包裹速度较快,因此在 200℃、220℃和 240℃产生的核壳 CIS/ZnS 纳米粒子达到最高量子产率的壳层包裹时间分别为 180 min、60 min 和 30 min。CIS 和 ZnS 之间的扩散和 CIS 表面缺陷的减少导致了 CIS 颗粒荧光波长蓝移了约 101 nm(壳层包裹温度为 240℃)。通过比较发现,颗粒在考察的壳层包裹温度范围内的最高荧光量子产率约 68%,相比前面的最佳荧光量子产率并没有进一步提高,这是因为很高的 Zn 前驱体浓度和高温下,壳层包裹速度太快,使得部分原料或者杂质被壳层包裹在 CIS/ZnS 晶体中,从而引入了晶体缺陷。因此,若要提高量子点的荧光量子产率,需要优化包裹温度来控制速度。

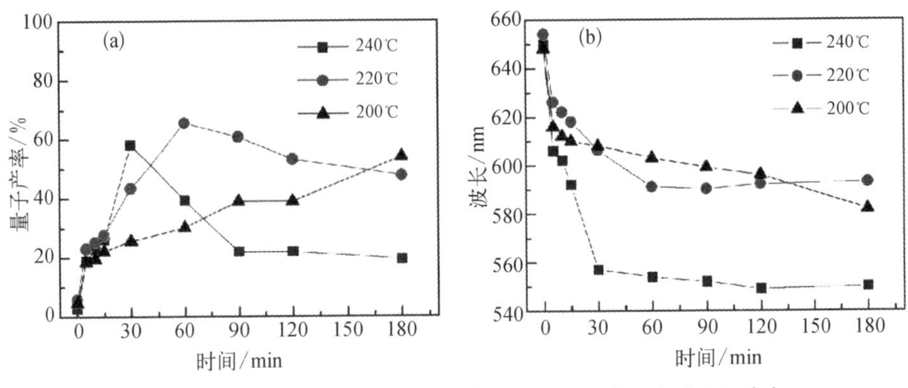

图 4.17　不同壳层包裹温度下得到的 CIS/ZnS 量子点的(a) 荧光量子产率;(b) 荧光波长随壳层包裹时间变化曲线

4.3.6　CIS/ZnS 的化学稳定性

ZnS 对 CIS 量子点的包裹不仅能够提高颗粒的荧光量子产率,还能进一步提高其化学稳定性。将制得的 CIS 和 CIS/ZnS 量子点在没有任何惰性气体保护下储存于自然环境中,放置一定时间后测量颗粒的荧光量子产率的变化。图 4.18 为新鲜制备的 CIS 和 CIS/ZnS 量子点,以及放置 1 个月和 2 年后荧光量子产率变化图。

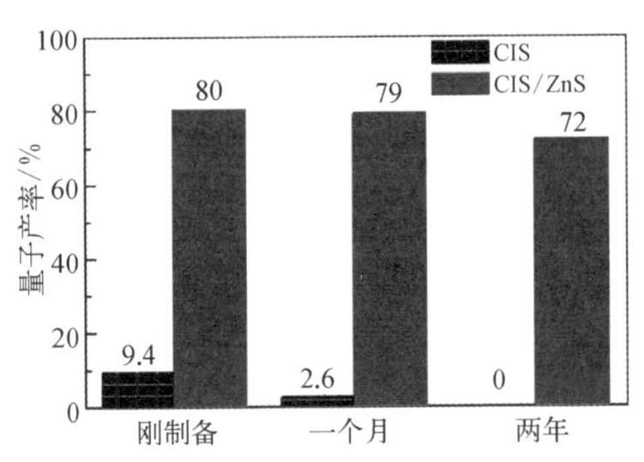

图 4.18　CIS 和 CIS/ZnS 量子点在放置 1 月和 2 年后荧光量子产率的变化

由图 4.18 可见,CIS 量子点放置 1 个月后荧光量子产率从 9.4%降至 2.6%,1 年后已经没有任何发光。而 CIS/ZnS 量子点放置 1 个月后量子产率几乎没有变化,即使放置 2 年荧光量子产率仍旧维持在 72%。这表明 ZnS 除了降低 CIS 表面的晶格缺陷以外,还能阻止 CIS 的氧化,量子点的化学稳定性大大提高。CIS/ZnS 量子点的高化学稳定性在未来的光电领域具有很大的应用潜力。

4.4　CIS 和 CIS/ZnS 量子点的放大生产

4.4.1　实验工艺及方法

CIS 前驱体液体的制备过程如下。将醋酸亚铜(0.195 g,1.592 mmol)、醋酸铟(0.466 g,1.592 mmol)加入 DDT(4 mL)和十八烯(160 mL)的混合液中,在 N_2 气氛下脱气 30 min 后升温至 180～200℃。在此温度下物料形成浅黄色液体,为

$CuIn(SR)_x$ 聚合物，所得溶液应在50℃以上保温以维持液相状态。系统中也可以同时加入其他配体，如三辛基氧膦(Trioctylphosphine Oxide, TOPO)、TOP、油胺(Cis-9-Octadecenylamine, OLM)、油酸(Oleic Acid, OA)、DDT、豆蔻酸(Myristic Acid, MA)来控制CIS的晶型、形貌等。

Zn前驱体溶液的制备如下。将24 mmol锌盐加入60 mL十八烯和30 mL配体混合液中，加热至100℃以上并持续搅拌直至Zn盐溶解。所选配体为TOP或OLM，锌盐通常为醋酸锌或者ZDC。基于模块化微反应单元搭建合成CIS与CIS/ZnS的连续工艺。工艺路线如图4.19所示，实验中使用的装置图如图4.20所示，微反应系统主要由微混合器、微换热器、微反应器组成。其中微换热器和微反应器都是通过外界加热介质进行换热或加热。通过调节外界循环介质的温度并监控物料的实际温度来达到对各阶段物料温度的控制。CIS的合成为一步反应，连续合成过程如下：由前述方法得到的CIS前驱体溶液经由高效液相色谱恒流泵连续注入进口模块，随后流入微换热器1中将物料快速升温至设定温度后，再流入微反应器1中在设定温度下进行反应，反应结束后物料流入微换热器2中快速降至室温以终止反应，经由出口模块导出反应液。所得反应液与相当于反应溶液4倍体积丙酮混合，所得混合液在9 000 r/min转速下离心分离20 min得到粗CIS沉淀。将CIS沉淀重新分散于甲苯中，并加入丙酮洗涤、离心分离。上述分散、洗涤和分离过程重复至少2次以充分去除副产物、未反应物料、过量ODE、DDT和配体等，最后得到的沉淀物在50℃下真空烘干即可。

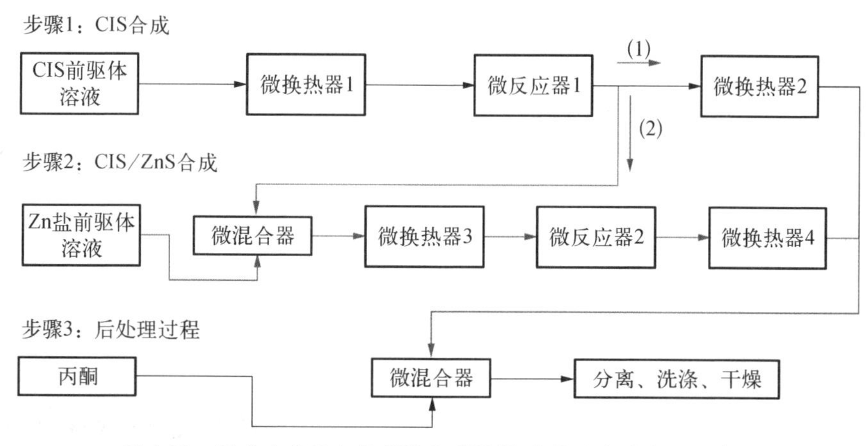

图4.19　微反应系统合成CIS和CIS/ZnS量子点的流程示意图

CIS/ZnS的合成为两步反应过程，其连续合成过程如下。经过步骤1反应后从换热器2出来的CIS反应液与Zn盐前驱体溶液经由微反应器混合，混合物料分别流经设定温度下的微换热器3、微反应器2和微换热器4进行升温、反应和降温过程。所得的含有CIS/ZnS反应液与相当于反应溶液4倍体积的异丙醇/丙酮(体积比为4)混合并在9 000 r/min转速下离心分离20 min得到粗CIS/ZnS沉淀。

将 CIS/ZnS 沉淀重新分散于甲苯中，并加入异丙醇/丙酮(体积比为 4)洗涤、离心分离，所得沉淀经过洗涤、纯化和干燥后得到。在实验室合成过程中，实际使用的合成 CIS 和 CIS/ZnS 量子点的微反应器系统如图 4.20 所示。

图 4.20 连续工艺合成 CIS 和 CIS/ZnS 量子点的装置图

4.4.2 主要微反应设备的基本原理及特征

微反应器中采用的微混合器为层叠式微混合器，如图 4.21(a)所示，其通道尺寸为 50 μm，其混合原理是两股物料进入微混合器以后通过多次的切割—合并—重新切割—重新合并将两股流体分割成多股流体，能够保证颗粒快速达到均匀混合[图 4.21(b)]。所用的微反应器带有微混合装置如图 4.21(c)、(d)所示，微反应器的内部通道是长方形的，内部带有混合插片。Sandwich 和 Miprowa® 微反应器内的混合插片能够将物料持续混合。混合插片的材质是不

(a) 层叠式混合器

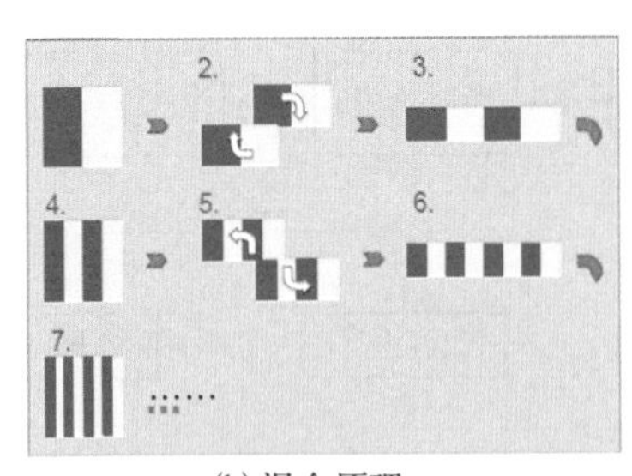

(b) 混合原理

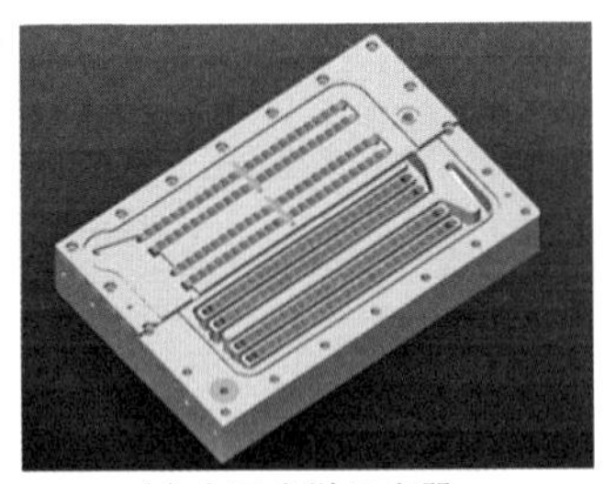

(c) 夹层式微反应器

(d) 反应器通道内部结构图

图 4.21 主要微反应设备的基本原理及结构

锈钢金属材质，并且长方形的面积增加了物料与换热介质的接触面积、内部的金属混合插片也有利于热传导，这都能保证物料快速达到设定温度并保证整个体系温度的均一性。同时反应器内的混合插片增加了混合溶液的横向扰动，消除了反应溶液在反应通道内流体速度分布，使反应溶液在微反应器内的停留时间是一致的，从而保证了荧光纳米粒子的颗粒尺寸均一。

4.4.3　基于微反应器的放大分析

为消除传统放大过程中的尺寸效应，通过增加反应通道的数量和通道长度而非尺寸，实现从实验室规模的设备切换至生产规模设备，处理量从每小时毫升级至立方米的大流量范围。目前多数的微反应设备仅适合实验室少量生产，用于大规模生产的微反应器一般需要专门设计定制。针对市场对大通量微反应系统的需求，拜耳公司开发了 Miprowa® 工业生产级别的微反应器系统，以满足化工生产的需求。

在实现工业化规模生产中，根据设定反应需要的停留时间和产量计算需要的体积，然后根据单个通道的体积计算需要总的通道数量，最后设计需要的反应器大小。实验室规模和生产规模微反应器的设备如图 4.22 所示，放大前后的尺寸比较如表 4.2 所示。从表中看到，实验室规模的反应器的通道横截面积尺寸为 12 mm×1.5 mm，生产规模的反应器通道尺寸可为 12 mm×1.5 mm 或者 18 mm× 3 mm。若采用小通道尺寸的装置，实验室与生产规模的通道截面积和换热的面积/体积比没有发生变化，因此生产设备传热传质能力不会发生变化，产品质量稳定性能够保证。通常，在规模化生产中，为了方便维护，可能会对反应通道做适当放大，比如当通道由 12 mm×1.5 mm 变成 18 mm×3 mm 时，通道内部用于混合的插片无任何变化，因此传质过程不受影响，相对放大的是传热面积/体积比由 2 700 m^2/m^3 降为 1 000～1 250 m^2/m^3。由于该反应并无明显放热或者吸热，主要传热发生在换热器中即将物料从 50℃升至 250℃以上，而反应中只需少量热量维持温度恒定即可。因此反应器传热面积/体积比的变化对反应过程的影响也可以忽略，只需在换热器中适当增加换热面积对物料升温即可。基于以上分析，在微反应器中进行量子点的合成不需要传统的中试实验便可直接用于生产设备的反应器设计。

图 4.22　Miprowa® 系列微反应器的放大

表 4.2　不同规模反应器基本参数

	实验室反应器 (Miprowa® Lab)	生产规模反应器 1 (Miprowa® Production)	生产规模反应器 2 (Miprowa® Production)
通道尺寸(宽×高)	12 mm×1.5 mm	12 mm×1.5 mm	18 mm×3 mm
通道尺寸(长)/mm	300	1 200	1 200
通道数量	8	10～300	10～300
单个 100 mm 通道内有效体积(含内置混合插片)/mL	1.2	1.2	3.6
面积/体积比/(m^2/m^3)	2 700	2 700	1 000～1 250

最终,采用液相热处理工艺对 CIS 表面进行 ZnS 包裹提高 CIS 量子点的光学性能,基于微反应器开发的连续工艺进一步提高和稳定产品质量。相对于公开文献报道的 CIS 和 CIS/ZnS 量子点的产品质量和工艺特性有明显的优势,具体比较见表 4.3。可见,得到的 CIS 和 CIS/ZnS 量子点无论从吸收性质、荧光量子产率和可见光区域内的波长拓宽方面,都取得了相对领先的结果。在考虑放大生产的可能性上,采用具有高效传热传质的微反应器技术开发了可放大生产的连续合成工艺,并在放大过程中无放大效应,这也较现有的有关 CIS 和 CIS/ZnS 的烧瓶或者毛细管连续工艺具有明显的优势。

表 4.3　该研究与公开报道的产品质量和工艺特性比较

	类　型	该研究结果	公开文献结果
产品特性	吸收峰	可合成具有激子吸收峰的 CIS/ZnS 量子点	合成的 CIS/ZnS 量子点没有激子吸收峰
	CIS 量子产率	可达 13.7%(连续)	通常低于 10%
	CIS 荧光波长	≥618 nm(连续)	>650 nm
	CIS/ZnS 量子产率	最高可达 80%(烧瓶),32%(连续,未优化)	70%
	CIS/ZnS 发光波长	≥550 nm	≥500 nm
	配体	DDT、TOP	DDT、TOP、OLA 等
工艺特性	合成方法	简单	常使用有毒化学品、合成原料种类繁多
	反应时间	连续工艺可缩短至 15 min 以内	30～120 min
	设备/装置	微反应器、烧瓶	烧瓶或者毛细管反应器
	工艺及放大	连续生产工艺、无放大效应、易于量产和生产维护、产品质量稳定、工艺可重复性高	烧瓶工艺有放大效应,难以工业化生产、产品质量难以保证;毛细管反应器不利于大量生产和生产维护

参考文献

[1] Spiess H W, Haeberlen U, Brandt G, et al. Nuclear magnetic resonance in IB-Ⅲ-Ⅵ2 semiconductors. Physica Status Solidi B: Basic Research, 1974, 62(1): 183 - 192.

[2] Pons T, Pic E, Lequeux N, et al. Cadmium-free $CuInS_2/ZnS$ quantum dots for sentinel lymph node imaging with reduced toxicity. ACS Nano, 2010, 4 (5): 2531 - 2538.

[3] Yakushev M V, Mudryi A V, Victorov I V, et al. Energy of excitons in $CuInS_2$ single crystals. Applied Physics Letters, 2006, 88(1): 011922.

[4] Tell B, Shay J L, Kasper H M. Electrical properties, optical properties, and band structure of $CuGaS_2$ and $CuInS_2$. Physical Review B, 1971, 4(8): 2463 - 2471.

[5] Henderson D O, Mu R, Veda A, et al. Optical and structural characterization of copper indium disulfide thin films. Materials & Design, 2001, 22(7): 585 - 589.

[6] Watanabe T, Nakazawa H, Matsui M. Improvement of the electrical properties of Cu-poor $CuInS_2$ thin films by sodium incorporation. Japanese Journal of Applied Physics, 1998, 3711B: L1370 - L1372.

[7] Li T L, Teng H S. Solution synthesis of high-quality $CuInS_2$ quantum dots as sensitizers for TiO_2 Photoelectrodes. Journal of Materials Chemistry, 2010, 20: 3656 - 3664.

[8] Wang Y, Herron M. Nanometer-sized semiconductor clusters: materials synthesis, quantum size effects, and photophysical properties. Journal of Physical Chemistry, 1991, 95(2): 525 - 532.

[9] Yumashev K V, Mikhailov V P, Prokoshin P V, et al. Linear and nonlinear properties of ultrasmall $CuInS_{2x}Se_{2(1-x)}$ particles in a glass matrix. Optical Materials, 1996, 5(1 - 2): 35 - 41.

[10] Baskoutas S, Terzis A F, Schommers W. Size-dependent exciton energy of narrow band gap colloidal quantum dots in the finite depth square-well effective mass approximation. Journal of Computational and Theoretical Nanoscience, 2006, 3(2): 269 - 271.

[11] Omata T, Tani Y, Kobayashi S, et al. Quantum dot phosphors and their application to inorganic electroluminescence devices. Thin Solid Films, 2012, 520(10): 3829 - 3834.

[12] 杨勇博.基于 $CuInS_2/ZnS$ 量子点的肿瘤靶向诊疗体系研究.哈尔滨：哈尔滨工业大学,2017.

[13] 袁启霖.基于 $CuInS_2/ZnS$ 量子点发光器件性能的研究.吉林：吉林大学,2018.

[14] 付敏.高效发光 $CuInS_2$ 和 CuInS/ZnS 量子点的绿色合成及工艺连续化研究.上海：华东理工大学,2016.

[15] Zhong H Z, Zhou Y, Li Y F, et al. Controlled synthesis and optical properties of colloidal ternary chalcogenide $CuInS_2$ nanocrystals. Chemistry of Materials, 2008, 20(20): 6434 - 6443.

[16] Li L, Daou T J, Texier I, et al. Highly luminescent $CuInS_2/ZnS$ core /shell nanocrystals: cadmium-free quantum dots for in vivo imaging. Chemistry of Materials,

2009，21(12)：2422－2429.
[17] Wan Z，Luan W L，Tu S T. Size controlled synthesis of blue emitting core/shell nanocrystals via microreaction. Journal of Physical Chemistry C，2011，115(5)：1569－1575.
[18] Hofhuis J，Schoonman J，Goossens A. Elucidation of the excited-state dynamics in $CuInS_2$ thin films. Journal of Physical Chemistry C，2008，112(38)：15052－15059.
[19] Krustok J，Raudoja J，Collan H. Photoluminescence and the tetragonal distortion in $CuInS_2$. Thin Solid Films，2001，387(1－2)：195－197.
[20] Ueng H Y，Hwang H L. The defect structure of copper indium sulfide ($CuInS_2$). Part I. Intrinsic defects. Journal of Physics and Chemistry of Solids，1989，50(12)：1297－1305.
[21] Krustok J，Raudoja J，Schoen J H，et al. The role of deep donor-deep acceptor complexes in CIS-related compounds. Thin Solid Films，2000，361：406－410.
[22] Borchert H，Haubold S，Haase M，et al. Investigation of ZnS passivated InP nanocrystals by XPS. Nano Letters，2002，2(2)：151－154.
[23] 文丹，喻艳华，付成，等.配体对量子点合成影响的发展现状.江汉大学学报(自然科学版)，2015，43(1)：12－18.
[24] Ning Z J，Molnar M，Chen Y，et al. Role of surface ligands in optical properties of colloidal CdSe/CdS quantum dots. Physical Chemistry Chemical Physics，2011，13(13)：5848－5854.
[25] Niu J Z，Xu W W，Shen H B，et al. Synthesis of CdS，ZnS，and CdS/ZnS core/shell nanocrystals using dodecanethiol. Bulletin of the Korean Chemical Society，2012，33(2)：393－397.
[26] Chen S T，Zhang X L，Zhang Q H. Trioctylphosphine as both solvent and stabilizer to synthesize CdS nanorods. Nanoscale Research Letters，2009，4(10)：1159－1165.
[27] Pradhan N，Reifsnyder D，Peng X G，et al. Surface ligand dynamics in growth of nanocrystals. Journal of American Chemical Society，2007，129(30)：9500－9509.
[28] Fu M，Luan W L，Tu S T，et al. Optimization of the recipe for the synthesis of $CuInS_2$/ZnS nanocrystals supported by mechanistic considerations. Green Processing and Synthesis，2017，6(2)：133－146.
[29] Lu Y H，Lin W H，Yang C Y，et al. A facile green antisolvent approach to Cu^{2+}-doped ZnO nancrystals with visible-light-responsive photoactivities. Nanoscale，2014，6(15)：8796－8803.
[30] Tran T K C，Le Q P，Nguyen Q L，et al. Time-resolved photoluminescence study of $CuInS_2$/ZnS nanocrystals. Advances in Natural Sciences：Nanoscience and Nanotechnology，2010，1(2)：025007.
[31] Li L，Pandey A，Werder D，et al. Efficient synthesis of highly luminescent copper indium sulfide-based core/shell nanocrystals with surprisingly long-lived emission. Journal of American Chemical Society，2011，133：1176－1179.

[32] Hamanaka Y, Ogawa T, Tsuzuki M. Photoluminescence properties and its origin of $AgInS_2$ quantum dots with chalcopyrite structure. Journal of Physical Chemistry C, 2011, 115(5): 1786 - 1792.

[33] Castro S L, Bailey S G, Raffaelle R P, et al. Synthesis and characterization of colloidal $CuInS_2$ nanoparticles from a molecular single-source precursor. Journal of Physical Chemistry B, 2004, 108(33): 12429 - 12435.

[34] 付红红,栾伟玲.$CuInS_2$ 半导体纳米材料的合成研究.纳米科技,2010, 7(1): 38 - 42.

[35] Asgary S, Mirabbaszadeh K, Nayebi P, et al. Synthesis and investigation of optical properties of TOPO-capped $CuInS_2$ semiconductor nanocrystal in the presence of different solvent. Materials Research Bulletin, 2014, 51: 411 - 417.

[36] Xie R G, Rutherford M, Peng X G. Formation of high-quality Ⅰ-Ⅲ-Ⅵ semiconductor nanocrystals by tuning relative reactivity of cationic precursors. Journal of the American Chemical Society, 2009, 131(15): 5691 - 5697.

[37] Michalska M, Aboulaich A, Medjahdi G, et al. Amine ligands control of the optical properties and the shape of thermally grown core/shell $CuInS_2$/ZnS quantum dots. Journal of Alloys and Compounds, 2015, 645: 184 - 192.

第 5 章

量子点的规模化生产工艺设计及经济性分析

5.1 概述

近年来，量子点的研究引起国内外学者的广泛兴趣，其研究内容涉及物理、化学、材料等多学科，已成为一门新兴的交叉学科。量子点材料的光学特性使其在照明、发光二极管、电子显示、生物医药等方面具有极大的应用潜力，然而传统设备难以实现高质量量子点的稳定生产。因此，目前为止，有关量子点的研究和开发的企业或者公司基本还处于小量生产量子点样本阶段，如纳晶科技股份有限公司、明尼苏达矿务及制造业公司（Minnesota Mining and Manufacturing，3M）、Nanosys、量子材料公司、Nanoco。目前，陶氏化学利用 Nanoco 的专利技术在韩国展开大规模无镉量子点的生产运营建设，自与陶氏化学公司展开了合作以来，韩国目前正在逐步提升 Nanoco 集团无镉量子点的产量，Michael Edelman 表示他们也正着手与其他主要制造商建立合作伙伴关系。根据市场研究机构 IHS 预测，到 2020 年，各种尺寸广色域显示器的需求数量将突破 6 亿，Nanoco 集团将致力于抢占市场有利地位，成为开发和制造无镉和无重金属量子点的全球领导者。量子点的应用潜力巨大，但该技术的挑战是供应商数量少，很难保证足够的量子点材料。由于目前生产技术难度高，市场售价居高不下，造成有价无市的局面。只有量子点能大批量生产之后，价格或许会较具竞争力。

本章以 CIS 的合成为例，在设定年产 100 kg 的生产能力下，进行工程概念设计，并进一步对生产规模的微反应器设备大小进行初步设计。基于此，依据现有的工程经验数据和方法，对建设该项目的总投资成本（从项目筹建、施工直至建成投产并包括工程造价和流动资金的全部建设费用）、生产成本进行估算，并评估其经济效益，以期为未来投资该项目提供一定的指导和参考。

5.1.1 量子点市场分析

量子点材料的光学特性使其在照明、电子显示等领域具有巨大的应用潜力。

据市场调研，量子点在显示领域的使用率在未来 5 年将大幅增长，根据 IHSDisplay 数据，全球电视销量维持在每年 2 亿台左右，2016 年 OLED 电视出货量为 80 万台；QLED 量子点电视出货量为 300 万台；2017 年 QLED 量子点电视出货量为 600 万台；预计到 2020 年 QLED 量子点电视出货量将达 6 000 万台。目前日本索尼公司是销售量子点电视唯一的大公司，中国 TCL 集团股份有限公司也在柏林国际电子消费品展览会（International Funkausstellung Berlin, IFA）上展示了量子点电视，韩国三星公司 2015 年发布了 SUHD TV，吹响了 QLED 电视的号角。2016 年，三星收购被誉为“量子点显示之父”的技术公司 QD Vision，进一步精进 QLED 的研发；2017 年，三星首款 QLED 旗舰电视——Q8C 诞生，2018 年三星 C27H711 QEC 量子点曲面显示器重磅问世。自此，三星正式踏上了 QLED 之路。

在生物医药领域，量子点可用于体外诊断、即时检测、食品安全和动物检疫等行业。仅以体外诊断领域为例，根据目前的市场数据，免疫检测产品就有 100 亿人民币的市场规模，因此量子点在生物领域的应用产品具有非常广阔的发展空间和应用前景。根据 Allied Market Research 的行业报告，量子点在防伪领域的应用每年以 14％的复合增长率增长，预计到 2020 年将达 1 430 亿美元的市场容量，随着纳米材料的发展，纳米防伪技术是在分子原子水平上提高包装印刷防伪性能的高新技术。纳米量子点包装印刷防伪技术具有理想的发展前景，不断地深入研究正是产品市场的需要。

5.1.2 总资产投资分析

筹划投资一个项目时，预先进行投资成本估算与经济分析是非常必要的，这是技术经济分析和评价的基础资料之一，也是投资决策的重要依据。其主要目的是依据现有的工程经验数据和方法，对建设该项目的投资金额进行估计、对现有工艺的经济性进行评估、优化工艺路线、对整个项目进行预算控制。通常采用的成本估算方法有简单估算法和分类估算法。简单估算法又分为单位生产能力估算法、生产能力指数法、比例估算法、系数估算法、指标估算法。简单估算法精确度相对不高，正负误差为－30％～＋50％，主要用于投资机会研究和初步可行性研究阶段。分类估算法是利用建设投资中的各类投资，即建筑工程费用、设备购置费、安装工程费、工程建设其他费用和预备费等分类估算。该方法的误差范围相对较小，为－20％～＋30％，主要用于概念设计阶段。不同公司可能分类有所区别，但应该包括所有的细项目，没有遗漏。

固定资产投资（Fixed Capital Investment, FCI）是指拟定的建设规模、产品方案、建设内容等，建成一座工厂或者一套装置所需的费用，包括设备购置费、仪表、管道、电气等购置费、安装费、工程监督费用、承包商费用和预备费。固定资产投资的各项目细分逻辑及建议估算范围可参见图 5.1，该部分投资通常占总资产投资成本的 85％。流动资金是使建设项目生产经营活动正常进行而预先支付并周转使用的资金。流动资金用于购买原材料、燃料动力、备品备件、支付工资和其他费用，以及垫支在制品、半成品和制成品所占用的周转资金。该部分资金占总资产投资成本的15%。各分类成本通常根据其与设备购置费的费用占比分别进行估算。设备购置费由设备原价和运杂费构成。运杂费为设备在国内的运输费用，包括运输费、货物包装费、运输支架费、设备采购手续费等。依据建厂所在地区的不同，运杂费有所差异，多数为设备原价的3%～16%。

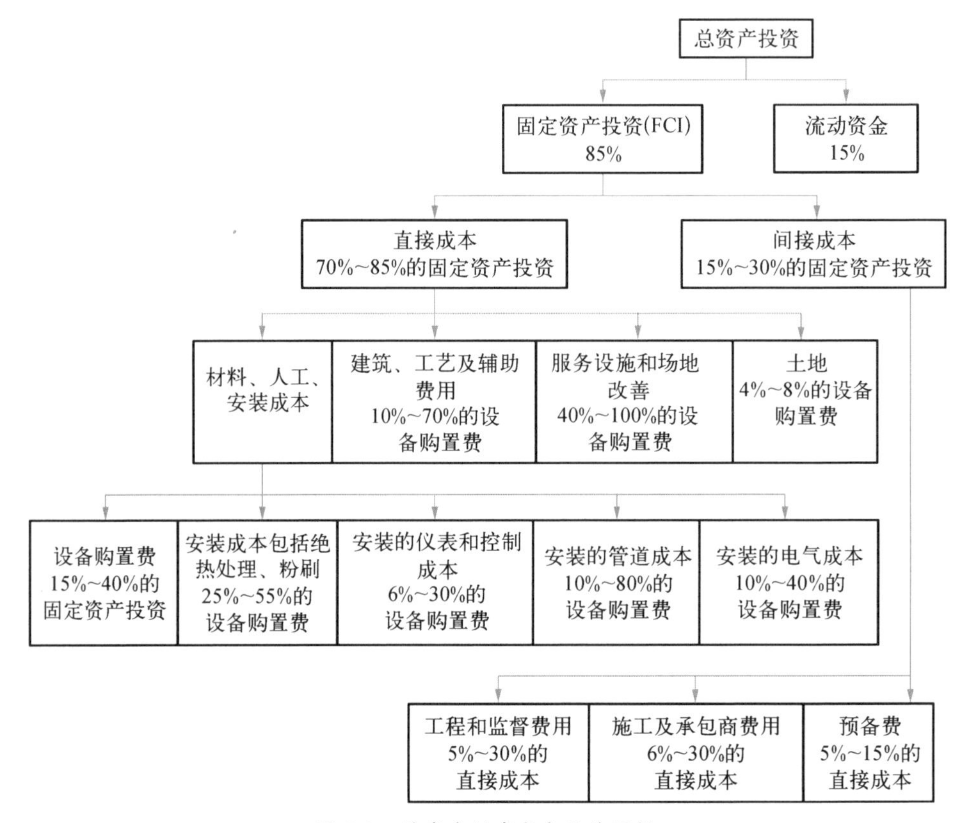

图 5.1　总资产投资成本估价逻辑

5.1.3　总生产成本分析

生产成本费用的高低，反映了投资方案的技术水平，也基本决定了投资该项目的利润多少，它是一项极其重要的经济指标。在项目正式建设之前计算出产品的生产成本，为了能够提供技术经济分析，作为评价项目经济效益的依据之一。目前计算生产成本费用有两种方法，即制造成本法和要素成本法(图5.2)。制造成本法为生产产品的制造费用，加上生产成本以外的其他支出，包括管理费用、财务费用和销售费用等，制造成本包括直接材料费、直接工资、其他直接支出(从事产品生产人员的职工福利)、制造经费(生产单位管理人员工资、职工福利、折旧、维护检修费、修理费及其他制造费用等)等。该方法计算较为复杂，但能反映不同生产技术下的生产成本，有利于对各部分成本进行分析。要素成本法根据生产成本费用与

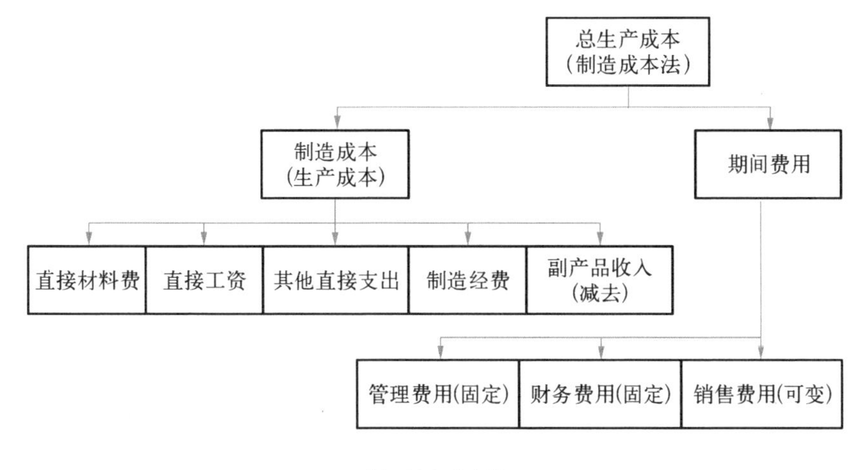

(a) 制造成本法

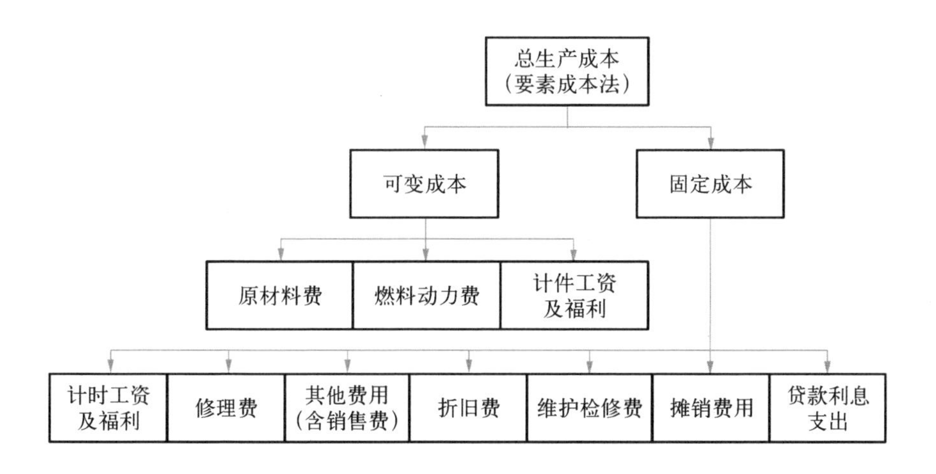

(b) 要素成本法

图 5.2　不同生产成本构成逻辑

产量变化的关系，可分为固定成本和可变成本，该方法相对较简单，易于掌握。

5.2　工业化微反应器大小初步试算

5.2.1　工艺说明

生产设备与小试设备的管道尺寸相同，通道内部的混合插片、换热面积都相同，因此传热、传质能力基本不变，基本无放大效应，可直接根据实验室小试实验结果进行放大尺寸设备的计算和相应的工艺设计。由于小试实验只是进行了初步工艺连续化研究，本次估算仅基于现有初步小试结果等比放大。未来可结合动力学模型、工艺参数优化、流程优化结果，进一步缩小设备体积，降低成本。

5.2.2 设计依据

根据实验室对CIS的小试实验结果,进行反应器的开发和设计。

1. 反应器处理量

(1) CIS年产量:100 kg。

(2) 运行时间:8 000时/年。

(3) CIS前驱体溶液处理量:53立方米/年(6.63 L/h);4.2×10^4千克/年(5.25 kg/h)。

2. 原料规格

(1) 醋酸亚铜(纯度为99%):1.2 kg/m^3;

(2) 醋酸铟(纯度为99.99%):2.8 kg/m^3;

(3) DDT(纯度为97%):20.5 kg/m^3;

(4) ODE(纯度为90%):767.7 kg/m^3。

3. 公用工程

(1) 循环加热油(用于加热反应液体,换热器1)

进出口温度:275/270℃;

流量:约500 kg/h,具体数值详细设计时可能会有差别。

(2) 反应器用循环加热油(用于保温反应液体)

进出口温度:269/268℃;

流量:约50 kg/h,具体数值详细设计时可能会有差别。

(3) 循环冷却水(用于冷却反应结束后的液体,换热器2)

进出口温度:20/25℃;

流量:约180 kg/h,具体数值详细设计时可能会有差别。

(4) 甲苯清洗液(用于开、停车系统冲洗)

纯度:>99%。

(5) 氮气(用于反应开始前、反应结束后、设备通道清洗后系统吹扫)

纯度:>99.99%。

(6) 电

电压:380 V;

频率:50 Hz。

4. 厂区平面图等在本章中暂不考虑。

5.2.3 工艺部分

1. 概念设计及工艺描述

CIS的生产工艺流程示意图见图5.3,具体工艺描述如下。

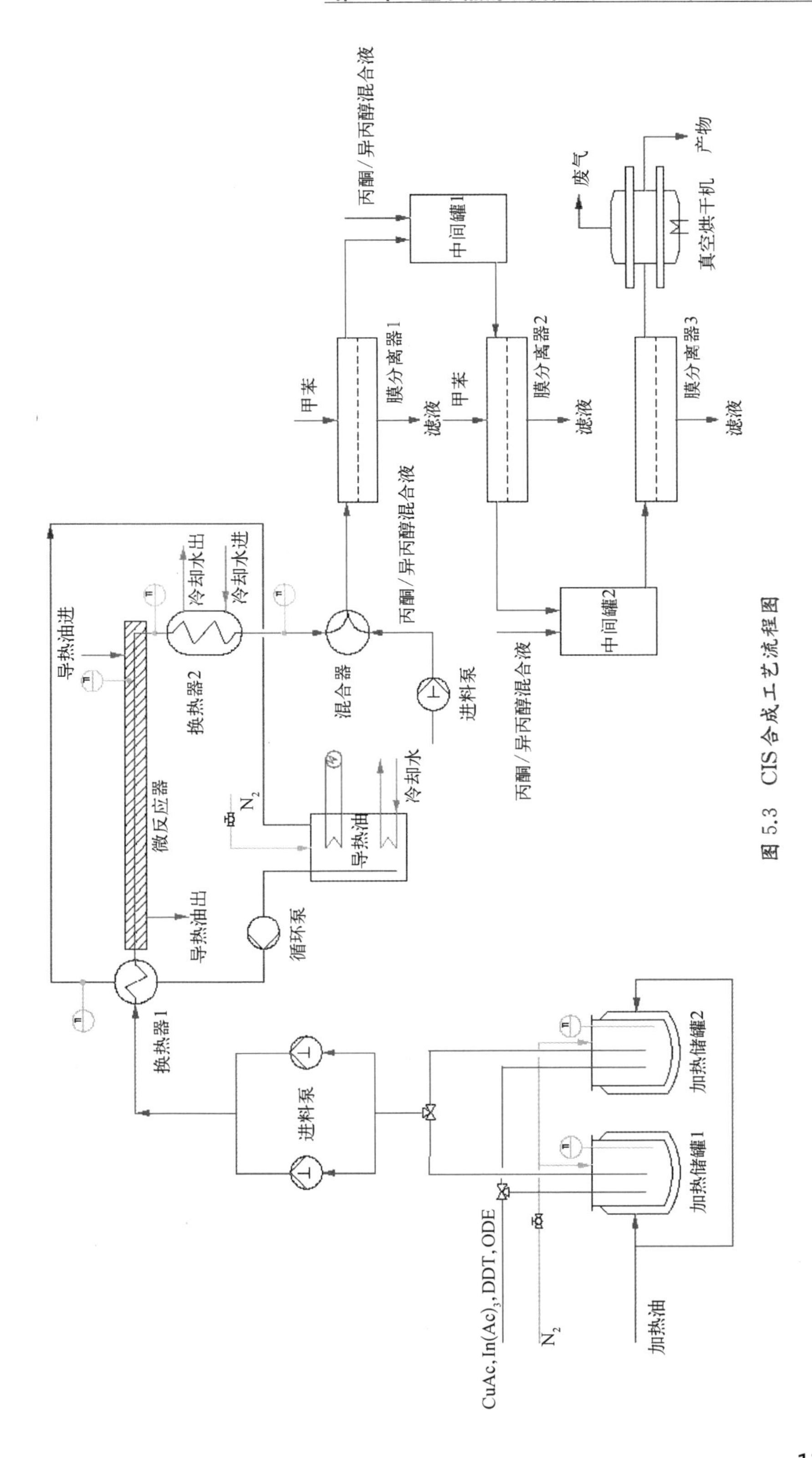

图 5.3　CIS 合成工艺流程图

（1）前驱体液体处理过程

按原料设定料比例将醋酸亚铜、醋酸铟、DDT 和 ODE 加至加热储罐（1 或者 2）中，在搅拌条件下使用 N_2 吹扫 CIS 前驱体溶液加热储罐 30 min 排空液体和体系内的空气，加热液体至 180℃，保持 30 min 以溶解醋酸亚铜和醋酸铟，随后降温至 60℃待用。该部分有两个储罐，一个用于高温溶解原料，另外一个用于保温溶解后的 CIS 前驱体溶液。当一个储罐中的反应物料使用完毕，则切换至另外一个储罐继续进料。

（2）反应过程

CIS 前驱体溶液在保温 60℃下通过计量泵持续输入微反应系统，前驱体溶液在微换热器中快速升温至设定温度，随后进入 Miprowa 反应器中在设定温度和停留时间下反应，反应结束后物料进入换热器中使用冷却水快速降温以中止反应，随后溶液与丙酮/异丙醇（体积比为 1∶4）混合液按计量在静态混合器混合后搜集到样品储罐中。整个工艺在 N_2 氛围保护下进行，以防空气敏感的原料氧化。整个系统的各操作点温度、流量通过执行器进行在线检测与调控。

（3）后处理过程

将样品储罐中的液体流入膜分离器 1 中进行固液分离，分离所得的固体依次加入甲苯、丙酮/异丙醇混合液洗涤，所得混合液依次进入膜分离器 2 和 3 中重新分离，所得固体经过放入真空烘干机中烘干得到 CIS 量子点固体。

2. 主要工艺控制参数

（1）原料流量

CIS 前驱体溶液：5.25 kg/h（6.63 L/h）。

（2）温度和压力

CIS 前驱体溶液温度：60℃；

微反应器进出口温度：60/30℃；

循环冷却水（换热器 2）进出口温度：20/25℃；

循环加热油（换热器 1）进出口温度：275/270℃；

循环加热油（反应器）进出口温度：269/268℃；

反应压力：常压。

5.2.4 循环冷却水水质

循环冷却水采用去离子水，水质符合相关规定要求，需对水质进行监测，以防止水质不符合要求而影响微反应器换热效果。

5.2.5 主要设备

根据 CIS 量子点生产的基本工艺流程，列举使用到的主要设备，并以这些设备为基础进行其他相应投资的估算。主要工艺设备及相应的估价见表 5.1。

表 5.1　主要设备及估价

序号	设备名称	单位	数量	规格	单价/万元
1	微反应系统				
1.1	静态混合器	台	1	见 5.2.6	10
1.2	微反应器	台	1	见 5.2.6	140
1.3	换热器	台	2	换热面积为 0.2 m^2	1.5
2	CIS 前驱体液体输送系统				
2.1	CIS 前驱体液体带夹套储罐	台	2	V=300 L	3
2.2	CIS 前驱体液体计量泵	台	2	Q=20 L/h	3
3	丙酮输送系统				
3.1	丙酮储罐	台	1	V=4 m^3	3
3.2	丙酮计量泵	台	1	Q=80 L/h	3
4	后处理及分析				
4.1	甲苯储罐	台	1	V=1 m^3	0.8
4.2	产物收集储罐	台	1	V=5 m^3	1
4.3	循环制冷机	台	1	P=4 kW	6
4.4	循环热油器	台	1	P=4 kW	8
4.5	陶瓷膜分离器	台	3	—	6
4.6	真空干燥机	台	1	—	2
4.7	洗涤罐	台	3	V=1 m^3	0.8
5	分析仪器				
5.1	吸收光谱	台	1		18
5.2	荧光光谱	台	1		20
	总价				247.20

5.2.6　微反应设备

(1) 静态混合器

混合器类型：静态混合器；

混合效果：9%；

允许操作温度：10～350℃；

允许操作压力：0～30 bar①(g)；

设备材质：316 L。

(2) 微反应器

反应器类型：Miprowa 反应器；

① 1 bar=0.1 MPa。

反应器通道尺寸：12 mm×1.5 mm×1 200 mm；
反应器通道数量：230 根；
反应通道总体积：3.3 L(包含混合插片在内)/4.99 L(不含插片)；
流动模式：逆流/错流；
允许操作温度：−10～350℃；
允许操作压力(工艺侧)：0～30 bar(g)；
允许操作压力(介质侧)：0～6 bar(g)；
加热介质：Diphyl DT 导热油(−20～350℃)；
设备材质：316 L。

5.3 项目投资与经济性分析

5.3.1 资本投资估算

本节基于分类估算法对整个投资成本进行估算，各个项目计算的基础主要根据设备购置费用进行估算。由于微反应器价格远高于传统反应釜，因此在本估算中，个别项目可能会根据实际情况偏离建议范围。最后总投资成本估计见表 5.2，预计该项目的总资产投资费用约为 740 万。

表 5.2　总资本投资成本估算表

序号	项　目	指标建议比例	指标实际选取比例	估价/万元
1	固定资产投资(FCI)	总投资成本的 85%		624.2
1.1	直接成本			491.7
1.1.1	材料及安装工程费			341.5
1.1.1.1	主要设备购置费用(EC[a])	固定资产投资的 15%～40%	15%	242.2
1.1.1.2	绝缘、油漆及安装费用	主要设备购置费用的 15%～55%	6%	36.3
1.1.1.3	仪表、控制及辅助费用	主要设备购置费用的 6%～30%	6%	14.5
1.1.1.4	管道费用	主要设备购置费用的 10%～80%	10%	24.2
1.1.1.5	电气费用	主要设备购置费用的 10%～40%	10%	24.2
1.1.2	建筑、工艺及辅助费用	主要设备购置费用的 10%～70%	10%	24.2
1.1.3	维修设施及改善	主要设备购置费用的 40%～100%	50%	121.1
1.1.4	建设用地费用	主要设备购置费用的 4%～8%	2%	4.8
1.2	间接成本			132.6
1.2.1	工程设计及现场监督等	直接成本的 5%～30%	9%	44.2
1.2.2	施工和承包商费用	直接成本的 6%～30%	9%	44.2
1.2.3	预备费	直接成本的 5%～15%	9%	44.2
2	运营资本投资(WCI[b])	总投资成本的 15%	15%	110.2
	总投资成本(TCI[c])			734.4

a　EC：Equipment Cost；b　WCI：Working Capital Investment；c　TCI：Total Cost of Investment。

5.3.2 总生产成本估算

对生产成本进行估算是为了力求以最少生产耗费取得最大的生产利益(利润)、指导和控制生产运营成本。本节采用制造成本法对生产成本进行估算。其中制造成本中各要素可细分为固定成本(设备折旧、税、保险、租金等)、直接成本(原材料、人工、直接管理、维护、修理、公用设施、运营用品、实验室、专利和使用许可费)和工厂平摊费用,各项目估算原则可参考刘西等的研究。其中CIS合成的直接原材料费用见表5.3,总生产成本中的各项目的费用计算依据和占比见表5.4。最后核算的结果是每年总生产成本约3 100万。根据总生产成本计算,CIS的成本价格为0.31元/毫克,而目前市场上CIS量子点样品的价格为80元/毫克,可见CIS的生产成本极低。假如按照每年8 000 h满负荷运行,CIS收率与小试结果一致(按80%计,包含配体),并且所有产品全部卖出,则年收入约80亿,毛利为79.7亿,按照所得税40%计算净利润为47.8亿,年收益率可达651倍(表5.5),投资费用在一年之内便可收回。若每年能有可观的销售量,投资成本和生产成本在整个销售额中的比例十分小,因此微反应器相对传统设备价格较高的劣势可忽略不计。

表5.3 CIS量子点的原材料成本核算

原　料	使用量/(千克/年)	纯度(质量分数)	单价/(元/千克)	价格/(万元/年)	产品收率/%	CIS产量/(千克/年)
醋酸亚铜	64	99%	100 800	645	80	100
醋酸铟	150	99.99%	51 640	775		
十二硫醇	1 091	97%	180	20		
十八烯	40 730	90%	260	1 059		
丙酮	73 140	分析纯	4.6	34		
总价				2 532		

表5.4 总生产成本估算

序号	项　目	指标建议比例	指标实际选取比例	估价/万元
1	制造成本			2 882
1.1	固定成本			81
1.1.1	折旧	固定资产投资的10%+建筑费用的2%		63
1.1.2	税	固定资产投资的1%～4%	2%	12
1.1.3	保险	固定资产投资的0.4%～1%	0.6%	4
1.1.4	租金	建筑费用的8%～12%	10%	2

续 表

序号	项　目	指标建议比例	指标实际选取比例	估价/万元
1.2	直接成本			2 747
1.2.1	原材料	总生产成本的10%～20%		2 532
1.2.2	人工(OL[a])	总生产成本的10%～20%		82
1.2.3	直接管理	人工的10%～25%	12%	9
1.2.4	公用设施	总生产成本的10%～20%		82
1.2.5	维护和检修	固定资产投资的2%～10%	3%	19
1.2.6	运营用品	固定资产投资的0.5%～1%	0.6%	4
1.2.7	实验室	人工的10%～20%	15%	11
1.2.8	专利和使用许可费	总生产成本的0～6%	1%	8
1.3	工厂平摊费用	人工和维护成本的50%～70%	60%	54
2	期间费用			220
2.1	管理费用	总生产成本的2%～6%		16
2.2	销售费用	总生产成本的2%～20%		122
2.3	研发	总生产成本的5%		41
2.4	财务费用	总生产成本的0～10%		41
	总生产成本(TPC[b])			3 102

a　OL：Outlay of Labor；b　TPC：Total Production Cost。

表5.5　CIS生产利润及收益

项　目	计算公式	值
毛　利	年收入－总生产成本	79.7亿
净利润	毛利×(1－所得税)	47.8亿
收益率	净利润/总投资成本	65 100%

基于此，我们可以对比传统反应釜，虽然传统反应釜设备价格相比微反应器有较大优势，但由于放大效应，不得不并列多个小反应釜进行生产，相应地，其他设备如泵、管道、控制、仪表、安装、占地面积、人工等费用都会增加。总体来说，使用微反应器一次性投资费用可能较传统反应器略高(或者可能持平)，但生产成本低于传统设备。随着未来CIS不断扩产，产品价格也会不断降低，而持续性的生产成本降低，连续化微反应器生产的优势就会越来越明显。另外，从产品的质量控制上说，微反应器具有不可替代的作用。因此未来更要关注能够工业化可持续生产高质量子点的设备，微反应器是现有技术中解决量子点合成工艺的

优先选择。随着量子点量产的可能性，其销售价格会大幅下降，会带来量子点广泛应用的革命性的进步。

参考文献

[1] 邱军，鲁韶芬，刘佳琦，等. 量子点(quantum dot，QD)的应用与展望. 山东化工，2018，47(01)：50-51.

[2] 百能网. 陶氏化学开展无镉量子点显示生产.[2014-10-08]. http：//www.pcbpartner.cn/News/article/20141008/20141008000000032291.shtml

[3] 华创证券. 量子点产业分析.[2017-09-30]. https：//www.sohu.com/a/154774858_287399

[4] 南广. 三星 QLED TV：全球领先获得"100% 显色体积"认证的电视. 流行色，2017(3)：116.

[5] 苏亮. 量子点嘉年华掀岁末狂欢，三星助推全民量子点时代. 家用电器，2018(1)：81.

[6] 国云，周敏. 量子点生物传感器及其在生物医学分析检测中的应用. 传感器与微系统，2017，36(11)：6-9.

[7] 曲婷，詹仪. 纳米量子点推进防伪印刷技术迈上新台阶. 网印工业，2017(5)：28-30.

[8] Dysert R. Sharpen your cost estimating skills. Cost Engineering，2003，45(6)：22-30.

[9] Peters M S，Timmerhaus K D，West R E. Plant design and economics for chemical engineers，New York：McGraw-Hill，1968.

[10] 宋航，付超，杜开峰. 化工技术经济. 3 版. 北京：化学工业出版社，2015.

[11] 刘西，龙星，林静. 简述成本管理在制造企业中的运用. 技术与市场，2015，22(1)：96.

[12] 付敏. 高效发光 $CuInS_2$ 和 $CuInS_2$/ZnS 量子点的绿色合成及工艺连续化研究. 上海：华东理工大学，2016.

第 6 章

含镉量子点在离子检测中的应用

近年来，由于量子点具有尺寸、成分依赖的荧光发射、宽激发波长、抗光漂白性等独特的光物理性质，因而被广泛地应用于太阳能电池、发光二极管、光探测器、场效应晶体管、荧光生物标签、生物成像探针等许多领域。其中，量子点的荧光性质对外界响应敏感、直观可见并且便于监测，因而利用量子点的荧光性开发各种响应器件成为当前的研究热点。目前，基于量子点的荧光性质将量子点应用于检测领域中已经实现了对离子、分子到蛋白质以及核酸等多种物质的检测。其中，对于金属离子的检测方法更是处于快速发展中，起因是近年来随着工业现代化的发展，一些重金属离子严重污染环境，危害人类健康。因此发展快捷、敏感的检测生物体内或自然环境中的金属离子的方法非常重要。

本章针对已经获得的高性能 CdSe/ZnS 纳米晶，采用巯基化合物对其表面进行修饰，以水溶性的 CdSe/ZnS 量子点作为荧光探针进行 Pb^{2+} 离子的高分辨检测。

6.1 油相合成量子点表面功能化修饰

由于量子点特殊的表面结构，金属离子直接作用于量子点的可能性降低，对金属离子的识别主要在于表面功能基团。对于量子点来说，表面修饰具有可结合位点的功能基团明显比传统有机染料更容易，并且对其荧光性质影响较小，因而更适合作为金属离子的检测探针。Gattás-Asfura 与 Leblanc 率先利用量子点表面特定的功能基团对金属离子进行识别和检测。他们设计了一种既可以结合量子点（半胱氨酸）又可以与目标金属离子键连（谷胱甘肽-组氨酸）的五肽（谷胱甘肽-组氨酸-亮氨酸-亮氨酸-半胱氨酸），将这一多肽连接到 CdS 量子点表面后，可以对 Cu^{2+} 和 Ag^{+} 进行选择性检测。

简单来说，设计合成的功能化分子既可以和量子点结合，又可以通过非共价键识别金属离子。这里的非共价键主要是通过氧原子或氮原子与金属离子间的配位或螯合作用形成的。合成的分子以席夫碱、氮杂环、含大环超分子和笼状超分子居多。蛋白质或 DNA 分子在金属离子的选择性方面同样具有优势。

Willner 等选用 DNA 修饰的 CdSe 量子点可以选择性地识别 Hg^{2+} 和 Ag^{+}，如图 6.1。Benson 等利用金属蛋白修饰的 CdSe@ZnS 量子点对生物体内的 Pb^{2+} 进行选择性检测(图 6.2)。

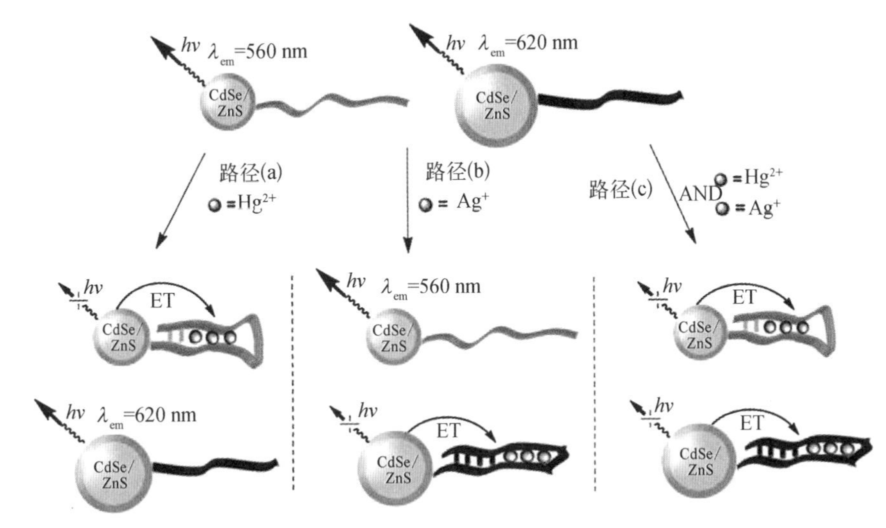

图 6.1　Ag^{+} 和 Hg^{2+} 致使量子点电子传输猝灭的示意图

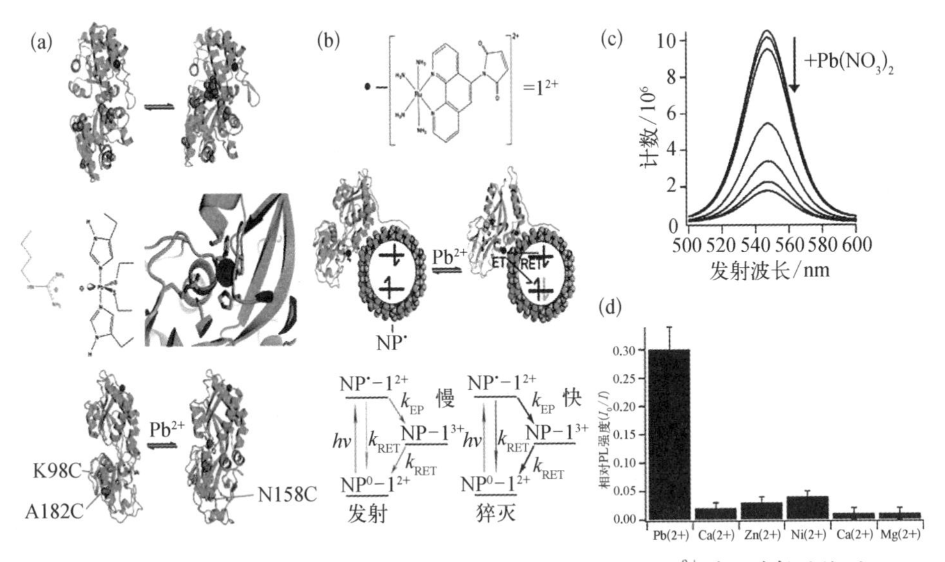

图 6.2　金属蛋白修饰的 CdSe@ZnS 量子点对生物体内的 Pb^{2+} 进行选择性检测

基于特定表面功能化的量子点具有非常高的选择性和灵敏度。为了防止其他金属离子直接相互作用的干扰，在量子点表面修饰上一层二氧化硅或聚合物，能够有效地防止这类猝灭的发生，并且修饰的壳层也会提高量子点的稳定性以及降低量子点的毒性，利于其在生物体的检测行为。

基于有机溶剂热法合成的量子点具有光化学稳定性好、荧光效率高以及荧光峰半高全宽窄等优点，而且合成方法最为成熟。遗憾的是，其疏水表面使其不具备水溶性，也不能与生物分子连接，因此在用于离子检测与生物标记时，必须对量子点进行表面修饰，使其具有水溶性和生物相容性。

针对油相合成的量子点，其水溶性与生物相容性可通过以下几种表面功能化修饰方法获得。

（1）通过巯基化合物进行修饰

该工艺主要是利用量子点表面的金属元素（Cd、Zn 等）与巯基之间较强的络合作用，基于巯基配体双功能分子来取代量子点表面的有机配体，使其从疏水性转变为亲水性，另一端的功能基团可与生物分子直接偶联。通常采用的巯基化合物包括巯基乙酸、巯基丙酸、巯基丁二酸、6，8－二巯基辛酸等（图 6.3），修饰后量子点表面的羧基可直接与生物分子进行偶联。

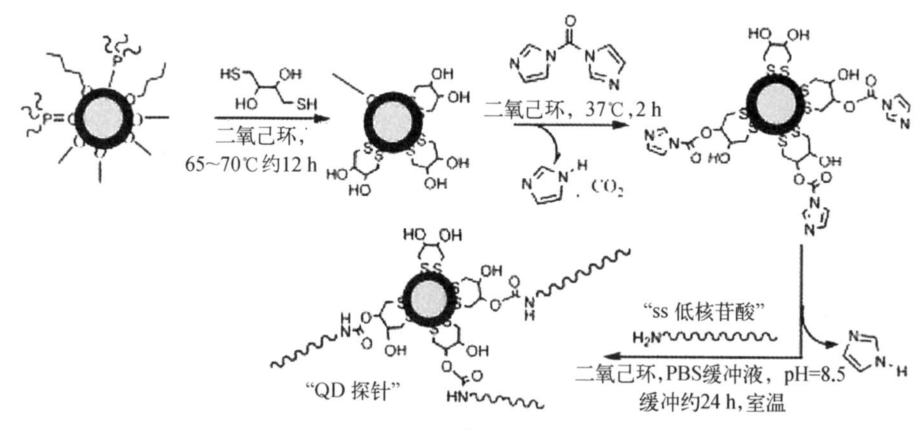

图 6.3　量子点表面修饰示意图

（2）通过硅烷化进行修饰

硅烷化的修饰主要利用量子点的表面结构与硅烷前驱体的相互作用实现二者之间的连接，然后利用前驱体的原位分解以实现对量子点进行硅烷化的目的。Alivisatos 等利用巯基与 Zn 之间的配位作用，首先以 3－(巯基丙基）三甲氧基硅烷取代量子点表面包覆的 TOPO，再将溶液调为碱性，使甲氧基硅烷水解，从而在量子点表面形成了一层带有二氧化硅/硅氧烷的壳，然后用双功能的甲氧基化合物（如氨基丙基三甲氧基硅烷、三甲氧基丙基脲等）进一步反应，使其表面嵌入所需基团，既能保证量子点具有较好的水溶性，又能与生物分子相连，从而实现对量子点表面的功能化修饰（图 6.4）。在此基础之上，Bakalova 等未经巯基交换，直接利用疏水作用使其表面结合一层硅烷化试剂，水解成核后经过进一步的硅烷化处理，得到了包裹有单个量子点的氨基化硅壳型荧光纳米颗粒。

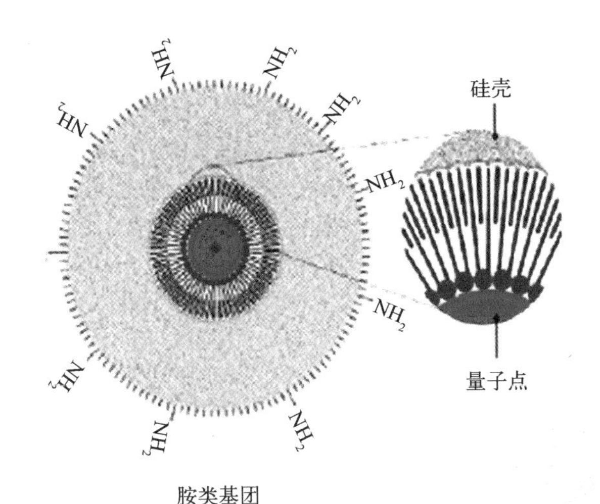

图 6.4　量子点表面形成二氧化硅/硅氧烷的壳示意图

(3) 通过聚合物进行修饰

该工艺直接将量子点包裹在亲水性的聚合物中，利用聚合物的特性实现量子点的水溶性以及与生物分子的偶联。采用聚合物对量子点进行修饰时，量子点不用做特殊处理，因而可保持其表面结构不受破坏，从而使量子点的荧光效率与稳定性得以维持。Dubertret 等将 CdSe/ZnS 量子点包覆在由聚乙二醇-磷脂酰乙醇胺(PEG - PE)和磷脂酰胆碱形成的嵌段共聚物胶囊中，并在胶囊表面引入伯胺以实现与氨基修饰的 DNA 之间的共价连接。Peng 等采用树型高分子 Dendron 修饰量子点，不仅可以提高量子点的水溶性和稳定性，而且 Dendron 末端的功能基团也表现出多样性。Peng 等又将量子点封闭在由 Generation - 3 (G3)Dendron 形成的空腔里，使得量子点可以耐受更加剧烈的化学、光化学以及热处理过程。这类修饰操作简单、直接、可控，但是 Dendron 合成比较困难。

(4) 通过静电作用进行修饰

该方法通过配体的电性能使量子点的表面带上特定的电荷，并采用静电引力与带电的生物分子进行连接。Mattoussi 研究小组首先将 CdSe/ZnS 量子点用二氢硫辛酸修饰，使其表面带上负电荷，然后通过静电吸附作用，与带有正电荷的工程蛋白或亲和素进行自组装，从而得到了表面功能化修饰的量子点，最终可进一步应用于荧光免疫分析等生物研究领域。

6.2　水溶性量子点

选取荧光波长分别为 538 nm 以及 620 nm 的 CdSe/ZnS 纳米晶作为起始原料(图 6.5)。将纯化后的纳米晶溶于 20 mL 氯仿，通过控制纳米晶的添加量将稀释后溶液的吸光度调为 0.2。然后加入 2 mL 马来海松酸酐(Maleopimaric

Anhydride，MPA)，并在 60℃下超声波振荡 60 min。将获得的悬浮液在 8 000 r/min速度下进行离心分离。量子点表面游离的 MPA 使用氯仿重复洗涤/离心 4 次，获得的沉淀真空干燥后在氮气保护下避光保存。将获得的水溶性量子点溶于磷酸盐缓释液进行性能测试。磷酸缓冲液配置过程：称取 52.00 mg $NaH_2PO_4 \cdot 2H_2O$，119.38 mg $Na_2HPO_4 \cdot 12H_2O$，加入 20 mL 去离子水，磁力搅拌后得到磷酸盐缓释液(pH＝7.35)。通过改变 $NaH_2PO_4 \cdot 2H_2O$ 与 $Na_2HPO_4 \cdot 12H_2O$ 的相对摩尔比进行 pH 值的调节。

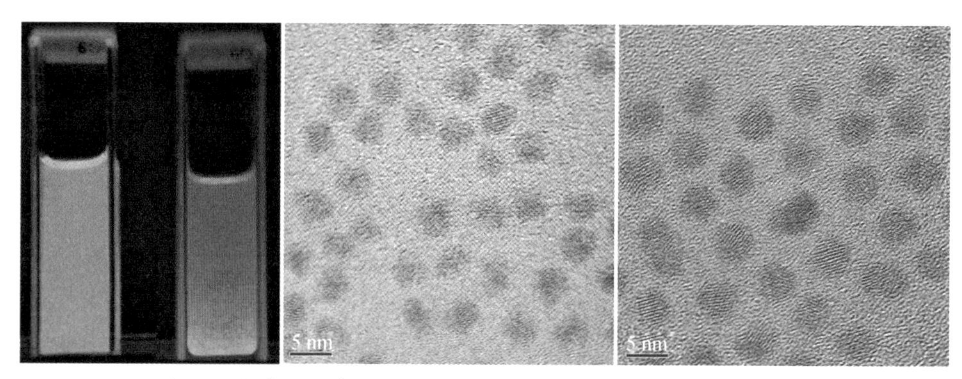

图 6.5 绿色及红色荧光 CdSe/ZnS 纳米晶的实物及其 TEM 照片

利用巯基类化合物进行配体交换主要基于巯基和镉或锌等金属离子较强的结合能力。上述交换方法无须特殊的设备及工艺，因而在水溶性量子点的制备中得到广泛采用。使用 MPA 进行配体交换时，MPA 中的巯基与量子点表面的 Zn 原子结合，游离的羧基使量子点具有可溶性，见图 6.6(a)。氯仿与水在共存的条件下将形成稳定的界面。在进行配体交换前，表面包覆油胺的 CdSe/ZnS 纳米晶溶于氯仿位于下层。进行配体交换后，纳米晶转移至水相，位于上层。配体交换后 CdSe/ZnS 纳米晶的傅里叶转换红外光谱见图 6.6(b)，基于标准图谱

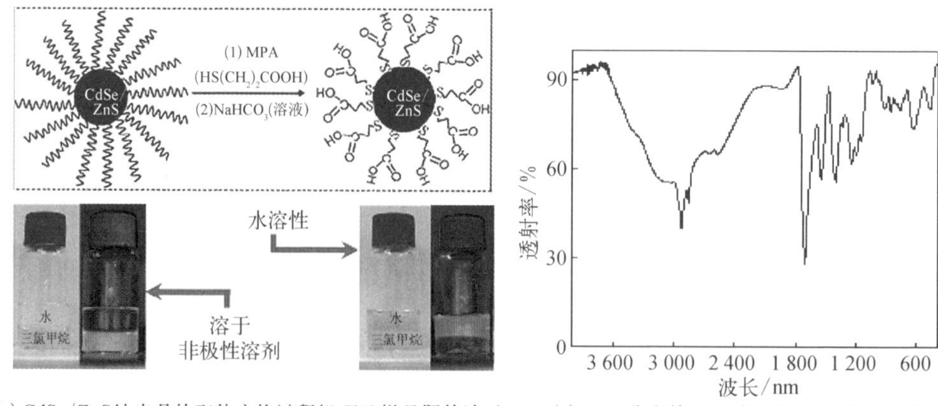

(a) CdSe/ZnS纳米晶的配体交换过程机理及样品照片演示　(b) MPA稳定的CdSe/ZnS纳米晶的红外谱图

图 6.6 CdSe/ZnS 纳米晶的配体交换过程

的比较表明 MPA 成功取代了纳米晶表面的油胺。样品的红外谱图显示在 3 425～3 034 cm^{-1}有一宽的吸收峰，这是由于巯基丙酸形成分子间多聚体的羟基伸缩振动；在 1 702 cm^{-1}处有一强的吸收峰，这是形成多聚体的巯基丙酸的羧基的特征吸收；$—CH_3$的伸缩振动在 2 935 cm^{-1}；巯基的伸缩振动谱带较弱，位于 2 574 cm^{-1}处，表明化合物中含有巯基；2 662 cm^{-1}为 $S—CH_2$的特征吸收。

配体交换前后纳米晶吸收峰的位置与宽度仅相差 0.5 nm，表明上述工艺并未导致纳米晶的尺寸与尺寸分布出现变化。然而配体交换过程导致纳米晶荧光效率的显著降低。对红色荧光的 CdSe/ZnS 纳米晶，配体交换前其在氯仿中的量子点产率为 65%，而 MPA 包覆的纳米晶在水溶液中的荧光量子产率仅为 13%。而对绿色荧光的 CdSe/ZnS 量子点，使用 MPA 进行配体交换后其荧光效率仅降低一半（从 69%降至 34%，图 6.7），两种量子点不同的 ZnS 厚度是造成上述结果的主要原因。TEM 的测试结果表明，对于绿色荧光 CdSe/ZnS，其 ZnS 层的厚度为 0.8 nm，而红色荧光 CdSe/ZnS 的 ZnS 层的厚度仅为 0.4 nm。上述结果表明厚的 ZnS 层有利于提高 CdSe/ZnS 的荧光稳定性。

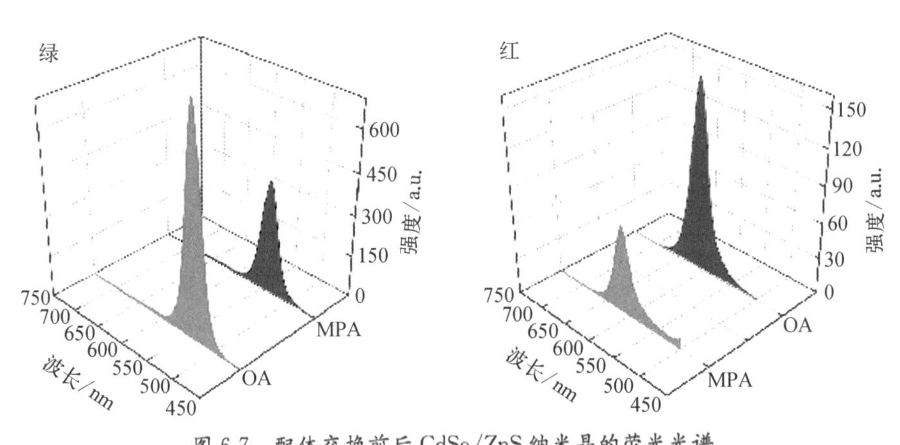

图 6.7　配体交换前后 CdSe/ZnS 纳米晶的荧光光谱

基于绿色荧光 CdSe/ZnS 纳米晶（图6.8），配体交换后的水溶性量子点的荧光量子点产率高达 34%，从而为无机离子的高分辨测定奠定了基础。量子点良好的荧光稳定性是其作为荧光探针的前提。MPA 稳定的 CdSe/ZnS 纳米晶在大气环境下体现出良好的稳定性，放置 48 h 后其荧光衰减仅为 2.5%，如图 6.9(a) 所示。在对量子点进行荧光性能测试时，测试过程中的紫外激发同样会对量子点的荧光强度产生影响。实验过程中采用同样的测试参

图 6.8　配体交换前（左）后（右）CdSe/ZnS 纳米晶（PL 539 nm）在紫外光照下的照片

数对 CdSe/ZnS 连续进行 10 次扫描。随着扫描次数的增多,量子点的荧光强度呈微弱衰减趋势,10 次扫描造成的荧光衰减仅为 3.25%[图 6.9(b)]。

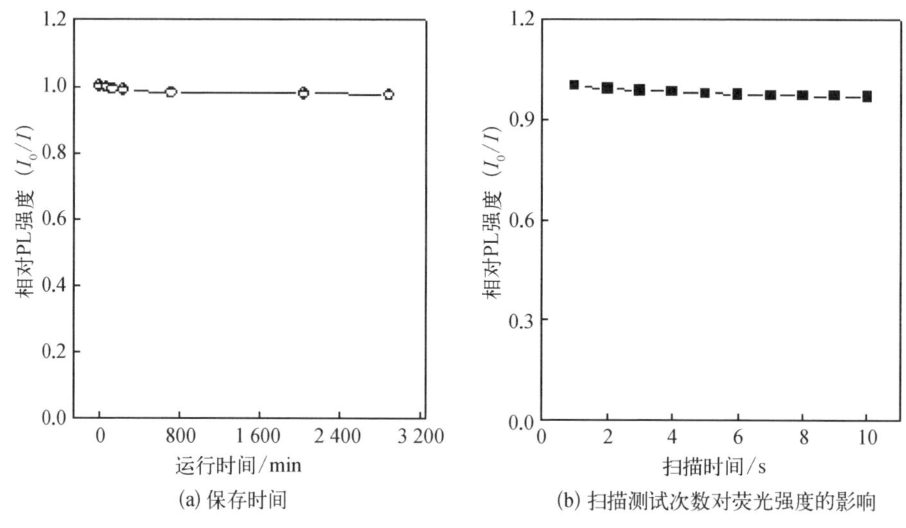

(a) 保存时间　　(b) 扫描测试次数对荧光强度的影响

图 6.9　MPA 稳定的 CdSe/ZnS 纳米晶

缓释液 pH 对 CdSe/ZnS 纳米晶荧光强度的影响见图 6.10。当 pH 在 5.08～8.89 变化时,荧光强度的变化幅度最大仅为 16%。而针对水溶性的 CdS 和 CdTe 量子点,在酸性条件下其荧光几乎完全猝灭。量子点的表面状态是影响量子点荧光效率的关键因素。对 CdS 和 CdTe 量子点,其荧光效率主要取决于表面配体的包覆情况。配体的结构与状态与溶液环境的酸碱度密切相关,从而导致 pH 值对量子点的荧光效率产生显著影响。而对 CdSe/ZnS 纳米晶,ZnS 对载流子的限域是其高效荧光性能的主要原因,而无机的 ZnS 受环境酸碱性的

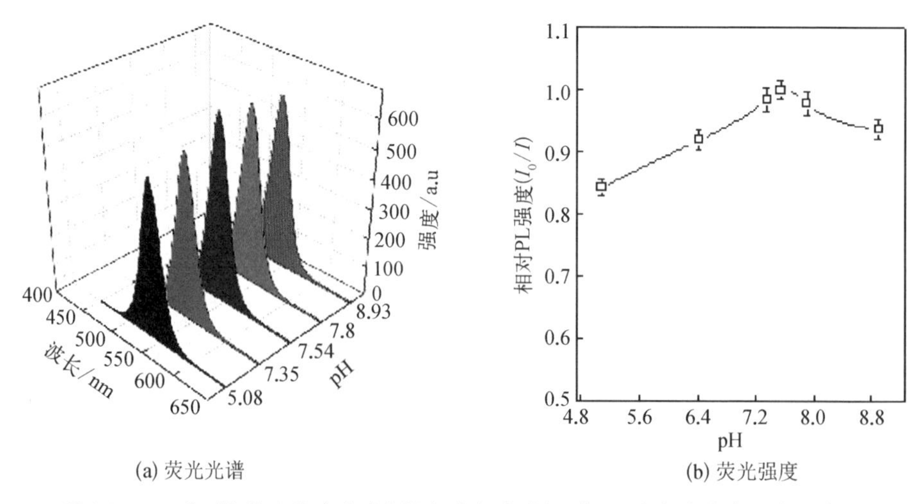

(a) 荧光光谱　　(b) 荧光强度

图 6.10　不同 pH 值的缓冲液对 MPA 稳定的 CdSe/ZnS 纳米晶荧光性能的影响

影响较小，从而使其在较宽的pH范围内维持良好的荧光效率。随着pH的增大，CdSe/ZnS量子点的荧光强度先逐渐升高，并在pH为7.54时达到最高值，随后量子点的荧光强度随pH的进一步增大而降低。为了使离子的监测具有更高的分辨率，以下实验基于pH=7.54的缓释液进行Pb^{2+}浓度的测定。

6.3　CdSe/ZnS量子点对金属离子的选择性测试

6.3.1　实验过程

(1) CdSe/ZnS量子点对金属离子的选择性测试

配制相同浓度的Pb^{2+}、Ba^{2+}、Cu^{2+}、Fe^{3+}、Mg^{2+}、Ag^{+}、Co^{2+}、Zn^{2+}溶液(0.05 mol/L，2 mL)，各取10 μL上述溶液分别加入溶解CdSe/ZnS量子点的缓释液中(2 mL，pH 7.35，吸光度0.2)，摇匀放置5 min，然后采用Cary Eclipse型荧光分光光度计对其进行荧光强度的测定，光电倍增管(Photomultiplier Tube，PMT)电压设置为600 V，激发波长为430 nm，激发和发射狭缝宽度均为5.0 nm。

(2) Pb^{2+}的测定

在5 mL试管中依次加入一定量的Pb^{2+}以及2 mL量子点溶液，用磷酸盐缓释液定容。室温下放置5 min后，用Cary Eclipse型荧光分光光度计测定荧光强度，PMT电压设置为600 V，激发波长为430 nm，激发和发射狭缝宽度均为5.0 nm。按同样方法作试剂空白对照(即没有加入Pb^{2+}时的情况，荧光强度记为I_0)，并计算出二者的相对荧光强度I_0/I。

6.3.2　不同金属离子对量子点荧光强度的影响

本实验选用荧光波长为539 nm的水溶性CdSe/ZnS量子点作为荧光探针，首先考察了不同种类的金属阳离子对其荧光强度的影响，见图6.11。由图6.11可知，Pb^{2+}、Cu^{2+}、Ag^{+}溶液中，量子点产生了显著荧光猝灭，而在Cd^{2+}、Ba^{2+}、Co^{2+}、Mg^{2+}、Zn^{2+}等金属离子存在的溶液中，量子点的荧光强度无明显变化(最高变化幅度为4%)。这一研究结果表明，MPA包裹的CdSe/ZnS量子点可以作为一种新型荧光探针用于Pb^{2+}、Cu^{2+}和Ag^{+}的直接检测。此外，针对Cu^{2+}和Ag^{2+}，量子点的荧光猝灭同时伴随了其吸收峰的蓝移(4 nm)与红移(5 nm)，而Pb^{2+}的加入并未对量子

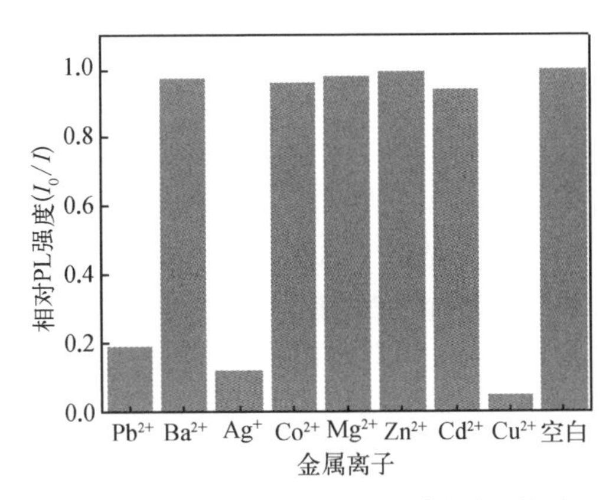

图6.11　不同金属离子对MPA稳定的CdSe/ZnS量子点荧光强度的影响

点的吸收与荧光波长产生影响。上述结果表明,MPA 稳定的 CdSe/ZnS 纳米晶对 Pb^{2+} 具有良好的选择性。

针对 Cu^{2+} 和 Ag^{+} 的检测,基于水溶性 CdS 和 CdTe 量子点的研究已经较为成熟。重金属离子以其显著的生物毒性和环境危害性而引起人们的高度重视。欧洲议会已经严格限制铅在电子产业中的应用以避免其排放对地下水质的污染。而美国国家环保局(Environmental Protection Agency,EPA)已明确规定,饮用水中 Pb^{2+} 的浓度不得超过 15 μg/L。基于有机染料、DNAzymes 以及金属调节蛋白的离子探针已经在 Pb^{2+} 的检测中得到应用,但其监测极限通常在 0.1 μmol/L 左右,而且对多种离子都具有响应。上述实验结果表明,水溶性的 CdSe/ZnS 纳米晶仅对 Ag^{+}、Cu^{2+} 等少数离子具有响应,表现出较好的选择性。

6.3.3 CdSe/ZnS 量子点对 Pb^{2+} 的定量检测

针对 Pb^{2+},其浓度对 CdSe/ZnS 纳米晶荧光的猝灭曲线见图 6.12。随着 Pb^{2+} 浓度的增大,量子点的荧光强度呈单调递减的趋势,而量子点的荧光波长在整个过程中仅有微量变化(539~540 nm)。

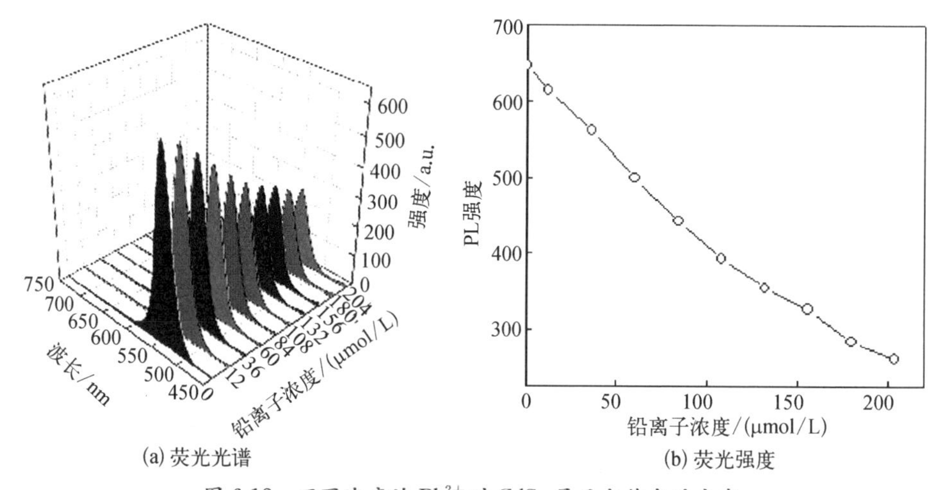

(a) 荧光光谱　　(b) 荧光强度

图 6.12　不同浓度的 Pb^{2+} 对 CdSe 量子点荧光的衰减

图 6.13 同样对比了 Pb^{2+} 对不同浓度量子点溶液的荧光猝灭情况,发现在相同的 Pb^{2+} 浓度下,低浓度量子点溶液的猝灭更为显著,因而可以提高检测的分辨率。但当溶液的吸光度为 0.08 时,量子点的相对荧光强度仅在 Pb^{2+} 的浓度小于 48 μmol/L 时与离子浓度呈较好的线性关系。对于吸光度为 0.15 的 CdSe/ZnS 纳米晶,其相对荧光强度在很宽的离子浓度范围内(12~252 μmol/L)显示出良好的线性关系。此时,通过计算后得到回归方程为 $I_0/I=1+6.13\times10^{-3}c$($c$ 为浓度,单位为 μmol/L),线性相关系数 R^2 为 0.981。同时,以空白的 3 倍标准偏差除以标准曲线的斜率得出本方法的检测下限为 3.3 μmol/L。

针对吸光度为 0.15 的 CdSe/ZnS 量子点溶液，其对 Pb^{2+} 的检测下限仅为 3.3 μmol/L，远高于美国国家环保局对饮用水中 Pb^{2+} 浓度的限制。为了进一步提高离子的检测分辨率，实验中采用吸光度为 0.05 的 CdSe/ZnS 量子点溶液进行 Pb^{2+} 的高分辨检测。当 Pb^{2+} 浓度在 0.12～3 μmol/L 内量子点的相对荧光强度与离子的浓度具有良好的线性关系，如图 6.14 所示。经线性拟合得到回归方程为 $I_0/I=1+0.200\,24c$（c 的单位为 μmol/L），线性相关系数 R^2 为 0.983。以空白的 3 倍标准偏差除以标准曲线的斜率得出此时的检测下限为 0.03 μmol/L。

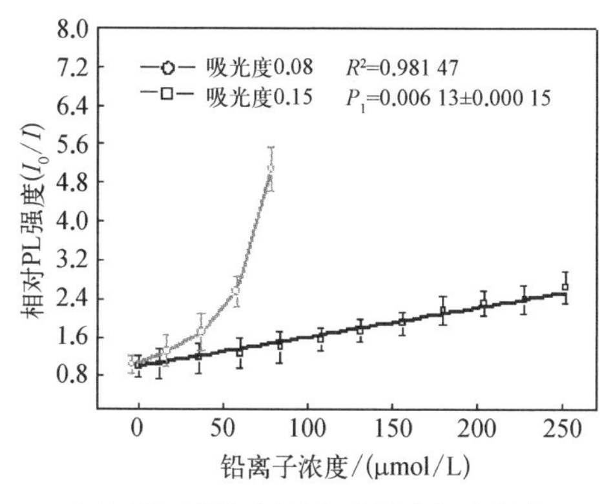

图 6.13　CdSe/ZnS 纳米晶的相对荧光强度随 Pb^{2+} 浓度的变化关系

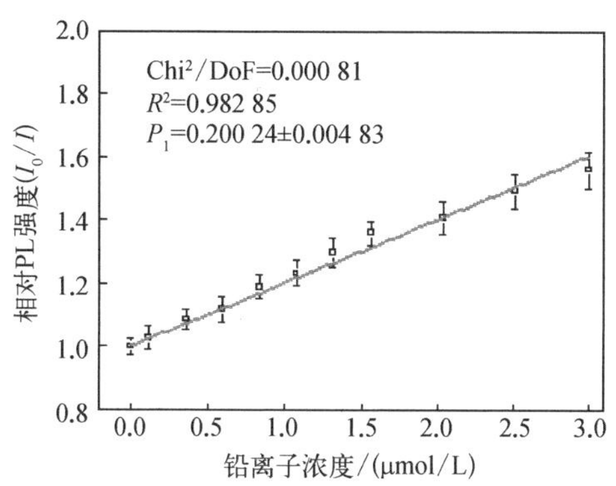

图 6.14　CdSe/ZnS 纳米晶(吸光度：0.05)的相对荧光强度随 Pb^{2+} 的变化关系

6.3.4　Pb^{2+} 对量子点荧光猝灭机理的探讨

量子点的荧光猝灭可以通过能量转移、电荷转移或者是表面吸附离子对量子点表面成分的改变等方式产生。重金属离子与 S 等非金属离子比 ZnS 具有更高的亲和势，因而 Pb^{2+} 取代量子点表面的 Zn^{2+} 是导致量子点荧光的猝灭的潜在因素。针对该情况，量子点表面成分的改变将导致其能带结构发生变化，导致吸收峰与荧光峰的移动。但在本实验中，量子点荧光的猝灭并不伴随吸收峰与荧光峰位置的变化，表明上述假设不是本实验中量子点荧光猝灭的主要原因。Pb^{2+} 与 MPA 中羧基的配位是造成量子点荧光猝灭的另一潜在原因。由于 MPA 呈酸性，若上述假设成立，量子点对 Pb^{2+} 的猝灭将与 pH 值相关。不同 pH 值的 CdSe/ZnS 纳

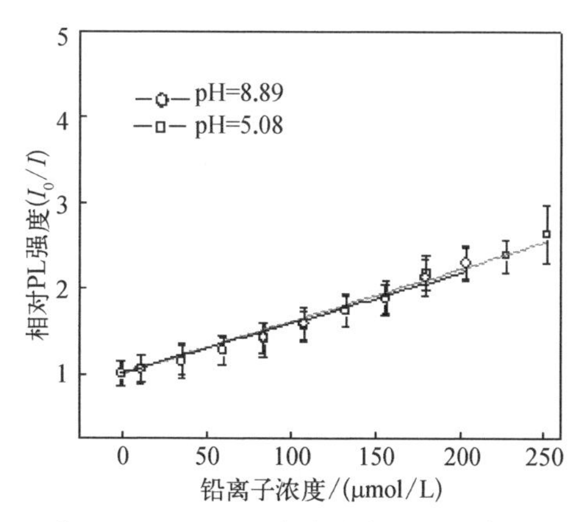

图 6.15　不同 pH 值的缓冲液 CdSe/ZnS 纳米晶的相对荧光强度随 Pb^{2+} 的变化关系(吸光度 0.15)

米晶对 Pb^{2+} 的检测见图6.15。pH 为5.08 与 PH 为 8.89 时对应的曲线几乎重合，检测极限分别为 3.3 μmol/L 与 3.5 μmol/L，因此上述假设同样不能成立。

量子点表面配体的缺失也将导致其荧光强度的下降。针对本实验，Pb－S 的溶度积常数为 3×10^{-7}，远小于 Zn－S 的相应值（2×10^{-7}）。因此，加入 Pb^{2+} 后量子点表面的 MPA 将优先与其结合。量子点的水溶性与荧光性能与表面配体的包覆密切相关，量子点表面局部的配体缺失也将导致其荧光效率的显著降低。同时，当加入溶液中的 Pb^{2+} 的浓度超过 0.5 mmol/L 时，溶液中将出现絮状沉淀，表明量子点出现团聚，从而进一步验证了 Pb^{2+} 与 CdSe/ZnS 量子点表面 MPA 的剥离。

参考文献

[1] Yoon H C, Oh J H, Lee S, et al. Circadian-tunable perovskite quantum dot-based down-converted multi-package white LED with a color fidelity index over 90. Scientific Reports, 2017, 7(1): 2808.

[2] Siontas S, Li D, Wang H, et al. High-performance germanium quantum dot photodetectors in the visible and near infrared. Materials Science in Semiconductor Processing, 2019, 92: 19－27.

[3] Huang H, Cui Y, Liu M, et al. A one-step ultrasonic irradiation assisted strategy for the preparation of polymer-functionalized carbon quantum dots and their biological imaging. Journal of Colloid and Interface Science, 2018, 532: 767－773.

[4] Meng Y, Zhang Y, Sun W, et al. Biomass converted carbon quantum dots for all-weather solar cells. Electrochimica Acta, 2017, 257: 259－266.

[5] Bai Z, Yan F, Xu J, et al. Dual-channel fluorescence detection of mercuric (Ⅱ) and glutathione by down- and up-conversion fluorescence carbon dots. Spectrochimica Acta－Part A: Molecular and Biomolecular Spectroscopy, 2018, 205: 29－39.

[6] Wang Y, Yang M, Ren Y, et al. Cu-Mn codoped ZnS quantum dots-based ratiometric fluorescent sensor for folic acid. Analytica Chimica Acta, 2018, 1040: 136－142.

[7] Zheng H, Zheng P, Zheng L, et al. Nitrogen-Doped graphene quantum dots synthesized by C_{60}/Nitrogen plasma with excitation-independent blue photoluminescence emission for sensing of ferric ions. Journal of Physical Chemistry C, 2018, 122(51): 29613－29619.

[8] Hu J, Li Y, Li Y, et al. Single quantum dot-based nanosensor for sensitive detection of O-GlcNAc transferase activity. Analytical Chemistry, 2017, 89(23): 12992－12999.

[9] Gattas K A, Leblanc R M. Peptide-coated CdS quantum dots for the optical detection of copper (Ⅱ) and silver (Ⅰ). Chemical Communications, 2003(21): 2684－2685.

[10] Singh N, Mulrooney R C, Kaur N, et al. A nanoparticle based chromogenic chemosensor for the simultaneous detection of multiple analytes. Chemical Communications, 2008(40): 4900－4902.

[11] Volker J, Zhou X Y, Ma X D, et al. Semiconductor nanocrystals with adjustable hole acceptors: Tuning the fluorescence intensity by metalion binding. Angewandte Chemie-International Edition, 2010, 49(38): 6865 - 6868.

[12] Frasco M F, Vamvakaki V, Chaniotakis N. Porphyrin decorated CdSe quantum dots for direct fluorescent sensing of metal ions. Journal of Nanoparticle Research, 2010, 12(4): 1449 - 1458.

[13] Li H B, Zhang Y, Wang X Q, et al. Calixarene capped quantum dots as luminescent probes for Hg^{2+} ions. Materials Letters, 2007, 61(7): 1474 - 1477.

[14] Freeman R, Finder T, Willner I. Multiplexed analysis of Hg^{2+} and Ag^{+} ions by nucleic acid functionalized CdSe/ZnS quantum dots and their use for logic gate operations. Angewandte Chemie-International Edition, 2009, 48(42): 7818 - 7821.

[15] Shete V S, Benson D E. Protein design provides lead (Ⅱ) ion biosensors for imaging molecular fluxes around red blood cells. Biochemistry, 2008, 48(2): 462 - 470.

[16] Wuister S F, Swart I, Van Driel F, et al. Highly luminescent water-soluble CdTe quantum dots. Nano Letters, 2003, 3(4): 503 - 507.

[17] Mitchell G P, Mirkin, C A, Letsinger R L. Programmed assembly of DNA functionalized quantum dots. Journal of the American Chemical Society, 1999,121(35): 8122 - 8123.

[18] Mattoussi H, Mauro J M, Goldman E R, et al. Self-Assembly of CdSe-ZnS quantum dot bioconjugates using an engineered recombinant protein. Journal of the American Chemical Society, 2000, 122(49): 12142 - 12150.

[19] Pathak S, Choi S K, Arnheim N, et al. Hydroxylated quantum dots as luminescent probes for in situ hybridization. Journal of the American Chemical Society, 2001, 123(17): 4103 - 4104.

[20] Zhou D, Lin M, Chen Z, et al. Simple synthesis of highly luminescent water-soluble CdTe quantum dots with controllable surface functionality. Chemistry of Materials, 2011, 23(21): 4857 - 4862.

[21] Schroedter A, Weller H, Eritja R, et al. Biofunctionalization of silica-coated CdTe and gold nanocrystals. Nano Letters, 2002, 2(12): 1363 - 1367.

[22] Gerion D, Pinaud F, Williams S C, et al. Synthesis and properties of biocompatible water-soluble silica-coated CdSe/ZnS semiconductor quantum dots. Journal of Physical Chemistry B, 2001, 105(37): 8861 - 8871.

[23] Parak W J, Gerion D, Alivisatos A P, et al. Conjugation of DNA to silanized colloidal semiconductor nanocrystalline quantum dots. Chemistry of Materials, 2002, 14(5): 2113 - 2119.

[24] Zhelev Z, Ohba H, Bakalova R. Single quantum dot-micelles coated with silica shell as potentially non-cytotoxic fluorescent cell tracers. Journal of the American Chemical Society, 2006, 128(19): 6324 - 6325.

[25] Dubertret B, Skourides P, Albert L, et al. In Vivo imaging of quantum dots

encapsulated in phospholipid micelles. Science, 2002, 298(5599): 1759 - 1762.
[26] Wang Y A, Li J J, Peng X, et al. Stabilization of inorganic nanocrystals by organic dendrons. Journal of the American Chemical Society, 2002, 124(10): 2293 - 2298.
[27] Guo W, Li J J, Peng X, et al. Conjugation chemistry and bioapplications of semiconductor box nanocrystals prepared via dendrimer bridging. Chemistry of Materials, 2003, 15(16): 3125 - 3133.
[28] Guo W, Li J J, Peng X, et al. Luminescent CdSe /CdS core /shell nanocrystals in dendron boxes: superior chemical, photochemical and thermal stability. Journal of the American Chemical Society, 2003, 125(13): 3901 - 3909.
[29] Clapp A R, Mauro J M, Mattoussi H. Fluorescence resonance energy transfer between quantum dot donors and dye-labeled protein acceptors. Journal of the American Chemical Society, 2004, 126(1): 301 - 310.
[30] Luan W, Yang H, Wan Z, et al. Mercaptopropionic acid capped CdSe/ZnS quantum dots as fluoresence probe for Lead(Ⅱ). Journal of Nanoparticle Research, 2012, 14(3): 762.
[31] 张宇,付德刚,蔡建东,等.CdS 纳米粒子的表面修饰及其对光学性质的影响.物理化学学报,2000, 16(5): 431 - 436.
[32] 杨洪伟.CdSe 量子点高温合成微反应系统及工艺研究.上海: 华东理工大学,2009.

第 7 章

量子点在太阳能电池中的应用

7.1 概述

随着经济的飞速发展，煤、石油、天然气等不可再生资源即将消耗殆尽，同时也引起了环境的急剧恶化，能源危机和环境污染成为当代制约经济及社会发展的重要因素。人类社会所面临的这一难题与我们每一个人都息息相关，是全球关注的焦点话题。21 世纪初期，全球能源结构开始由化石燃料为主体的不可再生能源系统向可再生能源为基础的可持续能源系统转变。探索新的、复合型、多样化、低成本的可再生能源，已经得到各个国家和地区政府、科学界乃至企业界的广泛重视，并投入大量经费进行支持。

可再生能源包括水能、风能、太阳能、潮汐能、地热能及生物能等。其中太阳能资源极其丰富，并具有绿色、清洁、无污染等独特的优势，使得人们对太阳能的开发利用非常渴望。对太阳能的利用主要有光和热及光伏发电等几种形式，其中光伏发电是通过太阳能电池实现光-电直接转换的过程，是太阳能利用的最简单有效的途径。经过多年的科学研究，太阳能光伏发电器件在开发利用太阳能方面表现出极大的潜力。有科学家从理论上判断，在不久的未来光伏发电可能从根本上改变能源生产、供应和消费方式，给能源发展带来前所未有的新格局。

太阳能电池的发展起源于 1839 年法国科学家 E. Becquerel 发现的光生伏特效应(光伏现象)。1883 年，Fritts 发明了硒薄膜太阳能电池，成为太阳能发展史上的里程碑。1954 年 Chapin 等在贝尔实验室成功开发出了光电转换效率达到 6%的单晶硅太阳能电池，是太阳能电池研究的重大进展，同时硅太阳能电池应用逐渐转入太空领域。1959 年，以砷化镓为代表的多晶硅太阳能电池问世，光电转换效率达 13%。第二代太阳能电池，铜铟镓硒(CuInGaSe，CIGS)薄膜太阳能电池的研究起始于 20 世纪 80 年代初，经过 30 多年的研究，目前铜铟镓硒太阳能电池在光电转换效率、性能稳定性和大面积生产工艺方面都有了突破性进展。据报道，小面积 CIGS 电池的效率已超过了 20%，大面积的电池效率也达到了 18.72%。1991 年，以纳米晶染料敏化太阳能电池为首的新型太阳能电池问世，能量转换效率达到 7%，之后达到 12%，近年利用卟啉染料的染料敏化太阳能电池效率已高达 12%～13%，全固态染料敏化太阳能电池效率也达到了

11%。与此同时，有机薄膜太阳能电池、量子点敏化太阳能电池、聚合物太阳能电池、钙钛矿太阳能电池等第三代新型太阳能电池也发展迅猛，2018 年中国科学院游经碧团队开发出转换效率为 23.7%的钙钛矿太阳能电池。

目前，太阳能电池领域中研究最成熟的是无机单晶硅、多晶硅及非晶硅太阳能电池，它们的性能稳定，转化率高(20%～26%)，已经投入实际应用。但由于高纯硅的制备本身需要耗能，成本居高不下。另一类研究较早的无机太阳能电池原料是以砷化镓、碲化铬为代表的Ⅲ-Ⅴ或Ⅱ-Ⅵ族化合物(包括目前很热的铜铟镓硒类多元化合物)，它们也有较高的光电转化效率(最高达 29%)，但由于其中一些元素地壳含量较低，如 In、Ga 等；或有环境污染问题，如 As、Cd 等，这类电池的发展也受到一定的限制。

有机无机杂化太阳能电池和有机(包括高分子)太阳能电池，虽然尚未发展到实际应用的水平，但它们取材广泛，性能提升空间较大，是目前学术界广泛研究的热点。这类电池统称为第三代太阳能电池，包括染料敏化太阳能电池、量子点敏化太阳能电池及聚合物太阳能电池。其中聚合物太阳能电池具有制作方法简单、重量轻、成本低、适宜柔性制作等特点。更重要的是它可通过分子设计和合成新型半导体聚合物或有机分子，方便地调控器件性能，成为太阳能电池发展中的一个新亮点。

此外，无机半导体纳米晶具有随尺寸与形貌变化的能带结构，可实现吸收谱带与太阳光谱的较高匹配度；同时不连续的能带结构可使高于半导体禁带宽度的能量得到有效利用，对提高太阳光的利用率具有显著的作用。特别是某些半导体纳米晶(例如 PbS，PbSe)吸收一个光子后能够产生多个电子-空穴对(即激子)，使得吸收的能量得到最大程度的利用。因此，将半导体纳米晶与聚合物太阳能电池相结合，可使器件具有更高的理论效率，应用前景非常广泛。

聚合物太阳能电池是一类基于共轭聚合物作为电池给受体材料的薄膜太阳能电池。该种太阳能电池具有加工方法简单，成本低，重量轻，柔性好等优势。但由于其受限于有机材料有限的光活性范围、特有的寿命及老化现象、极低的电子转移速率，其研究与发展倍受阻碍。纳米晶与聚合物复合太阳能电池是在聚合物太阳能电池的基础上改进而来的一类新型太阳能电池类型。该电池主要借助纳米晶与聚合物两种体系作为太阳能电池中给受体材料，凭借纳米晶特有的光学性能随尺寸与形貌可调的优势，可很好地调控太阳能电池对太阳光谱的响应，提高对太阳光的利用率。加上无机纳米晶特有的优于有机材料的本征电子迁移，有望使太阳能电池的转换效率得到较大的提高，特别是载流子雪崩效应的发现更令人备受鼓舞。理论研究显示，基于纳米晶的雪崩效应的太阳能电池其理论光电转换效率可以突破传统电池理论转换的上限值，真正实现对太阳能的高效利用。

7.1.1　太阳能电池的工作原理

太阳能电池是基于光生伏特效应，将太阳能直接转换为电能的简单装置，因此太阳能电池也称作光伏器件。光伏器件是目前开发利用太阳能的主要途径，当太阳光入射在半导体 p－n 结上，半导体受激发产生电子-空穴对，在 p－n 结的内建电场作用下，电子由 p 区域流向 n 区域，而空穴则反之，由 n 区域流向 p 区域。太阳能电池装置及载流子流向示意图如图 7.1 所示，电子和空穴各自传递到相应电极，形成电流。

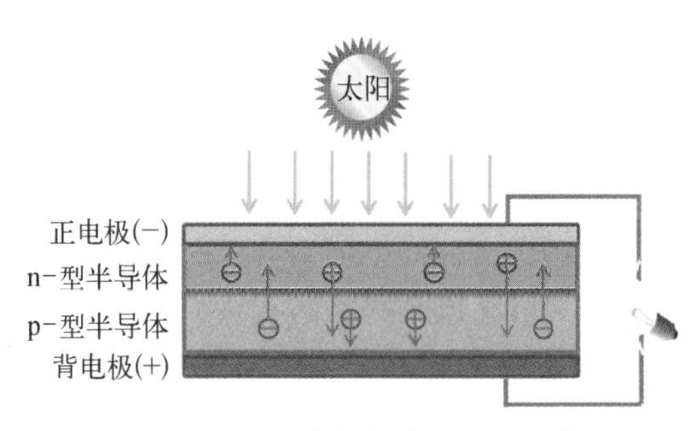

图 7.1　太阳能电池的原理示意图

7.1.2　纳米晶在太阳能电池中的应用

半导体纳米晶由于其优异的光学、电学性能以及制备成本低、易大规模生产等特点，已成为一类理想的太阳能电池材料。半导体纳米晶高效的本征载流子迁移，有利于太阳能电池器件中电子-空穴对的快速传输，且纳米晶具有能带结构随尺寸与形貌变化而变化的可控性，使得其对太阳光的吸收范围扩展到近红外乃至红外波段，极大地提高了纳米晶的吸收光谱与太阳光谱的重合率。理论研究表明：基于纳米晶的太阳能电池光电转换效率可提高到 60%，有望突破目前光伏器件转换效率的上限，显示出巨大的发展潜力。

目前，基于纳米晶的太阳能电池类别主要包括三大类，分别是半导体纳米晶-金属肖特基太阳能电池、纳米晶敏化太阳能电池和纳米晶聚合物复合太阳能电池，其结构示意图如图 7.2 所示。

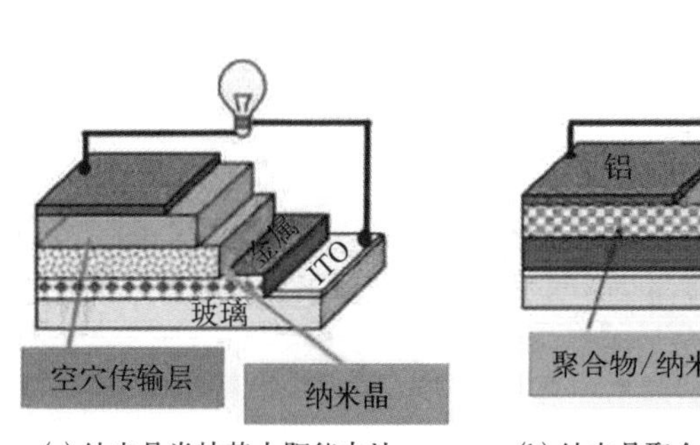

(a) 纳米晶肖特基太阳能电池

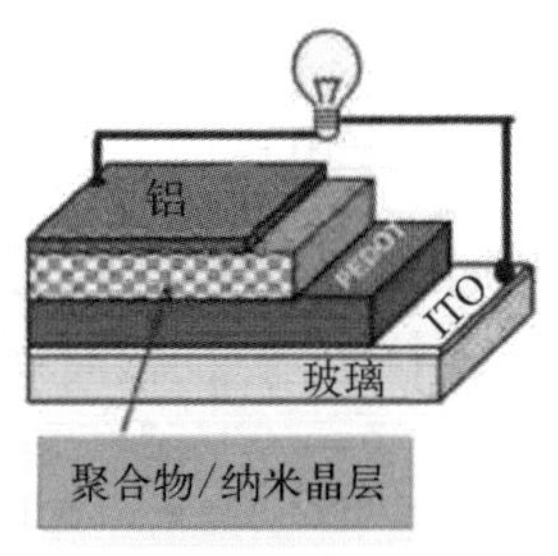

(b) 纳米晶聚合物太阳能电池

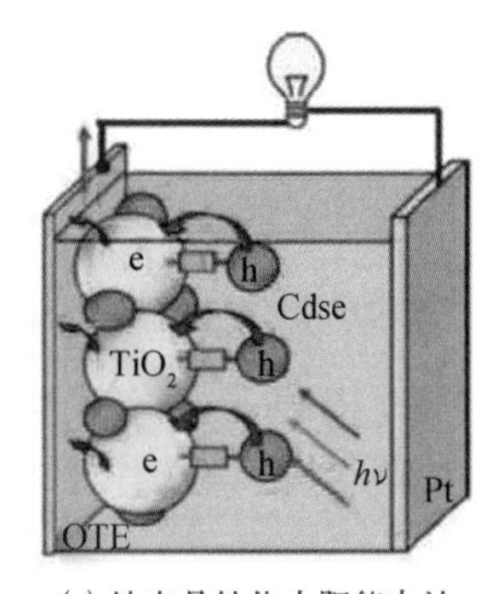

(c) 纳米晶敏化太阳能电池

图 7.2　基于纳米晶的太阳能电池的结构示意图

7.2 量子点聚合物太阳能电池结构设计

7.2.1 传统结构电池的特点

有机聚合物太阳能电池近年来已引起人们的研究兴趣，其电池结构主要基于传统的ITO[①]/PEDOT[②]∶PSS[③]/活性层/Al结构，其结构示意图和载流子运行示意图如图7.3(a)和(b)所示。在该结构中，常采用透明导电玻璃ITO作为太阳能电池的正极，用于收集空穴。PEDOT∶PSS为空穴传输介质，由于PEDOT∶PSS的功函数为5.1 eV，比ITO电极的功函数高，PEDOT∶PSS作为空穴传输材料后有利于空穴在ITO电极的收集。活性层是由共轭聚合物和富勒烯衍生物等材料组成的给体受体混合层(在纳米晶聚合物太阳能电池体系中，活性层由纳米晶和有机聚合物组成)。该电池的光活性层在光照下，给受体材料吸收一定能量的光子后，电子被激发，跃迁至导带，从而形成电子空穴对(激子)，在给受体界面附近，激子分离形成载流子(电子和空穴)。在电池内建电场的作用下，电子和空穴分别沿着不同的路径运行至对应的电极，形成电流。Al金属电极常作为电池的负极收集电子。在有机聚合物太阳能电池中，其电子迁移率较低，且在激子分离后，激子的自由扩散距离通常较短(10 nm左右)。如果活性层偏厚，会导致激子还来不及扩散至给受体界面就发生复合，合理控制活性层厚度，和采用给受体混合型活性层是降低激子的复合率提高电池效率的两种重要途径。

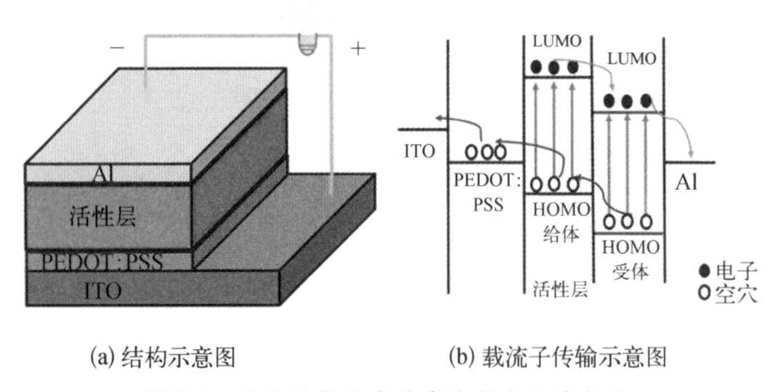

(a) 结构示意图　　(b) 载流子传输示意图

图7.3　传统结构纳米晶聚合物太阳能电池

在进行传统结构纳米晶聚合物太阳能电池制备时，通常采用旋涂工艺将酸性的PEDOT∶PSS水溶液涂覆在洁净的透明导电玻璃ITO上，用以有效传递

① ITO：氧化铟锡。
② PEDOT：聚乙撑二氧噻吩。
③ PSS：聚对苯乙烯磺酸。

空穴。但是，PEDOT：PSS 水溶液的酸性很大，会对透明导电玻璃 ITO 产生较大的腐蚀作用。在大气环境下，特别是在潮湿的情况下，PEDOT：PSS 与 ITO 的界面非常不稳定，极容易发生降解，从而降低太阳能电池的效率。同时，电池负极的活泼金属，如 Al 等极易和空气中的水和氧气发生反应，严重影响电池器件的稳定性和使用寿命。特别是当传统结构聚合物太阳能电池未经封装长时间暴露于空气中时，会造成电极的氧化和活性层的降解。同时，在金属电极的沉积过程中容易造成金属向活性层的渗透从而影响活性层的导电性。克服这些缺陷的一种方式就是在电池的活性层和金属电极之间增加一个缓冲层，以减少大气中氧等元素的渗透，提高电池的稳定性。溶液处理的 TiO_2、ZnO 等材料常作为改进型太阳能电池的缓冲层。

7.2.2　反向结构电池的特点

在改进型传统结构太阳能电池的基础上，采用反向倒置结构也是近年来较为常用的一种纯聚合物电池结构类型。在反向结构电池中，采用较高功函数的金属如 Ag、Au 等作为电池的正极，而透明导电玻璃如 ITO 等为电池的负极。反向结构太阳能电池的结构示意图和载流子传输示意图如图 7.4 所示。在该结构中，PEDOT：PSS 涂覆于活性层表面，避免了 PEDOT：PSS 与 ITO 界面不稳定的缺点，且有效减小了氧气向活性层的扩散。

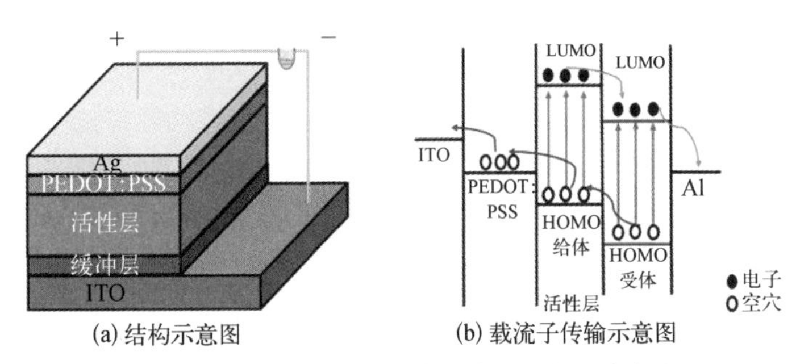

(a) 结构示意图　　(b) 载流子传输示意图

图 7.4　反向倒置结构纳米晶聚合物太阳能电池

中国科学院化学研究所谭占鳌等采用醇溶性螯合物钛(二异丙氧基)双(2，4-戊二酮)(TIPD)修饰 ITO 电极作为电池的负极，制备了反向结构纯有机聚合物太阳能电池，在标准太阳光照射下，该太阳能电池器件的光电转换效率比同等条件下传统正向结构有很大提高。Hau 等报道了基于 ITO/ZnO/P3HT①：PCBM②/PEDOT：PSS/Ag 的纯有机反向结构太阳能电池，该电池的性能远优于传统结构电池，特别是电池的稳定性有了较大改善。基于传统结构的电池置

① P3HT：聚 3-己基噻吩。
② PCBM：富勒烯衍生物，[6，6]-苯基-C61-丁酸异甲酯。

于室温下 4 天后几乎没有转换效率，而反向结构的电池其转换效率仍能保持原有效率的 80%。

电子迁移率高的 ZnO、TiO_2、V_2O_5 等都是理想的负极缓冲层，能有效地收集电子。但是这些氧化物材料通常需要较高的热处理温度才能具有良好的性能(如 TiO_2，需要在 450～500℃下才能结晶)。由于在高温处理情况下，常使用的 ITO 透明导电玻璃其透光率和导电能力都将发生明显的降低，而掺氟氧化锡(FTO)透明导电玻璃在高温下，其光透过率和导电性能都比较稳定，因此，以下研究中用 FTO 取代常用的 ITO 作为电池的负极。TiO_2 涂覆在透明导电玻璃 FTO 上作为缓冲修饰层，促进电子的收集。在电池的光活性层上旋涂 PEDOT：PSS，作为空穴的传输介质。

7.2.3 太阳能电池的结构构建与制备

反向结构太阳能电池的结构为 FTO/TiO_2/活性层/PEDOT：PSS/Ag。反向结构太阳能电池的具体制备工艺如下。

(1) 清洗透明导电玻璃

将购买的透明导电玻璃 FTO 切割成指定的尺寸。首先用洗洁精洗去 FTO 表面的油脂，用去离子水超声处理 30 min。之后分别用丙酮和异丙醇超声清洗 30 min。将清洗后的 FTO 导电玻璃于惰性气体环境下置于无尘布上，借助万用表区分 FTO 的正反面，然后于高纯氮下进行干燥处理，使 FTO 表面干燥备用。

(2) 透明 TiO_2 溶胶的涂覆与表征

采用溶胶凝胶法制备 TiO_2，制备过程如下。将钛酸乙酯、盐酸和异丙醇混合并剧烈搅拌制备 TiO_2 溶胶。借助旋涂机将制备好的 TiO_2 溶胶旋涂在洗净的 FTO 基底上。旋涂的速度为 8 000 r/min，旋涂时间为 10 s。将旋涂有 TiO_2 溶胶的 FTO 导电玻璃置于马弗炉中 500℃处理 2 h，随炉冷却，待温度降至室温时取出备用。用 XRD 测试表征所制备的 TiO_2 的晶型，此时 TiO_2 为单一的锐钛矿晶型，其 XRD 图谱如图 7.5 所示。图 7.5 中心形标示对应的为空白 FTO 玻璃的峰(XRD 表征时将 TiO_2 旋涂在 FTO 上)，而雪花状标示对应的则为锐钛矿晶型的 TiO_2。对于锐钛矿晶型 TiO_2，其 LUMO 和 HOMO 值分别为 −4.2 eV 和 −7.4 eV，能起到有效收集电子的作用，并将电子传递至 FTO。

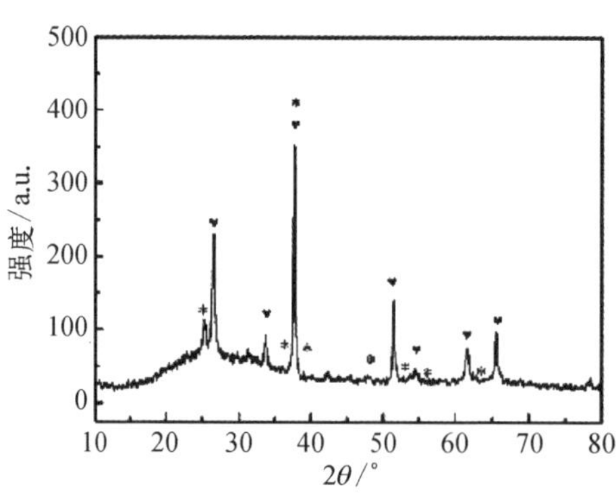

图 7.5 TiO_2 薄膜的 X 射线衍射图谱(心形标示为 FTO 基底的 XRD 衍射峰，雪花状标示为 TiO_2 的峰)

(3) 活性层的涂覆

将事先配置好的活性层溶液旋涂在涂有 TiO_2 的 FTO 导电玻璃上，调节旋涂的速度，以实现对活性层厚度的调控。

(4) PEDOT：PSS 的旋涂

待活性层溶液涂覆后，稍等片刻至表面干燥后，接着借助旋涂工艺涂覆 PEDOT：PSS 空穴传输层。由于 PEDOT：PSS 的亲水性，通常不易在活性层上成膜。本实验中，首先在涂有活性层的导电玻璃表面滴覆一层薄薄的六甲基二硅胺(HMDS)，以改善活性层与 PEDOT：PSS 的表面性能，使之更易成膜。PEDOT：PSS 的旋涂速度为 8 000 r/min，旋涂时间为 30 s。

(5) 热处理工艺

旋涂好 PEDOT：PSS 溶液后，将该器件置于热板上进行前期热处理(优化热处理的温度等参数)。

(6) 金属电极的蒸镀

首先要设计掩膜板，电池活性区域的面积为 0.1 cm^2。掩膜板的结构如图 7.6(a) 所示，板上对称分布 4 个长 6.66 mm、宽 1.5 mm 的小矩形，即蒸镀以后电池的有效工作面积。然后借助真空蒸镀仪蒸镀金属 Ag 电极。通过调节蒸镀所用的电流和时间等参数，可以得到厚度在 100 nm 左右的金属 Ag 电极。其中，Ag 电极的厚度可以借助精密台阶仪来测量。

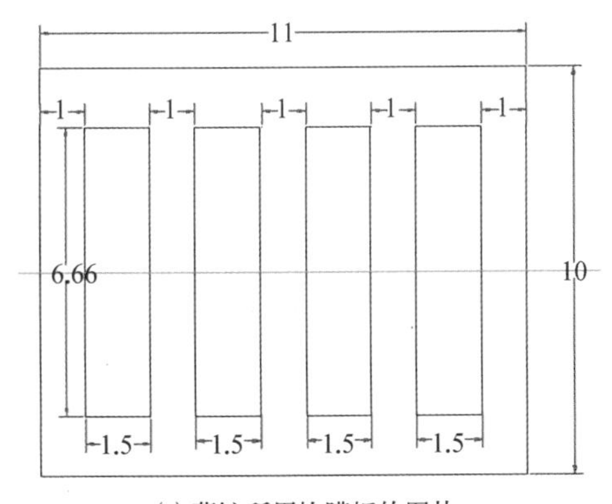

(a) 蒸镀所用掩膜板的图片

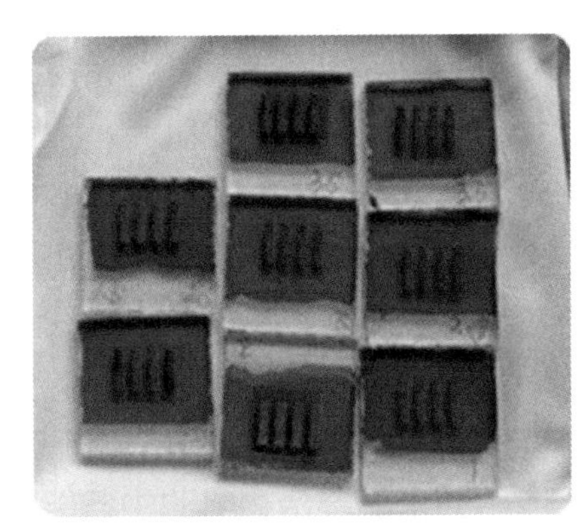

(b) 纳米晶聚合物太阳能电池的图片

图 7.6　制备太阳能电池

完成以上制备工艺，可以得到 FTO/TiO_2/活性层/PEDOT：PSS/Ag 的反向倒置结构的纳米晶聚合物太阳能电池，如图 7.6(b)所示。

7.3　CdSe 纳米晶聚合物复合太阳能电池的制备

纳米晶聚合物复合太阳能电池已成为传统硅基太阳能电池最具潜力的替代

者。在纳米晶聚合物太阳能电池中,纳米晶大范围可调的吸收特性可与聚合物形成协同作用,共同提高对光子的吸收。纳米晶快速的电子传递能力,以及纳米晶、聚合物材料便捷的溶液制备过程使得该类电池具备制备工艺方便、成本低、重量轻、潜在光电转换效率高、可用于便携式电子产品等优势。

在纳米晶聚合物太阳能电池中,基于 CdSe 纳米晶的聚合物复合太阳能电池是研究最早也是研究最为广泛的一类纳米晶聚合物复合太阳能电池。针对 CdSe 纳米晶聚合物太阳能电池的研究有多个方面,主要包括不同尺寸与形状 CdSe 纳米晶对太阳能电池性能的影响;CdSe 纳米晶不同表面包覆剂的影响以及热处理工艺等参数的影响等。1996 年,Greenham 等制备了第一个基于 CdSe 球形纳米晶的太阳能电池,其转换效率当时仅为 0.01%。后来 Huynh 等制备了基于棒状 CdSe 纳米晶的太阳能电池,其转换效率提高至 1.7%。随后其他不同形貌的 CdSe 纳米晶,如纳米线、四足状纳米晶等都纷纷应用于制备纳米晶太阳能电池。2010 年,Dayal 等基于四足状 CdSe 纳米晶与窄带隙聚合物的太阳能电池,其光电转换效率达到 3.2%,为当时基于 CdSe 纳米晶的聚合物复合太阳能电池的最高效率。总的来讲,针对 CdSe 纳米晶聚合物太阳能电池,其目前的光电转换效率与其他类型的电池还有较大差异,特别是基于 CdSe 球形纳米晶的太阳能电池,报道的太阳能电池转换效率普遍小于 1%。

针对 CdSe 纳米金聚合物太阳能电池当前光电转换效率低、结构和活性层组成单一(即传统的 ITO/PEDOT∶PSS/活性层/Al 结构,活性层由纳米晶与聚合物两相体系构成)等特点,在制备高质量 CdSe 球形纳米晶的基础上,采用 CdSe 纳米晶、P3HT、PCBM 三相体系组成太阳能电池复合光活性层(在该体系中,聚合物 P3HT 为给体材料,PCBM 和 CdSe 纳米晶共同作为受体材料),并采用反向倒置结构制备纳米晶聚合物复合太阳能电池。考察了 CdSe 在太阳能电池中的作用,分别研究了太阳能电池光活性层厚度、热处理工艺等参数对电池光电性能的影响,并对最终获得的太阳能电池的稳定性进行了考察。

7.3.1 纳米晶聚合物电池中各能级的标定

制备 FTO/TiO_2/活性层/PEDOT∶PSS/Ag 的反向倒置结构太阳能电池,所制备的反向异质结太阳能电池的结构示意图如图 7.7 所示。在该结构中,FTO 为电池的负极,TiO_2 层为修饰层,增大电子的提取动力,由 P3HT∶PCBM∶CdSe 三相体系材料混合组成的光活性层吸收光子并产生载流子,PEDOT∶PSS 为空穴传输层,Ag 为电池的正极。为了方便与未添加 CdSe 纳米晶所制备

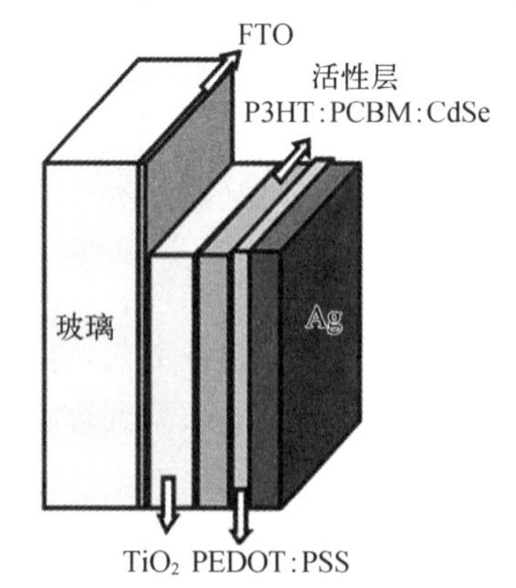

图 7.7 三体系太阳能电池的结构示意图

的太阳能电池进行比较，本章中用 P3HT：PCBM：CdSe 组成的电池表示三相体系，而 P3HT：PCBM 组成的电池表示两相体系。

在纳米晶聚合物太阳能电池中，聚合物和纳米晶同时吸收光子产生载流子。聚合物作为电子给体材料，而纳米晶作为电子受体材料。纳米晶的能级结构和聚合物及电极等材料的能级匹配是保证载流子有效传递的动力。因此，有效掌握纳米晶的能级信息对提高纳米晶聚合物太阳能电池的性能具有指导性的意义。纳米晶由于其受尺寸和形状影响的能级结构，与本征材料相比，其能级结构具有巨大的差异，需要通过实验测定其具体的能级结构。无机半导体纳米晶的能级结构包括组成能级的最低未被占据分子轨道（LUMO）和最高占据分子轨道（HOMO）。不同尺寸与组分的无机半导体纳米晶的 LUMO 与 HOMO 不尽相同，掌握无机半导体纳米晶的能带结构对解析纳米晶的电子特性意义重大。

表征无机半导体纳米晶能带的方法主要有可见吸收光谱法、量子化学法和光电子发射光谱法等。但这些方法所得结果具有较大的误差，且使用的仪器较为昂贵，操作较为复杂。循环伏安法（Cyclic Voltammetry）是一种常用的电化学研究方法。该方法操作方便，所用仪器设备简单。通过控制电极电势的速率，随时间以三角波的形式一次或多次反复扫描，电势范围保证在电极上能交替出现不同的氧化和还原反应，扫描后记录电流-电势曲线。循环伏安法常用来测试电活性层物质的带边位置，在有机物中测试较为常见，但在测试纳米晶方面比较少。这主要是因为纳米晶通常比较活泼，稳定性差，对环境也比较敏感，且不容易在电极表面形成薄膜。

在测试有机物带边位置方法的基础上进行改进，在氮气氛围下，将待测定纳米晶滴覆在工作电极表面形成薄膜，进行电化学性能测试。得到循环特性曲线后，无机半导体纳米晶的 LUMO 和 HOMO 值依据式（7－1）、式（7－2）及式（7－3）来计算。改进后的循环伏安法具有操作简单、用料少、测试快速准确等特点。

$$E_{HOMO}=-(E_{ox}+4.71)\ \mathrm{eV} \tag{7-1}$$

$$E_{LUMO}=-(E_{red}+4.71)\ \mathrm{eV} \tag{7-2}$$

$$E_g=E_{LUMO}-E_{HOMO}\ \mathrm{eV} \tag{7-3}$$

式中，E_{ox}为起始氧化势能；E_{red}为起始还原势能，起始势能值是相对于参考电极 Ag/AgCl。

无机半导体纳米晶的循环伏安曲线的测定主要借助电化学工作站来实现，其中电化学工作站的三个电极材料分别为：玻璃态碳为工作电极（面积为0.25 cm^2）；Pt 线为对电极；Ag/AgCl 为参考电极。整个测试系统的示意图如图 7.8 所示。

在图 7.8 中，工作电极、对电极和参比电极分别置于电解池中，3 个电极的底

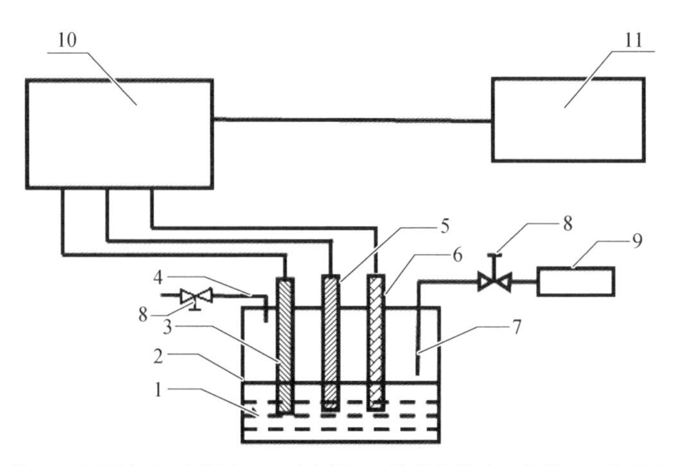

注：1—电解液；2—电解池；3—对电极；4—惰性气体出口接管；5—参比电极；6—工作电极；7—惰性气体进口接管；8—调节阀；9—惰性气体储存容器；10—参数输入及信号检测系统；11—检测结果输出系统

图 7.8 电化学工作站测试纳米晶循环伏安曲线的装置示意图

端浸入电解液中。工作电极、对电极和参比电极各自顶端通过导线分别与参数输入及信号检测系统连接，所述参数输入及信号检测系统通过导线与检测结果输出系统连接。电解池顶部靠近工作电极一端依次连接有惰性气体进口接管、调节阀和惰性气体储存容器，使整个系统处在惰性气体氛围保护下。

具体的操作过程如下(以粒径为 3.5 nm 左右的 CdSe 纳米晶为例)。

(1) 取 0.01 mmol CdSe 半导体纳米晶分散在 1 mL 的氯仿溶剂中，超声 30 min 获得均匀分散的 CdSe 半导体纳米晶溶液，浓度为 0.01 mol/L。

(2) 取 0.1 mmol 四丁基六氟磷酸胺($TBAPF_6$)、1 mL 乙腈配置浓度为 0.1 mol/L 的电解液。

(3) 利用 CHI800B 型电化学综合测试仪考察半导体纳米晶在电解液中的电化学行为。① 选取电化学工作站三电极体系：工作电极为玻璃态碳电极，对电极为铂丝，参比电极为 Ag/AgCl。② 将玻璃态碳电极在金相砂纸上打磨，并依次用粒径为 1.0 μm，0.3 μm，0.05 μm 的氧化铝将电极表面抛光成镜面，并用二次蒸馏水洗净，在空气中晾干。③ 在氮气保护下，将制备好的0.01 mol/L 的 CdSe 半导体纳米晶溶液滴覆在干净的工作电极表面。重复滴覆 5～10 次，控制半导体纳米晶薄膜厚度为 80～120 μm，保证 CdSe 半导体纳米晶在工作电极表面形成致密平整的薄膜待用(测试采用的装置和滴覆形成的薄膜照片如图 7.9 所示)。

(4) 另取 CdSe 半导体纳米晶分散在氯仿溶剂中，测试 CdSe 半导体纳米晶的紫外可见吸收光谱，如图 7.10 所示。CdSe 半导体纳米晶在 567 nm 处出现明显的吸收峰。依据紫外可见吸收光谱图按照量子理论方程式(7-4)计算其禁带宽度。

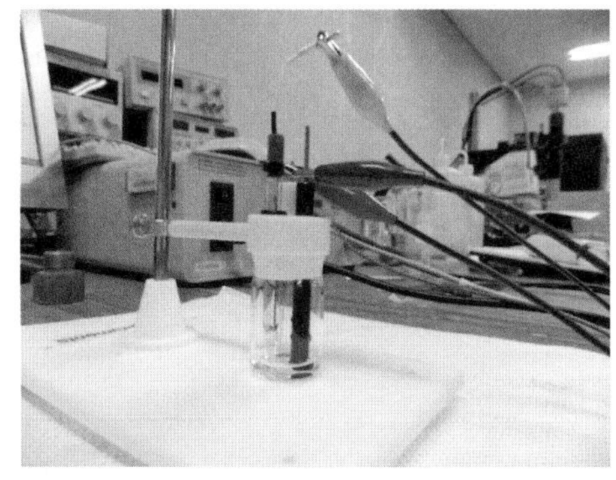

(a) 三电极系统照片

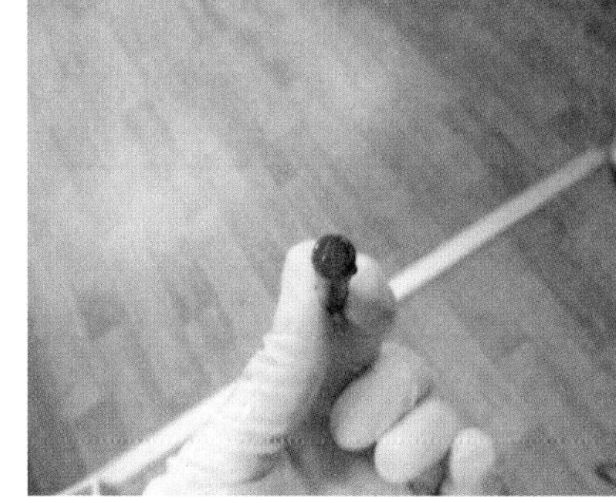

(b) 滴覆有CdSe纳米晶的工作电极照片

图 7.9　测试用装置和滴膜形成的薄膜照片

$$E_{g光学}=\frac{h\times c}{\lambda} \qquad (7-4)$$

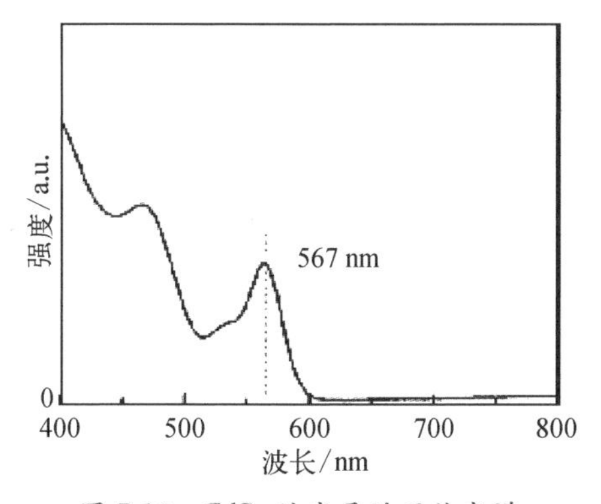

图 7.10　CdSe 纳米晶的吸收光谱

式中，$E_{g光学}$ 为通过吸收光谱法计算的禁带宽度；c 为光速 3×10^{8} m/s；h 为普朗克常量 6.63×10^{-34} J·s；λ 为 CdSe 半导体纳米晶在紫外可见吸收光谱中的第一激子吸收峰对应的波长。

通过式(7-4)计算待测 CdSe 半导体纳米晶的禁带宽度为 2.19 eV。

(5) 参照由吸收光谱法测出的 CdSe 半导体纳米晶的禁带宽度(2.19 eV)调试扫描电压范围。如图 7.8 所示，控制调节阀，使整个测试处在惰性气体氛围中。接通三个电极与参数输入及信号检测系统的连接导线，由参数输入及信号检测系统设置初始扫描的电压范围和扫描速度，启动三电极系统，对 CdSe 半导体纳米晶的电化学性能进行扫描，在检测结果输出系统获得 CdSe 半导体纳米晶的起始循环伏安特性曲线。

依据所获得的起始伏安特性曲线反复对扫描电压范围及扫描速度等参数进行调试，直至在检测结果输出系统获得理想的 CdSe 纳米晶循环伏安特性曲线(即出现明显的氧化峰、还原峰)。经反复调试选取待测 CdSe 纳米晶的扫描电压为−0.9～2.5 V，扫描速度设定为 0.02 V/s。

(6) 利用电化学工作站的三电极体系对 CdSe 纳米晶进行扫描，获得待测 CdSe 纳米晶的循环伏安特性曲线如图 7.11(a)所示。在电化学扫描过程中，给工作电极施加电压。吸附在工作电极表面的 CdSe 半导体纳米晶失去其价带上的电子发生氧化反应，此时工作电极上发生氧化反应起始点位 E_{ox} 即对应 HOMO 能级。同样地，发生还原反应的起始点位 E_{red} 对应 LUMO 能级。图

7.11(b)为多次扫描后获得的稳定的CdSe半导体纳米晶循环伏安特性曲线。图7.11(b)中,还原反应电势区间Ⅰ内出现的峰为CdSe半导体纳米晶的还原峰,而氧化反应电势区间Ⅱ内出现的为CdSe半导体纳米晶的氧化峰。

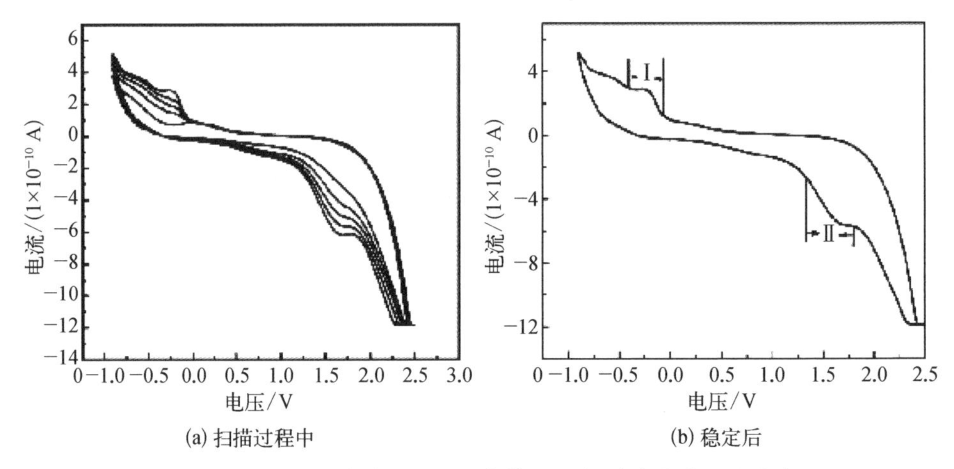

图 7.11　CdSe纳米晶的循环伏安特性曲线(其中Ⅰ为还原反应所处电势区间,Ⅱ为氧化反应所处电势区间)

在图7.11(b)中的还原反应电势区间Ⅰ和氧化反应电势区间Ⅱ分别提取CdSe半导体纳米晶的氧化还原作用的起始电位值。E_{ox}为1.7 V,E_{red}为−0.28 V。

此外,采用二茂铁离子对(即Fc/Fc^+)为中间体。二茂铁离子对对应的真空能级的能级值为4.8 eV,二茂铁离子对相对于参比电极电位,即Ag/Ag^+的电位值为0.09 V,两者之间的差值为4.71 eV,将各数值代入公式。

经计算E_{HOMO}为−6.30 eV,E_{LUMO}为−4.33 eV,E_{gCV}为1.97 eV。将通过循环伏安法获得的禁带宽度值与通过光谱法计算出的禁带宽度2.19 eV进行比较,验证实验的准确度,经对比,两者偏差为9.6%,见表7.1。

表 7.1　CV测试的禁带宽度与光学法测得的禁带宽度的比较

CdSe	LUMO	HOMO	E_g　带隙	误差
E_g(CV)	−4.33 eV	−6.30 eV	1.97 eV	9.6%
E_g(光谱)	567 nm	$E=h\times c/\lambda$	2.19 eV	

7.3.2　活性层厚度的优化

太阳能电池器件的短路电流受太阳光吸收能力和载流子传输效率两方面的影响。活性层厚度的变化对太阳光的吸收和载流子传输有非常重要的影响。活性层越厚,太阳光的吸收越多,产生的光生激子数目也越多。但是随着活性层厚度的增加，给受体之间内建电场变弱，并且激子解离后形成的自由移动的载流子传输到对应电极所需要运行的距离也越长，导致载流子的传递效率下降。

通过调节不同的旋涂速度进行活性层厚度的优化考察，借助旋涂机，分别采用 500 r /min、1 000 r /min、1 500 r /min、2 000 r /min、3 000 r /min、4 000 r/min 的转速涂覆活性层材料。保持其他的制备工艺参数不变，研究不同转速对应的活性层厚度对太阳能电池光电性能的影响。其结果如表 7.2 所示。

表 7.2　不同旋涂速度制备的 CdSe 纳米晶太阳能电池各光电性能参数

旋涂速度 /(r/min)	J_{sc}/(mA cm^{-2})	V_{oc}/V	*FF* /%	*PCE* /%
500	7.58	0.58	39.9	1.74
1 000	8.20	0.60	53.0	2.61
1 500	8.28	0.60	58.9	2.94
2 000	8.24	0.60	59.2	2.90
3 000	8.33	0.59	53.4	2.64
4 000	7.17	0.59	57.6	2.42

从表 7.2 可以看出，所制备的太阳能电池的开路电压 V_{oc} 基本不随活性层的厚度而变化，主要原因是电池的开路电压主要受给受体材料及电池结构的影响，在给受体材料及电池结构一定时，开路电压变化较小。而太阳能电池的短路电流密度 J_{sc} 对厚度的依赖性较大。J_{sc} 随着旋涂速度的增大而呈现先增大然后基本保持不变最后变小的趋势。太阳能电池最终的光电转换效率(Photon-to-electron Conversion Efficiency, *PCE*)的变化趋势与 J_{sc} 的相似，在旋涂速度为 1 500 r/min 时，电池的 *PCE* 为最大，达到 2.94%。旋涂速度 1 500 r/min 所对应的活性层厚度经台阶仪测试为 80 nm，因此得出最佳的活性层厚度为 80 nm。

7.3.3　热处理工艺的优化

Heeger 等对 P3HT/PCBM 聚合物太阳能电池进行了研究，在一定的温度下将器件进行处理，所得器件的光电转换效率得到一定的提高。热处理提高太阳能电池器件的光电转换效率，对其原因进行分析，主要有以下几个方面。一是热处理能够改善有机分子的排布方式，在有机光电器件中，有机分子的排布会影响有机薄膜中载流子的传输及其对太阳光的吸收；二是热处理能够改变有机体系中给受体之间的相分离情况，从而改变电池的短路电流。本节分别采用 120℃、140℃、150℃、160℃和 170℃等 5 个不同的温度对制备好的光活性层薄膜进行热处理，考察热处理温度对 CdSe 基聚合物电池光电性能的影响，该实验是在确保活性层厚度相同的情况下进行的。

测试不同热处理温度下所制备的电池器件的 $J-V$ 特性曲线。其表征 $J-$

V 性能的参数如 V_{oc}、J_{sc}、填充因子(Fill Factor，FF)和 PCE 随热处理温度的变化曲线如图 7.12 所示。从 7.12(a)中可以看出，短路电流密度 J_{sc} 随热处理温度呈抛物线关系。在 150℃时，J_{sc} 最大。从图 7.12(b)和(c)中可以看出，V_{oc} 和 FF 随热处理温度的变化很小，几乎保持不变。而光电转换效率 PCE 也在 150℃时达到最大值为 2.94%，如图 7.12(d)所示。

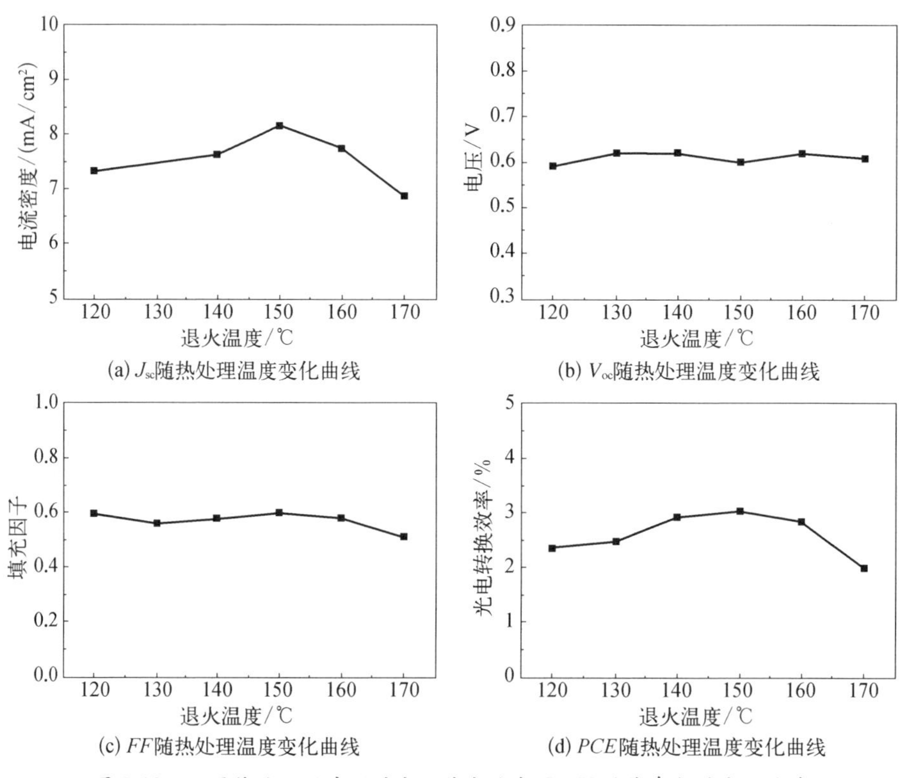

图 7.12　不同热处理温度下的太阳能电池各 $J-V$ 性能参数的变化曲线

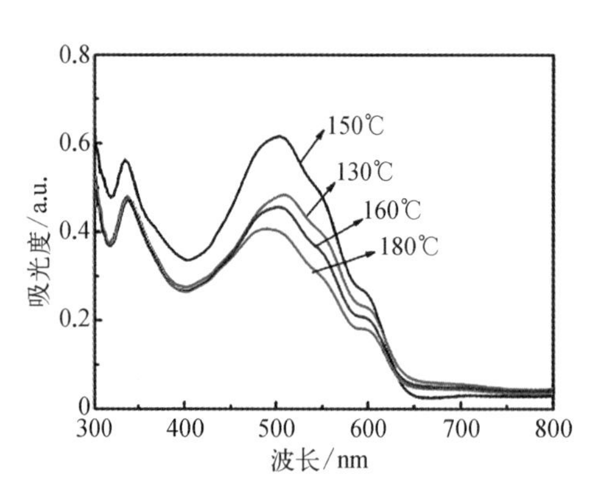

图 7.13　不同热处理温度下的活性层薄膜的吸收光谱图

电池的短路电流密度 J_{sc} 是表征电池光电性能的重要参数，其很大程度上决定了电池的光电转换效率，在 CdSe 纳米晶聚合活性电池中，电池的 J_{sc} 主要受电池光活性层对太阳光的吸收能力、载流子的传输速率等因素的影响。

图 7.13 为不同热处理温度下光活性层薄膜的吸收光谱图，显示了热处理温度对光吸收性能的影响。在相同的光活性层厚度的前提下，可用吸收

光谱曲线与 XY 坐标轴围成的面积来衡量活性层对太阳光的吸收能力。从图 7.13 可以看出，光活性层的吸收光谱随热处理温度而发生相应的变化。活性层的吸收面积随热处理温度的升高而增大，在热处理温度为 150℃时，光吸收面积达到最大，但是当热处理温度进一步升高时，光吸收面积减小。且在图 7.13 的吸收光谱中，可以看出，所得吸收光谱在 330 nm 及 500 nm 左右出现两个明显的吸收峰。其中，330 nm 处对应为 PCBM 的吸收峰，而 500 nm 左右对应为 P3HT 的吸收峰。而 CdSe 纳米晶的吸收峰出现在 560 nm 左右，在各吸收曲线中也能够清晰地看出 CdSe 的吸收峰。随着热处理温度的升高，P3HT 的吸收峰略有蓝移，其强度不断增强，在 150℃时，吸收达到最强，热处埋温度进一步升高，吸收逐步减弱。150℃热处理温度下，其活性层较强的光吸收特性是提高电池 J_{sc} 的关键因素之一。

7.3.4　CdSe 纳米晶对光电性能的影响

在获得最优活性层厚度 80 nm 和最优热处理温度 150℃时，制备添加的 CdSe 纳米晶的太阳能电池，并制备无添加 CdSe 纳米晶的纯聚合物太阳能电池，对太阳能电池的各性能进行表征，图 7.14 所示为三相体系（P3HT ∶ PCBM ∶ CdSe）和两相体系（P3HT ∶ PCBM）太阳能电池的 $J-V$ 特性曲线。从 $J-V$ 性能曲线中可以看出三项体系太阳能电池表现出明显的光电效应增强的现象。当添加 CdSe 纳米晶后，电池的 J_{sc}、V_{oc}、FF 和 PCE 都有显著提高，具体数值见表 7.3。

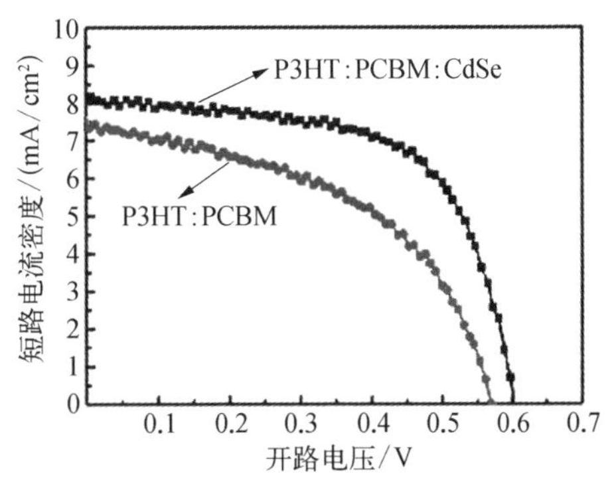

注：1. 添加 CdSe 纳米晶的三项体系：P3HT ∶ PCBM ∶ CdSe；未添加 CdSe 的两相体系：P3HT ∶ PCBM。2. 太阳辐射条件为 100 mW/cm²，光活性面积为 0.1 cm²。

图 7.14　添加 CdSe 纳米晶及未添加 CdSe 纳米晶所制备的聚合物太阳能电池 $J-V$ 特性曲线

表 7.3　基于两相及三相体系的聚合物太阳能电池的光伏参数比较

	三相体系（P3HT ∶ PCBM ∶ CdSe）	两相体系（P3HT ∶ PCBM）
J_{sc}/(mA/cm²)	8.15	7.51
V_{oc}/V	0.60	0.57
FF/%	0.62	0.48
PCE/%	3.05	2.06

当添加 CdSe 纳米晶后，所制备电池器件的光电转换效率提高到 3.05%，该

效率与当前枝化结构 CdSe 纳米晶聚合物太阳能电池的转换效率相当，远高于球形 CdSe 纳米晶聚合物太阳能电池的效率。

其中，短路电流密度 J_{sc} 从 7.51 mA/cm^2 增加到 8.15 mA/cm^2（表 7.3）。短路电流密度 J_{sc} 的增大，可从以下两个方面进行解析：一是电池的光活性层对太阳光的吸收；二是电池内部载流子的传输。

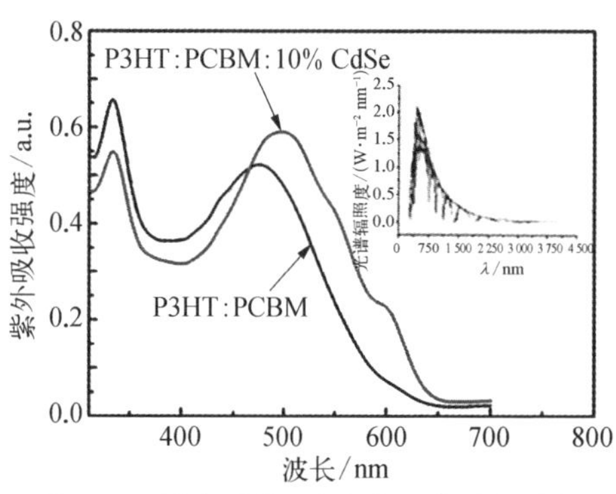

图 7.15　添加 CdSe 纳米晶及未添加 CdSe 纳米晶所制备的光活性薄膜的吸收光谱图

图 7.15 为在相同活性层厚度的情况下（80 nm），添加和不添加 CdSe 纳米晶所制备的两种太阳能电池的吸收光谱图。从该光谱图中可以明显看出，添加 CdSe 纳米晶后，薄膜的光吸收性能明显优于不添加的电池。在吸收光谱中，330 nm 处对应为 PCBM 的吸收峰，500 nm 左右为 P3HT 的吸收峰，560 nm 处为所添加 CdSe 纳米晶的吸收峰。从图中可以看出，在相同制备工艺参数条件下，添加 CdSe 纳米晶后的光活性层薄膜的吸收峰明显增强，且出现红移现象。其吸收光谱与未添加 CdSe 纳米晶的吸收光谱相比，与太阳光谱具有更大的重合度，这样确保了对太阳光的高效利用。以吸收光谱图的面积粗略比较器件光活性层薄膜对太阳光的利用率，发现添加 CdSe 纳米晶后其吸收光谱的面积与未添加的情况相比增大了 10%，即其对太阳光的利用增大 10%。

如图 7.16 所示为添加 CdSe 纳米晶和未添加 CdSe 纳米晶所制备的光活性层薄膜的 TEM 照片。TEM 表征的样品制作如下：分别制备好两种活性层溶液（添加 CdSe 纳米晶和未添加 CdSe 纳米晶两种），在洁净的并进行过 O_3 处理的 ITO 玻璃上旋涂 PEDOT∶PSS，然后在 PEDOT∶PSS 上分别旋涂制备好的两种活性层溶液，保证薄膜的厚度一致。接着将制备好的两片活性层薄膜置于去离子水中，待 PEDOT∶PSS 溶于水后，在水面上则悬浮着活性层薄膜。取负载有碳膜的铜网，用铜网将水面上的活性层薄膜捞起，干燥后置于透射电镜中观测。

在 TEM 照片中，较黑链状物为 P3HT，色差较浅的为 PCBM，从图 7.16 中可以看出，在两种活性层薄膜中，聚合物 P3HT 和 PCBM 都有效形成了互联贯穿的网络结构，这样增大了载流子的传输。在图 7.16(a)中，还能发现成块状的 CdSe 纳米晶的团聚存在。这是由于所添加 CdSe 纳米晶为吡啶置换后的 CdSe 纳米晶，吡啶作为一种较弱的表面配合剂，取代了 CdSe 表面原有的油酸分子后，CdSe 在一定程度上发生团聚。图 7.16(a)插图中即团聚的 CdSe 纳米晶。少

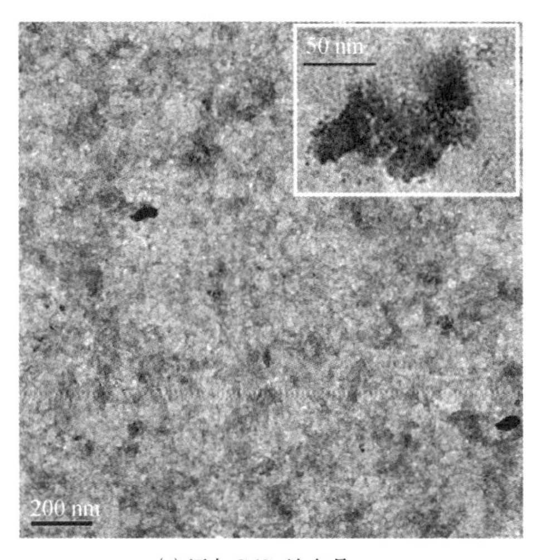

(a) 添加CdSe纳米晶

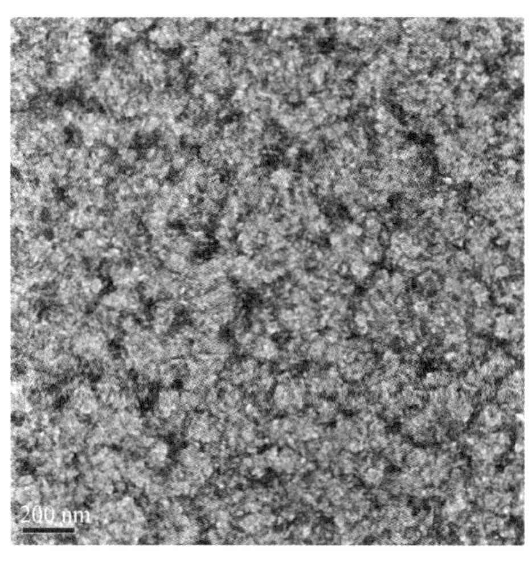

(b) 未添加CdSe纳米晶

图 7.16　添加 CdSe 纳米晶及未添加 CdSe 纳米晶所制备的光活性薄膜的透射电镜图片

量的 CdSe 纳米晶分散在有机相 P3HT 和 PCBM 之间，除了能够有效吸收太阳光外，还在一定程度上提供了载流子的传输途径。

图 7.17 所示为纳米晶聚合物太阳能电池的能级示意图，查找相关资料获得 FTO、P3HT、PCBM 及电极的能级数值，CdSe 纳米晶的能级值由前所述的循环伏安法所测得。从图 7.17 可以看出，CdSe 纳米晶特殊的能级结构使载流子的传递途径增多。在太阳光照的情况下，P3HT、PCBM、CdSe 纳米晶分别吸收光子产生载流子。由于 P3HT、PCBM、CdSe、TiO_2 以及两电极的特殊能级值，载流子发生分离，电子聚集在 LUMO 能级附近，而空穴聚集在 HOMO 能级附近。由于 P3HT 具有较高的 LUMO 能级，电子可通过 P3HT 传递给 TiO_2；也可以通过 P3HT 传递给 CdSe，再由 CdSe 传递给 TiO_2 或 PCBM；也可以通过 P3HT 传递给 PCBM。传递到 CdSe 和 PCBM 的电子，由于能量差的驱使能够一并被 TiO_2 所收集，最终传递到电池的 FTO 电极处。而空穴的传递过程则相反。从图 7.17 可以看出，电子的传递途径主要有以下

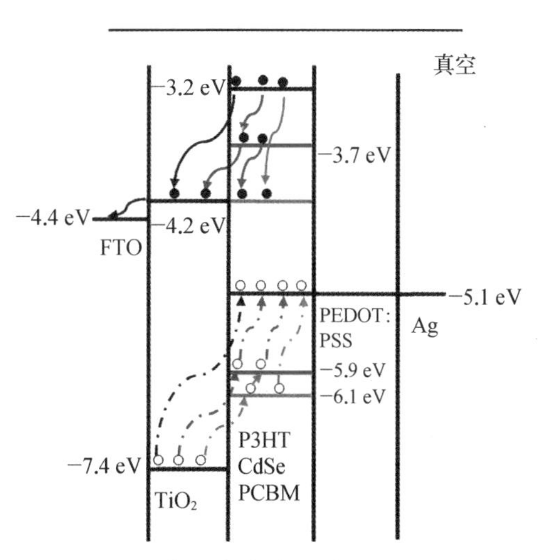

图 7.17　纳米晶聚合太阳能电池的能级示意图（黑圈代表电子，白圈代表空穴，黑色箭头代表经由 P3HT 传递的载流子，红色箭头代表经由 CdSe 纳米晶传递的载流子，蓝色箭头代表经由 PCBM 传递的载流子）

几种：P3HT—TiO_2、P3HT—CdSe—PCBM—TiO_2、P3HT—CdSe—TiO_2 和 P3HT—PCBM—TiO_2。CdSe 纳米晶的存在增加了电子的传输途径，有利于提高电池的短路电流密度。

7.3.5 电池的稳定性

有机太阳能电池如染料敏化电池和纯聚合物太阳能电池都是目前最具前景的太阳能电池之一，随着研究的深入，其光电转换效率不断提高，但截至目前，限制该类型太阳能电池产业化的一个重要的因素就是其稳定性。较差的稳定性是制约其进一步发展和应用的瓶颈。纳米晶聚合物太阳能电池作为一种新型的太阳能电池，要想在未来能源领域占有一席之地，急需解决的问题之一也是其电池器件的稳定性。本节对所制备的太阳能电池的稳定性进行了考察。

电池的制备过程如前所述，将制备好的电池测试其 $J-V$ 特性曲线。然后将该电池置于大气环境中，未进行任何的封装处理，定期测试其 $J-V$ 特性曲线，记录器光电特性各项参数随时间的变化关系，如图 7.18 所示。从图 7.18 可以看出，电池的 J_{sc}、V_{oc}、FF 和 PCE 均随时间的延长逐渐减小。当将电池置于大气环境中 21 天后，该电池的光电转换效率由原来的 3.05%下降到 2.04%。光电转换效率减小 30%，其稳定性较纯有机电池而言有所改善。较好的太阳能电池稳定性源于反向倒置的太阳能电池结构。PEDOT：PSS 层阻隔了大气中的氧气向活性层的渗透，延缓了活性层中有机物的老化。

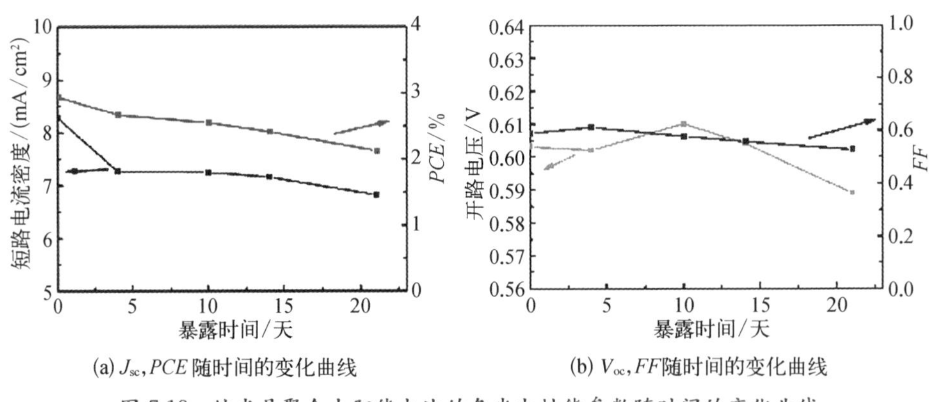

(a) J_{sc}，PCE 随时间的变化曲线　(b) V_{oc}，FF 随时间的变化曲线

图 7.18 纳米晶聚合太阳能电池的各光电性能参数随时间的变化曲线

7.4 FeS_2 纳米晶聚合物复合太阳能电池的制备

目前，能源短缺已经为人类的可持续发展带来隐患，发展规模化应用太阳能电池是解决能源短缺的重要手段。国内外关于太阳能电池的研究已经很

多，传统太阳能电池（单晶硅、非晶硅等）效率较高，但是制造成本高，不适合大规模使用。相比较而言，第三代太阳能电池的价格已经有所下调，但与传统能源相比，其发电成本还是偏高。因此，寻求低成本、高效率的半导体材料尤为重要。

金属硫化物在磁、光、电、润滑和催化等领域均显示了重要的发展潜力，而铁硫化合物在超导体系、光电体系和硫化玻璃等研究领域都具有广泛的应用价值。另外，铁硫化合物的原材料非常普遍，成本也较低。其中，黄铁矿 FeS_2 是一种很有潜力的半导体材料，它的禁带宽度适中（0.96 eV）并且吸收系数高（$a \geqslant 10^5 cm^{-1}$），与目前研究较多的太阳能电池所用材料（硅、砷化镓、镉系量子点和铅系量子点等材料）相比，FeS_2 具有无毒、稳定性好、成本低和原料丰富等特点。Alivisatos 等在 2009 年对当前存在的 23 种无机半导体的光电材料进行了归纳比较，从其原材料的价格、年供电潜能及电池组装成本三个方面综合来看，FeS_2 原材料价格和组装电池成本最低，而且供电潜能最高。FeS_2 光伏电池的光电转换效率（*PCE*）能达到 4%，其供电潜能是单晶硅电池的 100 倍，可见 FeS_2 材料非常占优势，有可能在低成本电池上取得突破。

传统硫化物的制备方法有多种，如单质元素的直接化合、电化学法、超声化学法、模板法、机械球磨法、水热法、高温合成法等。其中，水热法和溶剂热法是最普遍的方法。在物理高温条件下，铁硫化合物快速分解，从而导致组分变化和相转变。与高温合成比较，水热法的反应条件温和、更容易控制，一般在 200℃ 左右即可合成，缺点是反应时间长，一般需 24 h 以上。溶剂热法具有反应工艺简单、合成温度不高且反应时间短等优点。另一方面，FeS_2 有黄铁矿和白铁矿两种晶型，黄铁矿的禁带宽度约 0.96 eV，而白铁矿的禁带宽度只有 0.34 eV，相比来说，纯相黄铁矿是组装太阳能电池材料的最佳材料。

FeS_2 黄铁矿的晶体结构示意图如图 7.19 所示，它属于等轴晶隙，其结构类似 NaCl 的晶体结构，晶胞参数 $a=b=c=54.18$ nm。四个 FeS_2 单元组成一个晶胞单元，Fe^{2+} 在面心立方晶格的位置，S^- 对在体心和立方体单胞的 12 条棱上，并且阴离子轴沿着[111]晶面的方向，每个铁离子在变形的八面体内被六个硫离子包裹，每个硫离子连接三个铁离子。

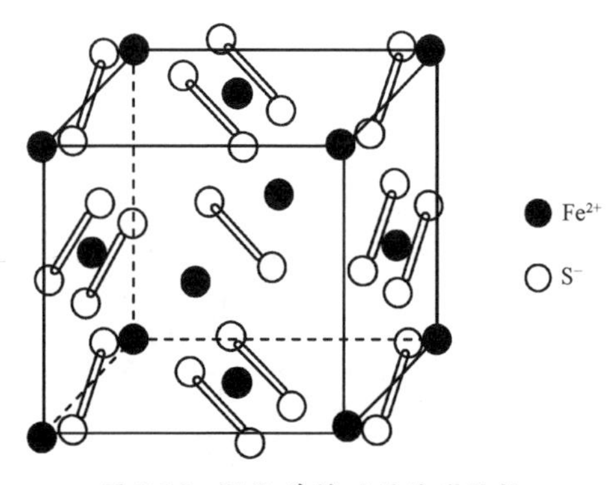

图 7.19　FeS_2 黄铁矿的晶体结构

基于反应釜水热法，制备小尺寸、多形貌的纯相 FeS_2 黄铁矿纳米晶，同时，尝试烧瓶溶剂热法，采用油胺－油酸双配体体系实现纯相 FeS_2 黄铁矿的合成。采用多种表征手段，考察两种方法制备的 FeS_2 黄铁矿的性能和形貌。

7.4.1 水热法制备 FeS_2 黄铁矿纳米晶

称取 1 mmol 的还原铁粉和 5 mmol 的硫粉依次加入容积为 50 mL 的反应釜聚四氟乙烯内衬中，同时称取 0.1 mmol 十六烷基三甲基溴化铵(CTAB)作为相转变剂加入内衬后，量取 40 mL 的去离子水，密封内衬，拧紧反应釜。随后将反应釜置于马弗炉中，升温到 200℃，保温 24 h，随炉自然冷却。待冷却到室温，将反应釜打开，将内衬中合成的黑色物质转移到烧杯中，加入丙酮将物质沉降 2 h后，吸取除掉上层清液，将剩下的固液混合物与乙醇混合，在 10 000 r/min 下离心 10 min，重复四次，直到离心管上层清液为透明色(证明硫已经去除)，将离心管底部的沉淀在空气中干燥。

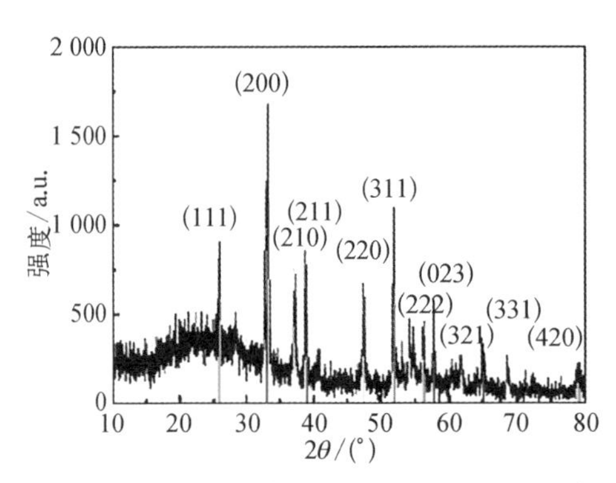

图 7.20　水热法制备 FeS_2 纳米晶的 XRD 图谱

图 7.20 展示了所制备黑色粉末样品的 XRD 图谱，可以观察到基本所有的衍射峰都与黄铁矿 FeS_2 的标准衍射峰(JCPDS 卡号42－1340)对应，并且背景峰较弱，衍射峰强度较高，平均晶胞常数为 $a = 54.24$ nm(黄铁矿 FeS_2 的晶格常数为 $a = 54.18$ nm)，表明所制备的样品结晶度较高。

图 7.21 是水热法制备的黄铁矿 FeS_2 纳米晶的 TEM 图片。从图片可看到，FeS_2 纳米晶的颗粒结构尺寸大小为 5～10 nm，但分散很差，纳米晶大面积地连接成一片。这可能是由于合成中有机相物质 CTAB 的作用，在阴阳离子表面形成大量配体，使纳米晶形核后配体相互连接交错，发生严重的不可逆团聚。

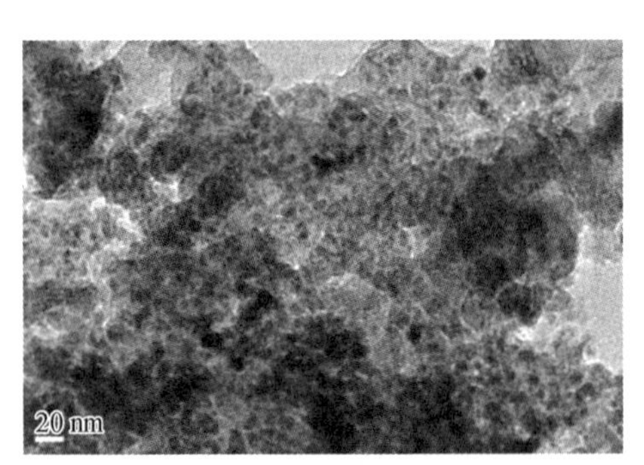

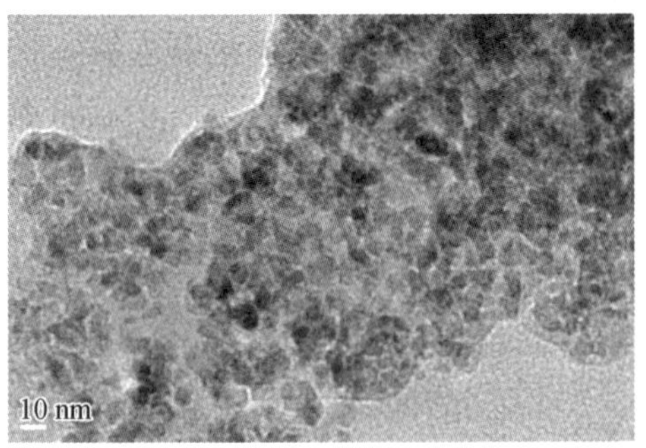

图 7.21　水热法制备 FeS_2 纳米晶的 TEM 图片

为此，为了得到可以使用的 FeS_2 纳米晶，改变了铁源与硫源重复试验。量取 40 mL 去离子水，然后称量 1 mmol 硝酸铁和 5 mmol 的 L－半胱氨酸加入其中，磁力搅拌 30 min 后形成白色乳浊液；最后将制备好的前驱体移入 50 mL 的反应釜中拧紧密封，置于加热炉中，设定反应温度和时间分别为 200℃和 48 h。反应完成后，样品随炉冷却到室温后，加入乙醇使溶液变成黑色悬浮液，用无水乙醇和丙酮清洗 4～5 次后，在空气下自然干燥。

对上述实验过程所制备出的样品进行 SEM 和 TEM 表征，结果如图 7.22 和图 7.23。从 SEM 图中，可以明显地看到，FeS_2 颗粒分散均匀呈球形，直径 4～5 μm。进一步放大，在 60 K 的放大倍数下，FeS_2 微球表面小颗粒清晰可见。为了进一步分析，所制备样品的微观形貌，又进行了 TEM 表征。从 TEM 的图片中，可以观察到纳米级 FeS_2 小颗粒的存在，同时对 1/4FeS_2 微球进行透射，发现边缘位置有物质未能透射过去，呈黑色；而中心位置直接透射过去，呈灰色，这说明 FeS_2 微球是空心球。结合 SEM 和 TEM 的表征结果，说明此实验过程合成的样品是尺寸小的 FeS_2 纳米晶，但由于氢键造成物质软团聚的效应，纳米晶团聚成空心微球。

图 7.22 水热法制备 FeS_2 微球的 SEM 图片

综合以上反应釜水热法合成 FeS_2 纳米晶的实验结果来分析，水热法很容易得到尺寸小的纳米晶，但由于化学团聚和物理团聚的因素无法避免，所以实验进展的过程中，又尝试了烧瓶溶剂法制备 FeS_2 黄铁矿纳米晶。

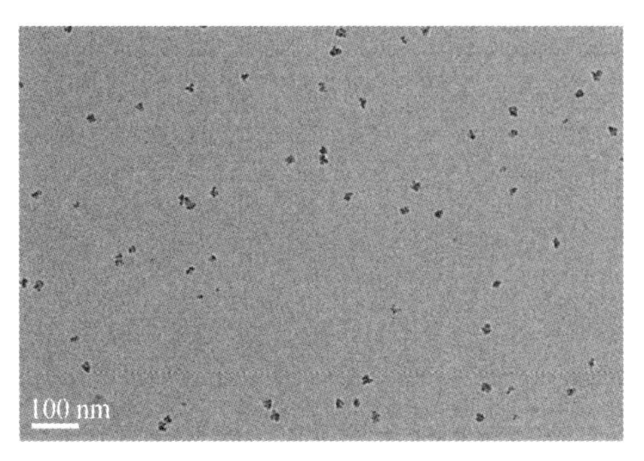

图 7.23 水热法制备 FeS_2 微球的 TEM 图片

7.4.2 烧瓶溶剂热法制备 FeS_2 黄铁矿纳米晶

采用油酸-油胺双配体制备 FeS_2 黄铁矿纳米晶。首先，油胺的沸点为 350℃，熔点为 20℃，较高的沸点和较低的熔点非常适合烧瓶法制备铁硫化物；另外，油酸是一种阳离子配位剂，在温度高的情况下可以和铁离子形成配体，油酸还是一种表面活性剂，可以稳定纳米晶，并且长碳链的胺作为共配体对改善纳米晶的表面状态和分布非常有效。所以实验中采用这两种溶剂进行纳米晶的制备。

取 0.25 mmol 的纳米氧化铁、5 mmol 的高纯硫粉、0.1 mmol 的十六烷基三甲基溴化铵（CTAB），分别加入 50 mL 的三口烧瓶中，然后量取 1 mL 的油酸（OA）和 9 mL 的油胺（OLA）加入烧瓶中，将其快速升温到 290℃，磁力搅拌 1 h 后，自然冷却，可得到黑色的悬浮液，且有刺激性气味。将冷却到室温的黑色溶液，先与氯仿混合放入离心机，在 10 000 r/min 转速下离心 10 min，重复操作一次，然后再与乙醇混合 10 000 r/min 下离心 10 min，重复操作四次。这样可以去除多余的溶剂和表面活性剂，然后将获得的黑色粉末样品自然干燥，进行性能测试。

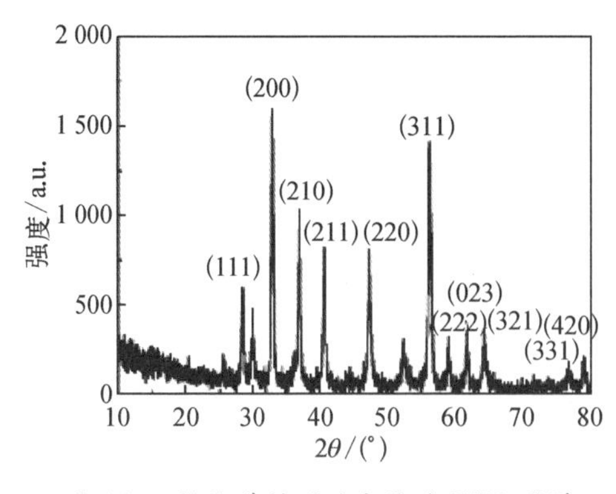

图 7.24 FeS_2 黄铁矿纳米晶的 XRD 图谱

干燥后黑色粉末的 XRD 测试结构如图 7.24 所示，发现所有的衍射峰都与黄铁矿 FeS_2 的衍射标准峰对应（JCPDS 卡号 42 - 1340）。没有观察到其他相（如白铁矿、FeS 等物质）的杂峰，说明所制备的 FeS_2 黄铁矿是纯相物质。衍射峰的形状尖而窄说明所获样品的结晶度高，经过计算各峰值的晶格常数，得出所制备的 FeS_2 黄铁矿平均晶格常数为 $a=54.27$ nm，与标准的晶体结构晶胞参数几乎相同。

通过透射电镜对所制备的黄铁矿 FeS_2 样品粉末进行分析(图 7.25),样品颗粒大小均匀,分散性较好,团聚现象少,可以观察到分散的单个颗粒,呈类球形结构,颗粒的尺寸分布均匀约 40 nm。

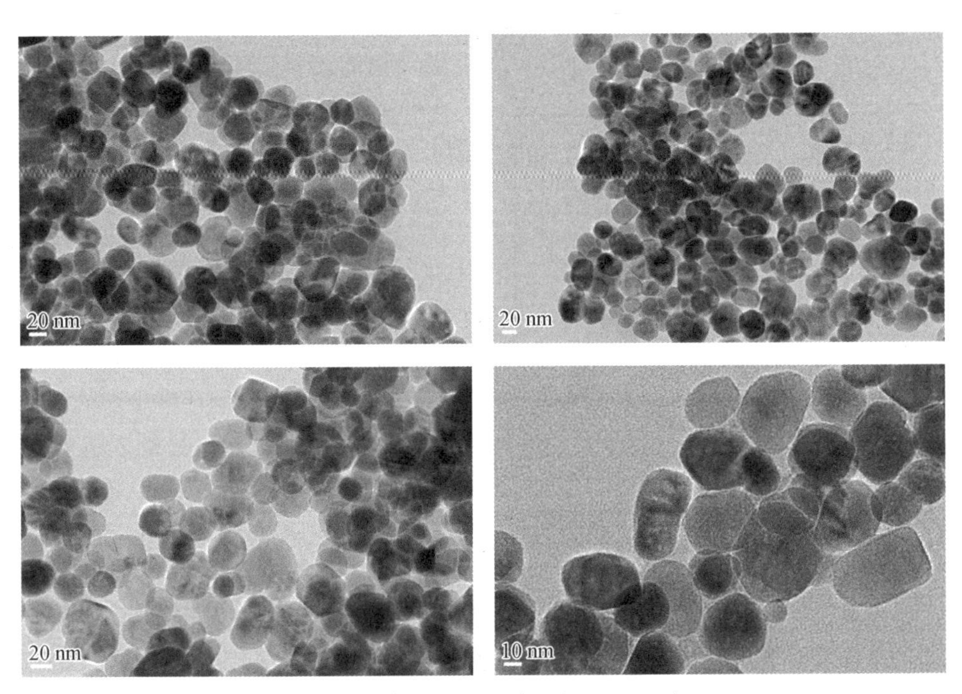

图 7.25　黄铁矿 FeS_2 样品的 TEM 照片

由于纳米晶具有尺寸量子效应,即纳米晶的尺寸在纳米级范围时,其吸收光谱随纳米晶尺寸的改变而改变,所以表征黄铁矿 FeS_2 纳米晶的吸收光谱很有必要。图 7.26 是烧瓶热溶剂法制备 FeS_2 黄铁矿纳米晶的紫外-可见-近红外吸收光谱,可知,FeS_2 纳米晶在 750 nm 有很强的吸收峰。另一方面,太阳辐照在 700 nm 波段左右能量很强,那么上述方法合成的 FeS_2 吸收光谱与太阳光谱的重合度非常大,所以非常适合用于制备 FeS_2 纳米晶/聚合物太阳能电池。

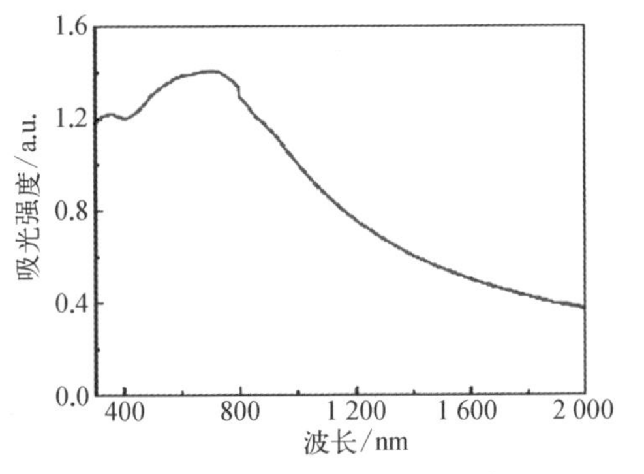

图 7.26　FeS_2 黄铁矿纳米晶的紫外-可见-近红外吸收光谱

FeS_2 纳米晶是绿色窄带隙纳米晶,能吸收 700～800 nm 近红外区域的太阳光能量。本实验首次尝试将 FeS_2 纳米晶添加到有机聚合物中,制备 FeS_2 纳米晶聚合物太阳能电池。为了考察 FeS_2 纳米晶对电池器件光电效率的影响，通过改变 FeS_2 纳米晶的添加量，制备出最高效的 FeS_2 纳米晶聚合物太阳能电池。

7.4.3 FeS_2 纳米晶聚合物太阳能电池性能

设置 7 组对照实验，其中每组中有机聚合物的用量（PCBM 40 mg、P3HT 40 mg）及有机溶剂的用量（氯苯 2 mL）均保持不变。控制 FeS_2 纳米晶的质量分别为 0、2.5 mg、5 mg、7.5 mg、10 mg、12.5 mg 及 15 mg，添加到有机聚合物中，并溶于氯苯，制备出 FeS_2 纳米晶浓度分别为 0、1.25 mg/mL、2.5 mg/mL、3.75 mg/mL、5 mg/mL、6.25 mg/mL 及 7.5 mg/mL 的 7 组不同活性层溶液。采用相同的制备工艺，分别制备 7 组 FeS_2 纳米晶聚合物太阳能电池，并测试其光电性能。

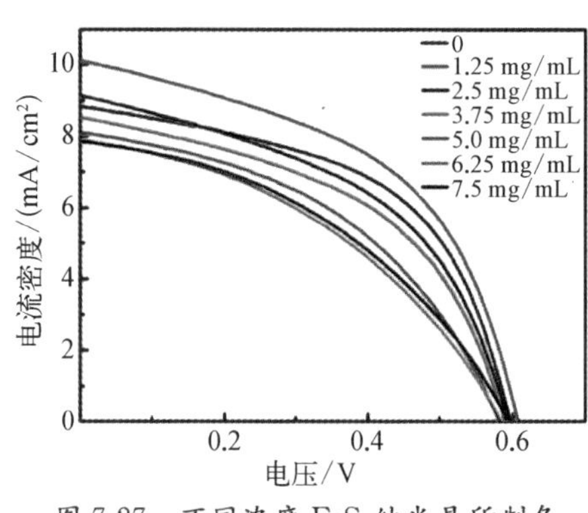

图 7.27　不同浓度 FeS_2 纳米晶所制备纳米晶聚合物太阳能电池的 $J-V$ 特性曲线

图 7.27 是不同浓度 FeS_2 纳米晶所制备纳米晶聚合物太阳能电池的 $J-V$ 特性曲线。从图 7.27 中可看出，7 组实验的电池器件光电性能有所不同，具体各项光电性能参数见表 7.4。表 7.4 列出了不同浓度 FeS_2 纳米晶所制备纳米晶聚合物太阳能电池的四个主要光电性能参数：开路电压 V_{oc}、短路电流密度 J_{sc}、填充因子 FF 及光电效率 η。

表 7.4　不同浓度 FeS_2 纳米晶所制备纳米晶聚合物太阳能电池的光电性能参数

样品序号	FeS_2 NCs 浓度/(mg/mL)	电流密度 J_{sc}/(mA/cm²)	开路电压 V_{oc}/V	填充因子 FF/%	光电效率 η/%
1	0	8.84	0.61	51.7	2.8
2	1.25	10.11	0.60	50.2	3.0
3	2.5	9.12	0.59	47.6	2.6
4	3.75	8.51	0.59	48.5	2.4
5	5	8.10	0.58	44.3	2.1
6	6.25	7.91	0.58	40.7	1.9
7	7.5	7.84	0.59	41.5	1.9

第 1 组、第 2 两组实验结果对比，可以看出添加 1.25 mg/mLFeS_2 纳米晶所制备纳米晶聚合物电池的光电转换效率为 3.0%，相对纯有机聚合物电池 2.8%

的效率而言，光电性能提高了7.14%。这说明FeS_2纳米晶在电池体系中发挥了其窄带隙的优势(即吸收近红外光谱的能力)，使得器件对太阳光的吸收能力增强，短路电流密度达10.11 mA/cm^2，较纯有机聚合物电池的短路电流密度有明显提高。

但通过第2～7组实验结果对比，可以看出随着FeS_2纳米晶添加浓度的增大，纳米晶聚合物太阳能电池的光电转换效率呈减小的趋势。具体分析来看，各电池器件的开路电压基本相同，在0.6 V左右，这取决于制备电池的材料。6组均采用FeS_2纳米晶与聚合物(P3HT：PCBM)复合而成，开路电压固然相同。从短路电流密度的角度来看，随着FeS_2纳米晶添加浓度的增大，第2～7组电池器件的短路电流密度在不断减少，这说明过多的FeS_2纳米晶反而会影响器件中载流子的有效传递。

在FeS_2纳米晶与聚合物(P3HT：PCBM)复合的太阳能电池中，聚合物P3HT作为电子给体材料，FeS_2纳米晶和聚合物PCBM共同作为电子受体材料。太阳光照射时，FeS_2纳米晶与聚合物(P3HT：PCBM)同时吸收光子产生载流子，载流子有效传递的动力取决于给受体材料的能级匹配。因此，为了更好地解释FeS_2纳米晶聚合物太阳能电池的性能，以下对FeS_2纳米晶的能级进行相关研究。

7.4.4 FeS_2纳米晶LUMO与HOMO值的测试

无机半导体纳米晶的能级结构，包括组成能级的最低未被占据分子轨道(LUMO)和最高占据分子轨道(HOMO)。不同尺寸与组分的无机半导体纳米晶的LUMO与HOMO不同，掌握无机半导体纳米晶的能带结构对解析纳米晶的电子特性有重大意义。

为测定FeS_2纳米晶的LUMO与HOMO值，采用循环伏安法，借助CHI800B型电化学工作站来实现。其中电化学工作站的三个电极材料分别为：玻璃态碳为工作电极(直径5 mm)；Pt电极为对电极；Ag/AgCl为参比电极。测试电解液是0.1 mol四丁基六氟磷酸铵与1 mL乙氰配置所得到的0.1 mol/L溶液。

实验前，玻璃态碳电极先用金相砂纸打磨，并依次用粒径为1.0 μm、0.3 μm、0.05 μm的氧化铝将电极表面抛光成镜面，去离子水洗净晾干。然后在氮气保护下，将制备好的0.01 mol/L的FeS_2纳米晶溶液(0.01 mmol FeS_2纳米晶分散在1 mL的氯仿溶剂中，超声30 min，所得均匀分散的溶液)滴覆在干净的工作电极表面。重复滴覆5～10次，控制半导体纳米晶薄膜厚度为80～120 μm，保证FeS_2纳米晶在工作电极表面形成致密平整的薄膜。

实验中反复调试，最终选取适合FeS_2纳米晶的扫描电压，即−1.5～3.0 V，扫描速度设定为20 mV/s，一次实验连续扫描20段，共计10个循环，所得FeS_2

纳米晶的循环伏安特性曲线如图 7.28 所示。当电极两端加负的电压(即从 3 V 扫到−1.5 V)时,工作电压上的 FeS_2 纳米晶会发生还原反应,出现还原峰;反之,当电极两端加正的电压(即从−1.5 V 扫到 3 V)时,工作电极上的 FeS_2 纳米晶会发生氧化反应,出现氧化峰。由于整个电化学系统开始发生反应后,输出的电化学信号需要一段时间后才能稳定。为了保证实验测试结果的精确度,一次扫描 10 个循环,取最后一个循环的数据进行实验分析。

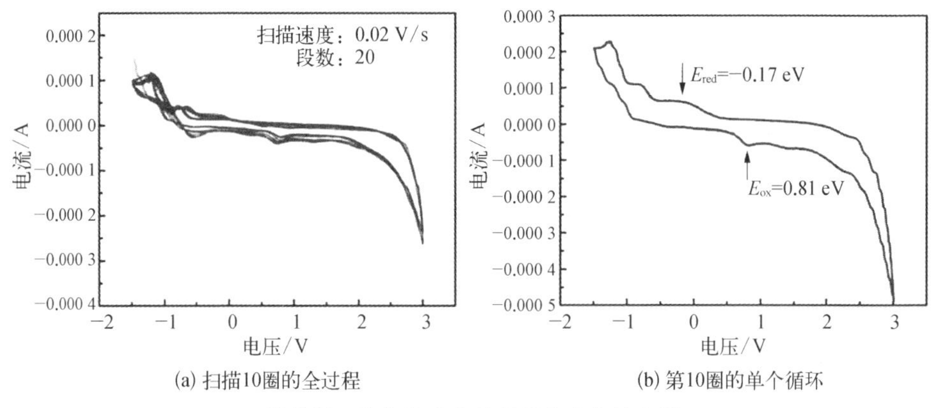

(a) 扫描10圈的全过程　(b) 第10圈的单个循环

图 7.28　FeS_2 纳米晶的循环伏安特性曲线

如图 7.28(a)是整个实验过程中,电化学工作站工作电极所输出 FeS_2 纳米晶发生氧化还原反应的伏安特性曲线。10 个循环的图线重叠在一起,可以看到每个循环出现氧化峰和还原峰的位置大致重合。图 7.28(b)是单独第 10 个循环的伏安特性曲线,从图中可以清晰地找到氧化峰的位置在 0.81 eV,还原峰的位置在−0.17 eV,即 $E_{ox}=0.81$ eV,$E_{red}=-0.17$ eV。

然后,根据循环伏安法计算半导体纳米晶 LUMO 和 HOMO 值的依据公式[式(7-1)、式(7-2)、式(7-3)],可以快速准确地得到 FeS_2 纳米晶的能带隙及 LUMO 和 HOMO 值。

将实验所测 FeS_2 纳米晶的氧化电势及还原电极($E_{ox}=0.81$ eV,$E_{red}=-0.17$ eV)代入上述公式,即得 FeS_2 纳米晶 $E_{HOMO}=-5.52$ eV、$E_{LUMO}=-4.54$ eV、$E_{gcv}=0.98$ eV。实验所得结果与 Yuan 等之前所报道 FeS_2 纳米晶能带隙约 1.0 eV 的结果十分吻合,验证了本实验的准确性及可靠性。

7.4.5　FeS_2 纳米晶聚合物太阳能电池的能级结构

参考相关文献可以得到电池结构中各层物质的 LUMO 与 HOMO 值,配合实验所测出的 FeS_2 纳米晶的 LUMO 与 HOMO 值,可以得到 FeS_2 纳米晶聚合物太阳能电池的整个能级结构图,如图 7.29 所示。

从图 7.29 电池能级结构图来看,活性层中电子受体材料 PCBM 聚合物的

HOMO值(−4.2 eV)低于给体材料P3HT聚合物的HOMO值(−3.0 eV);且PCBM的LUMO值(−6.0 eV)低于P3HT的LUMO值(−5.1 eV)。添加FeS_2纳米晶后,纳米晶与PCBM同样作电子受体材料,其HOMO值(−4.5 eV)也低于P3HT的HOMO值(−3.0 eV),且LUMO值(−5.5 eV)也低于P3HT的LUMO值(−5.1 eV),这说明FeS_2纳米晶与聚合物的混合体系中,给受体材料的能级是高度匹配的。

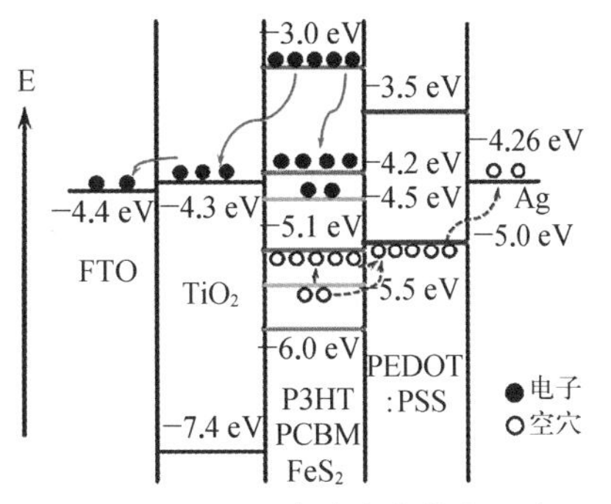

图7.29 FeS_2纳米晶聚合物太阳能电池的能级结构图及载流子的传输示意图

活性层中电子空穴对在给受体界面分离后,一方面电子传输层TiO_2层的HOMO值(−4.3 eV)低于给体材料P3HT聚合物的HOMO值(−4.2 eV),电子有动力传出TiO_2层,然后FTO导电玻璃的HOMO值(−4.4 eV)也恰好低于电子传输层TiO_2层的HOMO值(−4.3 eV),从而实现了电子在FTO导电玻璃上的收集。另一方面,对于空穴的传输也是同样的道理。空穴传输层的PEDOT∶PSS的LUMO值(−5.1 eV),不仅高于受体材料PCBM的LUMO值(−6.0 eV),也高于FeS_2纳米晶的LUMO值(−5.5 eV),空穴有动力传出PEDOT∶PSS层,然后金属Ag电极的电位(−4.26 eV)也高于PEDOT∶PSS层的电位(−5.0 eV),从而实现了空穴在金属电极上的收集。

按照以上分析可知,FeS_2纳米晶聚合物太阳能电池的器件中,逐层之间的能级差提供了电子空穴传输的动力,确保了载流子的有效分离。但在电池器件中电子空穴的传输路径往往不止一条,而是多个通道。为了解决之前所提出的FeS_2纳米晶聚合物电池中出现的问题,很有必要继续研究每条通道是否有传输缺陷,这可能是造成器件光电转换效率降低的重要原因。

在FeS_2纳米晶聚合物太阳能电池能级结构图上继续研究,可以得出电池器件中载流子的传输示意图,如图7.29所示。从图中电子的传输过程可以看到,给体材料P3HT受激发后,电子在能级差的驱动下,往低能级传输时有三种通道:P3HT—TiO_2、P3HT—PCBM、P3HT—FeS_2。电子经第一种通道由P3HT传到TiO_2层后,基于TiO_2层与FTO导电玻璃间的能级差,能顺利输出。电子经第二种通道由P3HT传到PCBM后,由于能级差的驱动,电子又有两种传输通道:PCBM—TiO_2、PCBM—FeS_2。若电子由PCBM到TiO_2,那么固然能顺利输出;如果电子由PCBM到FeS_2,那么FeS_2纳米晶的HOMO值(−4.5 eV)低于TiO_2层的HOMO值(−4.3 eV),导致这部分电子无法有效地传出。电子经第三种通道由P3HT到FeS_2纳米晶,显然这部分电子也是无法有效地传出。

另一方面，从图 7.29 中空穴的传输过程可以看到，受体材料 PCBM 和 FeS_2 纳米晶受激发后，空穴在能级差的驱动下，往高能级传输的通道也有三种：PCBM—P3HT、PCBM—FeS_2、FeS_2—P3HT。由于 P3HT 的 LUMO（−5.1 eV）高于 FeS_2 纳米晶的 LUMO（−5.5 eV），同时 FeS_2 纳米晶的 LUMO（−5.5 eV）又高于 PCBM 的 LUMO（−6.0 eV），所以以上空穴传输的三个通道都是可行的，即空穴传输过程没有明显的缺陷存在。

综上，可以得到随 FeS_2 纳米晶添加浓度的增大，FeS_2 纳米晶聚合物太阳能电池光电性能反而下降的原因，可能在于器件中 FeS_2 纳米晶的含量越大，电子传输的缺陷就表现得越明显，大量电子无法传输出去，必然会造成器件短路电流密度的降低，从而严重影响电池的填充因子（FF）及光电转换效率（η）。当 FeS_2 纳米晶的含量极少时，FeS_2 纳米晶的近红外光吸收性及快速传输载流子的优势大过其带来的缺陷，FeS_2 纳米晶聚合物太阳能电池的性能就会优于有机聚合物电池。

7.4.6 电池的稳定性

任何光伏器件，无论是传统硅基太阳能电池，还是新型太阳能电池，电池的稳定性是考量器件性能的重要因素之一。因此对 FeS_2 纳米晶聚合物太阳能电池做了时间稳定性与温度稳定性的考察，具体实验如下。

为了对 FeS_2 纳米晶聚合物太阳能电池时间稳定性进行考察，本实验中选取上述方法所得到 1.25 mg/mL FeS_2 纳米晶添加浓度下制备出的 FeS_2 纳米晶聚合物太阳能电池为考察对象。

由于 FeS_2 纳米晶聚合物太阳能电池属全固态电池理论上讲稳定性较好，所以实验中选择以周为时间间隔，共设置了 8 个时间点，分别是 0 周、1 周、2 周、3 周、5 周、7 周、10 周及 15 周，然后分别测试放置一段时间后的电池光电性能。实验所得开路电压（V_{oc}），填充因子（FF），短路电流密度（J_{sc}），光电效率（η）随时间的变化曲线如图 7.30 所示。

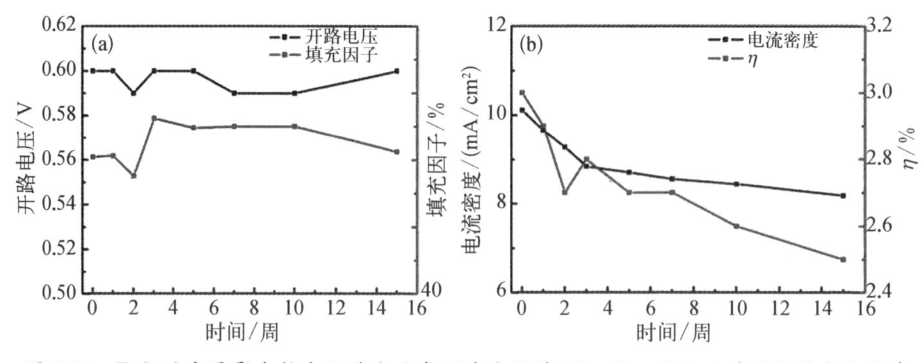

图 7.30 FeS_2 纳米晶聚合物太阳能电池各项光电性能（J_{sc}、V_{oc}、FF、η）随时间的变化曲线

从图 7.30 可以看出，电池各项性能随时间变化较平缓。图 7.30(a)中开路电压(V_{oc})基本保持不变，填充因子(FF)稍有下降。图 7.30(b)中除去第 2 周的实验数据点之外，短路电流密度(J_{sc})和光电转换效率(η)随时间也呈下降趋势。其中，第 2 周的实验数据偏差较大可能受到了不稳定的测试环境及条件的干扰，但仍处在误差容许的范围内。电池器件各项光电性能参数实验值见表 7.5。

表 7.5　不同稳定时间下 FeS_2 纳米晶聚合物太阳能电池各项光电性能参数

稳定时间 /周	短路电流密度 J_{sc} /(mA/cm²)	开路电压 V_{oc}/V	填充因子 FF/%	光电转换效率 η/%
0	10.11	0.60	50.2	3.0
1	9.66	0.60	50.3	2.9
2	9.28	0.59	48.8	2.7
3	8.84	0.60	53.1	2.8
5	8.71	0.60	52.4	2.7
7	8.56	0.59	52.5	2.7
10	8.45	0.59	52.5	2.6
15	8.19	0.60	50.6	2.5

从表 7.5 中可以看出，在电池器件的短路电流密度(J_{sc})从电池制备完成到放置 15 周的过程中，其逐渐从 10.11 mA/cm²降低到 8.19 mA/cm²，对应的光电转换效率从 3.0%降到 2.5%，即持续 15 周，效率仍保留初始的 83.3%。虽然已经有报道量子点敏化太阳能电池效率达 8%以上，但保存 22 天后，效率会迅速衰减甚至失效。这足以表明，FeS_2 纳米晶聚合物太阳能电池在时间稳定性上具有明显的优势。另外，FeS_2 纳米晶聚合物太阳能电池光电性能随时间也会有缓慢下降，这可能与电池内部有机聚合物材料发生缓慢老化有一定的关系。

实验在完成 FeS_2 纳米晶聚合物太阳能电池时间稳定性的考察，并得到预期的实验结果之后，考虑到各种电池在使用过程中，所处环境温度不尽相同。因此考察 FeS_2 纳米晶聚合物太阳能电池对温度的稳定性显得很有必要。本实验搭建了如图 7.31 所示的加热装置。

图 7.31　温度稳定性实验装置照片

图 7.31 中，在非常靠近电池下表面的位置固定一个电加热片，电池的上表面贴附一个灵敏热电偶。实验

中，通过给电加热片一定的电压，使其发热，从而给电池器件所处的环境加热，同时灵敏热电偶及时反馈温度信号，即可读出环境温度值。本实验在电加热片所能承受的最大电压范围内，不断升温，在 20～80℃的温度内，依次测试 7 组实验数据。

同时，为了实验结果具有可比性，实验中选取量子点敏化太阳能电池作为参比电池，通过比较来衡量温度对 FeS_2 纳米晶聚合物太阳能电池光电性能的影响。实验所得量子点敏化电池和 FeS_2 纳米晶聚合物电池的各项光电性能（J_{sc}、V_{oc}、FF 及 PCE）随温度的变化规律如图 7.32 所示。电池各项光电性能参数的实验值如表 7.6 所示。

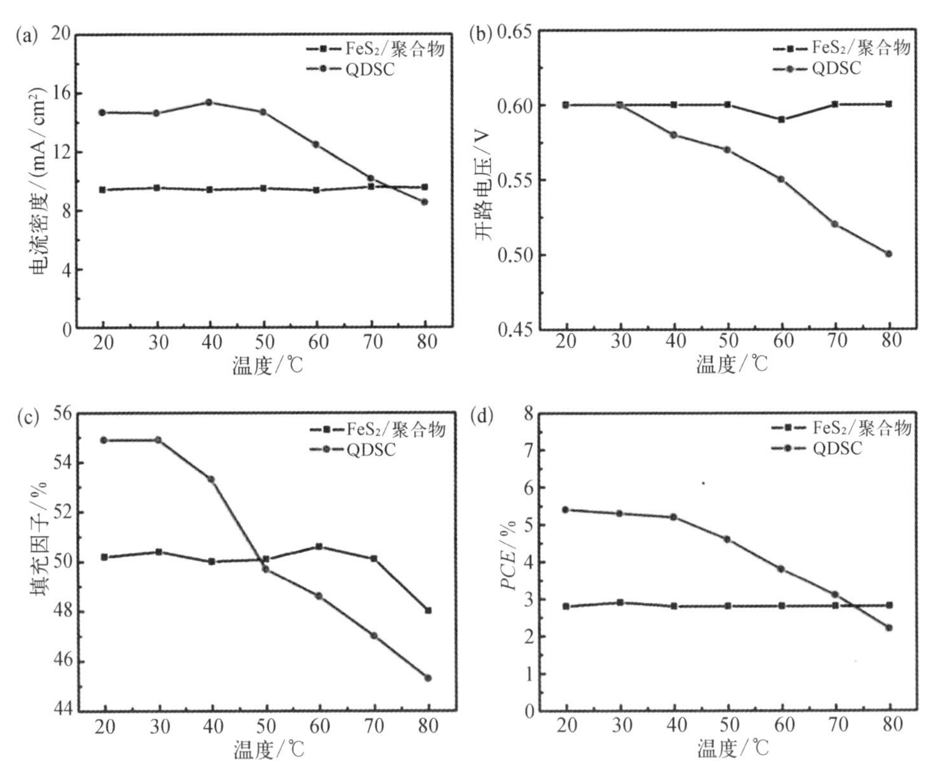

图 7.32　FeS_2 纳米晶聚合物电池及量子点敏化电池 QDSC 各项光电性能（J_{sc}、V_{oc}、FF、PCE）随温度的变化曲线

从图 7.32 中的曲线以及表 7.6 中的数值都可看出，FeS_2 纳米晶聚合物太阳能电池短路电流密度（J_{sc}）、开路电压（V_{oc}）、填充因子（FF）、光电转换效率（PCE）随温度的变化均没有明显变化；相反，量子点敏化电池随温度的升高，各项性能均呈下降趋势。这可能是因为在 FeS_2 纳米晶聚合物电池中，FeS_2 纳米晶化学性质稳定，且聚合物（P3HT、PCBM）的熔沸点以及分解温度远高于 80℃，所以能承受的温度范围较宽。而量子点敏化电池中，电解液及量子点表面包覆

的有机吡啶分子等易分解或者挥发，升高温度造成电池体系极其不稳定，从而严重影响电池的光电性能。

表 7.6　不同环境温度下 FeS_2 纳米晶聚合物电池及量子点敏化电池各项光电性能参数

环境温度/℃	FeS_2 纳米晶聚合物电池				量子点敏化电池			
	J_{sc} /(mA/cm^2)	V_{oc}/V	FF/%	η/%	J_{sc} /(mA/cm^2)	V_{oc}/V	FF/%	η/%
20	9.41	0.60	50.2	2.8	14.69	0.60	54.9	5.4
30	9.53	0.60	50.4	2.9	14.63	0.60	54.9	5.3
40	9.39	0.60	50.0	2.8	15.36	0.58	53.3	5.2
50	9.48	0.60	50.1	2.8	14.69	0.57	49.7	4.6
60	9.34	0.59	50.6	2.8	12.47	0.55	48.6	3.8
70	9.57	0.60	50.1	2.8	10.13	0.52	47.0	3.1
80	9.52	0.60	48.0	2.8	8.51	0.50	45.3	2.2

通过这一对比实验，得出 FeS_2 纳米晶聚合物太阳能电池具有较好的温度稳定性，在 20～80℃的环境温度下完全能正常工作。

7.4.7　光强变化对电池性能的影响

光照强度的大小是直接影响太阳能电池输出电能的一个重要因素。一天之中，地面上的同一位置在不同时刻所接受的太阳辐射光强是不断变化的，因此比较不同光强下电池的性能，对电池投入实际应用是很有指导意义的。

实验中考察了 500～2 000 W/m^2 光强内，FeS_2 纳米晶聚合物太阳能电池的光电转换性能的变化，实验结果如图 7.33 所示。

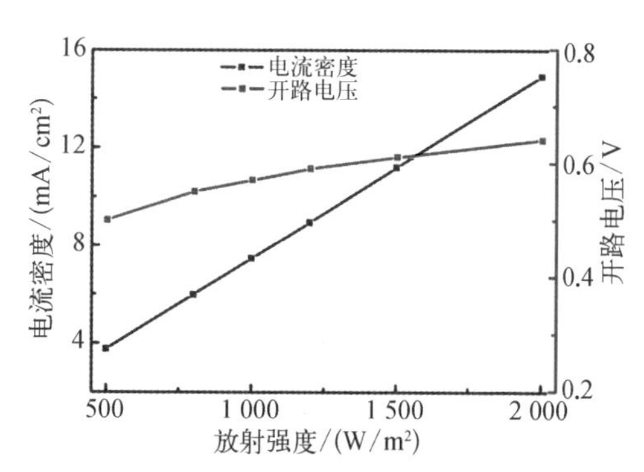

图 7.33　FeS_2 纳米晶聚合物电池短路电流密度(J_{sc})和开路电压(V_{oc})随光照强度变化的曲线

图 7.33 中，电池的短路电流密度随光强的增加呈线性增大，这是因为光强越大，单位面积电池吸收能量越多，产生激子越多，光生电流也就越大。另一方面，在随光强由 500 W/m^2 增大到 2 000 W/m^2 的过程中，开路电压由 0.50 V 增大到 0.64 V，使得电池的转换效率随之由 1.9%提升到 2.9%(表 7.7)。这说明光照强度的增大，可以提高电池的各项光电性能。

表 7.7　不同光照强度下 FeS_2 纳米晶聚合物电池与量子点敏化电池光电转换效率比较

光照强度 /(W/m²)	FeS_2 纳米晶聚合物电池		量子点敏化电池	
	η/%	α/%	η/%	α/%
500	1.9	−20.8	4.1	−22.6
800	2.2	−8.3	4.8	−9.4
1 000	2.4	0	5.3	0
1 200	2.5	4.2	5.8	9.4
1 500	2.7	12.5	6.3	18.9
2 000	2.9	20.8	6.7	26.4

为了进一步分析电池在不同光强下光电性能的稳定性，实验中仍以量子点敏化电池作参比电池，其与 FeS_2 纳米晶聚合物电池在不同光照强度下的光电转换效率测试结果如表 7.7 所示，表中以系数 α 来衡量电池的稳定性。以 1 000 W/m^2 光照强度下的转换效率$\eta_{1\,000}$为标准值，其他光强下的转换效率与该效率的变化率相比即稳定性系数 α，$\alpha=\frac{\eta-\eta_{1\,000}}{\eta_{1\,000}}\times 100\%$。

从表 7.7 可以看出，在 500 W/m^2 的弱光光强下，FeS_2 纳米晶聚合物太阳能电池效率下降 20.8%，而量子点敏化电池效率下降 22.6%；2 000 W/m^2 强光光强下，FeS_2 纳米晶聚合物太阳能电池效率提升 20.8%，量子点敏化电池效率提升 26.4%。这表明，在 500～2 000 W/m^2 光强内，FeS_2 纳米晶聚合物电池光电性能的稳定性(±20.8%)相比量子点敏化电池的稳定性(±26.4%)略有优势。

参考文献

[1] 于宏源.全球能源形势重大变化与中国的国际能源合作.人民论坛・学术前沿，2017(7)：82－90.

[2] 童光毅.关于当代能源转型方向的探讨.智慧电力，2018，46(10)：1－3.

[3] Yamaguchi M，Ohshita Y，Arafune K，et al. Present status and future of crystalline silicon solar cell in Japan. Solar Energy，2006，80(1)：104－110.

[4] Metzger W K，Repins I L，Contreras M A. Long lifetimes in high-efficiency Cu(In，Ga)Se_2 solar cells. Applied Physics Letters，2008，93(2)：022110.

[5] Mathew S，Yella A，Gao P，et al. Dye-sensitized solar cells with 13% efficiency achieved through the molecular engineering of porphyrin sensitizers. Nature Chemistry，2014，6(3)：242－247.

[6] Yella A，Mai C L，Zakeeruddin S M，et al. Molecular engineering of push-pull porphyrin dyes for highly efficient dye-sensitized solar cells：the role of benzene spacers.

Angewandte Chemie International Edition，2014，53(11)：2973 - 2977.
[7] Cao Y，Saygili Y，Grätzel M，et al. 11% efficiency solid-state dye-sensitized solar cells with copper(Ⅱ / Ⅰ) hole transport materials. Nature Communications，2017，8：15390.
[8] Yoshikawa K，Kawasaki H，Yoshida W，et al. Silicon heterojunction solar cell with interdigitated back contacts for a photoconversion efficiency over 26%. Nature Energy，2017，2(5)：17032.
[9] Bae W K，Kwak J，Lim J，et al. Multicolored light-emitting diodes based on all-quantum-dot multilayer films using layer-by-layer assembly method. Nano Letters，2010，10(7)：2368 - 2373.
[10] Günes S，Neugebauer H，Sariciftci N S. Conjugated polymer-based organic solar cells. Chemical Reviews，2007，107(4)：1324 - 1338.
[11] Xiao S，Zhang Q，You W. Molecular engineering of conjugated polymers for solar cells：an updated report. Advanced Materials，2016，29(20)：1391 - 1398.
[12] Nozik A J. Exciton multiplication and relaxation dynamics in quantum dots：applications to ultrahigh-efficiency solar photon conversion. Inorganic Chemistry，2005，44(20)：6893 - 6899.
[13] Wang W，Wu S，Reinhardt K，et al. Broad band light absorption enhancement in thin film silicon solar cells. Nano Letters，2010，10(6)：2012 - 2018.
[14] Tang J，Wang X，Brzozowski L，et al. Schottky quantum dot solar cell stable in air under solar illumination. Advanced Materials，2010，22：1398 - 1402.
[15] Johnston K W，Pattantyus-Abraham A G，Clifford J P，et al. Schottky-quantum dot photovoltaics for efficient infrared power conversion. Applied Physics Letters，2008，92(15)：151115.
[16] Ma W，Luther J M，Alivisatos A P，et al. Photovoltaic devices employing ternary PbS_xSe_{1-x} nanocrystals. Nano Letters，2009，9(4)：1699 - 1703.
[17] Kim M S，Sung Y M. Enhanced formation of PbSe nanorods via combined solution-liquid-solid growth and oriented attachment. CrystEngComm，2012，14(6)：1948 - 1953.
[18] Steinhagen C，Panthani M G，Akhavan V，et al. Synthesis of Cu_2ZnSnS_4 nanocrystals for use in low-cost photovoltaics. Journal of the American Chemical Society，2009，131(35)：12554 - 12555.
[19] Said A J，Poize G，Martini C，et al. Hybrid bulk heterojunction solar cells based on P3HT and porphyrin-modified ZnO nanorods. The Journal of Physical Chemistry C，2010，114(25)：11273 - 11278.
[20] 刘艳山，王藜，曹镛.CdSe纳米晶/共轭聚合物太阳能电池的制备与性能研究.高等学校化学学报，2007，28(3)：596 - 599.
[21] 周健伟，覃东欢，罗潺，等.无机纳米晶-共轭聚合物异质结光电池研究进展.化学通报，2006，69(5)：323 - 330.
[22] Jøgensen M，Norman K，Krebs F C. Stability/Degradation of polymer solar cells.Solar

Energy Materials and Solar Cells, 2008, 92(7): 686 - 714.

[23] Waldauf C, Morana M, Brabec C J, et al. Highly efficient inverted organic photovoltaics using solution based titanium oxide as electron selective contact. Applied Physics Letters, 2006, 89(23): 233517.

[24] Yu B Y, Tsai A, Shyue J J, et al. Efficient inverted solar cells using TiO_2 nanotube arrays. Nanotechnology, 2008, 19(25): 255202.

[25] Sasajima I, Uesaka S, Kuwabara T, et al. Flexible inverted polymer solar cells containing an amorphous titanium oxide electron collection electrode. Organic Electronics, 2011, 12(1): 113 - 118.

[26] Tan Z, Zhang W, Li Y, et al. High-performance inverted polymer solar cells with solution-processed titanium chelate as electron- collecting layer on ITO electrode. Advanced Materials, 2012, 24(11): 1476 - 1481.

[27] Hau S K, Yip H L, Jen A K Y, et al. Air stable inverted flexible polymer solar cells using zinc oxide nanoparticles as an electron selective layer. Applied Physics Letters, 2008, 92(25): 253301.

[28] Greenham N C, Peng X, Alivisatos A P. Charge separation and transport in conjugated-polymer/semiconductor nanocrystal composites studied by photoluminescence quenching and photoconductivity. Physical Review B, 1996, 54(24): 17628 - 17637.

[29] Huynh W U, Dittmer J J, Alivisatos A P. Hybrid nanorod-polymer solar cells. Science, 2002, 295(5564): 2425 - 2427.

[30] Dayal S, Kopidakis N, Rumbles G, et al. Photovoltaic devices with a low band gap polymer and CdSe nanostructures exceeding 3% efficiency. Nano Letters, 2009, 10(1): 239 - 242.

[31] Choi S H, Song H, Sung Y E, et al. Synthesis of size-controlled CdSe quantum dots and characterization of CdSe-conjugated polymer blends for hybrid solar cells. Journal of Photochemistry and Photobiology A: Chemistry, 2006, 179(1 - 2): 135 - 141.

[32] Tang A W, Teng F, Wang Y, et al. Investigation on photoconductive properties of MEH-PPV/CdSe-nanocrystal nanocomposites. Materials Letters, 2007, 61(11 - 12): 2178 - 2181.

[33] Wang Y, Suna A, Kasowski R, et al. PbS in polymers. From molecules to bulk solids. The Journal of Chemical Physics, 1987, 87(12): 7315 - 7320.

[34] Bredas J L, Silbey R, Chance R R, et al. Chain-length dependence of electronic and electrochemical properties of conjugated systems: polyacetylene, polyphenylene, polythiophene, and polypyrrole. Journal of the American Chemical Society, 1983, 105(22): 6555 - 6559.

[35] Hosokawa C, Higashi H, Kusumoto T. Novel structure of organic electroluminescence cells with conjugated oligomers. Applied Physics Letters, 1993, 62(25): 3238 - 3240.

[36] Sun Q, Wang H, Li Y, et al. Synthesis and electroluminescence of novel copolymers containing crown ether spacers. Journal of Materials Chemistry, 2003, 13(4): 800 - 806.

[37] Yang Y, Arias F, Wilson L J, et al. Reversible fullerene electrochemistry: correlation with the HOMO- LUMO energy difference for C60, C70, C76, C78 and C84. Journal of the American Chemical Society, 1995, 117(29): 7801-7804.

[38] Derouiche H, Djara V. Impact of the energy difference in LUMO and HOMO of the bulk heterjunctions components on the efficiency of organic solar cells. Solar Energy Materials and Solar cells, 2007, 91(13): 1163-1167.

[39] Ma W, Yang C, Heeger A J, et al. Thermally stable, efficient polymer solar cells with nanoscale control of the interpenetrating network morphology. Advanced Functional Materials, 2005, 15(10): 1617-1622.

[40] Fu H, Luan W L, Tu S T, et al. Hybrid solar cells with an inverted structure: Nanodots incorporated ternary system. Solid-State Electronics, 2012, 69: 50-54.

[41] Luo L, Luan W L, Yuan B X, et al. High efficient and stable solid solar cell: based on FeS_2 nanocrystals and P3HT : PCBM. Energy Procedia, 2015, 75: 2181-2186.

[42] 罗玲莉.FeS_2纳米晶聚合物复合太阳能电池的制备及稳定性研究.上海:华东理工大学,2015.

[43] Huo L, Zhang S Q, Guo X, et al. Replacing alkyoxy groups with alkylthienyl groups: a feasible approach to improve the properties of photovoltaic polymers. Angewandte Chemie International Edition, 2011, 50(41): 9697-9702.

[44] Yuan B, Luan W, Tu S T. One-step synthesis of cubic FeS_2 and flower-like $FeSe_2$ particles by a solvothermal reduction process. Dalton Transactions, 2012, 41(3): 772-776.

[45] Liu Z, Luan W, Yuan B, et al. Quantum-dots-sensitized solar cells based on vertically ranged titanium dioxide nanotubes. International Journal of Green Energy, 2016, 13(8): 840-844.

[46] 付红红.纳米晶形貌可控合成及聚合物复合太阳能电池研究.上海:华东理工大学,2013.

第 8 章 量子点在结构健康监测中的应用

8.1 结构健康监测的概述

8.1.1 背景

随着材料加工能力和系统监测水平的提高，石油、化工、发电等行业正向结构大型化、工艺高参数化、生产规模化方向发展，对设备的安全可靠性提出了更高的要求。大型复杂结构中的初始微小裂纹不易被发现，复杂交变载荷、温度变化或腐蚀疲劳等环境导致机械零件应力分布不均，裂纹扩展速度加快，结构快速失效断裂，造成人力和物质的巨大损失甚至导致灾难性事故。例如，1944 年美国克利夫兰 LNG 工厂发生爆炸，造成 131 人死亡，并摧毁了方圆 1 km^2 的建筑。原因是一个内径为 17.3 m 的球形液态天然气贮罐材料中的微裂纹引起脆断。1996 年，柳州发电有限责任公司一号主机大修时，在主汽阀体上检测出一条长达 690 mm，深 80 mm，几乎穿透主阀体的大裂纹。2000 年，安徽平圩发电有限公司的 1、2 号国产 600 MW 汽轮机低压次末级叶片根部和叶缘产生裂纹，导致叶片断裂，电厂被迫停产。2002 年 12 月，台湾中华航空股份有限公司一架波音 747－200 型客机在由台湾中正机场飞往香港机场途中空中解体，19 名机组人员及 206 名乘客全部遇难。调查显示，灾难发生的根本原因是飞机尾部的金属裂纹快速扩展，造成机体在空中解体。根据事故后回收的机身残骸，该处裂痕至少长达 1.8 m。2011 年，国内某钢厂一桥式起重机大车行走机构附近的主梁下翼缘板出现严重的开裂现象，导致该起重机所在车间停产，经济损失巨大。

国内外研究表明，疲劳断裂过程取决于微裂纹的萌生、扩展、合体和干涉过程，微裂纹阶段占据疲劳总寿命的比例可高达 80%。因此，微裂纹演化过程在材料疲劳损伤与破坏中占有相当重要的地位。微裂纹的萌生是材料在制造、加工、服役过程中受外力导致的应力分布不均，局部应力载荷过大，蠕变疲劳损伤累积发展形成的，这些裂纹生长、结合进而发展成为宏观裂纹，当裂纹扩展至临界状态时导致构件非稳态断裂而失效。然而，目前的生产工艺水平还不能保证机械产品结构件在使用过程中没有应力集中及裂纹等缺陷，所以，构件在生产和服役过程中产生的缺陷或裂纹是不可避免的。基于断裂力学的研究表明，产生缺陷或裂纹的构件并不会马上破坏和失效，还可以安全工作一段时间。因此，及时发现结构部件的微裂纹，检测受力区域应力集中及裂纹扩展情况，对含缺陷的构件进行安全评定，并提供可靠、操作简便的微裂纹监测方法是保障设备安全稳定运行的前提。

传统的无损检测技术利用超声、磁粉、渗透、涡流、声发射等手段，通过人工操作，离线静态地测量结构参数，借助现代化的技术和设备器材，对试件内部及表面的结构、性质、状态及缺陷的类型、性质、数量、形状、位置、尺寸、分布及其变化进行检查和测试。而结构完整性监测(Structural Integrity Monitoring，SIM)利用先进的传感网络，实时地获取与结构安全状况相关的信息(如变形、应力、应变、模态、温度等)的方法和技术，可以及时发现结构出现的任何异常信息，警示安全隐患。结构完整性监测将注意力更多地放到机械设备服役运行阶段，通过自动、连线、连续、实时地监测结构状态，并根据结构状态参数的历史数据，结合力学模型、数值分析工具、实际材料性能和信息处理方法提取特征参数，进而诊断和识别结构的健康状态。两种技术相辅相成，相互弥补，在现阶段工业工程领域如航空航天、核工业、机械工业、石油化工、锅炉和压力容器及特种设备等具有广泛的应用。然而，目前在重大机械装置的监测和检测中，最大的问题是尚缺乏有效的手段实时地监测/检测损伤和缺陷的发展，同时，监测及检测精度亟待大幅度提升。

利用荧光涂层监测/检测机械设备裂纹扩展损伤及应力分布可较好地实现非接触式实时测量，避免了电阻应变片、压电传感器和光纤传感器所带来的人工布线和粘贴等烦琐工作。荧光材料制作的涂层可将试样的表面结构状态转化成光信号的改变，方便直观地监测裂纹扩展状态，适合大面积应变场的检测；同时，荧光涂层的膜结构适用于多种不规则尺寸零件的涂覆，如盘型件、叶片、旋转壳体等。不同于渗透检测的是荧光涂层监测/检测可连续输出光信号，从而动态可视化地反映装置的损伤及缺陷，避免了其他测试方法因噪声和震动等环境因素引起的数据分析不精确带来的误差。

8.1.2　裂纹检测方法

1. 常规无损检测技术

工程上，无损检测法通常用于停机检查构件裂纹扩展及应力分布情况。较为成熟且大规模应用的检测方法包括磁粉检测、超声检测、射线检测、涡流、渗透检测等，具有较高的灵敏度，但是精度一般只能达到 0.3～0.4 mm。渗透检测法虽然精度较高，检测宽度可以达到 1 μm 左右，但是不能直接描述裂纹的宽度，需要经过复杂的分析换算，时效性差。

2. 光纤声发射检测技术

声发射技术是能够满足实时动态检测功能的新型无损检测技术，利用该技术可对大多数结构材料损伤程度及其损伤发展趋势做出正确判断和预测，进行安全评估。声发射技术是一种动态无损检测技术，但与其他无损检测方法有所不同，声发射信号是在外部作用下产生的，对缺陷的变化极为敏感，检测灵敏度高，可以检测到微米量级的显微裂纹变化。此外，因为绝大多数材料都具有声发射特性，声发射技术不会受到材料种类的限制，可以长期连续地监视缺陷的安全性和超限报警，这是声发射技术优于其他无损检测技术的地方。不同声发射源机制产生的声波性质不尽相同，如固体内部裂纹的形成和扩展、晶格位错、塑性变形、复合材料的纤维断裂等都会产生不同特性的声发射信号，而在材料损伤的不同阶段所产生的声发射特性也不相同。这些就是声发射技术判断缺陷类型和损伤程度的依据，结合声波传播规律就可以对声发射源进行定位。Barren 团队及 Rajtar 团队的研究表明，声发射信号易于同噪声相区别，这就使声发射技术在结构材料损伤及完整性监测方面成为一种很有前途的无损检测技术。声发射技术的魅力在于它广阔的应用前景，由于声发射技术具有动态无损检测、不受材料种类的限制、检测灵敏度高、可实现在线检测等优点，故该技术已从最初压力容器、金属疲劳和断裂力学的应用发展到目前的工业制造过程的检测和控制、各种材料性能研究、航空航天、铁路运输、建筑和化工等工业领域。尤其是近年来随着计算机技术的发展，声发射技术日臻完善，展现了其在结构材料检测领域的应用潜力。

随着光纤的问世，光纤传感技术得到了广泛而深入的研究，采用光纤实现声发射检测的技术得到了进一步的发展。传统的声发射传感器大多采用压电陶瓷(Piezoelectric Ceramics)来实现，利用锆钛酸铅(PZT)的压电效应把机械量转变为电量来进行检测，但压电陶瓷易受电磁干扰且工作频带狭窄。相比之下，采用光纤作为传感器，它具有频带宽、体积小、重量轻、响应快、分辨率高、抗干扰能力强等一系列优点。目前，在无损检测领域，利用光纤实现材料完整性评价和结构健康监控的应用已越来越受到业者的关注。

3. 电位法检测技术

电位法又称电位差法或电导法，其物理原理基于金属的导电性。当电流从构件的被检测部位通过时，会产生一定的电流和电位场。当构件上出现裂纹时，电流和电位场也会随之发生变化，并且通过电位 U 的改变体现出来。裂纹的位置、形状和尺寸不同，它对被检测部位电流和电位场的影响也不同，相应的电位 U 的变化也不同。因此，电位差可以当作表征裂纹的位置与尺寸参数的函数，通过测量和分析电位差信号，即可对构件表面疲劳裂纹的产生和扩展情况进行监测。

直流电位法测量裂纹长度的方法于 1974 年提出，其原理是：在试样的两端施加恒定电流，使之在试样厚度方向上产生恒定的二维电场，含裂纹试样的电场是试样形状、尺寸的函数，特别是裂纹尺寸的函数。在试验过程中，随着裂纹的扩展，导通截面不断缩小，电阻不断增加，在恒定的电流下，裂纹面两端的电位或电压降将随裂纹尺寸的增加而增大。因此利用裂纹面两端的电位差与裂纹扩展长度之间的函数关系，将所测量的电位值转换成等效的裂纹长度。

4. 其他新型检测方法

原位观测法通常借助扫描电镜的高分辨率，观测金属或复合材料在疲劳或腐蚀下小裂纹的萌生扩展方式、裂纹的开裂行为、裂尖闭合效应等，用以预测金属的疲劳寿命以及观测蠕变损伤行为，解析蠕变损伤机理，是目前最精确的微小型裂纹观测方法。由于大型精密显微镜的引入，该方法通常适用于实验室阶段的基础科学研究。

表面覆膜法是近二十年发展起来的新型检测小裂纹方法，通过醋酸纤维膜可以观测几十微米长的小裂纹，并可以在裂纹的萌生阶段进行捕捉，实现追踪裂纹生长及合并过程，从而利用疲劳断裂机理来评估疲劳寿命。Newman 团队研究发现，常规覆膜法所用的醋酸纤维薄膜在完全风干后有 10%的收缩，而且受温度、pH 值等外界环境影响大，因此测量出来的裂纹长度与真实裂纹长度有偏差，同时由于应用丙酮保护裂尖周围的环境，相比较无覆膜时所测试的疲劳寿命具有明显的增强。新型乙酰基纤维素覆膜方法的应用可使监测精度达 0.1 μm，薄膜固化后收缩率小。然而，覆膜方法操作过程烦琐，需要经过样品表面处理、覆膜、干燥、脱膜、电镜观察等工艺，时间长，材料价格昂贵，并且作为一种非连续的观测方法，对裂纹生长速度较快的情况无能为力。

8.1.3　应力应变检测方法

1. 应变片电测法

应变片电测法是用电阻应变计测量结构的表面应变，再根据应变-应力关系确定构件表面应力状态的一种试验应力分析方法。测量时，将电阻应变片粘贴在零件被测点的表面。当零件在载荷作用下产生应变时，电阻应变计发生相应的电阻变化，用应变仪测出这个变化，即可以计算被测点的应变和应力。电阻应变片法是一种在技术上非常成熟的表面应力逐点测量方法，已经有 60 多年的历史，应用范围涉及多个行业领域。具有如下优点：① 测量精度和灵敏度高，常温测量时精度可达到 1%～2%；② 量程大，最高可达 2×10^4 $\mu\varepsilon$；③ 尺寸小，应变计栅长度最小为 0.178 mm，可以实现梯度较大的应变测量；④ 技术成熟，应用广泛。但是，应变片的测量原理也决定了它的技术缺陷：① 作为接触式测量方法，只能测量构件表面的应变，不能测量构件内部应变；② 不能进行 3D 应变测量；③ 应变计测出的应变值是应变计栅长度范围内的平均应变值；④ 基于电测法的属性，一个应变片须有两根导线构成测量回路，并且需要采取特殊的措施增强系统的抗电磁干扰能力。

2. 光纤 Bragg 光栅检测法

光纤 Bragg 光栅传感器（简称光纤光栅传感器）是一种未经封装的传感元件，它以裸光纤为载体，通常由纤芯和外面的保护层组成。其中纤芯的直径仅为 0.125 mm，光线在其内部进行全反射传播。当芯层折射率受到周期性调制后，即成为 Bragg 光栅。通过光纤光栅解调仪监测光栅反射光的波长，并通过相应的程序对测试数据进行计算、分析和处理，就能获得光纤光栅传感器处的应变值。光纤光栅测试方法是近 20 年来快速发展起来的一种应力应变测量方法，由于非常容易构建分布式传感网络，目前广泛应用于建筑、桥梁、船舶和化工等领域。该方法属于光学测试技术范畴，在应用上有独特的技术优势：① 光纤光栅传感器以光纤作为信号载体，传感器体积小、重量轻，容易满足被测结构件对狭小空间的安装需求；② 属于光学测量方法，抗电磁干扰，适用于长距离信号传输；③ 光学信号入射和反射线的输入输出回路仅为一根直径 0.25 mm 的光纤，能够极大地简化测试系统结构；④ 理论上，一根光纤上可以连续制作几十个传感器（被测对象变形越小，可以连续制作的传感器也越多），便于构成分布式传感系统。

通常，光纤 Bragg 光栅传感器按照写入方式可分为 In 型光栅、损伤光栅、飞秒激光写入光栅、表面浮雕光栅、特殊掺杂光纤中写入光栅以及再生光纤布拉格光栅传感器等。光纤 Bragg 光栅传感器通常应用于高温环境下的结构完整性监测，既可同时监测高温高压设备的温度，同时也可检测压力、应变的变化情况。近几年的发展，使得光纤光栅传感器不断地突破高温检测范围，特别是再生光纤布拉格光栅传感器可以耐受 1 000℃以上的高温。然而由于其存在反射率低、退火后易碎并且在高温条件下存活时间短等缺点，目前还不能大面积地应用。

3. 光弹性法

光弹性法是通过光学的干涉原理进行应力应变测量的代表性方法，通常利用材料的双折射效应进行应力应变测试，如环氧树脂之类的各向同性的非晶体材料，在自然状态下不会产生双折射现象，但当其受到载荷作用而产生应力时，就会如晶体一样表现出光学各向异性，产生双折射现象，而卸载后，材料又恢复光学各向同性，这就是所谓的暂时双折射效应。用具有双折射效应的透明塑料，如最常用的环氧树脂材料，按一定比例制成结构件模型或者在结构件表面直接采用光贴片处理后，将被测对象置于偏振光场中，施加一定的载荷，模型上便产生干涉条纹。被测对象受力越大，出现的干涉条纹越多，越密集。通过直接观测结构上的条纹，可以对结构的应力应变进行定性分析。光弹性法在国防、航空航天等领域中往往是一种不可或缺的测试手段，与电测方法相比有许多优点：① 属于非接触测量方法，具有电测方法不能达到的全场测量优势，既可以测量表面应力，也可测量内部应力；② 方法直观，能够清晰地反映应力集中现象，不仅很容易找到应力集中的部位，而且可以确定应力集中系数。但是，光弹性方法也存在一些不足之处：① 工艺比较复杂，测量周期长；② 通常需要使用环氧树脂材料在被测结构表面进行平面和曲面贴片处理；③ 对于一些大型构件，需要按比例制作 3D 光弹性模型，制作工艺相对复杂；④ 需要将被测对象置于偏振光环境中，光学系统相对复杂。

8.1.4　量子点受力导致性能变化的研究

近几年，量子点纳米晶在受力条件下的光性能的响应受到了越来越多的关注。Salmeron 通过原子力显微镜按压 CdTe 四足状纳米晶时发现，在 100 nN 下四足状纳米晶的四足具有较好的弹性伸缩。Wang 等利用纳牛顿的力按压 CdSe 四足状纳米晶，通过四足弯曲的不同角度计算了四足状 CdSe 的电子能级结构变化，并预测了随着应变的增大，量子点荧光将发生红移现象。Alivisatos 等对球状、棒状以及四足状的 CdSe@CdS 量子点受力下的性能改变进行了研究，并结合性能的改变提出了荧光纳米晶应变计的应用。研究将不同形貌的 CdSe@CdS 置于金刚石压腔中，静水压力从 0.5～1 GPa 提高至 6 GPa 发现，球状、棒状及四足状 CdSe@CdS 量子点出现了不同程度的蓝移，在恢复初始压力后，蓝移现象消失。在非静水压下，球状及棒状依然保持蓝移的现象，而四足状 CdSe@CdS 量子点出现了微小的红移现象，这可能是由于四足状的 CdSe@CdS 量子点在受到非静水压下四个足出现了不同程度的弯曲。Suryanarayana 等对比了(Zn, Cd)S 的应力发光和光致发光光谱，发现 ZnS 和 CdS 不同的掺杂浓度会影响荧光峰的红移。Alivisatos 和 Withey 等分别利用了量子点半导体纳米晶制作了纳米复合材料的应变计与应变漆，并对其性能进行了测试，测试结果显示，其荧光峰位置变化规律与所施加的应力应变保持了较好的吻合。

荧光应变计的应用正是利用了纳米晶受力下出现的红移或蓝移现象。但研究未对荧光强度是否变化给出现象描述，而基于荧光峰红移或蓝移变化制造的压力应变计其敏感度和压力应用范围的需求较高。将 CdSe@CdS 量子点与环氧树脂结合形成量子点-环氧树脂纳米复合材料，置于较低压力下进行受压分析，同时记载了其荧光强度的变化，测试了其低压条件下的光学响应，发现其荧光强度随着应力的增加而降低，并进行了三次循环实验，实验结果相同。同时，将量子点置于低压静水压 700 MPa 下发现其荧光强度并未发生改变。推测可能是量子点与环氧树脂之间的某种相互作用引起了受压条件下的荧光强度降低。目前，对低应力下量子点复合材料的荧光强度响应的相关文献还不多。

8.2 量子点的微裂纹监测

8.2.1 实验试样的制备工艺

1. 薄膜制备

本实验用的核壳 CdS@ZnS 量子点粒径大小在 5～7 nm，半峰宽为 27 nm，以双酚 A 型 6002 环氧树脂配备 593 固化剂与量子点混合，固化后的产物较好的保存了量子点的荧光性能。6002 型环氧树脂配备 593 固化剂混合固化后，对量子点的荧光峰位置、半峰宽均不会产生很大的影响。

实验选取 4 mL 量子点原料，分别置于四个离心管中，每个离心管 1 mL 量子点原液。将过量的丙酮溶液分别加入每个离心管的量子点中(体积比为3∶1)，使用台式离心机离心分离出固体粉末，倒掉上层清液，将得到的粉末加入 1 mL 氯仿分散至澄清溶液，再加入体积比为 3∶1 的丙酮，重复三次上述操作，直到得到干净的量子点粉末。将得到的四管量子点粉末分散于 1 mL 氯仿中备用。

取 3 mL 6002 环氧树脂，1 mL 593 固化剂分别放置于离心管中备用(体积比为环氧树脂 6002∶固化剂＝3∶1)。将分散于 1 mL 氯仿中的量子点溶液倒入 3 mL 6002 环氧树脂中，加入 1 mL 的固化剂搅拌均匀，混合好的量子点环氧树脂再置于超声波清洁机中超声分散 5 min，保证量子点充分均匀的分散于环氧树脂中，混合均匀的量子点环氧树脂溶液如图 8.1(a)所示。将混合好的量子点环氧树脂溶液利用一次性滴管悬滴于紧凑拉伸试样表面，溶液覆盖面覆盖金属裂纹扩展区域，依靠溶液自身的液体张力控制薄膜厚度。将制备好的试样放入真空干燥箱，抽真空至－0.1 MPa，设置温度 50℃，保压保温 1 h 后，释放真空恢

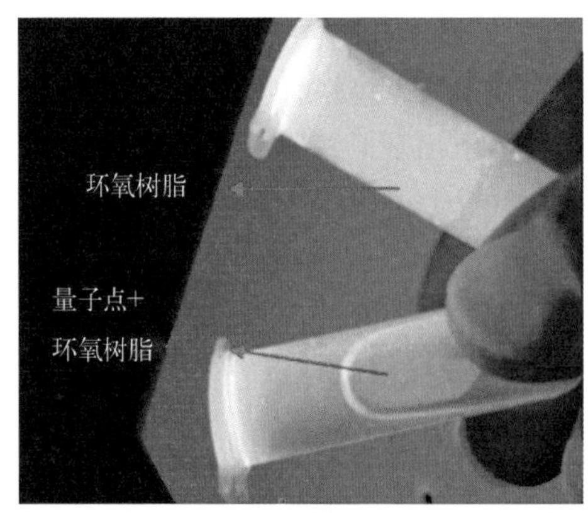

(a) 纯量子点环氧树脂与混合了量子点的环氧树脂在紫外光源激发下的发光图

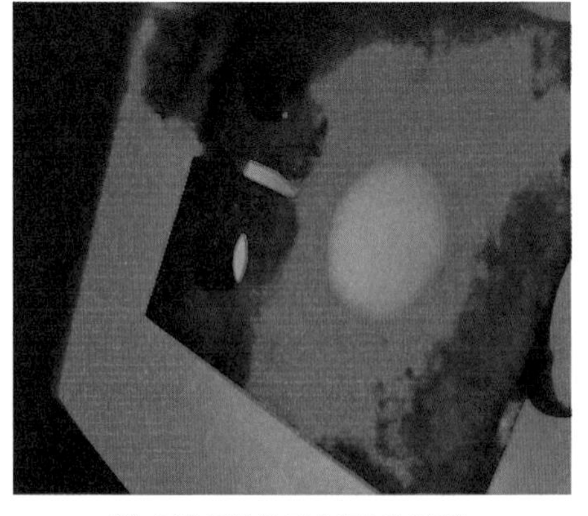

(b) 固化后的量子点环氧树脂膜

图 8.1 量子点环氧树脂薄膜制备

复至大气压，再将温度升至 80℃，保温 6 h，制备得到量子点环氧树脂膜。将冷却后的试样从真空干燥箱中取出，分别进行试样的拉伸使得金属裂纹扩展至量子点环氧树脂膜内，测试荧光响应。固化成膜的金属试样置于紫外灯下可见膜明显发光，如图 8.1(b)所示。

2. CT 试样拉伸实验

为研究量子点环氧树脂纳米复合材料对金属疲劳裂纹的荧光响应特性，采用疲劳拉伸实验对金属紧凑拉伸试样进行疲劳拉伸，诱导裂纹扩展，分析在横幅交变载荷作用下量子点环氧树脂膜的荧光强度变化，膜裂纹与金属裂纹的对应关系及同步性。

在本疲劳拉伸实验中使用了标准紧凑拉伸试样。该试样按照 ASTM E399—06 规范设计，在试样顶端利用线切割引入一个尖锐的切口，用于预置裂纹，提供裂纹的初始萌生。两端设计有通孔用于插入销钉固定到夹具上，确保良好的对称性，试样的具体结构尺寸如图 8.2 所示。将涂覆量子点环氧树脂膜的紧凑拉伸试样安装在 GPS50 高频疲劳拉伸试验机上，拉伸时选取交变载荷5.24 kN，平均载荷 6.4 kN，循环频率 100 Hz，采用正弦波横幅加载，室温环境下应力比为 0.1。待金属裂纹生长进入膜裂纹后停止加载，将有明显裂纹的试样在紫外灯下照射可发现裂纹处有明显的亮线。利用海洋光学(Ocean Optics)QE65000 型光纤光谱仪对膜裂纹处进行荧光强度变化的采集。

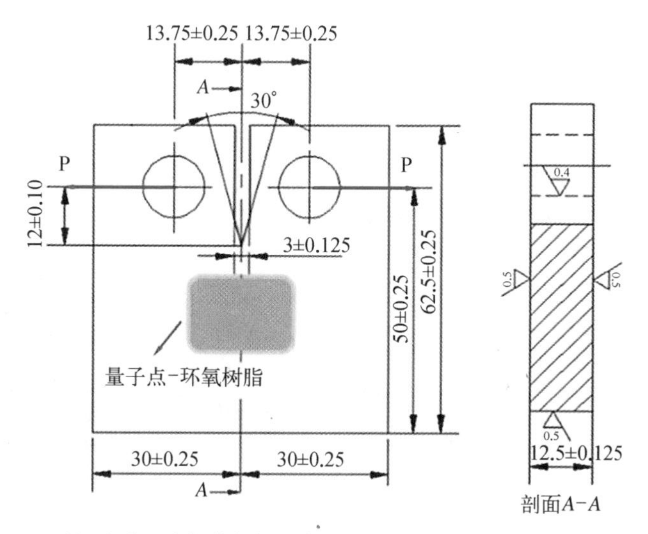

注：红线 P 为加载方向，蓝色区域为 CdS@ZnS-环氧树脂膜覆盖区域。金属微裂纹生长到 CdS@ZnS-环氧树脂膜后，膜裂纹将会随着金属裂纹同步生长。

图 8.2　紧凑拉伸试样横幅加载试样图

8.2.2 荧光信号产生及裂纹宽度监测范围

1. 荧光信号产生

将拉伸结束的金属紧凑拉伸试样置于紫外灯下发现，量子点环氧树脂膜上出现了一条明显的亮线。对比未拉伸的金属试样图可知，此亮线出现在金属产生裂纹之后，如图 8.3(a)和(c)所示。由于此膜为量子点与环氧树脂混合固化后的产物，为确定图 8.3(c)中荧光信号是否来源于量子点的荧光，将不含量子点的纯环氧树脂溶液涂敷于相同金属试样的另一侧，由于紧凑拉伸试样受力后形成的是Ⅰ型裂纹，所以金属试样裂纹应为贯穿型裂纹。然而在纯环氧树脂膜一侧，对比发现金属受拉后环氧树脂在紫外灯下并未发生任何变化，如图 8.3(b)和(d)所示。虽然金属试样两侧的膜的形状有所不同，但我们确保了金属裂纹同时生长到了两个侧面的膜内。由此紫外灯下的直观观测，可以推断 8.3(c)中的荧光信号是由于环氧树脂中添加了量子点在膜随金属裂纹共同生长下所引起荧光变化。

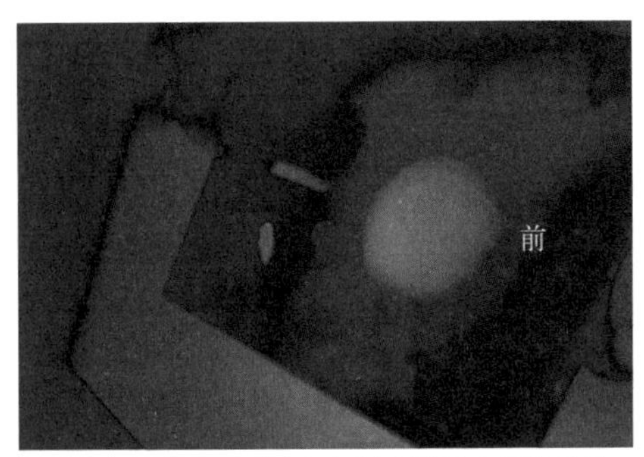

(a) 相同试样上量子点环氧树脂膜随金属拉伸前

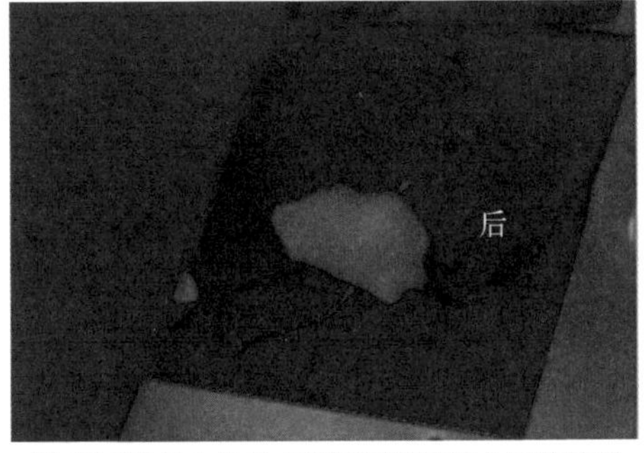

(b) 相同试样上量子点环氧树脂膜随金属拉伸后

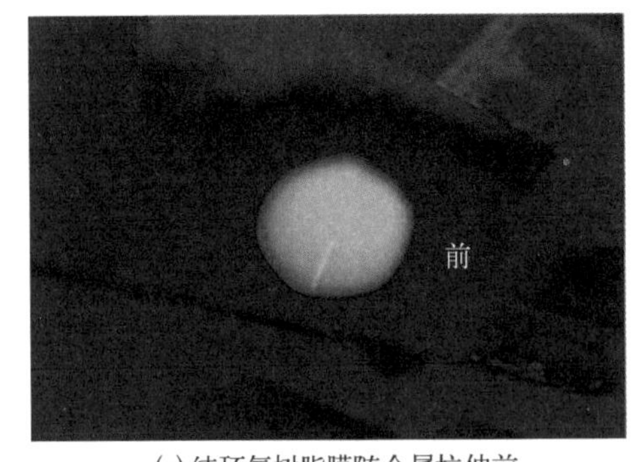

(c) 纯环氧树脂膜随金属拉伸前

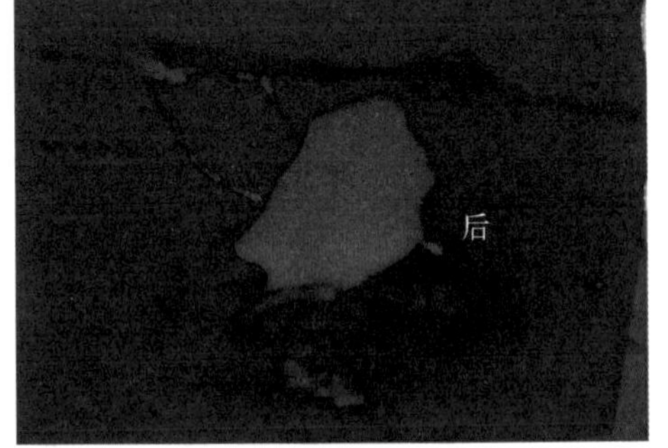

(d) 纯环氧树脂膜随金属拉伸后

图 8.3　相同试样上量子点环氧树脂膜随金属拉伸前后、纯环氧树脂膜随金属拉伸前后对比图

为了检测荧光信号是否是量子点荧光，实验利用光纤光谱仪对膜上不同位置的荧光进行检测。首先，确定了量子点环氧树脂膜的光谱图中荧光峰位置在

475 nm 左右，蓝色发光，通过对比发现膜上采集的荧光峰位置与纯量子点发光的荧光峰位置保持一致，如图 8.4 所示，通过前后对比荧光峰的位置，实验验证了固化的量子点环氧树脂的荧光响应为量子点发光。其次，由于直观观测到当膜裂纹随金属裂纹共同开裂后其荧光信号较明显地显现出来，实验对膜上裂纹区域和非裂纹区域的荧光进行采集发现，裂纹区域的荧光强度明显高于非裂纹区域的荧光强度，表明直观观测到较明显的荧光信号其荧光强度高于其他位置，即膜裂纹区域的荧光强度高于非裂纹区域。

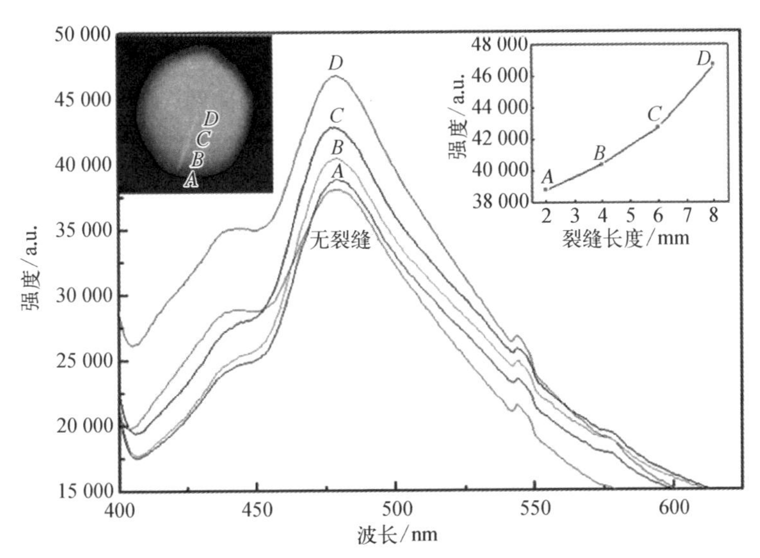

图 8.4　CdS@ZnS 环氧树脂膜裂纹区域和非裂纹区域的荧光强度对比以及从裂纹初始端到裂纹尖端荧光强度变化的光谱图

实验同时选取了沿裂纹方向从膜裂纹初始端到尖端不同位置的四个点（A 到 D），采集其光谱强度的数据。由图 8.4 光谱图显示的荧光强度变化可知，从膜裂纹初始端的 A 点到膜裂纹尖端 D 点，其荧光强度呈现线性上升的趋势。由于理论上来讲，对于一般的 Ⅰ 型撕裂型裂纹，裂纹初始端的宽度是大于裂纹尖端的宽度的，所以有理由推测，从膜裂纹初始端到尖端荧光强度的逐渐升高可能与裂纹的宽度存在一定的反比关系，即裂纹宽度越小，荧光强度越高。

为了验证沿膜裂纹方向从初始端到尖端荧光强度升高的普遍性，进行了多组重复性试验，并采用了不同颜色的量子点进行测试，如图 8.5 所示。图(a)和(c)为蓝色量子点检测的试样、光谱以及不同位置各荧光峰强度的图，图(b)和(d)为红色量子点检测的试样、光谱以及不同位置各荧光峰强度的图。实验沿裂纹扩展方向采集数据点，如图 8.5(a)和(b)红色箭头所示，每次取点间隔 1 mm，试样行程由千分尺平移台控制，保证移动精度的准确性。本次荧光数据点的采集还由裂纹尖端点向下继续延伸 4 mm，目的是检测在裂纹尖端所形成的塑性

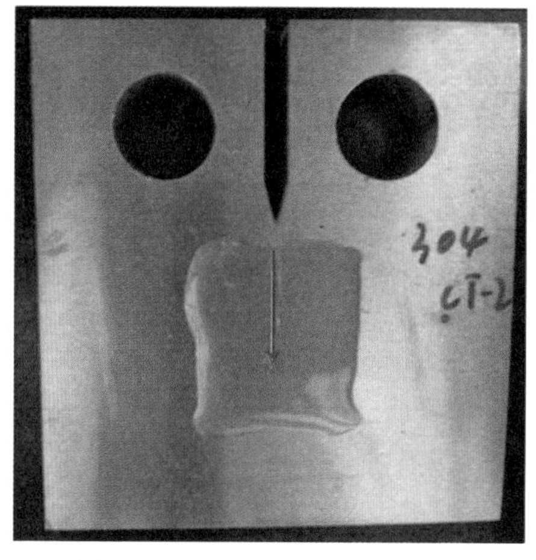

(a) CdS@ZnS环氧树脂涂覆的CT试样

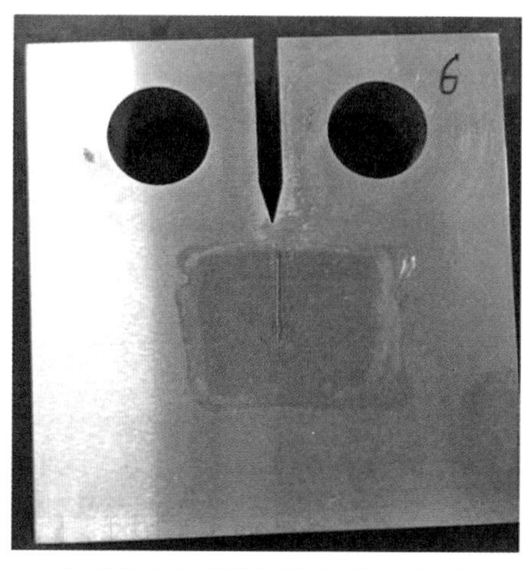

(b) CdSe@ZnS环氧树脂涂覆的CT试样

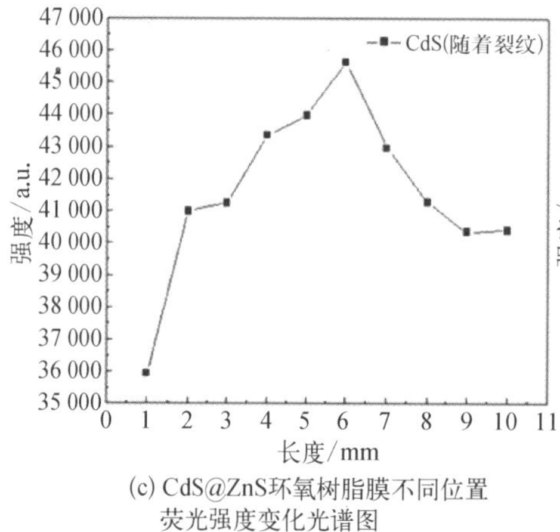

(c) CdS@ZnS环氧树脂膜不同位置荧光强度变化光谱图

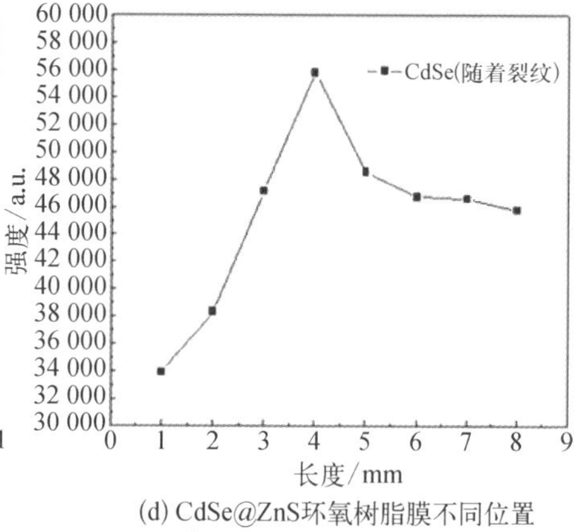

(d) CdSe@ZnS环氧树脂膜不同位置荧光强度变化光谱图

图 8.5　沿裂纹扩展方向的荧光强度检测

区域的荧光强度变化,同时与裂纹上荧光强度形成对比分析。测量过程中的荧光光谱显示了荧光峰位置分别在 475 nm 左右和 611 nm 左右,均与合成的蓝色、红色量子点的荧光峰保持一致。为了更好地区分荧光强度的变化,将每次测量的荧光峰位置荧光强度最高点取出,以采集点位置为横坐标,考察荧光强度变化的趋势,如图 8.5(c)和 8.5(d)。图 8.5(c)、(d)直观地显示了荧光强度的变化,荧光强度由膜裂纹初始端到尖端同样呈现上升的趋势,对于蓝光量子点环氧树脂膜,荧光强度最高点在 6 mm 处,而红光量子点环氧树脂膜荧光强度最高点在 4 mm 处,这是由于对试样进行拉伸时,设置了不同的循环次数,膜裂纹的长度不同,但最高强度均出现在膜裂纹的尖端位置。随着探头继续向裂纹扩展方向移动,荧光强度出现降低的趋势,最后趋于平稳。这是由于检测探头离开了膜裂纹区域,荧光强度的降低,但裂纹尖端区域存在一定范围的塑性区,测试点离裂尖位置越远,这种影响越弱,所以荧光强度会逐渐降低,直至塑性区消失，荧光强度趋于平稳。这也证明了量子点环氧树脂膜在随金属裂纹开裂过程中，裂纹处的相对荧光强度发生了增强，荧光现象发生了改变，可以较直观简单地观测到裂纹的生长。

本节通过可视观测及膜裂纹处荧光强度的变化证实了量子点环氧树脂纳米复合材料对金属裂纹具有较好的荧光响应，从膜裂纹初始端到尖端，荧光强度呈现较好的线性上升趋势，而荧光强度的增长可能与裂纹宽度存在一定的反比关系。

2. 裂纹宽度检测范围

通过对量子点环氧树脂膜裂纹荧光强度变化的考察，确认了此方法的可行性。为了考察薄膜裂纹的宽度及裂纹状态，利用 A1R 型共聚焦显微镜分析膜裂纹的三维结构、尺寸及裂纹的检测范围。图 8.6 给出了膜裂纹处于不同角度的三维结构图，从图中可清晰地看出量子点环氧树脂膜形成一个明显的贯穿性的裂纹，这表明在金属受高频疲劳拉伸时，量子点环氧树脂膜会随着金属裂纹的生长而形成裂纹。上一节我们检测到的明显的荧光信号也是伴随着树脂膜裂纹的产生而出现。

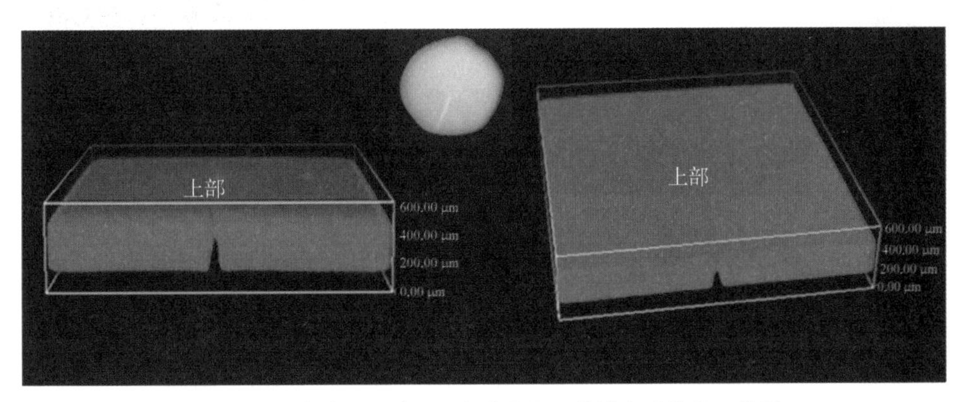

图 8.6　共聚焦显微镜下 CdS@ZnS 环氧树脂膜裂纹三维图

利用共聚焦显微镜对树脂膜裂纹处荧光强度线扫描发现，从裂纹左侧起至靠近裂纹附近荧光强度逐渐增加，在距裂纹 90～120 μm 处保持不变。经过裂纹处，荧光强度陡降为 0，此处荧光信号消失。随后，荧光强度又恢复至比较稳定的树脂，在右侧远离裂纹后荧光强度又开始逐渐下降。由于光纤光谱仪探头为 6 孔透光，在照射树脂膜时形成的是直径为 2 mm 的光斑，所以反馈的荧光强度信号应为所激发区域量子点的发光，这其中包含了裂纹左右两侧。共聚焦线扫描膜裂纹荧光强度的图片也显示裂纹两侧 200 μm 的荧光强度是高于其他位置的荧光强度的。这也与我们直观观测到的荧光增强和利用光纤光谱仪所测试的膜裂纹处荧光增强现象相吻合。

图 8.7 给出了共聚焦显微镜下膜裂纹宽度与 SEM 扫描隧道显微镜下金属实际裂纹的对比图。图 8.7(a)中选取点Ⅰ和点Ⅱ处分别对两处膜裂纹线扫描荧光强度,点Ⅰ为薄膜裂纹初始位置,其靠近金属裂纹初始位置,点Ⅱ为裂纹生长处,其靠近裂纹尖端。荧光光谱显示了在膜裂纹处荧光强度陡降为 0,取光谱中荧光强度降低为 0 段的峰值的一半为平均裂纹宽度,测试结果可知:Ⅰ点处裂纹宽度分别为 9.20 μm,Ⅱ点处为 7.89 μm。可以看出,随着裂纹的扩展,越靠近裂纹尖端处,裂纹宽度越窄,这一结果符合金属裂纹扩展的裂纹宽度变化规律。对比图 8.7(b)SEM 图,由于量子点环氧树脂膜不导电,不能通过 SEM 直接测量出相同位置的金属裂纹宽度,选取距离点Ⅰ处 50 μm 的金属位置为点Ⅲ,SEM 图显示点Ⅲ处的金属裂纹实际宽度为 6.18 μm。对比显示,膜裂纹比金属实际裂纹宽度略有放大,但仍可较好地描述金属裂纹,可通过膜裂纹宽度预估量子点环氧树脂膜覆盖处的实际裂纹宽度。

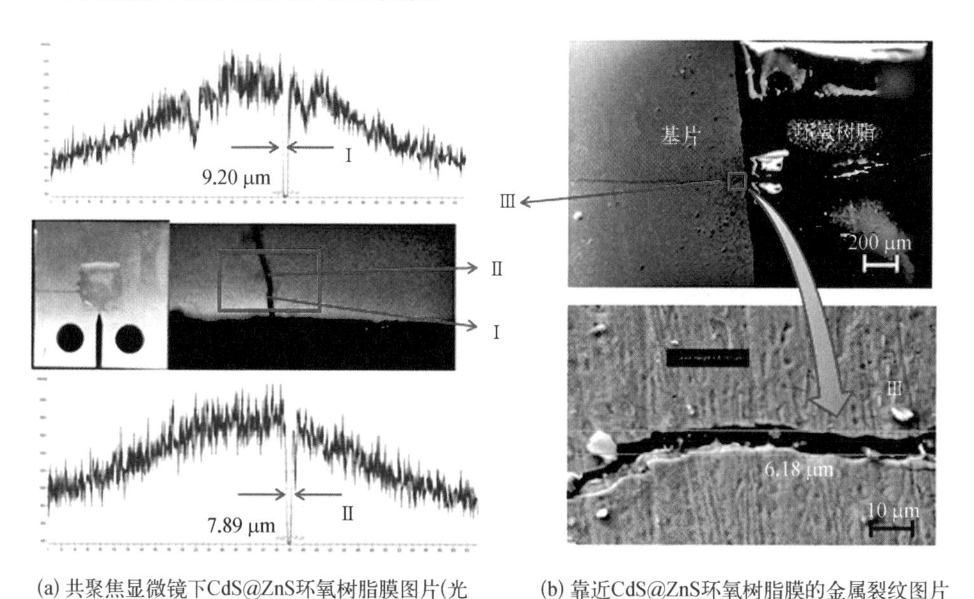

(a) 共聚焦显微镜下CdS@ZnS环氧树脂膜图片(光谱图为对膜裂纹Ⅰ、Ⅱ两点的线扫描荧光强度,点Ⅰ、点Ⅱ的裂纹宽度分别为9.20 μm和7.89 μm

(b) 靠近CdS@ZnS环氧树脂膜的金属裂纹图片(点Ⅲ的宽度为6.18 μm)

图 8.7 共聚焦显微镜下膜裂纹宽度与 SEM 扫描隧道显微镜下金属实际裂纹的对比图

如图 8.8 所示,在共聚焦显微镜下可清晰观测到尖端裂纹位置,宽度测量为 1.24 μm,然而从图中发现在所测量位置的前端,仍然可见隐约的裂纹尖端生长,说明此处虽未被完全撕裂,但已经随着金属裂纹尖端的生长形成裂纹。利用共聚焦显微镜对此特定位置继续放大如图 8.8(b)所示,进行荧光强度线扫描,最终测得此处的裂纹宽度为 0.72 μm(但由于精度的限制,此结果可能存在一定的误差)。由此,确定量子点环氧树脂膜检测金属裂纹的宽度为 1～100 μm 时荧光效果最为明显。

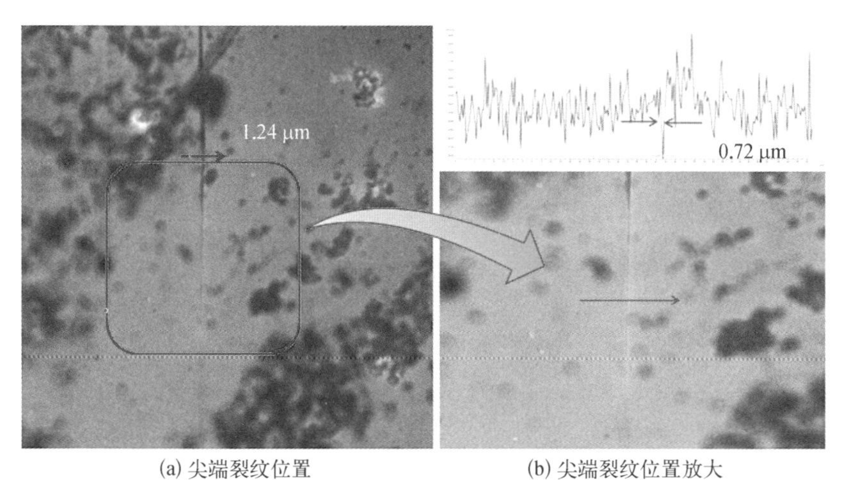

(a) 尖端裂纹位置　　(b) 尖端裂纹位置放大

图 8.8　共聚焦显微镜下 CdS@ZnS 环氧树脂膜裂纹尖端可检测最小宽度 0.72 μm

8.2.3　裂尖形成步骤

共聚焦显微镜的三维图片为共聚焦显微镜扫描的多层面结构复合形成，通过对不同层上的裂纹尖端分析，我们发现，相同位置不同层面上的裂纹尖端的长度略有不同，如图 8.9(a)所示，层 1 为距金属界面侧 50 μm 膜裂纹的裂尖形态，层 4 为距金属界面侧 130 μm 膜裂纹的裂尖形态。由图中可看出，在靠近金属界面处的膜裂纹长度要长于远离金属界面处膜裂纹长度，也就是说，靠近金属界面侧的膜裂纹随金属裂纹生长所出现的时间更早。随着量子点膜厚度的增加，远离金属界面的膜裂纹尖端的生长相对滞后。从图 8.9(b)中，也可以看到在顶层和底层中间有一清晰的斜坡存在，这也证明了上述的观点。斜坡底端的裂纹可较好地与金属界面裂

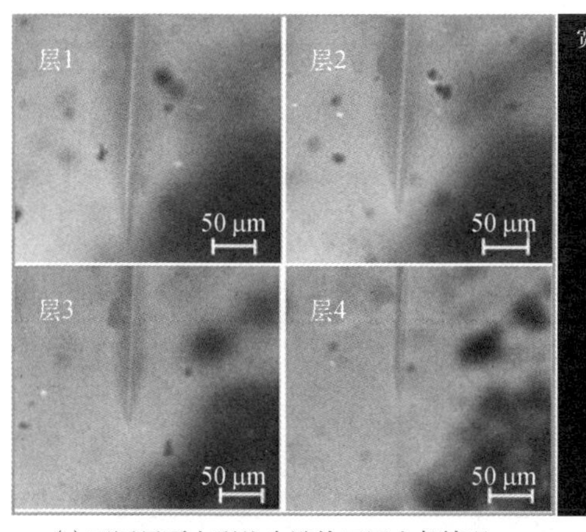

(a) 不同层面上裂纹尖端的不同生长情况
（层1为靠近金属侧，层4为靠近膜表面处）

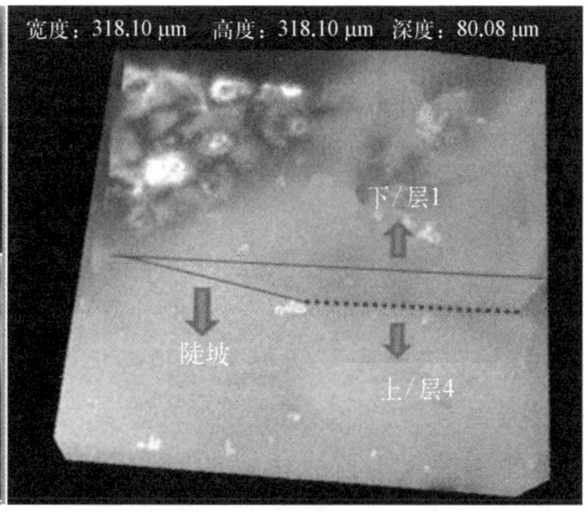

(b) 三维结构图中膜裂纹尖端截面情况

图 8.9　共聚焦显微镜下膜裂纹尖端沿不同厚度的增长情况

纹相吻合，更精确地描述实际金属裂纹尖端的位置，同时通过膜表面裂纹尖端位置也可推断出金属裂纹尖端位置的所在。通过裂纹尖端的长度及膜层距离金属界面的位置制作了图 8.10，从图中可以精确计算斜坡的斜率为$k=1.25$，通过任意一层的裂尖位置及距界面的距离即可精确地计算出实际金属裂尖的位置。从测试结果中也可以看出，通过控制膜的厚度，可以使所观测到的膜裂纹更接近于真实的金属裂纹。

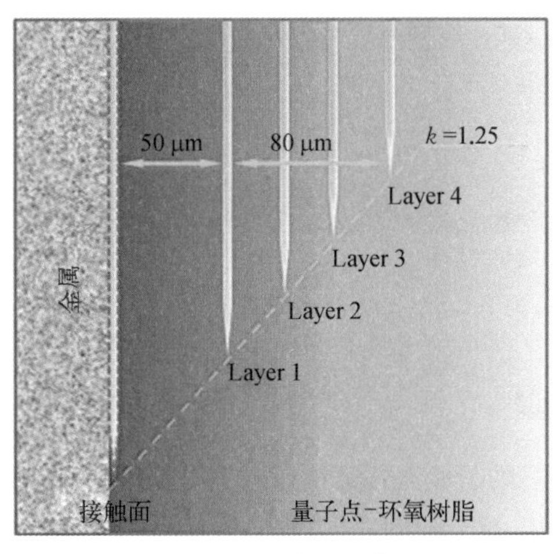

图 8.10　金属界面裂纹计算的示意图

8.2.4　环氧树脂膜裂纹与金属裂纹的同步性考察

为了确保量子点环氧树脂膜在拉伸条件下可精确地描述金属裂纹，实验对膜裂纹及金属裂纹的同步性进行了研究。

在利用光学显微镜观察膜裂纹时，我们发现多次试验后，受疲劳拉伸试样会存在膜裂纹不能同金属裂纹同步生长的现象，通常是金属裂纹已经生长至很远处，而膜裂纹仍保持很慢的生长，并且伴随着量子点环氧树脂膜与金属之间发生了较大的剥离，如图 8.11 所示，这就影响了膜裂纹对实际金属裂纹的评估。通

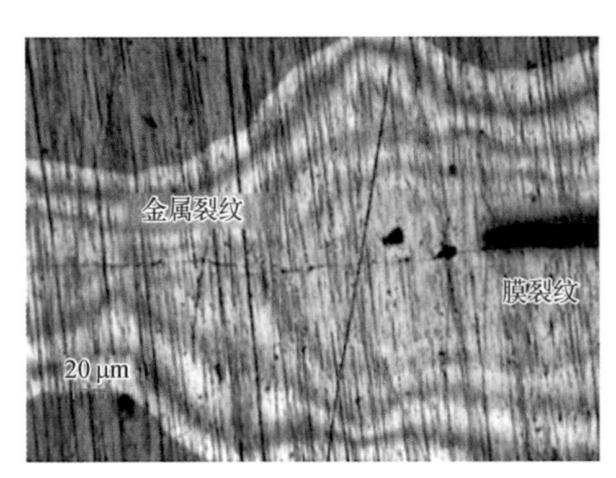

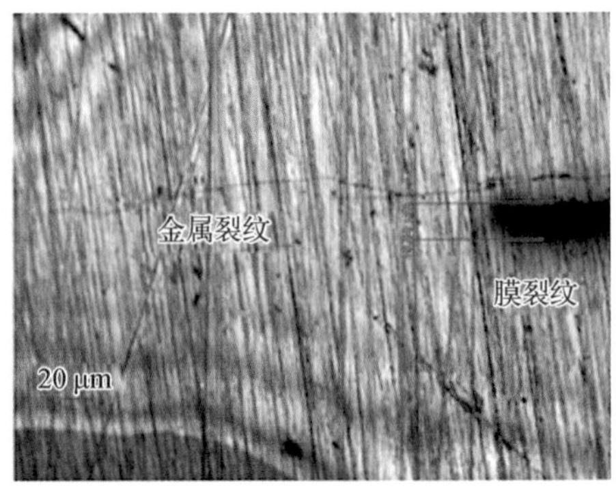

图 8.11　膜裂纹与金属裂纹生长不同步对比图

过与之前实验试样的对比分析，我们发现量子点环氧树脂膜的硬度出现了差异，这可能是由于在干燥固化时，氯仿没有完全挥发，同时环氧树脂与固化剂的添加比例的不同也会使固化后膜的硬度降低，相应地弹性增大，在金属裂纹扩展时，树脂膜与金属率先发生剥离，膜裂纹的扩展发生滞后，当金属裂纹已经生长到一定长度后，树脂膜由于张力的增大才开始产生裂纹并扩展。

为了进一步验证膜裂纹与金属裂纹是否发生偏移，并且避免光学显微镜下由于膜裂纹和金属裂纹同时存在于不同的聚焦面而产生干扰，导致测量结果不准，实验对光学显微镜下出现偏移的试样进行共聚焦显微镜的检测，如图 8.12 所示。图 8.12(a)、(b)、(c)显示了相同位置不同层的膜裂纹，在图 8.12(c)中，可以清楚地看到膜裂纹和金属裂纹确实发生了偏移，同时在裂纹处发生了较明显的光学干涉现象。

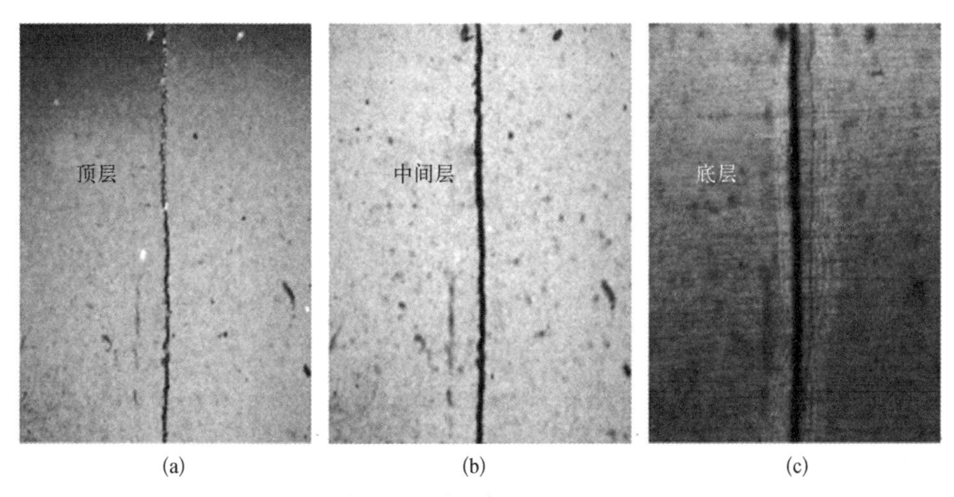

图 8.12　共聚焦显微镜下相同位置不同层的对比图

为了进一步研究树脂膜与金属是否出现了剥离现象，通过线切割在不破坏界面的前提下将紧凑拉伸试样沿裂纹界面剖开，将完好界面置于 SEM 下观察其微观形貌，如图 8.13 所示。由于树脂为非导电材料，在 SEM 图中清晰可见的为金属材料，表面过暗或过亮为树脂材料。从图 8.13(a)和(c)中，可见在界面处存在一条明显的分界面，局部放大后，界面处出现的空层更加明显，如图 8.13(b)和(d)所示。对比疲劳拉伸试验前的试样界面微观形貌图[图 8.13(e)]可知，分布试样上的量子点环氧树脂膜在疲劳拉伸试验下在裂纹处与金属产生了剥离，这使得树脂膜在疲劳拉伸下与金属形成了两个独立的裂纹生长系统。金属裂纹的生长是由疲劳拉伸引起的，剥离后的树脂膜所受到的力为来自剥离区域的膜的张力，膜裂纹不再随金属开裂，而是从树脂膜自身的缺陷处形成初始裂纹并扩展，所以出现了两种裂纹不同步的现象。

图 8.14 显示了紧凑拉伸试样在疲劳拉伸试验后的量子点环氧树脂膜荧光

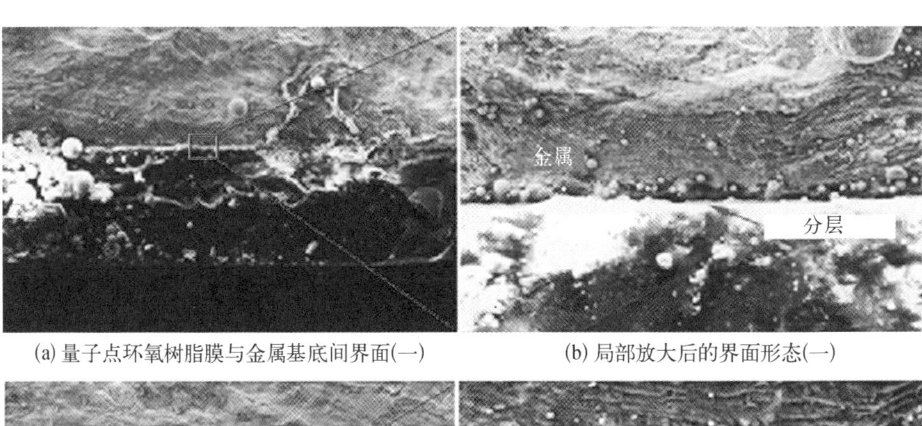

(a) 量子点环氧树脂膜与金属基底间界面(一)　　(b) 局部放大后的界面形态(一)

(c) 量子点环氧树脂膜与金属基底间界面(二)　　(d) 局部放大后的界面形态(二)

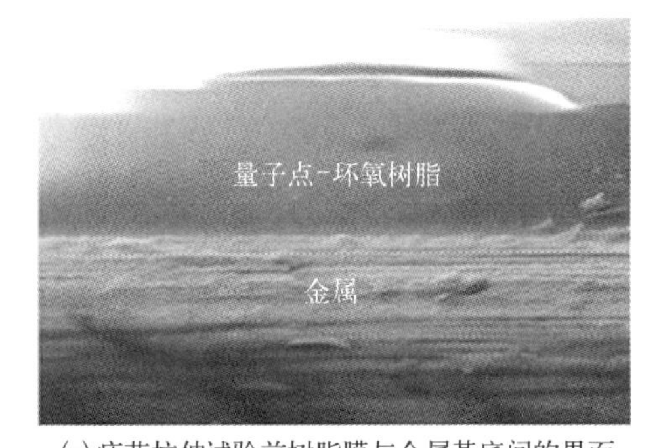

(e) 疲劳拉伸试验前树脂膜与金属基底间的界面

图 8.13　SEM 下紧凑拉伸试样截面的微观形貌

响应。从图 8.14 可以看出，当金属裂纹生长进入膜裂纹后，荧光信号追踪了金属裂纹生长的整个过程。图 8.14(a)和(b)分别显示了光学显微镜下金属裂纹形态和膜裂纹的形态，膜裂纹与金属裂纹显示了较好的同步性生长，这也使通过树脂膜裂纹可以更准确明显地描述金属扩展行为。

8.2.5　原位拉伸下微裂纹实时监测

通过在原位疲劳拉伸过程中对裂纹情况进行实时拍摄，并与在明场过程中光学显微镜拍摄所获得的图像进行对比，如图 8.15 所示。发现在裂纹的周围呈现明显的荧光增强现象。与宏观裂纹产生的荧光增强效果不同的是，该

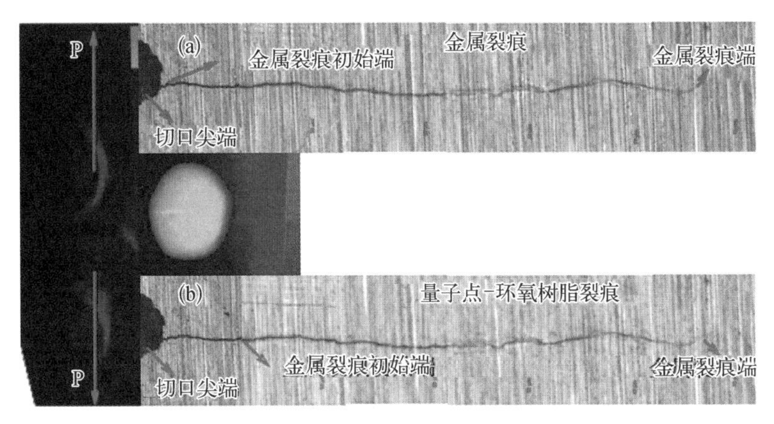

图8.14　紧凑拉伸试样疲劳拉伸试验后的量子点环氧树脂膜荧光响应((a) 金属裂纹从初始端(起源于预置切口的尖端)到裂纹尖端的光学显微镜图片;(b) CdS@ZnS环氧树脂膜裂纹从初始端(起源于金属裂纹生长进入膜裂纹处)到尖端的光学显微镜图片)

区域的荧光增强并不是因为薄膜裂纹,而是在金属裂纹的周围都具有这一现象,其相比于金属裂纹具有超前性,甚至可以进一步预测金属裂纹的可能走向。同时,当裂纹长度仅为几十微米时,即可发现较为明显的荧光增强,由此可以判断,这种方法可以对尺寸较小的微裂纹进行很好的监测与预警。再将试样取下,放置于荧光显微镜下进行离线观测,如图8.16所示。可以发现,其在裂纹周围依然存在有明显的荧光增强区域。

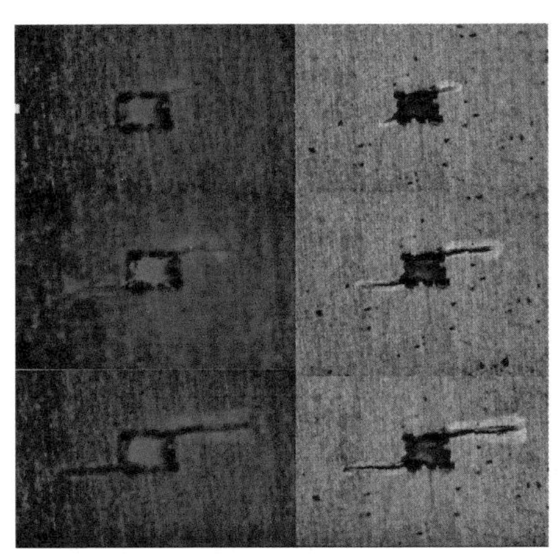

(a) 荧光显微镜下　　(b) 光学显微镜下

图8.15　裂纹扩展过程

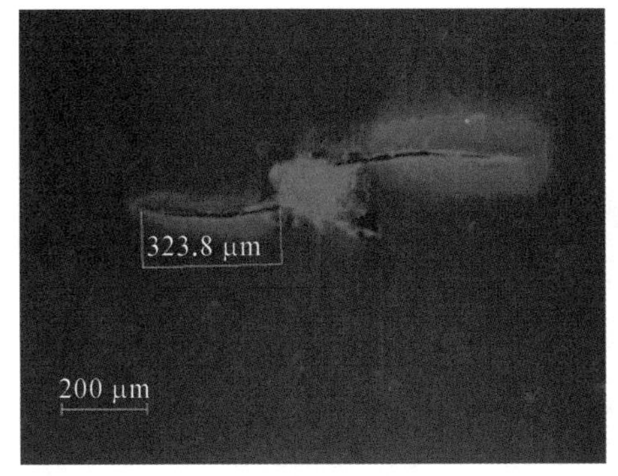

(a) 加载时

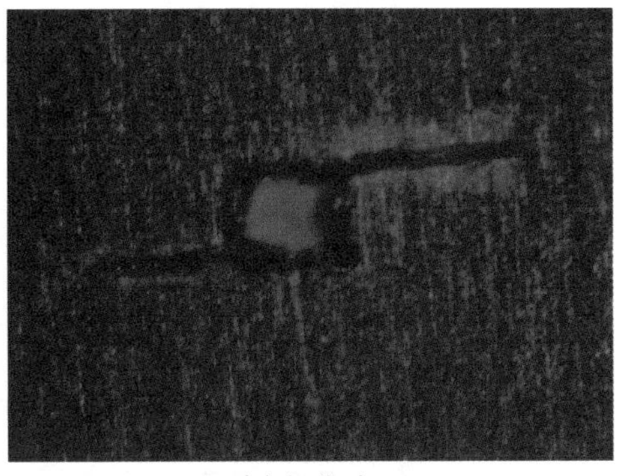

(b) 卸载时

图8.16　荧光显微镜下加载与卸载后的荧光增强区域对比图

通过与在线观测过程中的结果进行对比可以发现，两者在荧光增强区域的形状上略有差异，这主要是由于工况的不同。通过这一现象，说明了该方法对于不同工况下的材料所具有的普适性，进而可以大范围应用在不同使用参数的机械设备上。

8.2.6 量子点环氧树脂膜荧光响应机理讨论

为了能理解和解释量子点环氧树脂膜荧光信号产生的机理，对实验数据进行综合分析。量子点环氧树脂膜上的荧光信号产生的先决条件是量子点的添加和树脂膜随金属的开裂。通过上述实验结果发现，在未添加量子点的树脂膜中，即使将拉伸好的试样置于紫外灯下，仍然没有荧光信号产生。同时，光纤光谱仪显示的荧光信号的荧光峰位置与合成的量子点相吻合，证明了量子点环氧树脂膜的荧光信号为量子点发光所产生。而对比覆膜的紧凑拉伸金属试样拉伸前后的图片显示，在拉伸后树脂膜随金属同步产生裂纹，导致荧光信号的出现。同样对已拉伸好，并产生金属裂纹的试样进行覆膜，干燥后置于紫外灯下，未出现荧光信号。基于实验分析可以看出，随着金属裂纹诱导的膜裂纹与其同步扩展，裂纹区域的量子点荧光强度发生了变化，这在之前讨论的荧光光谱中较清晰地显示，利用光纤光谱仪所测得的光谱图显示了荧光信号的强度高于其他未产生裂纹的区域。然而由于光纤光谱仪检测的探头为六孔通光光纤包裹一根接收荧光的接收光纤，激发光所照射区域为直径 2 mm 的光斑，反馈的荧光强度信号应为所激发区域量子点发光，如图 8.7 所示。而对比共聚焦显微镜下的树脂膜荧光强度线扫描得到的光谱图发现，在实际产生裂纹处其荧光强度降低为 0，而靠近膜裂纹左侧 90～120 μm 处荧光强度保持在了一个稳定的范围内，随后开始随着远离膜裂纹，荧光强度开始下降，直至趋于稳定，对于裂纹右侧荧光强度则直接下降趋于稳定，如图 8.17(a)所示，这其中相对强度变化了 800～1 000。由于环氧树脂为非线性弹性材料，没有明显的屈服点及塑性区间，在断裂后断口处会出

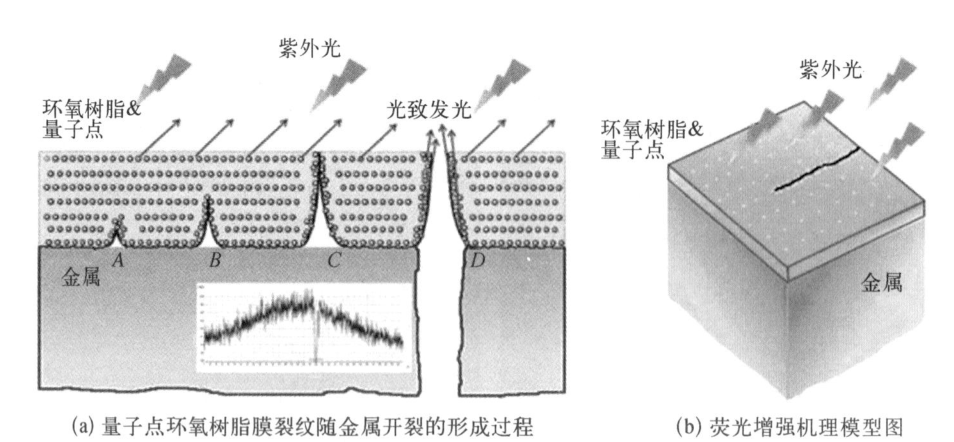

(a) 量子点环氧树脂膜裂纹随金属开裂的形成过程　　(b) 荧光增强机理模型图

图 8.17　膜裂纹形成过程及荧光增强机理

现不同程度的收缩,在出现裂纹前覆盖在裂纹上的树脂膜的量子点总量是不变的,保持恒定的值,那么在开裂后原来处于裂纹处的量子点收缩分散在裂纹两侧,产生堆叠。本节中选用的环氧树脂与量子点的比例为 1∶4,这就导致了收缩在裂纹两侧的树脂膜中的量子点浓度增大,荧光强度上升。同时,树脂膜裂纹的形成使得裂纹两侧量子点直接暴露于紫外灯下,间接增大了其荧光强度。

通过对膜裂纹的分析可知,靠近金属侧的树脂膜随金属裂纹的生长率先形成裂纹,而膜表面裂纹的形成较树脂膜底部存在一定的滞后性。基于此,制作了膜裂纹形成的过程图,如图 8.17 所示。A 为膜裂纹初始随金属裂纹产生的位置,B 和 C 为裂纹沿厚度方向生长但还未穿透整个树脂膜,D 为随金属裂纹的生长形成的贯穿性裂纹。随着膜裂纹沿厚度方向的生长,形成裂纹处局部量子点浓度增加,而实验检测的范围正好覆盖整个荧光增强的区域,使得荧光强度的变化可以被直接检测到。

8.3　量子点的应力应变监测

8.3.1　实验试样的制备工艺

拉伸和压缩试样的制备工艺如图 8.18 所示,环氧树脂与固化剂的添加质量比为 3∶1 左右。先往环氧树脂里面添加一定量的氯仿,加热磁力搅拌,直至氯仿完全挥发,然后往挥发后的环氧树脂中添加固化剂,搅拌均匀后,用超声波将里面的气泡打碎,然后将混合液倒入预制的金属模具中,在 80℃真空固化 6 h,得到所需要的拉伸试样。需要注意的是由于环氧树脂具有较高的黏结性,为了方便取下试样,浇铸之前需要往模具上涂脱模剂,选择的脱模剂要对量子点的荧光特征没有影响。金属拉伸试样的量子点环氧树脂薄膜的制备方法采用旋涂法和贴片法。旋涂法的具体步骤为:先对试样表面进行处理,用细砂纸进行打磨,

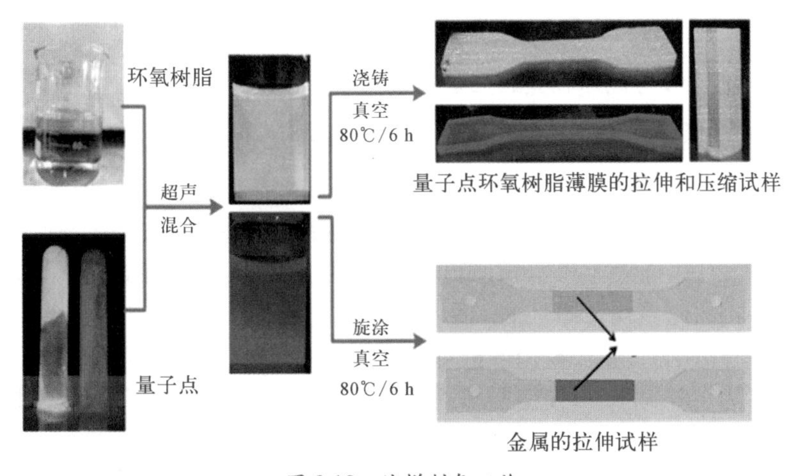

图 8.18　试样制备工艺

然后用乙醇洗去表面油污。配好的量子点环氧树脂溶液，在旋涂之前要放到0℃环境中一段时间，以降低溶液的黏度，得到更薄的薄膜。旋转速度设为300 r/min，旋涂时间设为30 s，得到的膜厚度为100 μm左右。旋涂后的试样放到真空干燥箱，80℃温度固化4 h即可得到量子点环氧树脂薄膜，但是由于离心力沿中心到周边不均匀，得到的量子点树脂薄膜厚度实际上也不是完全均匀的，中心的厚度要略低于边缘的厚度。贴片法的具体步骤为：实验利用两块平行的玻璃板间的空隙来进行薄膜的制备。由于环氧树脂具有较强的黏结性，为了方便将膜从玻璃片上取下，需要在两块玻璃片上涂抹润滑油，然后用无纺布将油渍擦拭干净，使玻璃表面沾上少量的油分子。然后将配置好的量子点环氧树脂溶液倒在玻璃片中央，在玻璃片的四角放置所需厚度的垫片，将盖片水平地放下压紧，置于真空干燥箱80℃温度固化4 h，然后趁热取下薄膜即可得到所需厚度的量子点薄膜，使用时可根据需要，对薄膜进行任意形状的裁剪。

实验采用的金属标准试样为SS304不锈钢，利用旋涂法在金属表面形成一层量子点环氧树脂薄膜。试样中间一段为平行段，其截面为矩形，平行段的设计保证了应变在这一段的均匀性。试样的两端与拉伸机通过销钉连接，可以有效防止试样滑动所引起的实验误差。该试样的结构及覆膜形状如图8.19所示。

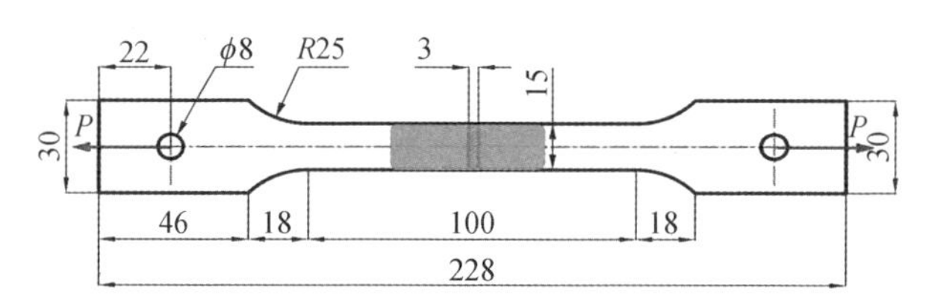

图8.19　标准板材试样单轴拉伸试样图(红线 P 为加载方向，绿色区域为CdSe/ZnS-环氧树脂膜覆盖区域)

8.3.2　量子点环氧树脂拉伸及压缩过程中的应力应变响应

1. 荧光信号与拉伸应变的关系考察

试样的制作采用模具浇铸法，量子点的掺杂浓度30 mg/4 g固化物，固化温度为80℃。将量子点环氧树脂溶液浇铸到事先准备好的模具中，真空固化后取出试样，试样按照GB/T 1040.3—2006标准制作。在试样的中间有一段宽为5 mm的平行段，标距为25 mm，光纤探头需要对准平行段的中间位置，以保证在探测范围内树脂是均匀伸长的。使用电子万能拉伸试验机对试样进行拉伸，为了减小夹持段的打滑，需要用砂纸对夹持部位进行包裹。加载时采用载荷控制，加载速率为120 N/min，使用便携式光谱仪对试样平行段中部的光谱进行实时采集，每隔20 N记录一次光谱曲线，直至试样断裂。

图8.20(a)表示的是夹持装置，可以看到光纤探头一直固定对准试样平行段

的中部，从图中可以看出，在紫外光的激发下，试样平行段为绿色。图 8.20(b)表示的是拉伸时应力应变及荧光检测系统示意图。图 8.20(c)列出了试样不同形变时的光谱曲线，拉伸应变由 0 逐渐增大到 18.26%的过程中，光谱曲线不断下移，即量子点环氧树脂材料的荧光强度逐渐减小，但减小的速度并不均匀，同时也可以看出材料的波长并没有发生显著的移动，这与在吉帕级别的静水或者非静水压力下的现象是不同的。图 8.20(d)表示的是荧光强度峰值随着应变的持续变化曲线，可以看出总的趋势是荧光强度随着应变逐渐减小，在拉伸开始的阶段，荧光强度出现较大的变化是由于试样受力后出现的滑移造成的。由曲线也可以得知在整个拉伸阶段，荧光强度随着应变的减小速率是在不断变化的。试样的形变最大为 4.5 mm，应变为 18%，荧光强度由 20 000 减小到 14 000 左右，变化率约为 30%，两者的大小并不相等，这是因为在拉伸过程中，荧光强度还存在着一定程度的漂移。荧光强度随着应变逐渐减小的原因在于，试样在受到拉伸伸长时，材料内沿轴向的量子点浓度在逐渐降低，导致探头探测面积内的量子点数量减少，荧光强度随之减小。

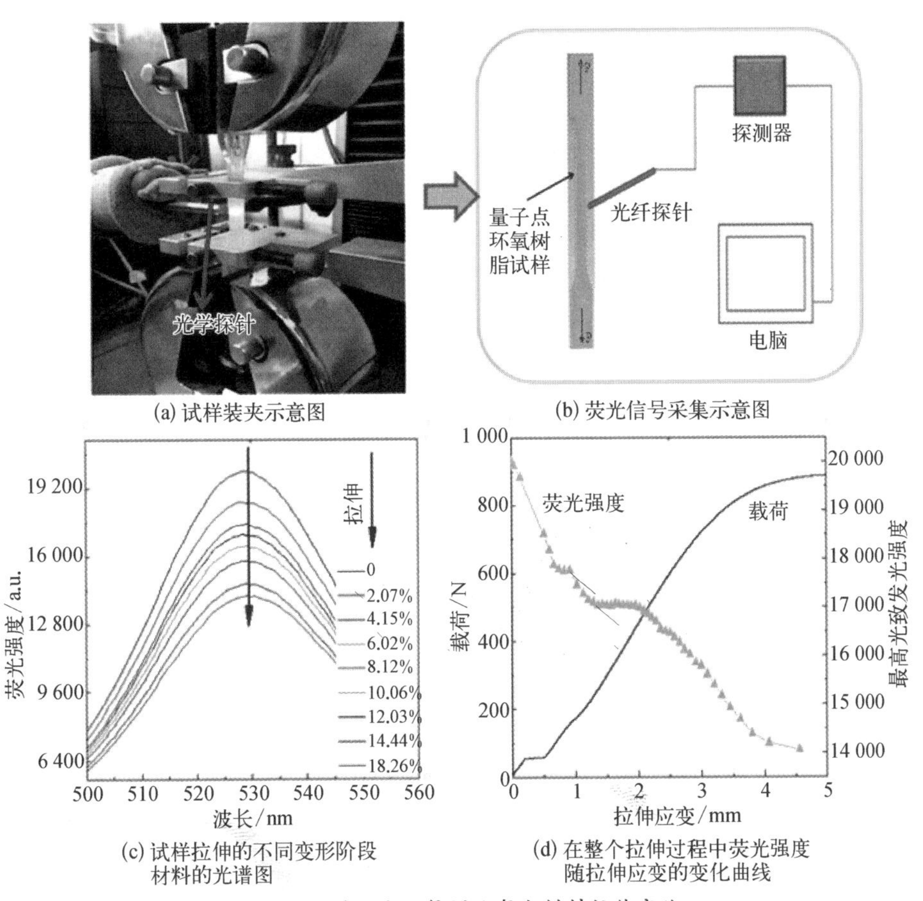

图 8.20　量子点环氧树脂复合材料拉伸实验

2. 荧光信号与压缩应变的关系考察

压缩试样的制作依据 GB/T 7314—2017 进行。形状是一块截面为正方形的长方体，采用溶液浇铸法进行试样制作。量子点的掺杂浓度为 30 mg/4 g 固化物，固化温度为 80℃。在进行压缩实验之前需要将与压具接触端打磨光滑，以尽量减小压缩时的横向剪切力。截面为正方形的长方体形状可以保证实样在压缩时一定范围内的均匀变形。图 8.21(a)显示了探头采集荧光信号的示意图，由图可以看出光纤探头始终固定对准压缩试样中间位置，探头探测的区域显现出绿色。图 8.21(b)表示的是这个荧光信号采集系统示意图。图 8.21(c)表示的是压缩应变由 0 增加到 3.2%的过程中，应变分别为 0、0.5%、1.06%、1.6%、2.13%、2.66%、3.2%时的光谱曲线。可以看出随着压缩应变的增大，材料的荧光强度值是在逐渐上升的。

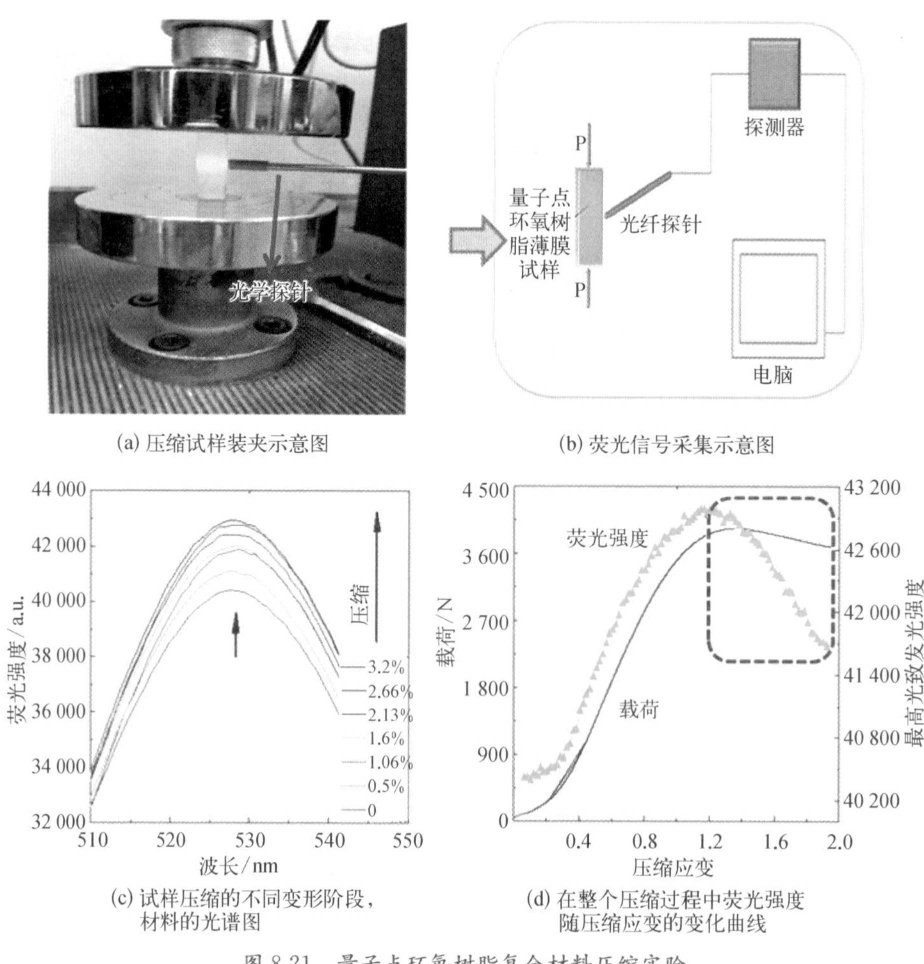

(a) 压缩试样装夹示意图　(b) 荧光信号采集示意图

(c) 试样压缩的不同变形阶段，材料的光谱图　(d) 在整个压缩过程中荧光强度随压缩应变的变化曲线

图 8.21　量子点环氧树脂复合材料压缩实验

图 8.21(d)表示在整个压缩过程中，量子点环氧树脂材料的荧光峰值随压缩应变的关系。由图可以看出，在压缩试样达到屈服之前，荧光强度随着应变是逐渐增大的，并且荧光强度变化曲线与载荷变化曲线重合度较高，材料的荧光波长基本保持不变。由图 8.21(d)也可以注意到，在试样被压缩到屈服阶段以后，荧光强度反而降低了，这是因为此时试样已经发生了弯曲，并且朝着远离探头的方向弯曲，导致探头与试样表面的距离增大，从而检测到的荧光强度也降低了。在压缩到达屈服之前的阶段中，荧光强度逐渐增大的原因在于压缩探头探测范围内的量子点浓度变大，从而使荧光强度升高。

3. 循环拉伸载荷下复合材料荧光信号变化考察

在拉伸载荷下，量子点环氧树脂聚合物的荧光强度随着应变的增大而增大，在压缩情况下荧光强度随着变形的增大而减小。循环载荷是工程中最常见的载荷形式，因此确定在循环条件下荧光强度与应力应变的关系对于实现基于量子点的应力应变检测具有十分重要的意义。

量子点环氧树脂聚合物的循环拉伸试验，试样为用模具法浇铸的标准拉伸试样，量子点的掺杂浓度为 30 mg/4 g 固化物，固化温度为 80℃。拉伸采用载荷控制，为了确保试样不达到屈服，所加的最大载荷为 360 N，加载速率为 120 N/min，每隔 20 N 记录一次荧光强度数据。卸载速率同样为 120 N/min。为了保证卸载后保留一定的张紧力，并不完全卸载，而是卸载到 30 N。试样以这种加载卸载规律循环三次，记录下荧光强度的变化数据。

图 8.22 显示的是三次循环过程中，荧光强度以及应变随着时间的变化关系。实线表示应变随着时间的变化关系，我们可以看出三次加载卸载中试样均有一定的残余应变，残余应变的量越来越小，即曲线表现出应变随着时间延长有累计增大的趋势。绿色点划线表示的是循环拉伸过程中，荧光强度随着时间的变化趋势。很明显随着循环加载卸载的进行，荧光强度也出现了循环的减小增大的规律。这种规律刚好和应变的变化趋势相反，即荧光强度与应变呈负相关，并且两者的变化

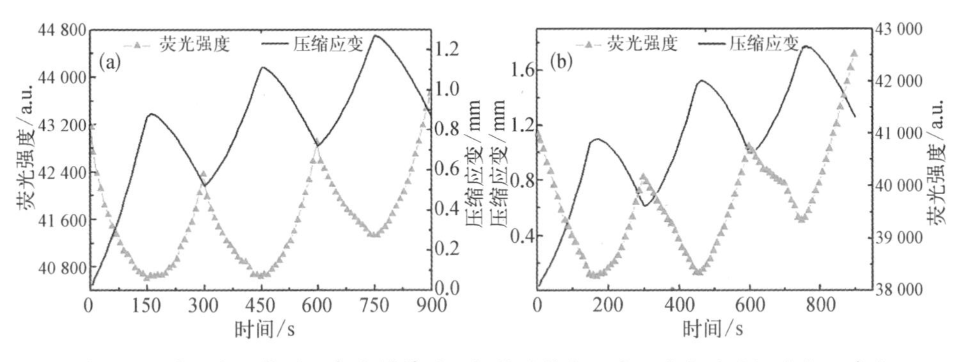

图 8.22　量子点环氧树脂复合材料循环拉伸时荧光强度及应变随时间的变化关系

在时间上几乎完全同步。荧光强度也表现出了一种累计增加的效应。理论上应变的累计增加，会导致试样内量子点浓度的累计减少，即荧光强度也应该表现出累计减小的效应。但是由于量子点漂移现象的存在，向上的漂移量大于浓度导致向下的减小量，因此总体上荧光强度呈现出向上增加的趋势。

由以上实验结果我们可以看出，量子点环氧树脂聚合物在外加载荷下其荧光强度会发生显著的变化，无论是单轴拉伸、单轴压缩还是循环加载卸载，荧光强度都会随着应变发生变化。传统的研究中将量子点的波长变化作为研究对象，但是在兆帕级别的应力作用下，量子点尤其是球状量子点波长基本不会发生移动。但是在本实验中，通过将量子点混合掺杂到环氧树脂中，形成量子点环氧树脂聚合物，在外加载荷的作用下，聚合物的变形会导致量子点的浓度发生变化，从而影响材料的荧光强度。基于此原理，量子点环氧树脂聚合物可以被设计成为一种新型的光学应力应变传感器，实现应力应变大面积的实时测量，并能够实现应力应变的长期在线监测。

8.3.3 量子点环氧树脂监测金属应力应变

1. 单次加载荧光强度响应

实验采用的金属标准试样为 SS304 不锈钢，利用旋涂法在金属表面形成一层量子点环氧树脂薄膜。试样中间一段为平行段，其截面为矩形，平行段的设计保证了应变在这一段的均匀性。试样的两端与拉伸机通过销钉连接，这可以有效防止试样滑动所引起的实验误差。其中量子点的添加浓度为 32 mg/4 g 固化物，旋涂速度为 500 r/min，旋涂时间为 45 s，得到的薄膜厚度为 50～100 μm。

为了得到静载拉伸时荧光强度与应力应变的关系，将覆有量子点环氧树脂薄膜的金属标准试样安装在 MTS－SANS，CMT5504 上进行单轴拉伸实验，拉伸时采用载荷控制，加载速率为 50 N/s，载荷达到 8 200 N 时保载 120 s，然后以 50 N/s 速度卸载，直到载荷减为 0，用金属应变计对试样的变形进行实时检测，试样标距为 50 mm。用便携式光谱仪对荧光信号进行采集，每隔 200 N 记录一次试样的荧光光谱。光纤探头用铁架台固定，对准试样平行段中部，同时探头到试样表面的距离要保持稳定。

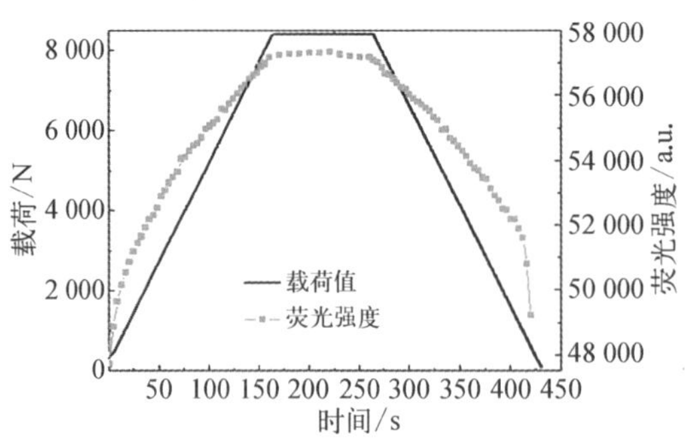

图 8.23 涂覆量子点环氧树脂薄膜的金属标准拉伸试样荧光强度与载荷随时间的变化关系

如图 8.23 所示为金属标准试样单轴拉伸时荧光强度与载荷随时间的变化关系。由图我们看出荧光强度与载荷的变化规律几乎趋于一致，在载荷由 0 增加到 8 200 N 的过程中，荧光强度也同步增强，由 47 745 增加到 57 209，增加率为 19.82%，然后载荷保载在 8 200 N 的位置不变时，荧光强度几乎保持不变，始终在 57 100 左右波动。在最后的卸载阶段，载荷由8 200 N降低到 0 时，荧光强度由 57 208 降低到 49 237，减少率为 13.9%，同时也可以发现完全卸载后量子点的荧光强度并没有恢复到原来的值，而是有了小幅的增长。而实验所用尺寸的 304 不锈钢标准试样在 8 200 N 的载荷作用下是完全处于弹性阶段的，即在卸载后金属试样应该是完全恢复原形的，我们理想地认为薄膜是完全紧贴在金属试样表面未发生剥离，因此薄膜应该也会随着金属试样恢复原形。但荧光强度并没有恢复到原来的值，我们认为这是因为在拉伸过程中，薄膜在紫外灯的持续照射下，出现了光活化现象，即荧光强度出现了向上的漂移现象。同时也可以发现荧光强度的变化与载荷的变化在时间上完全同步，载荷达到最大值时，荧光强度也达到最大值；载荷保持稳定时，荧光强度也基本保持恒定，说明量子点树脂薄膜荧光强度对于应力应变的响应在时间上完全同步，没有时间滞后现象。

2. 循环加载荧光强度响应

工程中的大多数构件承载的都是应变力，因此建立循环载荷条件下荧光强度与应力应变的关系，对于开发出基于量子点环氧树脂荧光强度应力应变响应的检测方法是非常有必要的。同时能够循环使用，在循环使用一定次数之后，荧光强度与应力应变的关系仍然能够保持恒定，这也使得这种方法对于实际工程应用更加具有可行性。

试样同样为覆有量子点环氧树脂薄膜的 SS304 不锈钢试样，只是实验方式由单轴拉伸变成循环加载卸载。同样采用载荷控制，入口力设置为 100 N，加载速率为 50 N/s，每加载 500 N 保载 5 s，以保证树脂薄膜随着金属的变形达到稳定，在每次保载即将结束的时候记录一次光谱，保载完成后进入下一级的加载，为了确保试样始终在弹性范围内，加载的最大载荷为 5 500 N；卸载时也按照同样的速率、同样的规律。

通过对多次的实验结果进行总结发现，荧光强度随着载荷主要有四种不同的变化规律。

(1) 荧光强度与载荷呈正相关变化

如图 8.24 所示，荧光强度均随着载荷的变大而变大，随着载荷的减小而减小，载荷达到最大值时，荧光强度也达到最大值。无论是在加载阶段还是卸载阶段，荧光强度与应力应变保持了很好的线性型。并且在五次循环之后，这种变化关系仍然保持稳定，说明荧光强度对于应力应变的响应具有很好的可重复性。但是由图 8.24(b)(c)(d)也可以看出，在五次循环加载卸载的过程中，荧光强度整体上有一个逐渐减小的趋势，但是漂移率并不相同，依次为 15.7%、17.3%、13.5%，仅仅在图 8.24(a)中，荧光强度在五次循环的过程中基本保持恒定。

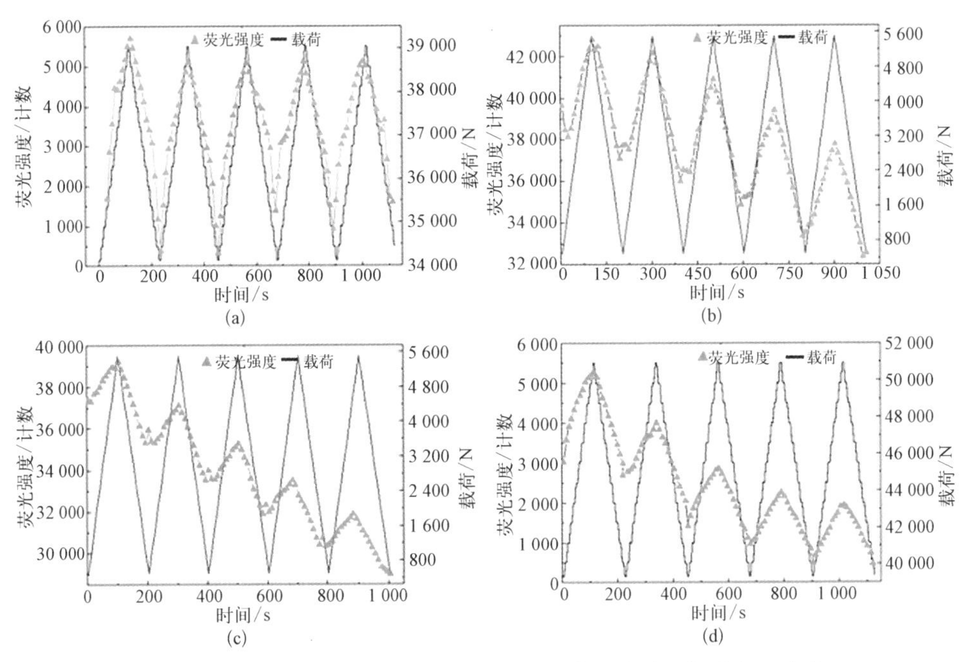

图 8.24　覆膜金属试样循环拉伸时荧光强度随载荷正相关变化曲线

(2) 荧光强度与载荷呈负相关变化

如图 8.25 所示,在这组规律中,荧光强度与载荷呈负相关变化。即载荷达到最大值时,荧光强度同时达到最小,而载荷减小为 0 时,荧光强度达到最大,两者在时间上也几乎完全同步,并且在五次循环之中,这种负相关的变化规律一直保持得很稳定。但不同的是,荧光强度的漂移表现得几乎没有任何规律,在有的试样中,荧光强度几乎没有漂移现象,而在其他试样中出现了很大幅度的向下漂移,有的甚至出现先向上后向下的漂移规律。但是无论怎样漂移,在单次的加载卸载过程中,荧光强度始终是与载荷呈负相关变化的。

(3) 荧光强度与载荷变化出现停滞

在部分试样中,发现在循环加载过程中,当载荷达到一定值之后,荧光强度不再随着载荷发生变化,而是保持稳定不变,当加载到最大再次减小到这个载荷值时,荧光强度再继续发生变化。如图 8.26 所示,在每一次循环过程中,荧光强度先随着载荷的增大而减小,当载荷值在 3～5.5 kN 这一阶段循环变化时,荧光强度几乎保持恒定不变。当载荷继续卸载到 3 kN 以下时,荧光强度随着载荷的减小而增大。这说明在 3～5.5 kN 这一阶段,控制量子点环氧树脂材料荧光强度增大的因素与控制其荧光强度减小的因素达到了某种平衡,导致荧光强度在此区间内不再改变。同时,由于量子点的漂移,四组试样在五次循环中均出现了不同程度的荧光强度逐渐增加或减小的情况。

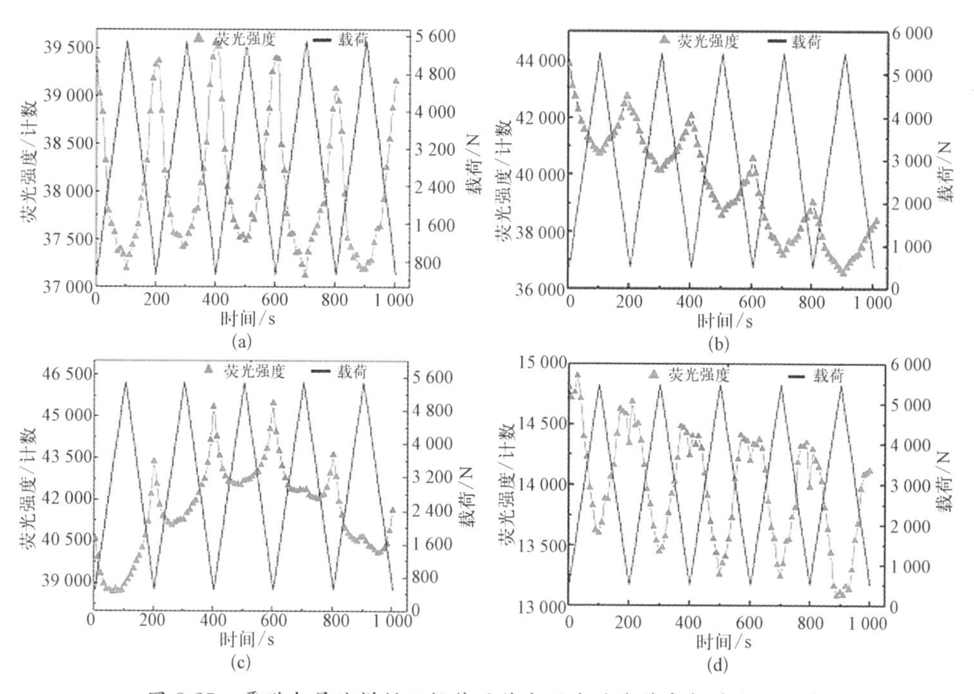

图 8.25　覆膜金属试样循环拉伸时荧光强度随载荷负相关变化曲线

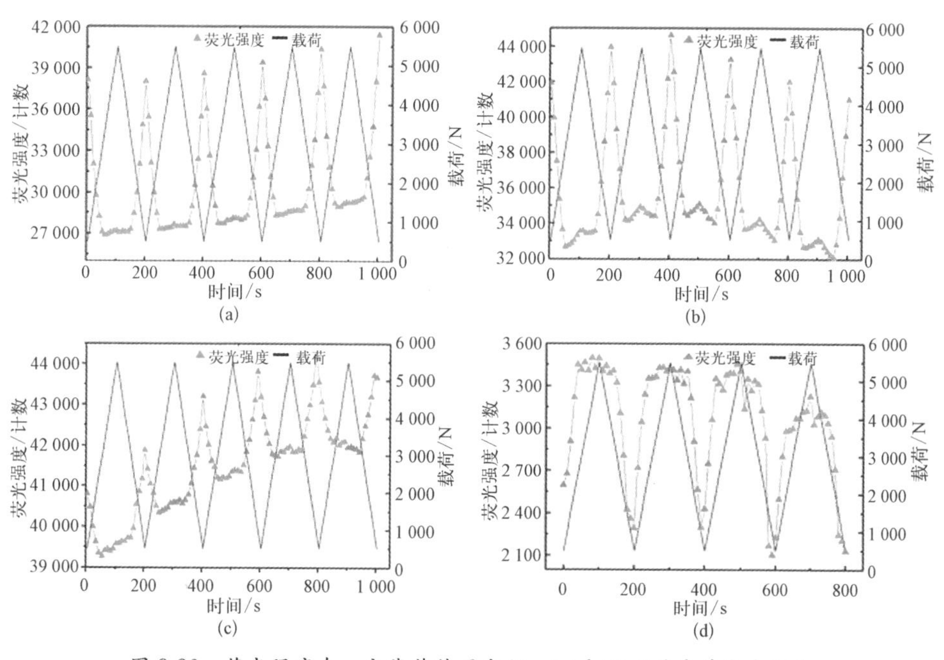

图 8.26　荧光强度在一定载荷范围内(3～5.5 kN)不随载荷发生变化

(4) 荧光强度持续增大或减小

在试样循环拉伸中,也发现部分试样的荧光强度在整个循环加载卸载过程中,朝着增大或减小的方向持续变化,并不随着载荷的大小而发生改变。从图 8.27(a) 中可以看出,荧光强度是持续增加的,而在图 8.27(c) 中,荧光强度是持续减小的。但是从图 8.27(b) 和(c) 的荧光强度变化曲线中,隐约可以看出荧光强度随着载荷有着很小的变化,只是由于漂移的速度太快,荧光强度随着载荷的变化几乎被覆盖。

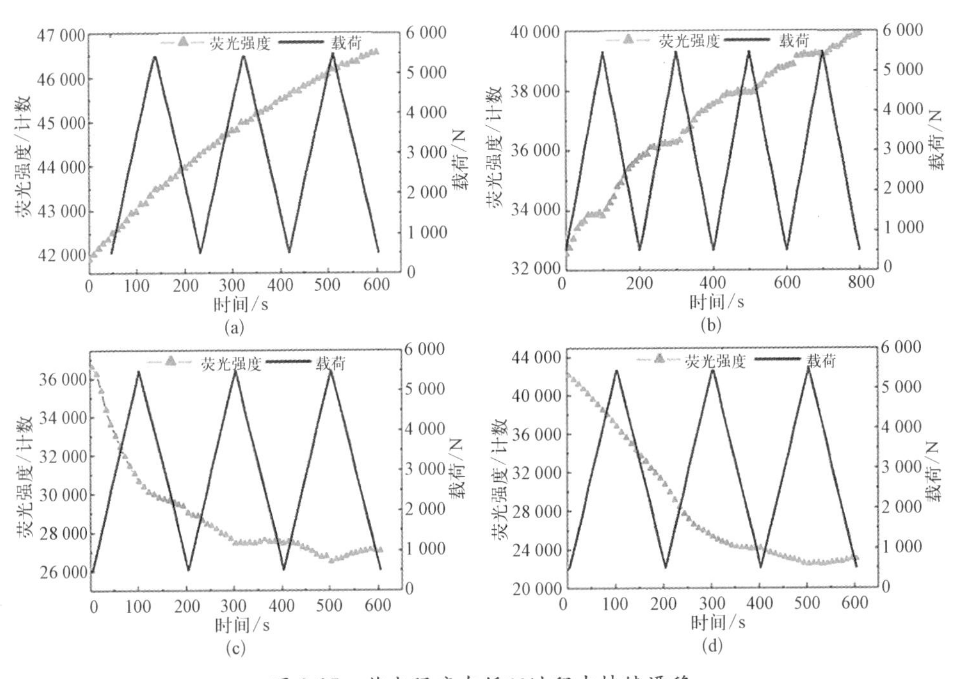

图 8.27 荧光强度在循环过程中持续漂移

8.3.4 荧光强度-应力应变关系机理分析

当量子点颗粒溶解到氯仿或者甲醇溶液中,在金刚石压力腔的静水压或者非静水压作用下,光谱特征发生变化是高压导致量子点的结构发生变化,光谱出现红移或者蓝移。但是当我们把量子点添加到环氧树脂中,在金属表面覆膜之后,荧光强度随着应力应变的变化关系就会变得非常复杂,需要对这些不同的变化关系给出机理解析,进而实现荧光强度随着应力应变变化关系的单一化、可控化,为实现基于量子点荧光响应的金属表面应力应变的检测奠定理论基础。

1. 量子点尺寸因素的影响

球状、杆状、四足状的量子点在静水压或者非静水压的条件下,会表现出不同的光谱变化特征，这是由于三种量子点的尺寸和形状都不太一样，在承受同样的静水压或非静水压时，其变形程度也不一样。为了考察在量子点环氧树脂复合材料中，量子点对于荧光强度应力应变关系的影响，同时将两种不同尺寸的量子点添加到环氧树脂中，制作成标准拉伸试样，分别考察两种量子点的荧光强度与应力应变的变化关系。

实验中所用到的绿色量子点直径为 3.6～4 nm，波长位置为 529 nm，蓝色量子点直径为 3～3.4 nm，波长位置为 468 nm。将合成得到的两种量子点用同样的方式清洗，得到洁净的量子点。然后以相同的浓度 30 mg/4 g 固化物与环氧树脂混合，用模具浇铸后，在真空干燥箱 80℃ 温度下固化 4 h，即可得到同时含有两种不同量子点的环氧树脂复合材料。由于两种量子点波长范围相差较大，因此两者各自的波峰很容易区分。同时两种量子点的量子产率不同，所以荧光强度的大小也不相同，蓝色量子点的荧光强度要明显大于绿色量子点。用万能试验机对量子点环氧树脂标准拉伸试样进行单轴拉伸，选择位移控制，加载速率为 10 mm/min，直到试样断裂，用便携式光谱仪对试样的荧光强度实时进行记录。

图 8.28(a) 显示的是掺杂有两种量子点的环氧树脂复合材料在单轴拉伸过程中，不同应变阶段下的光谱变化情况。由图可以看出当试样的应变依次由 0 增加到 6%、18%、30% 时，光谱一直在向下移动，即荧光强度一直在降低。图8.28(b) 显示的是两种量子点荧光强度在整个拉伸阶段的变化情况，明显看出，两条曲线完全是同步变化的，这也就说明，荧光强度的变化与量子点自身的尺寸并没有关系。两种量子点是处于相同环境中的，在拉伸过程中量子点周围的介质环氧树脂与量子点发生了某种相互作用，从而导致荧光强度的改变。

已有的研究也可以证明，在本实验所处的兆帕级的应力环境中，量子点自身的荧光强度是不会有任何改变的。如图 8.29(a) 所示，当金刚石压力腔的压力在

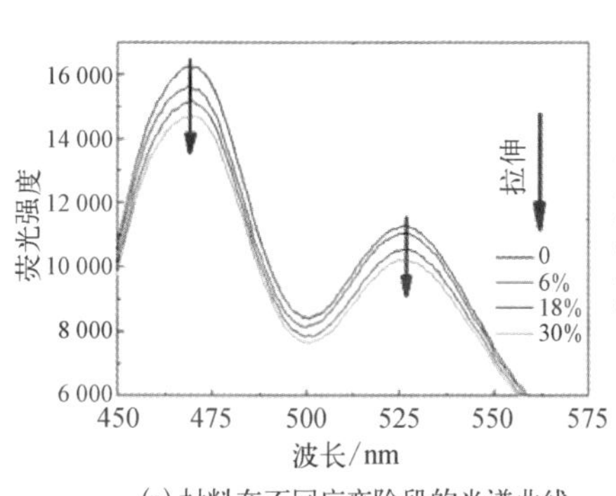

(a) 材料在不同应变阶段的光谱曲线

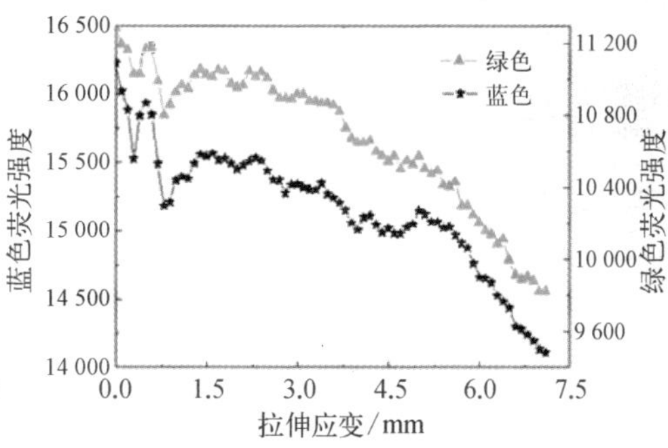

(b) 在整个拉伸阶段荧光强度随载荷的变化曲线

图 8.28　蓝色和绿色两种量子点同时添加到环氧树脂中单轴拉伸时荧光强度随载荷的变化曲线

吉帕级的时候,荧光强度会随着应力的增大而增大;但是在图 8.29(b)所示的实验中,当金刚石压力腔的压力在兆帕级别加载卸载时,量子点的荧光强度恒定不变。在本实验中,量子点掺杂在环氧树脂中,环氧树脂受到的最大应力只有几十兆帕,掺杂于其中的纳米级别的量子点受到的应力就更小了,因此量子点自身的发光特性不会改变,即使不同尺寸的量子点,在相同的环氧树脂环境中其荧光强度变化规律也是一样的。

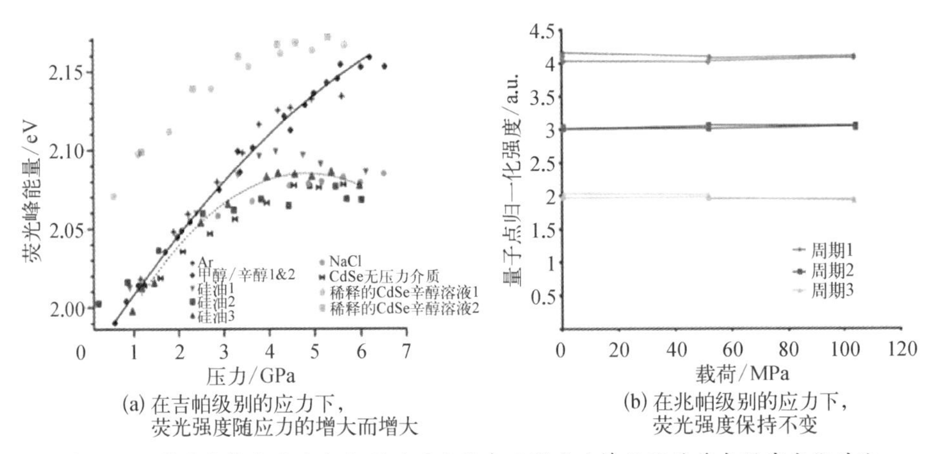

图 8.29 量子点氯仿溶液在金刚石压力腔中不同应力情况下的荧光强度变化对比

2. 量子点环氧树脂复合材料的 TEM 表征

量子点在环氧树脂中是无序分布的,从图 8.30 中可以看出量子点的分布是杂乱无章的,同时还可以清楚地看到,量子点在环氧树脂中出现了团聚现象。理论上讲,环氧树脂在受力产生拉伸或者压缩之后,量子点之间的距离会发生变化,即材料内部的量子点浓度会发生改变,进而导致量子点的荧光强度改变。为了考察量子点在环氧树脂拉伸前后的分布变化情况,可以利用透射电镜对拉伸前后的环氧树脂进行测试。量子点掺杂浓度仍然为 30 mg/4 g 固化物,浇铸出一组相同浓度的试样,然后利用万能材料试验机对每个试样进行拉伸。为了使每组试样都产生一定的应变,对试样分别施加 900 N、1 100 N、1 300 N 的载荷,超过其屈服强度。采用位移控制,加载速率都是 10 mm/min,在载荷达到预设的 900 N、1 100 N、1 300 N 的力后,分别保载 1 min,使试样产生足够的变形。然后试样进行 TEM 超薄切片,由于试样沿着拉伸方向的变形最大,切片方向一定是沿着试样被拉伸的方向。切片的厚度为 60 nm,这样可以将试样在受力拉伸变形后三维方向的变化简化到二维平面方向上。

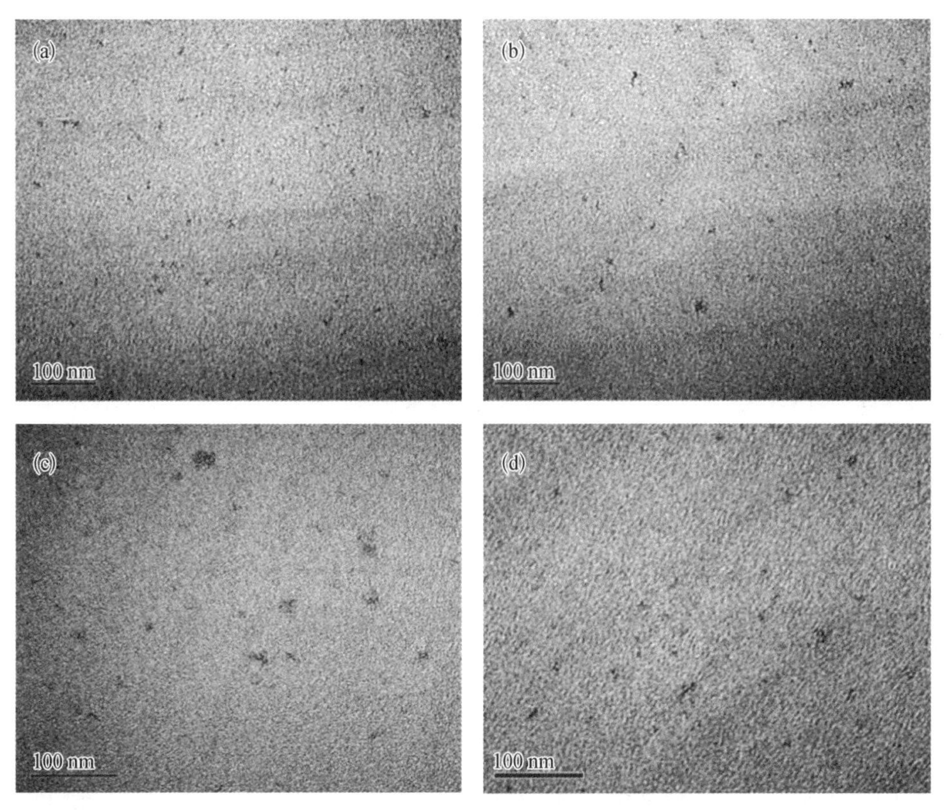

图 8.30　量子点环氧树脂复合材料的 TEM 观测

图 8.31 显示的分别是试样在拉伸变形之前和受到 900 N、1 100 N、1 300 N 的力产生了最大的 14.4%、22.4%、28.4%变形之后的 TEM 照片。我们可以清晰地看到，随着试样变形程度的增大，量子点的浓度是逐渐减小的，即单位面积上量子点的数目是逐渐减小的，从而导致探头所测面积内的荧光强度减小。这个现象可以用来很好地解释荧光强度会随着应变出现负相关的变化规律：拉伸导致试样在长度方向伸长，进而材料内量子点的浓度降低，即光纤探头所测固定面积内的量子点数目减小，进而导致荧光强度减小；而对于压缩变形，这一过程则正好相反，压缩导致单位面积内的量子点数目增加，进而会使荧光强度升高。这也就说明，变形之后量子点的浓度变化是荧光强度随着应力应变出现负相关变化的主要原因。

图 8.32 显示的是试样在拉伸之前和受到 1 300 N 的力产生 28.4%的变形之后的 TEM 照片，两图对比我们也可以清晰地发现，试样在拉伸变形之前量子点团聚得非常紧密，TEM 照片看起来是深色的黑点，而在试样被拉伸产生变形之后，原来紧密团聚在一起的量子点被拉开，变得更加分散。原来量子点紧紧团聚在一起，使得内部量子点接收不了紫外光辐照，而当团聚的量子点被拉开以后，内部的量子点被分散开，更多的量子点可以接收紫外光照，这就会导致材料的荧

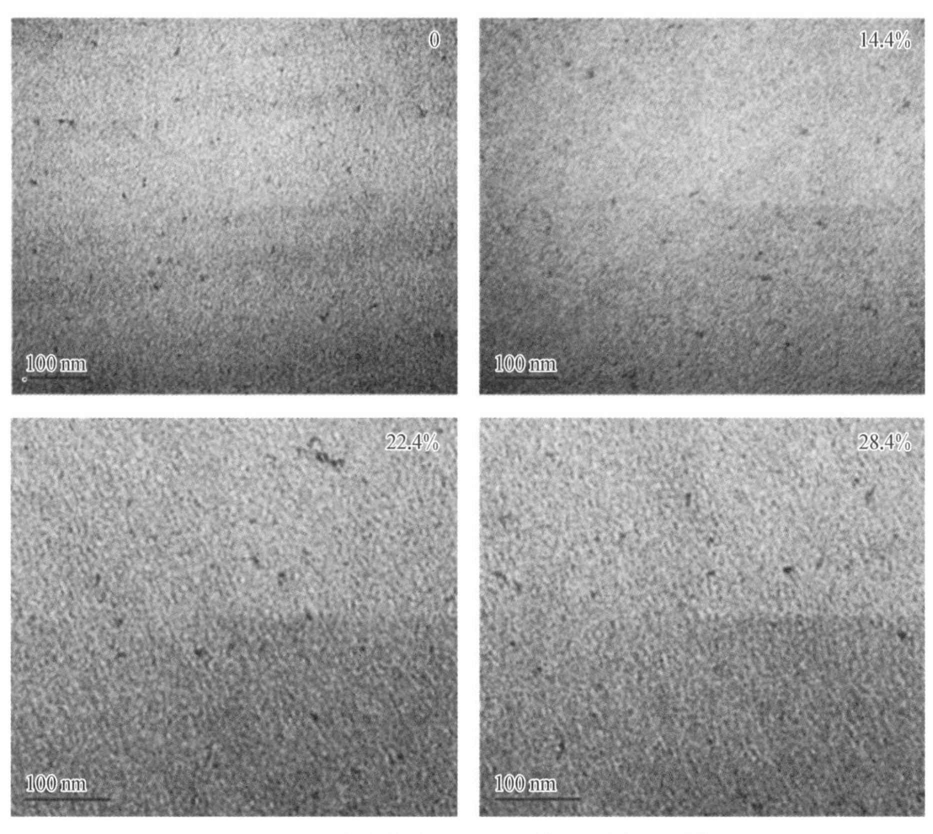

图 8.31 不同应变条件下(0、14.4%、22.4%、28.4%)的量子点环氧树脂复合材料的 TEM 观测

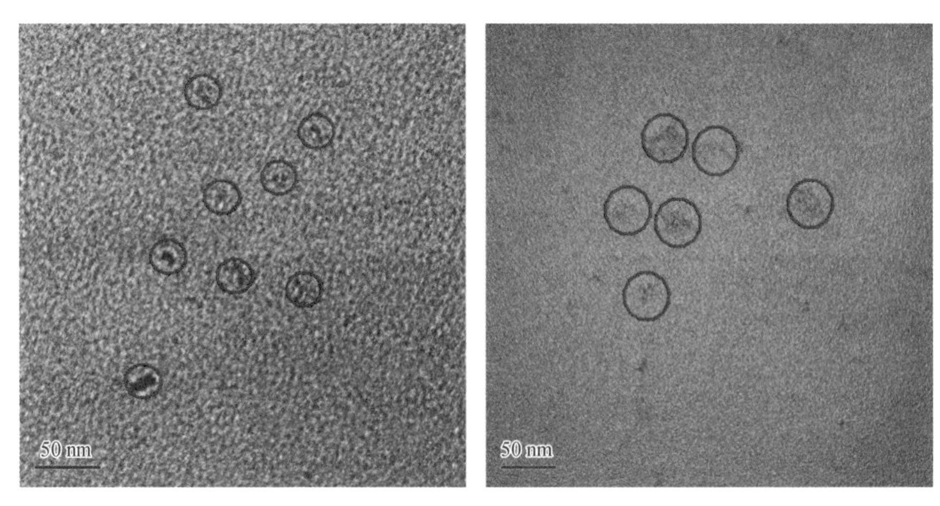

图 8.32 拉伸应变导致团聚的量子点被拉开分散

光强度出现升高。也就是说团聚的量子点被拉开是材料的荧光强度随着拉伸应变的增大而增大的主要原因。

拉伸导致量子点的浓度发生改变，使荧光强度与应力应变表现出负相关的变化关系。拉伸导致团聚的量子点被拉开，使更多的量子点受到紫外光照，进而使荧光强度与应力应变表现出正相关的变化关系。两种因素的共同作用导致了在单次循环中，拉伸试样的荧光强度与应力应变既可能表现出正相关也可能表现出负相关，这取决于哪种因素起到主导作用。同时在实验中也发现，当载荷增加到一定值以后，荧光强度不再随着载荷而改变，这是由于在这个阶段两种因素起到的相反作用刚好相互抵消，荧光强度维持不变。

3. 荧光漂移及材料力学性能的影响

同时可以发现，除了在单次循环中荧光强度随着载荷出现有规律的变化之外，在整个5次循环过程中，荧光强度都会表现出一定的变化趋势，持续增大、持续减小或者先增大后减小。我们认为这是由于量子点环氧树脂复合材料在持续的紫外光的激发下，出现了荧光漂移的现象。荧光强度随着辐照时间先减小，然后增大，最后以较小的速率保持持续增长。实验研究发现，影响量子点漂移的因素比较复杂，紫外光、水分、氧气以及量子点所处的环境介质都会对漂移的速率和方向产生影响，但是到目前为止，没有一个成熟的机理可以对量子点的漂移现象进行系统的解释。

在拉伸实验之前可以对材料的荧光漂移速率进行考察，事先得到试样的荧光强度漂移规律。在得到拉伸情况下的荧光强度变化数据之后，我们可以根据空白样的漂移规律，对比消除荧光漂移带来的影响。图8.33(b)是得到的试样在未拉伸之前的荧光漂移曲线，通过线性拟合，可以得到在一定时间内荧光强度随时间变化的速率。图8.33(a)则是试样在5次循环过程中荧光强度的变化规律，可以看出除了在每次循环中荧光强度与载荷呈现正相关变化之外，在整体上荧光强度随时间还有一个向下的变化趋势。利用图8.33(b)中得到的漂移速率，可以对图8.33(a)的数据进行修正，这样得到的图8.33(c)就是排除掉漂移因素影响的荧光强度与应力应变变化关系。

同时，在前期的实验中也发现环氧树脂具有典型的黏弹性，环氧树脂在循环拉伸过程中会有一个应变累积效应。应变会导致量子点的浓度降低或者团聚的量子点被拉开，也就是说由于材料具有应变累积效应，量子点的浓度会出现累积降低或者团聚的量子点被持续拉开，这也相应地会导致材料的荧光强度出现累积减小或者累积增大的现象。

因此，可以认为量子点随时间的漂移和环氧树脂的黏弹性是荧光强度随时间出现持续变化的主要原因。

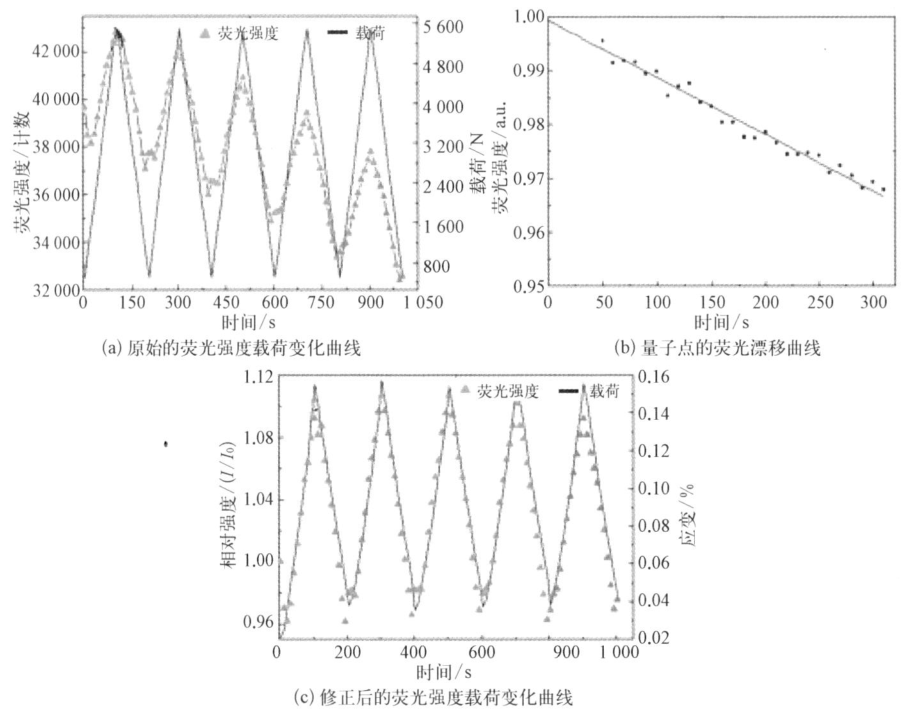

(a) 原始的荧光强度载荷变化曲线
(b) 量子点的荧光漂移曲线
(c) 修正后的荧光强度载荷变化曲线

图 8.33　利用量子点的荧光漂移速率对荧光强度-载荷曲线进行修正

8.4　量子点-环氧树脂的荧光性能影响因素研究

在量子点微裂纹及应力应变监测体系中，采用环氧树脂作为量子点的基体材料，本节系统考察量子点-环氧树脂荧光性能的影响因素。实验通过考察温度、量子点浓度、激发光强和激发时长对量子点-环氧树脂荧光性能的变化情况，研究量子点-环氧树脂在不同情况下，荧光性能发生变化的主要原因。

8.4.1　温度对荧光稳定性的影响

由于量子点粉末不易分散于环氧树脂基体中，为测试温度对量子点-环氧树脂的荧光性能的变化情况，需先将量子点粉末溶于三氯甲烷中，再将其加入适量环氧树脂中，使用超声仪器对混合物进行超声分散，使量子点均匀分散于环氧树脂中，并使混合物中的三氯甲烷完全挥发，再加入相应比例的固化剂，搅拌均匀后，将量子点-环氧树脂混合物均匀涂覆于载玻片表面，之后将覆有量子点-环氧树脂的载玻片放入 60℃的真空干燥箱内，固化 8 h 后取出，得到所需的量子点-环氧树脂试样。

将量子点-环氧树脂试样放置于加热台之上，将其加热到测试温度，保持

5 min后，使用荧光光纤探头对量子点-环氧树脂试样进行紫外激发，并每间隔30 s采集一次荧光光谱数据，实验持续3 h。实验分别测试了20℃、30℃、40℃、50℃和60℃下量子点-环氧树脂试样荧光性能的变化情况，其荧光峰强度随时间的变化结果如图8.34所示。由图8.34可知，量子点-环氧树脂试样的荧光峰强度在实验前期增强，而后增加速率逐渐减缓，最后趋于稳定。通过对比温度下量子点-环氧树脂的荧光峰强度的变化情况，发现其荧光峰强度的前期增速在不同温度下区别并不明显，其荧光峰强度能达到的最大值随环境温度的上升而增强。

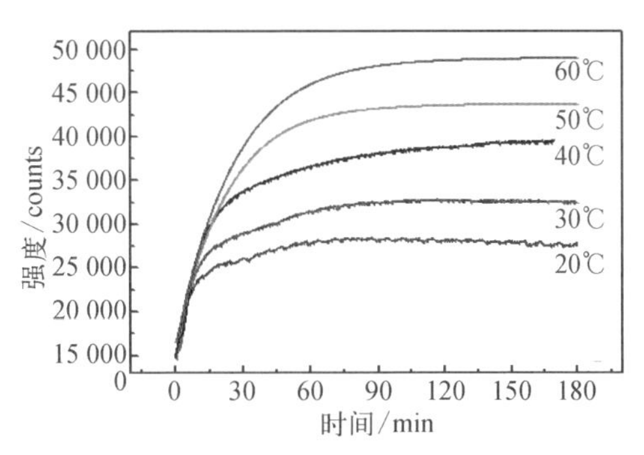

图8.34 不同温度下量子点-环氧树脂复合材料的荧光变化情况

8.4.2 量子点浓度对荧光稳定性的影响

当测试量子点-环氧树脂试样在紫外激发下荧光性能的变化情况时，量子点浓度在其中起着重要的作用。实验中，将一定量的量子点与环氧树脂进行混合，分别配置成浓度为0.90 mg/g、1.35 mg/g、1.80 mg/g、2.25 mg/g和2.70 mg/g的量子点-环氧树脂试样。在室温下，使用相同的激发光强度对固化后的量子点-环氧树脂试样进行紫外激发，并每间隔30 s采集一次荧光光谱数据，每次实验持续3 h。实验结果如图8.35所示。

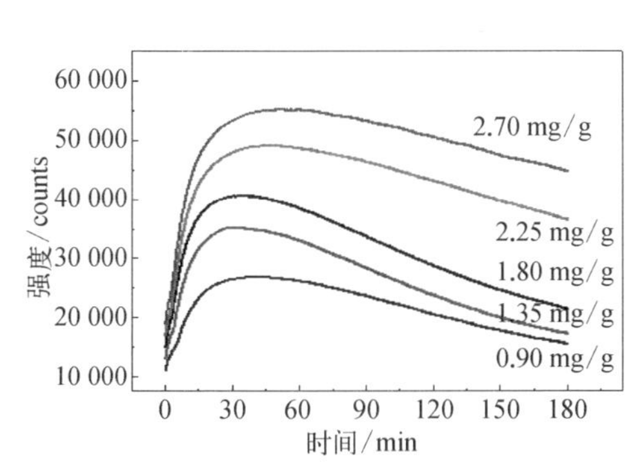

图8.35 不同浓度下量子点-环氧树脂复合材料的荧光变化情况

由图8.35可知，量子点-环氧树脂试样的荧光峰强度在前30 min快速增强，并达到最大值，随后开始逐渐下降，直至实验结束，且荧光峰强度的减弱速率要小于其增强速率。通过对比不同量子点浓度下量子点-环氧树脂试样的荧光峰强度变化情况，可以发现其荧光峰强度的增强速率随量子点浓度的升高而增加，同时其荧光峰强度在实验中所能达到的最大值随量子点浓度的升高而增大。

8.4.3 激发光强对荧光稳定性的影响

考虑到量子点-环氧树脂试样荧光性能对激发光强度的敏感性，故对其

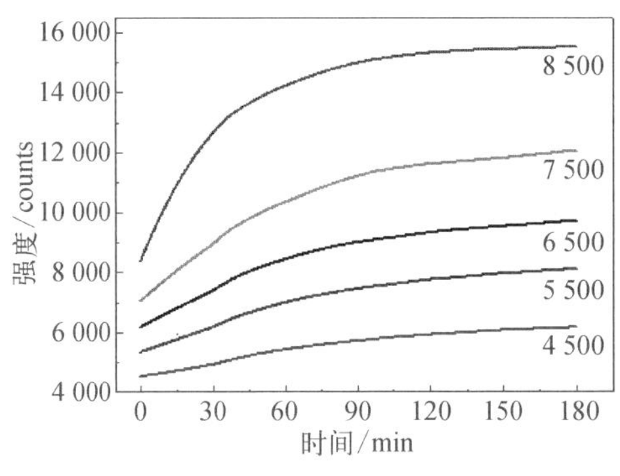

图 8.36 不同激发光强度下量子点-环氧树脂复合材料的荧光变化情况

在不同激发光强度下荧光性能的变化情况进行了考察。将量子点-环氧树脂试样置于平台上，使用不同的激发光强度对其进行紫外激发，同时每间隔 30 s 采集一次荧光光谱数据，实验中通过调整激发光强度分别使试样的起始强度处于 4 500 counts、5 500 counts、6 500 counts、7 500 counts和8 500 counts。图 8.36 显示的是量子点-环氧树脂试样在不同激发光强下荧光峰强度的变化情况。如图 8.36 所示，在同一激发光强下，量子点-环氧树脂试样的荧光峰强度出现先增大，后逐渐趋于稳定的实验现象。通过对比不同激发光强下试样的荧光峰强度变化，可得出荧光峰强度的增强速率随激发光强的增大而加速，且其荧光峰强度的最大值随激发光强度的增强而增大。同时，对比量子点-环氧树脂试样荧光峰强度到达最大值的时间，可发现激发光强对此时间的长短并没有明显的影响。

8.4.4 激发时长对荧光稳定性的影响

为研究紫外激发时长对量子点-环氧树脂荧光性能的影响情况，对其进行了多种对比实验。首先，将量子点-环氧树脂试样放置于紫外光下，进行不同时长的预照射，然后使用荧光光纤探头对已完成预照射的试样进行激发测量，每间隔 30 s 采集一次量子点-环氧树脂荧光光谱数据，预照射时长分别为 10 min、30 min、1 h、12 h 和 24 h。实验结果如图 8.37 所示，图中显示量子点-环氧树脂试样在经历预照射之后，其荧光峰强度先快速增强，到达最大之后，荧光峰强度逐渐减弱。对比不同预照射时长的实验结果，可以发现，量子点-环氧树脂的起始荧光峰强度随预照射时间的增加而增强，除第一组预照射时长为 10 min 的结果以外，其余四组结果都显示其荧光峰最大值在 26 000 counts 左右，并且在其荧光峰强度的下降阶段，四组实验结果的重合度较高。

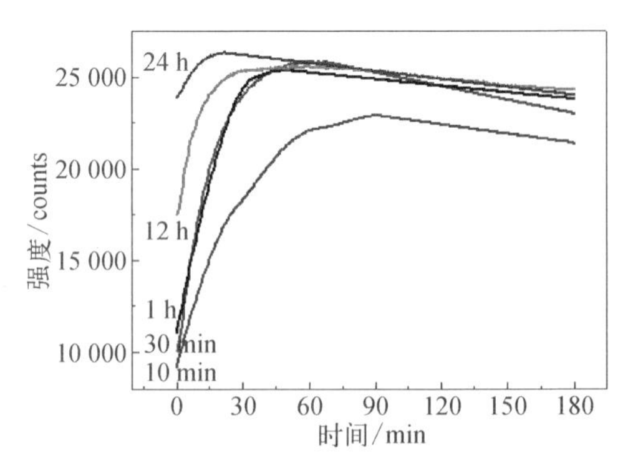

图 8.37 不同紫外光预照射时长对量子点-环氧树脂复合材料的荧光变化情况的影响

量子点-环氧树脂试样的紫外预照射的实验结果表明，量子点-环氧树脂经过一定时间的紫外预照射后，其荧光峰强度的稳定性可以得到一定的改善。为测试紫外预照射对间隔激发测试实验结果的影响，将量子点-环氧树脂试样放置于紫外光下，分别对其进行预照射 3 h、6 h、9 h 和 12 h 后，使用荧光光纤探头每间隔 30 min 激发测试一次，并采集相应的荧光光谱数据，实验结果如图8.38 所示。

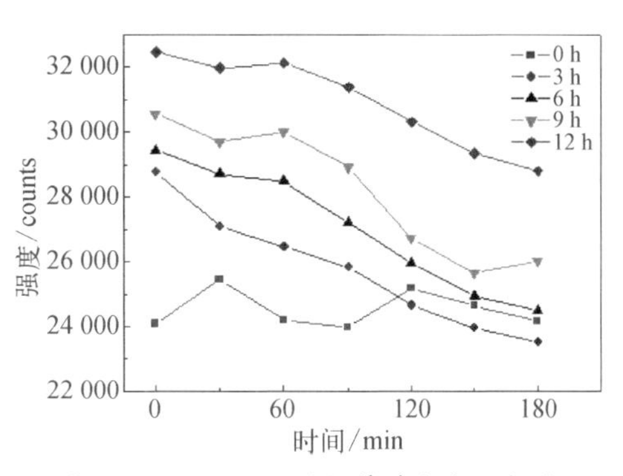

图 8.38　不同间隔时间紫外激发照射对量子点-环氧树脂复合材料的荧光变化情况的影响

图 8.38 中结果表明，量子点-环氧树脂试样在经过紫外预照射之后，起始荧光峰强度随预照射时间的增加而增强，未经预照射试样的实验结果显示其荧光峰强度在实验过程中并未出现大幅的增强或减弱，而是一直在强度值 25 000 counts 上下震荡。经过预照射的量子点-环氧树脂试样的实验结果显示，其荧光峰强度随时间逐渐下降，且预照射时间长的试样，其荧光峰强度下降速率缓于预照射时长短的试样。

以上实验研究表明，紫外光通过照射激发量子点-环氧树脂试样，对其荧光峰强度的变化起着重要作用。为考察在实验中连续紫外激发和间隔紫外激发对量子点-环氧树脂荧光性能变化情况的影响，在室温下，使用同一激发光强对量子点-环氧树脂试样分别进行连续激发测试和间隔 30 min 激发测量一次。实验结果如图 8.39 所示，在紫外连续激发下，量子点-环氧树脂荧光峰强度出现先快速增大，后增速逐渐减小，最后趋于稳定的现象。而在间隔 30 min激发测试一次的实验中，量子点-环氧树脂试样的荧光峰强度表现出稳定的状态，其强度值一直稳定在 10 000 counts 左右，未出现大幅度的升高或减小。实验结果表明，紫外激发光是量子点-环氧树脂复合材料荧光性能变化的重要影响因素。

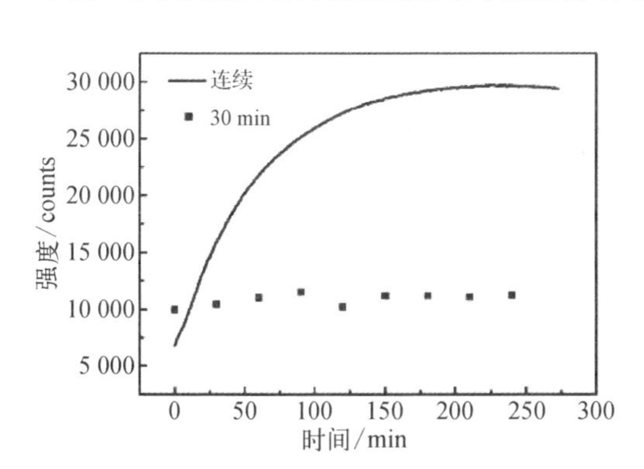

图 8.39　紫外连续照射和间隔 30 min 激发照射对量子点-环氧树脂复合材料的荧光变化情况的影响

8.4.5　重复激发对荧光稳定性的影响

实验研究表明，量子点的紫外连续激发会对量子点-环氧树脂试样的荧光性能产生一定的影响，而之前的间隔激发实验表明量子点-环氧树脂试样的荧光性能具有一定的可恢复性。为考察量子点-环氧树脂在连续激发后的可恢复性,将试样置于平台上,使用荧光光纤探头对其进行紫外激发,每间隔 30 s 采集一次荧光光谱数据,持续 3 h,测试结束后,将试样放置在黑暗环境中 24 h 后,对试样进行重复实验,并在 24 h 后再进行一次紫外激发测试,实验结果如图 8.40 所示。

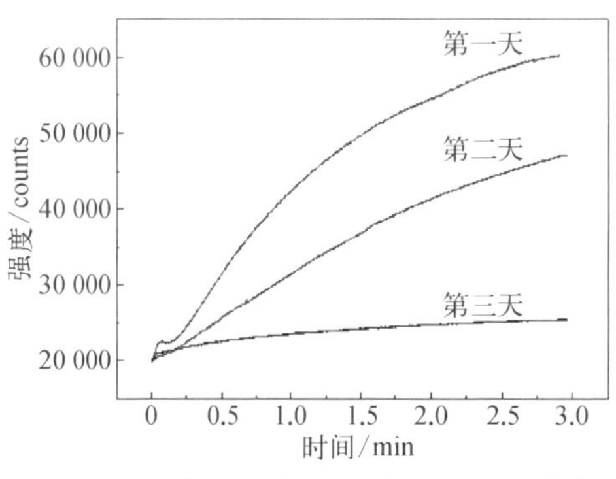

图 8.40 连续三天测试量子点-环氧树脂复合材料在紫外激发下的荧光变化情况

通过对比三次实验中量子点-环氧树脂试样在紫外激发下的荧光峰强度变化情况,可以发现,其荧光峰强度在实验中的变化率随着重复次数的增加而减小,到第三次测试时,其荧光峰强度的变化率小于 10%。由此可以得出,紫外光对量子点-环氧树脂连续激发的影响并不能在一天内恢复,而是会不断积累,使量子点-环氧树脂的荧光峰强度逐渐趋于稳定的状态。

8.4.6 量子点荧光性能变化的机理研究

CdSe/ZnS 核壳量子点在紫外光激发下,其荧光性能的不稳定性对量子点的应用造成了一定的影响。通过对量子点-环氧树脂复合材料在紫外照射激发下荧光性能变化情况的研究,可以对量子点的荧光性能变化规律有一定的了解,并为提高量子点的荧光稳定性及量子点在应力应变监测中的应用奠定基础。

1. 基体材料的影响

基体材料作为量子点的载体,对量子点荧光性能的影响起着重要的作用。通过对比不同载体下,量子点复合材料的荧光性能变化情况及对比量子点在有无基体材料下,其荧光性能的变化情况,来分析基体材料的作用。

基体材料是整体支撑和传递载荷作用的重要组成部分,并结合本实验中对基体材料的要求,需要基体材料具有:① 量子点能够较为均匀地分散于该基体材料中,保证试样荧光强度的均匀性;② 量子点和该基体形成的复合材料能与金属基底具有较强的黏结能力,保证该复合材料在实验中不会与金属基底发生剥离;③ 该基体材料的荧光峰不能与量子点的荧光峰相干涉,保证量子点的荧光峰在复合材料的荧光光谱中能被较好地辨认出来。通过总结课题组已有的实验结果,本节选择的基体材料为 6002 双酚 A 型环氧树脂,固化剂为 593 胺类 A 型固化剂。

此外,比较量子点粉末和量子点-环氧树脂试样在相同条件下,使用紫外光对其进行激发，并每间隔 30 s 采集一次荧光光谱数据。实验结果如图 8.41 所示，两者均先增强，后逐渐趋于稳定。同时量子点粉末的荧光峰增强速率快于量子点-环氧树脂试样，而且其荧光峰到达最大值的时间也较短，这表明量子点在粉末状态时，紫外光传递给量子点的能量更多由量子点自身吸收。而在量子点-环氧树脂试样中，该能量的一部分为环氧树脂吸收，这部分能量的损失是量子点-环氧树脂的荧光峰强度增速较低的主要原因。

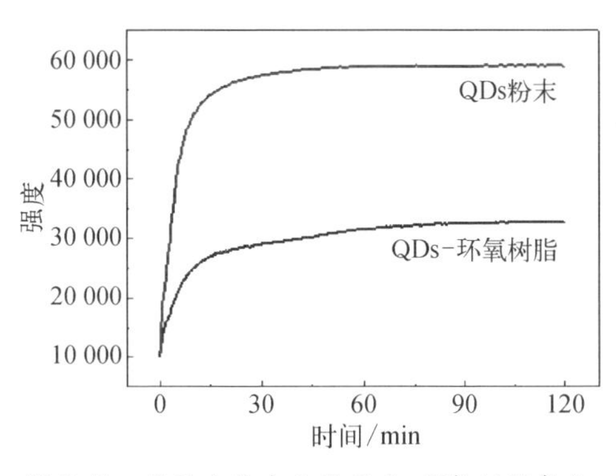

图 8.41　量子点粉末和量子点-环氧树脂复合材料在紫外激发下荧光变化情况

2. 量子点激发情况的影响

通过对量子点-环氧树脂试样在不同实验环境下的紫外激发实验，得到量子点在不同情况下的荧光性能的变化情况。通过分析这些结果，总结量子点荧光峰强度的变化规律。

上述实验研究表明，量子点在连续紫外激发下，主要表现出以下三种规律：① 量子点荧光峰强度先增强，后逐渐趋于稳定；② 量子点荧光峰强度先增强，后增速逐渐减缓，至实验结束仍以一定的速度增强；③ 量子点荧光峰强度先增强，后增速逐渐减缓，当其荧光峰强度达到最大值后，逐渐开始下降，直至实验结束。三种现象以第一种最为常见。通过研究发现，量子点的荧光峰强度在开始阶段的增强现象出现在所有的紫外连续激发实验中，区别主要在于荧光峰强度增速逐渐减缓后的变化。第三种变化规律则是出现在量子点粉末裸露在空气中的实验及部分量子点-环氧树脂试样的实验结果中。首先，对第二种实验规律进行具体分析，由于现象发生于量子点-三氯甲烷实验中，故对试验试样进行分析，发现在实验中，因三氯甲烷是易挥发性液体，虽已对比色皿进行密封，但在实验结束后进行称重发现，质量要轻于实验开始前的质量，质量减少了约 5%。通过比较量子点-三氯甲烷溶液的荧光峰变化情况，可以得出其荧光峰强度的增强主要是由于量子点-三氯甲烷溶液浓度的变化。其次，分析第三种实验规律，发现当量子点粉末裸露在空气中时，出现荧光峰强度减弱，同时其荧光峰波长蓝移，表明量子点粉末在实验中与空气发生化学反应，导致量子点尺寸改变，引起量子点荧光减弱的现象，通过分析其他存在荧光峰强度下降的实验数据，结果显示同样存在荧光峰蓝移的实验现象，结合之前的实验结果以及其他科研工作者的研究成果，证明量子点荧光峰强度减弱的主要原因是量子点与空气中的氧气反应，发生光腐蚀，减小了量子点颗粒的尺寸。

参考文献

[1] 涂善东,轩福贞,王卫泽.高温蠕变与断裂评价的若干关键问题.金属学报,2009,45(7):781-787.

[2] 葛邕江.柳州电厂1号机组1号主汽调节门裂纹事故分析.广西电力工程,2000,3:56-57.

[3] 嵇安森,刘可亮.国产引进型600 MW汽轮机低压次末级叶片事故原因分析.中国电力,2001,34(10):7-11.

[4] 龚毅.飞机金属疲劳裂纹的产生及维修.中国民用航空,2013(11):55-57.

[5] 陈中.桥式起重机主梁翼缘板裂纹事故的分析与处理.装备制造技术,2012(10):55-57.

[6] 陈勃,高玉魁,马少俊,等.喷丸强化7475-T7315铝合金的小裂纹行为和寿命预测.航空学报,2010(3):519-525.

[7] Goto M, Han S Z, Kim S S, et al. Growth mechanism of a small surface crack of ultrafine-grained copper in a high-cycle fatigue regime. Scripta Materialia, 2009, 60(8): 729-732.

[8] 雷毅,丁刚,鲍华,等.无损检测技术问答.北京:中国石化出版社,2013.

[9] Charles J H.无损检测与评价手册.戴光,徐彦廷,李伟,等译.北京:中国石化出版社,2005.

[10] Ward D B, Williamson R C. Particle filter beamforming for acoustic source localization in a reverberant environment//2002 IEEE International Conference on Acoustics, Speech, and Signal Processing. IEEE, 2002, 2: Ⅱ-1777-Ⅱ-1780.

[11] Rajtar J M, Muthiah R. Pipeline leak detection system for oil and gas flowlines. Journal of Manufacturing Science and Engineering, 1997, 119(1): 105-109.

[12] Crha J, Havlicek F, Molinek J, et al. Acoustic emission monitoring during solidification processes. Advanced Materials Research, 2006, (13-14): 299-304.

[13] Arumugam V, Sidharth A A P, Santulli C. Failure modes characterization of impacted carbon fibre reinforced plastics laminates under compression loading using acoustic emission. Journal of Composite Materials, 2014, 48(28): 3457-3468.

[14] Ji X, Luo X, Yang Y Q. Research progress of nondestructive testing for continuous fiber-reinforced metal-matrix composites. Rare Metal Materialsand Engineering, 2013, 42(2): 401-405.

[15] Chou H Y, Mouritz A P, Bannister M K, et al. Acoustic emission analysis of composite pressure vessels under constant and cyclic pressure. Composites Part A: Applied Science and Manufacturing, 2015, 70: 111-120.

[16] Zhang S Z, Yan Y J, Wu Z Y. Electric potential detection for structural surface crack using coating sensors. Sensors and Actuators A: Physical, 2007, 137(2): 223-229.

[17] He Y T, Cui R H, Li H P. Application of Electric Potential Method on Monitoring Crack of Aluminum Film on the Paper Substrate. Proc ICSMA14, Xi'an, China, 2007.

[18] Ando A, Yokobori A T, Sugiura R, et al. Non-destructive prediction method of creep

damage and remnant life related to those under creep-fatigue interactive conditions for nickel base superalloys. Materials at High Temperatures, 2015, 32(3): 266 - 275.

[19] Cui B, Mc Murtrey M D, Was G S, et al. Micro-mechanistic origin of irradiation-assisted stress corrosion cracking. Philosophical Magazine, 2014,94(36): 4197 - 4218.

[20] Torralba J M, Esteban L, Bernardo E, et al. Understanding contribution of microstructure to fracture behaviour of sintered steels. Powder Metallurgy, 2014, 57(5): 357 - 364.

[21] Mortell D J, Tanner D A, McCarthy C T. In-situ SEM study of transverse cracking and delamination in laminated composite materials. Composites Scienceand Technology, 2014, 105: 118 - 126.

[22] Zhang Q K, Zhang Z F. In-situ observations on fracture behaviors of Cu-Sn IMC layers induced by deformation of Cu substrates. Materials Science and engineering: A, 2011, 530: 452 - 461.

[23] Suh C M, Lee J J, Kang Y G. Fatigue micro-cracks in type 304 stainless steel at elevated temperature. Fatigue & Fracture of Engineering Materials & Structures, 1990, 13(5): 487 - 496.

[24] Suh C M, Suh M S, Hwang N S. Growth behaviour of small surface fatigue cracks in AISI 304 stainless steel . Fatigue & Fracture of Engineering Materials & Structures, 2012, 35(1): 22 - 29.

[25] Newman J J C, Wu X R, Venneri S L, et al. Small-crack effects in high-strength aluminum alloys. NASA Reference Publication, 1994.

[26] Newman J A, Willard S A, Smith S W, et al. Replica-based crack inspection. Engineering Fracture Mechanics, 2009, 76(7): 898 - 910.

[27] Jordon J B, Bernard J D, Newman J J C. Quantifying micro-structurally small fatigue crack growth in an aluminum alloy using a silicon-rubber replica method. International Journal of Fatigue, 2012, 36(1): 206 - 210.

[28] Deng G J, Tu S T, Wang Q Q, et al. Small fatigue crack growth mechanisms of 304 stainless steel under different stress levels . International Journal of Fatigue, 2014, 64: 14 - 21.

[29] Lee B. Review of the present status of optical fiber sensors. Optical Fiber Technology, 2003,9(2): 57 - 79.

[30] Fang L, Park J Y, Salmeron M, et al. Mechanical and electrical properties of CdTe tetrapods studied by atomic force microscopy. Journal of chemical physics, 2007, 127(18): 184704.

[31] Schrier J, Lee B, Wang L W. Mechanical and electronic-structure properties of compressed CdSe tetrapod nanocrystals. Journal of Nanoscience and Nanotechnology, 2008, 8(4): 1994 - 1998.

[32] Choi C L, Koski K J, Alivisatos A P, et al. Strain-Dependent photo-luminescence behavior of CdSe /CdS Nanocrystals with spherical, linear, and branched topologies.

Nano Letters, 2009, 9(10): 3544-3549.

[33] Choi C L, Koski K J, Alivisatos A P, et al. Luminescent nanocrystal stress gauge. PANS, 2010, 107(50): 21306-21310.

[34] Kaur J, Dubey V, Suryanarayana N S. Comparative study of ML and PL spectra of differentimpurity-doped (Zn, Cd) S mixed phosphors. Research on Chemical Intermediates, 2013, 39(9): 4337-4349.

[35] Raja S N, Olson A C K, Alivisatos A P, et al. Tetrapod nanocrystals as fluorescent stress probes of electrospun nanocomposites . Nano Letters, 2013, 13(8): 3915-3922.

[36] Withey P A, Vemuru V S M, Bachilo S M. Strain paint: noncontact strain measurement using single-walled carbon nanotube composite coatings. Nano Letters, 2012, 12(7): 3497-3500.

[37] 赵子铭,栾伟玲,涂善东,等.基于发光量子点的金属裂纹实时监测方法.中国机械工程,2015,26(17): 2374-2377.

[38] 赵子铭.基于量子点荧光响应的金属裂纹检测及应力应变监测研究.上海: 华东理工大学,2015.

[39] 姚子豪.基于荧光量子点的裂纹实时在线监测及影响因素研究.上海: 华东理工大学,2017.

[40] 张少甫.基于自主装量子点的应力应变监测.上海: 华东理工大学,2017.

[41] 尹少峰.量子点环氧树脂复合材料的荧光强度—应力应变响应研究.上海: 华东理工大学,2016.

[42] Patra S, Samanta A. Effect of capping agent and medium on light-induced variation of the luminescence properties of CdTe quantum dots: a Study based on fluorescence correlation spectroscopy, steady state and time-resolved fluorescence techniques. Journal of Physical Chemistry C, 2014, 118(31): 18187-18196.

[43] Califano M. Origins of photoluminescence decay kinetics in CdTe colloidal quantum dots. Acs Nano, 2015, 9(3): 2960-2967.

[44] Seth S, Mondal N, Patra S, et al. Fluorescence blinking and photo-activation of all-inorganic perovskite nanocrystals $CsPbBr_3$ and $CsPbBr_2I$. Journal of Physical Chemistry Letters, 2016, 7(2): 266-271.

[45] Suzuki S, Hattori Y, Kuwabata S, et al. Improvement of photo-luminescence stability of ZnS-$AgInS_2$ nanoparticles through interactions with ionic liquids. Journal of Photochemistry & Photobiology A: Chemistry, 2017, 332: 371-375.

[46] Yin S, Zhao Z, Luan W, et al, Optical response of a quantum-dot-epoxy resin composite: effect of tensile strain. RSC Advances, 2016, 6(22): 18126-18133.

[47] Zhao Z, Luan W, Wang G, et al, Metal crack propagation monitoring by photoluminescence enhancement of quantum dots, Applied Optics, 2015, 54(2 1)6498-6501.

第 9 章

微反应技术在医疗卫生领域的应用

本书主要介绍了微反应技术在合成纳米材料方面的应用，在其他方面，微反应技术具有更广泛的应用前景。自20世纪90年代起很长一段时间，基于微流控芯片的微全分析系统(Miniaturized Total Analysis System, μ-TAS)，可以应用于各个分析领域，如生化医疗诊断、食品和商品检验、环境监测、刑事科学、军事科学和航天科学等。经过20多年的发展，微流控芯片的功能扩大，应用增多，已远远超出“分析系统”的范畴。目前，微反应技术在生命科学、医药、公共卫生、农业等领域具有广泛的应用。

9.1 生命科学领域

微反应技术固有的快速、灵敏特点和取代常规生化实验室的潜力使其成为实现即时诊断(Point Of Care Technology,POCT)的理想载体。对于大型医院的检验科室或者第三方检验中心，由于样品量大，自动化流水线作业式的中心实验室往往更能满足他们对于单位时间能检测更多样品、单个样品检测成本低的需求。而即时检验是在采样现场即时对样本进行分析，省去标本在转移到检验实验室所需要的时间，快速得到检验结果的一类新方法。这种检测通常不一定需要专业的人员来进行。相对于传统的实验室检测机制，POCT主要通过精简操作流程、集成检测装置、压缩检测成本，实现部分由非专业人员完成、受众和适

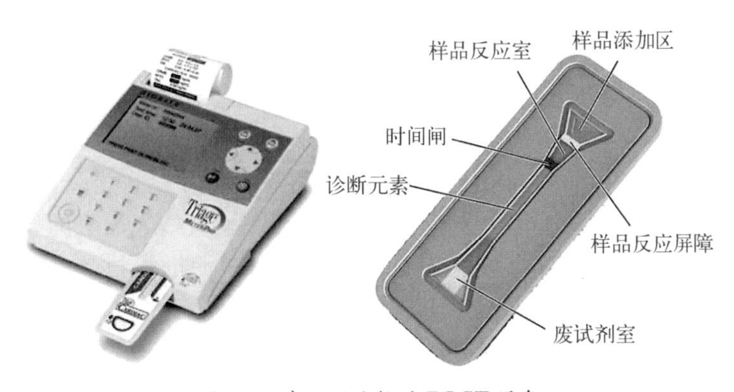

图9.1　基于微流控的POCT设备

应性更强的便携式的就地检测。即时诊断对于完善农村边远地区医疗建设、加速检验检疫流程、应对突发疾病灾害、推动个性化医疗和疾病筛查等同样具有重要意义。

最常见的POCT设备就是如同早孕试纸的免疫层析试纸。免疫层析反应，实际上就是液体样品在试纸上沿着试纸由一端向另一端定向扩散，在液体样本定向扩散过程中会与试纸上预载的试剂发生生化反应，最后在试纸上给出肉眼可见的结果的过程。因其简单、方便、快速的特点一直使用至今。但其缺陷在于难以达到结构均匀一致，材料、薄厚、疏密程度也很难完全相同，这会使样本检测结果在不同测试卡上的一致性较差。另外，被测样本测试时流动的速度、样本量、反应时间等不可控，会进一步加大样本检测结果的偏差。除此之外，免疫层析试纸受自身方法学的局限，一般只能达到定性诊断，不能满足医生定量的需求。最后，对于免疫层析而言，最大的问题还是在于依靠液体在纸上的单向扩散，液体可操控的空间也受到了很大限制。基于微流控技术的诊断仪器的微型化、集成化、自动化的特性，高度切合POCT的发展需求，对优化临床检测具有重要意义，近年来已逐渐成为POCT领域的研究热点和核心技术。

9.1.1 临床分析

随着微反应技术的日臻成熟，临床检测成为微流控芯片最为适合也是最具有潜力的应用领域。Stern等发明了一种微流控芯片装置可以对全血进行无标记的生物标志物检测，首先从血液样本中同时捕获多种生物标志物，然后经过清洗后释放到缓冲液中以供检测器检测。该方法可以使检测器与复杂的全血环境隔离开来，而且通过有效的浓缩标志物提高灵敏度。Zhou等基于微流控细胞分离系统分离CD64和CD69细胞，提出了一种有效的脓毒症检测方法。

微反应技术的应用改善了传统临床检测耗时长、操作烦琐的缺点，但要达到家庭化“芯片实验室”的目标，仍有很大差距。

9.1.2 免疫分析

免疫分析是基于抗原抗体特异性结合的一种分析方法，具有高灵敏度和特异性，但常规免疫分析耗时长，过程烦琐，样本消耗量大，检测设备较大，难以满足现场检验的要求。与传统免疫分析方法相比，微流控芯片免疫分析具有操作简便、耗时短、消耗样品少和可多指标同时检测等优势。

微流控免疫分析常采用夹心法，通过固定在固相载体表面上的抗体或抗原捕获待测抗原或抗体。Gao等利用一种新的基于表面增强拉曼散射(Surface-Enhanced Raman Scattering, SERS)的微流控免疫分析技术，用于前列腺特异性抗原(Prostate Specific Antigen, PSA)生物标志物的快速分析。该检测方法不需要人工培养和注射泵，检测时间在5 min以内，检测范围在0.01～

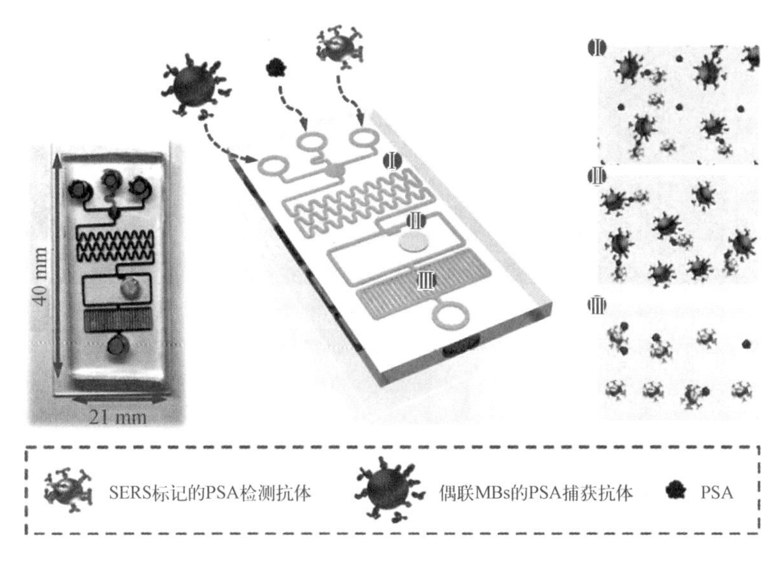

图 9.2 用于检测 PSA 生物标志物的无泵微流控芯片示意图

100 ng/mL,检测极限低于 0.01 ng/mL,该方法为前列腺癌的诊断提供了一个有价值的潜在工具。De Oliveira 等通过微流控芯片定量测量癌症患者血清样本中的乳腺癌生物标记物 CA 15-3,该传感器成本低、制造迅速、检测灵敏,检测极限达到了 92.0 μU/mL,显示出在乳腺癌早期诊断中的潜力。

9.1.3 法医鉴定

法医在 DNA 检验中经常遇到混合、微量等疑难检材,通过微流控芯片技术可以实现不同细胞的分离和富集,在保证物证分析准确性的前提下缩短检验时间。微流控芯片技术在法医 DNA 的样本制备方面具有较大的发展潜力。

混合斑是强奸案件中的常见检材,样品中含有精子细胞和女性的阴道上皮细胞,传统的提取男性、女性 DNA 的方法为差异裂解法,但耗时长,易出现男女混合的分型,且由于精子细胞损失而不利于微量检材分析。欧元等通过基于重力驱动微流体原理的玻璃-聚二甲基硅氧烷(Polydimethylsiloxane, PDMS)芯片,对混合样本进行分离,于 30 min 内分离出精子,且不会有上皮细胞进入分离通道,通过核酸酶对分离出的精子液的去游离 DNA 进行处理,得到单一、完整的精子分型(图 9.3)。与传统的差异裂解法相比,这种方法在很大程度上节省了检验时间,在性侵案件中具有一定的法医物证分析价值。

在微流控芯片上实施外加电场、声场等,可以主动控制实现细胞分离。美国 Microfluidic Systems 公司开发的微流控芯片先通过低能量超声选择性裂解上皮细胞,分离上皮细胞裂解液与精子细胞,用高能量超声裂解精子细胞,最后分别提取两种细胞裂解液的 DNA,该系统可实现自动化的差异提取,在 3 h 内分别得到男性和女性 DNA。而 Norris 等在微流体装置上进行了声微分萃取分

(a) 用于分离的微流控芯片

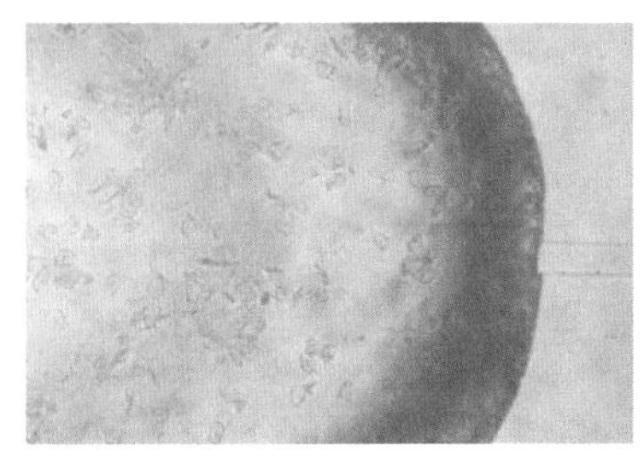

(b) 分离前入口池中上皮和精子细胞混合液

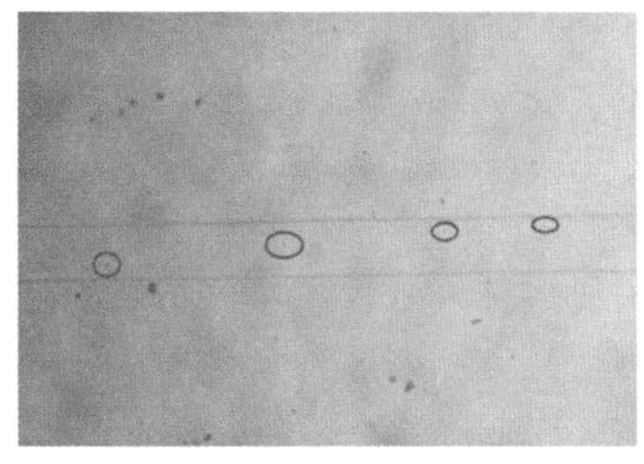

(c) 分离期间通道中的精子(红圈所示)

图 9.3　微流控芯片技术在法医 DNA 检验中的应用

析,先对混合液中的上皮细胞进行裂解,再利用超声截获其中的精子实现分离,此方法可在 14 min 内分别得到男性和女性 DNA。

9.1.4　单细胞分析

基于微流体的单细胞分析近年来备受关注。单个细胞之间存在显著的差异性,开发单细胞的操纵、筛选以及分析方法,研究细胞的异质性,对于疾病诊断、药物筛选等方面都具有十分重要的意义。微流控技术具有能够精确操控小体积样品的优势,因此在操纵单个细胞融合、转染、染色、分选、测序等研究中有着广泛的应用前景。

微流控技术起源于集成电路芯片的制作,通过设计各种微结构可以实现细胞分选和捕获。Chen 等开发了一种新型的基于核酸适配体的微流控平台,实现了单细胞的特异性捕获(图 9.4)。具有三维形貌的微坑结构加强了细胞与微坑表面的核酸适配体之间的相互作用,通过对微井结构的优化及配体的引入,单细胞占有率从 0.5%提高到 88.2%。该平台可在 5 min 内完成目标细胞的分析,且样品消耗量仅为 4.5 μL。利用这种对单细胞具有特异性的捕获技术,可以在复杂细胞样品中获得靶向单细胞,进一步进行单细胞水平上的酶反应动力学分析,揭示了单细胞水平上细胞代谢的差异性。Liu 等在玻璃基底表面利用聚苯乙烯微球的自组装制作出 PDMS 微坑阵列(图 9.5)。贴壁细胞和非贴壁细胞均可在微坑中高效保留,对捕获的单细胞进行单细胞酶动力学分析,该方法在对细胞进行实时筛选时具备优势。

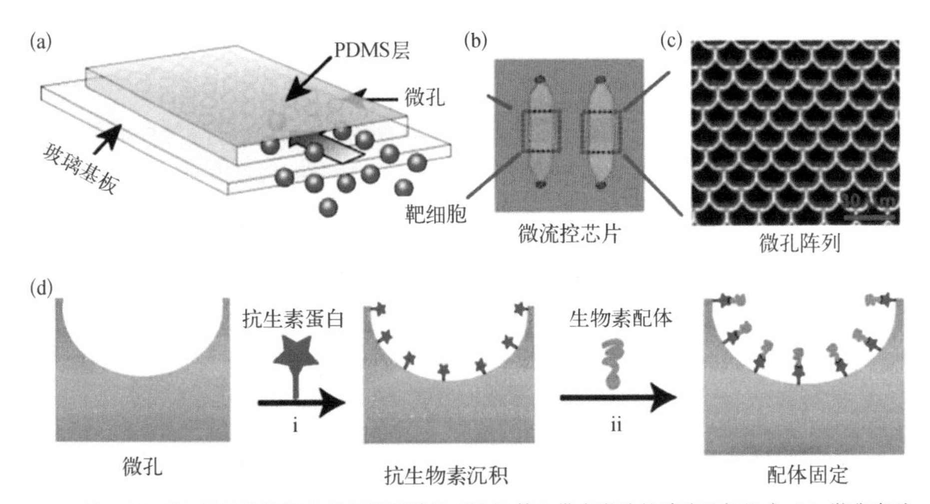

注：(a)、(b) 微流控装置由带有微通道的 PDMS 等和带有微孔的玻璃基板组成；(c) 微孔阵列的 SEM 图；(d) 玻璃表面的功能化处理。

图 9.4　微流控平台示意图

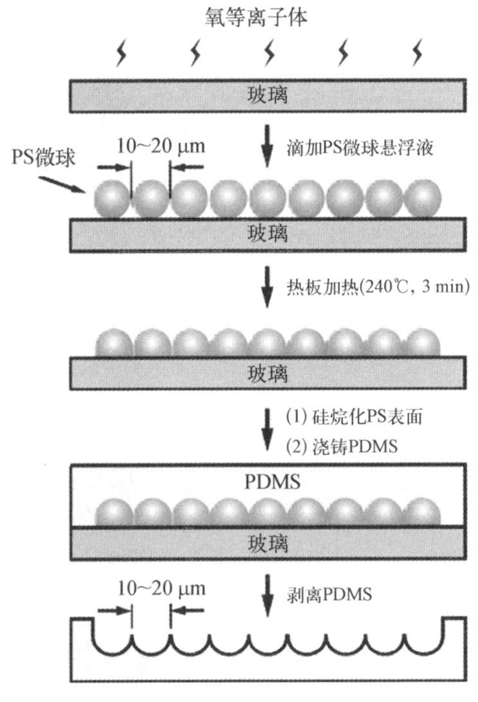

图 9.5　PDMS 微孔阵列制作原理图

9.1.5　组织-器官芯片

微流控芯片内单元构件的尺度使它有可能同时容纳分子、细胞、仿生的组织，甚至器官，而芯片特殊的操控体系又使它能同时测量物理量、化学量和生物量，因此，微流控芯片已成为业界公认的当今对哺乳动物细胞及其微环境进行精准操控的主流平台。

组织-器官芯片是继细胞芯片之后一种更接近仿生体系的模式。组织-器官芯片的基本思想是设计一种结构,可包含人体细胞、组织、血液、脉管,组织-组织界面以及活器官的微环境,或者说,在一块数平方厘米的芯片上模拟一个活体行为,并研究活体中整体和局部的种种关系,验证以至发现生物体中体液的种种流动状态和行为(图9.6)。微流控组织-器官芯片可被看成是一个由微流控芯片组建的仿生实验室,它提供了一种在相对简单的生物体体外对极其复杂的生物体体内开展模拟研究的途径。

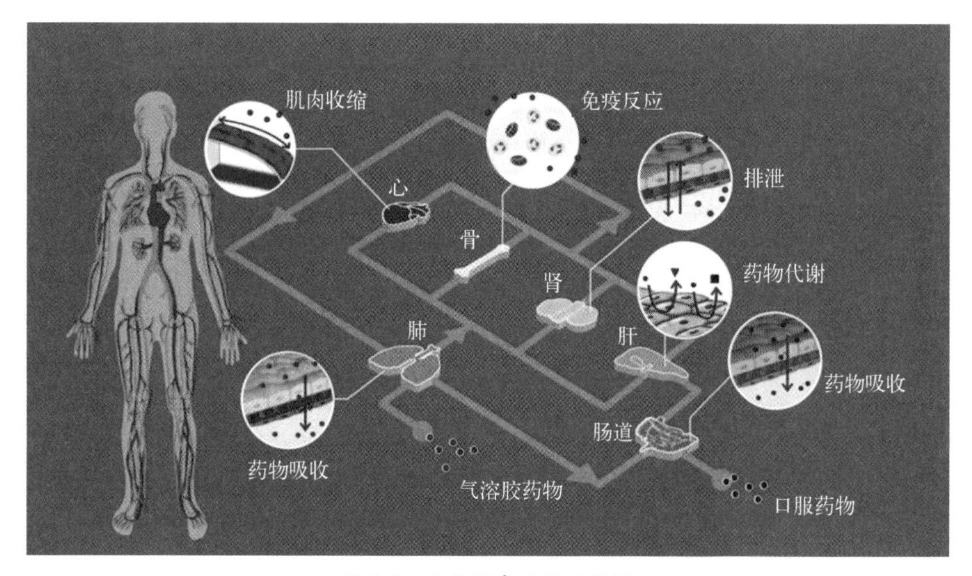

图 9.6 人体器官芯片示意图

目前已有的器官芯片包括肺、肝脏、肾脏和肠道等。芯片肺在器官芯片中发展的最早,这种微流控细胞装置又被称为"会呼吸的肺"。哈佛大学的 Ingber 研究团队发明的芯片肺主要包括一个双层通道结构,由硅树脂和多聚二甲基硅氧烷组成的微孔膜垂直隔开。膜的上层是肺泡上皮细胞,下层是血管内皮细胞,分别给予流动空气和培养基。除了复制肺细胞的功能,这层微孔膜还可以在两侧通道内部压力改变的作用下做周期性的收缩,模拟肺泡在呼吸时的生理性舒张和收缩运动。利用这种芯片肺,研究人员发现血管内皮细胞在暴露于肿瘤坏死因子(Tumor Necrosis Factor-α, TNF-α)和细菌环境下能够做出炎症应激并高表达细胞间黏附分子-1(Intercellular Cell Adhesion Molecule-1, ICAM-1)。在另一项毒性评价中,微膜在舒展状态下,纳米微粒可更多地摄取到血管一侧,这与动物实验的观察一致。以上研究都表明芯片肺作为体外疾病模型可满足新药开发需求。

肾脏在体内负责药物代谢和排泄。在临床前筛选阶段,评价候选化合物的肾脏蓄积和毒性通常要做动物体内实验,目前还没有更好的体外模型。由种属肾毒性差异造成的药物失败也不在少数,发展出高效准确的体外肾毒性评价体系是新药研发迫切需要的。进一步说，如果有一个体外模型不仅能够预测肾毒性，还能反应肾脏疾病背后的机理，用于相关药物的筛选，则是更好不过了。

时下的芯片肾脏是在芯片微通道底层铺就犬肾传代（Madin-Darby Canine Kidney，MDCK）细胞系和人肾皮质近曲小管上皮（Human Kidney－2，HK－2）细胞系，再施以相应的剪应力。研究表明这种细胞构造可以逐渐呈现厚度增加，Na/K 三磷酸腺苷（ATP）酶表达提高和纤毛形成，基本达到模拟肾细胞生理功能的目的。另一种模拟肾小管重吸收的微孔膜芯片模型，是通过在基底侧通道加入抗利尿激素和醛固酮等激素，制造基顶侧包括盐浓度和渗透压改变的生理应激。研究人员发现剪应力不仅能调整细胞生长方向，还能促进 P－糖蛋白（P－Glycoprotein，Pgp）的表达、纤毛生长和细胞白蛋白葡萄糖的吸收。Musah 团队利用微流控技术和人源诱导多能干细胞（Induced Pluripotent Stem，iPS）衍生的足状突细胞复制了肾小球结构，能够模仿包括剪应力的生理功能，可以作为体外肾脏模型筛选癌症药物。以上结果说明即便结构和功能复杂如肾脏，利用微流控芯片技术也能得到保持基本肾脏功能的体外模型。

尽管器官芯片发展迅速，但是其还不能代替动物实验，在芯片技术和生物机理两个方面都有各自的瓶颈。

（1）器官芯片检测技术

器官芯片检测技术的短板，时下的评价体系无外乎直接观察或者测量功能参数。但是最有应用价值的体外模型应该是具备观察和记录对不同生物刺激信号产生特定生理应答的系统。因此我们需要继续发展检测技术和生物化学技术，使得在微流控装置的微缩空间内能够更好地完成生物化学分析。

（2）复杂的微流控芯片制备

复杂的微流控芯片制备过程也限制了这一技术的发展，只有实现自动化制备，器官芯片才能真正推广开来。

（3）细胞系来源

还有一个生物学问题就是细胞系的来源，目前使用的永生细胞系多来源于组织功能缺失的肿瘤细胞；原代人源细胞的使用虽然能够相对准确的预测药动学参数（Pharmaco Kinetic，PK）参数，但是也有捐赠来源和花费的问题。也许将来人源 iPS 诱导细胞的广泛使用可以弥补这方面的不足。

（4）如何连接

如何成功地将几个不同的器官芯片连接起来精确地模拟整个身体对药物药品反应的能力需要进一步被证实。

（5）设备的兼容性及标准化

在商品用器官芯片的制作过程中，需考虑与现有设备的兼容性及标准化。

（6）产业链不成熟

器官芯片仍是一个成长中的技术，产业链不成熟将导致成本增加。若器官芯片投入产业化则需要控制其成本。

9.2 公共卫生领域

公共卫生问题直接涉及人的健康和生命，关乎人类的根本利益，是具有特殊重要性的社会安全问题。微流控芯片技术在食品安全以及环境检测等公共卫生领域具有广泛的应用。

（1）微流控技术在食品安全检测中的应用

食品安全检测是控制食品污染的重要手段，传统检测技术存在仪器昂贵、需要专业操作人员、试剂和样品消耗量大、灵敏度较低等局限，难以对食品进行现场、实时、快速、微量化、集成化、便携化的检测。微流控芯片技术可以实现从样品处理到检测的微型化、自动化、集成化及便携化（图 9.7），在食品安全检测方面显示出广阔的应用前景。目前微流控芯片技术在农药残留、兽药残留、重金属、食品添加剂等食品安全检测方面已经取得了一系列的重要进展。

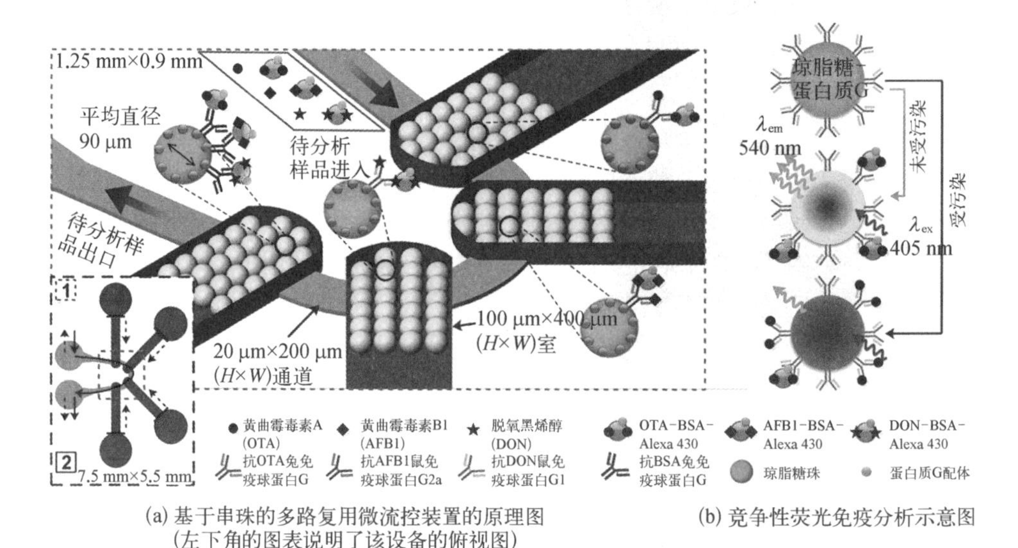

(a) 基于串珠的多路复用微流控装置的原理图（左下角的图表说明了该设备的俯视图）

(b) 竞争性荧光免疫分析示意图

图 9.7 微流控芯片技术在食品安全领域中的应用

Ma 等将微流控纸基分析装置与酶联免疫吸附试验相结合，对牛奶中的克伦特罗进行了快速检测。克伦特罗常被非法用作食品生产动物的生长促进剂，测量时分析物的颜色与浓度成一定关系，该方法通过测量分析物的颜色变化强度实现检测，检测限为 0.2 ppb①。Soares 等通过一种新型的基于多路串联式微流控传感器并结合一系列用于集成荧光信号采集的光电二极管，实现了对黄曲

① 1 ppb=1 μg/L。

霉毒素 B1、黄曲霉毒素 A 和脱氧黑烯醇的超快速检测，检测极限低于 1 ng/mL，检测时间在 1 min 以内(图 9.7)。

(2) 微流控技术在环境检测中的应用

微流控技术用在环境检测方面主要体现在检测环境的重金属上。环境样品中重金属离子的含量较低，体系复杂，微流控技术在检测环境中重金属方面具有优势，微流控金属检测方法主要有光学检测、电化学检测、质谱检测等。Bandara 等将色谱分离与视觉检测方法相结合，在横向微流体通道内进行铜离子的定量测量。以疏水性聚己内酯填充的玻璃超细纤维膜为基材，将聚己内酯填充的玻璃超细纤维膜均匀涂布，然后通过掩膜选择性地将制备的器件暴露于氧自由基中，以生成亲水表面路径，可以在 1～20 ppm① 浓度范围内定量测量铜离子含量。An 等将两个移动的海洋浮游植物细胞固定在微流控芯片中，利用细胞动力作为高通量传感器的信号，实现了汞、铅、铜等污染物的快速、简单、高通量检测。

9.3　医药领域

微反应技术在医疗领域有着广泛的应用，如新药研发、药物筛选、药品质量控制和药理研究等方面。药物筛选是新药研发的一个关键步骤，传统的药物筛选方法样品消耗大、分析时间长、通量低，基于微流控技术的药物筛选方法具有显著的优势。利用细胞阵列的微流控芯片的组合药物筛选方法，能够同时进行多种药物浓度或联合用药的高通量筛选。在药品质量控制、药理研究方面，基于微流控技术分析速度快、试剂用量少、干扰因素少等优点，可以通过微流控技术对药品的有效成分进行分离和检测。

Wang 等通过微流控芯片进行药物筛选，设计了 24×24 橡胶阵列式微流控高通量筛选芯片(图 9.8)，用荧光标记哺乳动物细胞，然后利用 BALB/3T3 细

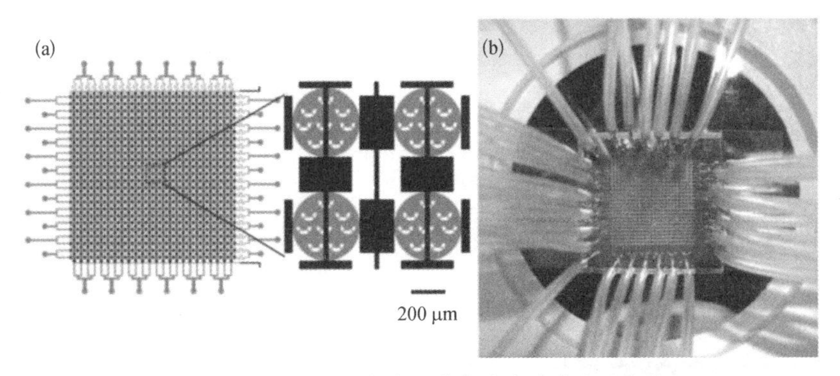

图 9.8　24×24 微流体细胞毒性阵列芯片示意图

① 1 ppm=1 mg/L。

胞、HeLa 细胞、牛内皮细胞筛选了洋地黄皂苷、皂角苷、丙烯醛等物质，在显微镜下观察细胞，考察了不同毒性物质对细胞生存能力的影响，提供了一种高密度平行的药物筛选方法。Wu 等设计了一种具有夹层结构的、细胞水平的阵列式高通量筛选芯片，通过检测药物与乳腺癌细胞 MCF－7 的相互作用，筛选出潜在的抗肿瘤药物，该实验为药物活性成分的筛选提供了一种快速、低成本的方法。Naoghare 等通过基于芯片的超氧化物歧化酶研究 6 种中药（葛根、甘草、黄芩、陈皮、杏仁、枳壳）的抗氧化和辐射防护作用，此方法简单、快速，可用于具有辐射防护作用的中药的高通量筛选。

9.4 农业领域

在农业生产中，各种病原菌导致的病害会对农作物造成严重的危害，在畜牧业中，病原体也是牲畜健康的潜在威胁。对相关病原体进行跟踪，可以进行疾病的早期干预，有效预防病害发生。微流控芯片技术具有较低检测阈值，可以在患病初期未显症之前进行诊断，为防治节省时间。

Peng 等开发了一种螺旋通道的 DNA 阵列微流控芯片装置用于快速识别玉米中的病原体。Zhang 等利用微流控方法制作了生物水凝胶微胶囊，用于封装杀虫剂或肥料并控制其释放。在室温条件下通过控制粒子大小分布和内部结构，利用生物多聚物制作生物水凝胶微胶囊。Dimov 等结合固相提取和基于核酸序列的扩增开发了一种微流控装置，他们用该装置识别了低数量的大肠杆菌。通过将微流控与生物芯片相整合，可以有效提高检测率、灵敏度和特异性，以实现对动物乳腺炎检测和治疗。

Matias 等通过玻璃-聚二甲基硅氧烷微流控免疫传感器原位合成了氨基功能化的 SBA－15，并将单克隆 XA 抗体共价固定在 SBA－15 上，实现了对乔木黄单胞菌的检测。测定的电流与样品中 XA 的含量成正比，在 $5\times10^{2}\sim1\times$

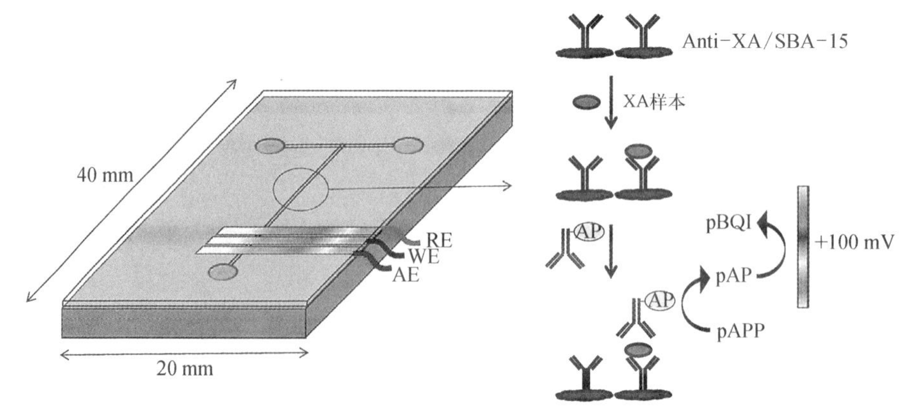

图 9.9　微流控芯片检测植物样品中乔木黄单胞菌的示意图

10^4 CFU/mL 呈线性关系，检测极限达到了 1.5×10^2 CFU/mL。微流体免疫传感器是核桃 XA 早期原位诊断的一种非常有前景的工具，可以有效避免遭受各种病原菌带来的经济损失。

9.5　总结

微反应技术自问世至今不过短短 30 年，但其发展极为迅速。作为一个用来操纵极微量液体的新型平台，具有通量高、分析快、集成度高、污染小的特点，在体外检测、环境和生化分析、单细胞分析、核酸分析、药物筛选等多个领域发挥着重要作用。

在取得引人注目的发展的同时，我们也应看到该领域面临的诸多挑战。在不断研发新产品的同时，深入探索基础理论，解决实际技术之间的转化，让新技术不再停留在实验室，才能更大程度地解决人类健康及环境问题。

参考文献

[1] Park S, Zhang Y, Lin S, et al. Advances in microfluidic PCR for point-of-care infectious disease diagnostics. Biotechnology Advances, 2011, 29(6): 830 - 839.

[2] Stern E, Vacic A, Rajan N K, et al. Label-free biomarker detection from whole blood. Nature Nanotechnology, 2010, 5(2): 138 - 142.

[3] Zhou Y, Zhang Y, Johnson A, et al. Detection of culture-negative sepsis in clinical blood samples using a microfluidic assay for combined CD64 and CD69 cell capture. Analytica Chimica Acta, 2019, 1062: 110 - 117.

[4] Gao R, Lv Z, Mao Y, et al. SERS-based pump-free microfluidic chip for highly sensitive immunoassay of prostate-specific antigen biomarkers. ACS Sensors, 2019, 4(4): 938 - 943.

[5] De Oliveira R A G, Nicoliche C Y N, Pasqualeti A M, et al. Low-cost and rapid-production microfluidic electrochemical double-layer capacitors for fast and sensitive breast cancer diagnosis. Analytical Chemistry, 2018, 90(21): 12377 - 12384.

[6] 欧元，刘蔚然，董军磊，等.微流控芯片技术用于精子与上皮细胞分离的研究.中国细胞生物学学报，2013, 35(10): 1498 -1503.

[7] Norris J V, Evander M, Horsman-Hall K M, et al. Acoustic differential extraction for forensic analysis of sexual assault evidence. Analytical Chemistry, 2009, 81(15): 6089 - 6095.

[8] 庄琪琛，宁芮之，麻远，等.微流控技术应用于细胞分析的研究进展.分析化学，2016, 44(4): 522 - 532.

[9] Chen Q, Wu J, Zhang Y, et al. Targeted isolation and analysis of single tumor cells with aptamer-encoded microwell array on microfluidic device. Lab on a Chip, 2012, 12(24): 5180 - 5185.

[10] Liu C, Liu J, Gao D, et al. Fabrication of microwell arrays based on two-dimensional ordered polystyrene microspheres for high-throughput single-cell analysis. Analytical Chemistry, 2010, 82(22): 9418 - 9424.

[11] Kızılkurtlu A A, Polat T, Aydın G B, et al. Lung on a Chip for Drug Screening and Design. Current Pharmaceutical Design, 2018, 24(45): 5386 - 5396.

[12] Huh D, Leslie D C, Matthews B D, et al. A human disease model of drug toxicity-induced pulmonary edema in a lung-on-a-chip microdevice. Science Translational Medicine, 2012, 4(159): 159 - 147.

[13] Musah S, Mammoto A, Ingber D E, et al. Mature induced-pluripotent-stem-cell-derived human podocytes reconstitute kidney glomerular-capillary-wall function on a chip. Nature Biomedical Engineering, 2017, 1(5): 69.

[14] Soares R R G, Santos D R, Pinto I F, et al. Multiplexed microfluidic fluorescence immunoassay with photodiode array signal acquisition for sub-minute and point-of-need detection of mycotoxins. Lab on a Chip, 2018, 18(11): 1569 - 1580.

[15] Ma L, Nilghaz A, Choi J R, et al. Rapid detection of clenbuterol in milk using microfluidic paper-based ELISA. Food Chemistry, 2018, 246: 437 - 441.

[16] Bandara G C, Heist C A, Remcho V T. Chromatographic Separation and Visual Detection on Wicking Microfluidic Devices: Quantitation of Cu^{2+} in Surface, Ground, and Drinking Water. Analytical Chemistry, 2018, 90(4): 2594 - 2600.

[17] An L H, Zheng B H, Liu R Z, et al. Transcriptomic response to estrogen exposure in the male Zhikong scallop, Chlamys farreri. Marine Pollution Bulletin, 2014, 89(1 - 2): 59 - 66.

[18] Wang Z, Kim M C, Marquez M, et al. High-density microfluidic arrays for cell cytotoxicity analysis. Lab on a Chip, 2007, 7(6): 740 - 745.

[19] Wu J, Wheeldon I, Guo Y, et al. A sandwiched microarray platform for benchtop cell-based high throughput screening. Biomaterials, 2011, 32(3): 841 - 848.

[20] Naoghare P K, Kwon H T, Song J M. Development of a photosensitive, high-throughput chip-based superoxide dismutase (SOD) assay to explore the radioprotective activity of herbal plants. Biosensors and Bioelectronics, 2009, 24(12): 3587 - 3593.

[21] Peng X Y, Li P C H, Yu H Z, et al. Spiral microchannels on a CD for DNA hybridizations. Sensors and Actuators, B: Chemical, 2007, 128(1): 64 - 69.

[22] Zhang H, Tumarkin E, Sullan R M A, et al. Exploring microfluidic routes to microgels of biological polymers. Macromolecular Rapid Communications, 2007, 28(5): 527 - 538.

[23] Dimov I K, Garcia-Cordero J L, O'Grady J, et al. Integrated microfluidic tmRNA purification and real-time NASBA device for molecular diagnostics. Lab on a Chip, 2008, 8(12): 2071 - 2078.

[24] Regiart M, Rinaldi-Tosi M, Aranda P R, et al. Development of a nanostructured immunosensor for early and in situ detection of Xanthomonas arboricola in agricultural food production. Talanta, 2017, 175: 535 - 541.